现代化学专著系列·典藏版 10

高能量密度材料的
理论设计

肖鹤鸣 许晓娟 邱 玲 著

科学出版社

北京

内 容 简 介

本书是作者近十年高能量密度材料部分科研工作的总结。全书共三篇 20 章。第一篇第 1 章简介一般理论计算方法，主要有量子化学、分子力学、分子动力学和静态力学分析等方法；第 2 章重点介绍高能量密度化合物（HEDC）能量和稳定性的定量判别标准及其计算方法。后两篇共 18 章，以被誉为"新世纪能源材料"的有机笼状和氮杂环硝胺两类多系列高能物质为研究对象，主要包括多取代基金刚烷和多取代基六氮杂金刚烷（第二篇）以及单环硝胺、双环硝胺、三环硝胺、螺环硝胺和呋咱稠环硝胺（第三篇）等体系，按能量和稳定性标准细致判别和筛选 HEDC 目标物，包括它们的气相分子、固态晶体直至复合材料，详细阐述一般条件下的结构-性能关系以及温度、压力、浓度等条件的变化对其影响，总结了 HEDC 分子设计至高能量密度材料（HEDM）配方设计的成果和规律。

本书可供基础化学、高分子物理与化学、炸药化学、爆炸化学、理论和计算化学以及材料学、材料物理与化学等专业的高校师生和科技工作者参考阅读。

图书在版编目（CIP）数据

现代化学专著系列：典藏版 / 江明，李静海，沈家骢，等编著. —北京：科学出版社，2017.1

ISBN 978-7-03-051504-9

Ⅰ.①现… Ⅱ.①江… ②李… ③沈… Ⅲ.①化学 Ⅳ.①O6

中国版本图书馆 CIP 数据核字（2017）第 013428 号

责任编辑：黄　海 / 责任校对：张　琪
责任印制：张　伟 / 封面设计：铭轩堂

科学出版社 出版
北京东黄城根北街 16 号
邮政编码：100717
http://www.sciencep.com
北京厚诚则铭印刷科技有限公司印刷

科学出版社发行　各地新华书店经销
*
2017 年 1 月第 一 版　开本：720×1000 B5
2017 年 1 月第一次印刷　印张：21 1/2
字数：422 000
定价：7980.00 元（全 45 册）
（如有印装质量问题，我社负责调换）

作者简介

肖鹤鸣，南京理工大学教授，博士生导师，分子与材料计算研究所所长。1940年7月出生于江苏省泰兴市。1963年毕业于南京大学化学系。1978～1980年吉林大学量子化学进修班结业。1990年以来，先后出访前苏联（俄罗斯、乌克兰）、美国、荷兰、法国、新加坡和捷克等国，作学术报告、参加国际会议、进行合作研究和联合培养博士生。

从事教学和科研工作40多年。主讲过无机化学、物理化学、普通化学、化学热力学、硝化理论基础、结构化学、量子化学、群论和化学、分子轨道计算等本科和研究生课程，指导了硕士生、博士生、博士后和国内外访问学者数十人。出版译作和统编教材各一部。开辟我国（高）含能材料结构、性能理论研究新的方向和领域。主持国家自然科学基金和"973"子专题等科研项目共约30项，获省部级科研成果奖5项，在国内外学术期刊上发表论文360多篇，出版学术专著6部。在撞击感度理论判别、生成热精确计算、热解和水解机理揭示、芳烃硝化和Mannich反应机理阐明、基于量子化学计算密度爆速和爆压、开辟高能体系分子间相互作用及其精确分割研究，对HEDC/HEDM进行分子设计、晶体计算和分子模拟等方面，取得原创性丰硕成果，被较多引用和应用，在国内和国际上产生了广泛的影响。

被评为首批"江苏省优秀研究生教师"（1989）、国务院"政府特殊津贴"专家（1993）、"全国优秀博士学位论文指导教师"（2001）和"江苏省优秀博士生导师"（2002）。

许晓娟，女，博士。2007年1月毕业于南京理工大学化工学院，被评为"国防科工委优秀毕业生"。现为盐城师范学院化学化工学院讲师。主要从事物理化学教学以及理论和计算化学科研工作，已发表学术论文20多篇。

邱玲，女，博士。2007年7月毕业于南京理工大学化工学院，被评为"国防科工委优秀毕业生"。现就职于江苏省原子医学研究所、卫生部核医学重点实验室，助理研究员。主要从事应用量子化学、分子动力学和分子材料学研究，已发表学术论文20多篇。

目　录

引　言

高能量密度材料(HEDM)由高能量密度化合物(HEDC)与其他多种成分(如黏结剂、增塑剂和钝感剂等)所构成。要在研制 HEDM 上求得突破,关键是进行分子设计,合成出新型品优 HEDC;其次是根据国防和国民经济对能源材料的需求进行配方设计,通过实验研制出实用的 HEDM。

HEDM(核心是 HEDC)的特点是密度高、能量高,较少(单位体积)的药剂就能释放出巨大的能量。为适应高新技术条件下战略战术武器的发展,推进航天事业的发展和使核武器小型化,提高各军种武器的使用效率,也为了适应国民经济现代化的发展,如满足民用爆破和深井探矿等需要,人们对"(含)高能材料"(energetic material,泛指推进剂、发射药、炸药、起爆药和传爆药等)提出了新的更高要求。为此,HEDC 和 HEDM 已成为全世界能源和材料科学家、工程师密切关注的焦点。

早在 1991 年,美国国防部就已将 HEDC 的合成列为该国 21 项关键项目之一。在近期美国国防部的基础研究计划中,化学学科的"分子设计"、"化合物的合成和性质"被列为各军种共同感兴趣的国防科研分领域。继 1987 年美国海军武器中心 Nilsen 首次合成出 CL-20(六硝基六氮杂异伍兹烷,HNIW)并付诸使用后,另一轰动世界能源界的是2000年 M. X. Zhang 和 Eaton 等合成出 ONC(八硝基立方烷),这些化合物都是典型的有机笼状类 HEDC。1998 年美国人首次合成出 N_5^+,具有惊人威力,被称为"神奇物质"。它引发了对氮原子簇(N_n,$n>3$)HEDC 分子设计的研究热潮,但氮原子簇化物极不稳定,可能在很长时间内也难以实际应用。俄罗斯人合成出具有代表性的 HEDC 是 DNAF,属氧化呋咱类衍生物。我国 204 所和 214 所在 20 世纪 80 年代就曾合成出"662"和"7201"等环脲硝胺化合物,爆速极高,确为 HEDC,可惜水稳定性较差从而影响使用。

总之,世界各国都很重视 HEDC 和 HEDM 的研究。其重要发展趋势是将分子设计、理论模拟与实验合成和配方研制相结合。在理论指导下进行实验研究,可避免浪费、缩短周期,达到事半功倍的效果。但以前国内外的较多 HEDM 分子设计工作,通常只以量子化学方法计算气态高能化合物的分子和电子结构,关联一般物理化学性质。由此筛选出的 HEDC 目标物,缺乏可辨性和实用性,仅对于气态分子的理论计算,距实际晶体和复合材料也较远。

当代理论与计算化学方法的发展和计算机技术的突飞猛进,为计算、模拟和研究化合物分子、晶体,直至复合材料的结构、性能以及它们之间的规律性联系,提供了有利条件和强有力的手段。我们有幸承担国家自然科学基金和国家"973"等项目的科研任务,在这个多学科交叉的前沿领域,对 HEDC/HEDM 理论设计进行了多年的研究。本书是这些科研工作的总结。在一般条件下结构-性能关系研究的基础上,首次提出了 HEDC 的能量和稳定性定量标准及其量子化学计算方法。这些标准是密度 $\rho \approx 1.9 \text{ g} \cdot \text{cm}^{-3}$,爆速 $D \approx 9.0 \text{ km} \cdot \text{s}^{-1}$,爆压 $p \approx 40.0$ GPa 和引发键离解能 BDE $\approx 80 \sim 120$ kJ $\cdot$ mol^{-1}。按 ρ、D、p 和 BDE 标准,在有机笼状和氮杂环硝胺多系列化合物中判别和筛选 HEDC 目标物;以经典力场方法(主要是分子力学和分子动力学)与量子化学相结合,预测潜在 HEDC 所属晶型,计算它们的能带结构;对以高聚物黏结炸药(PBX)为典型的高能复合材料进行理论模拟;探讨外界条件如压力、温度和浓度等对晶体和材料结构-性能的影响;关联 HEDM 的四大属性(相容性、力学性能、安全性和能量特性),进行配方设计初探。相信本书能够对 HEDC 实验合成和 HEDM 配方实践有所助益。

第一篇　理论计算方法

第1章　一般理论计算方法简介

对高能化合物分子、晶体以及复合材料的广泛理论研究需要运用较多的理论和方法。本篇包括两章。第 1 章简介本书所用到的一般理论和计算化学方法。主要包括量子化学和"量化后"计算方法以及力场方法,力场方法主要指分子力学和分子动力学方法。此外,还介绍了静态力学分析方法。第 2 章阐述高能量密度化合物(HEDC)的能量和稳定性的定量判别方法,主要包括密度、爆速和爆压的理论预测方法以及热解引发机理、稳定性和感度的理论预测方法。

1.1　量子化学方法

1900 年 Planck 提出量子论。1926 年 Schrödinger 方程问世,标志着量子力学的建立。1927 年 Heitler 和 London 用量子力学基本原理研究氢分子结构,标志着量子化学新学科的诞生。随着量子化学理论方法的发展和计算机技术的进步,80 多年来,量子化学已渗透应用到各学科各领域,在研究原子、分子和晶体结构以及揭示物质结构与性质的关系方面,取得了举世瞩目的成就。关于各种量子化学计算方法的原理和应用,可参见许多教科书和相关著作。囿于作者见闻,文献中仅列出一些供参考[1~22]。限于篇幅,以下仅作简介。

1.1.1　第一性原理方法

量子化学中的从头计算(*ab initio*)方法,即计算全电子体系的全部积分,严格地求解 Schrödinger 方程的方法。它建立在 3 大近似基础之上:非相对论近似、Born-Oppenheimer 近似(即把电子运动和核运动分别加以处理的绝热近似)和 Hartree 近似(以单电子波函数的反称化乘积表示多电子波函数)。把 3 个基本近似引入 Schrödinger 方程经变分法导出 Hartree-Fock-Roothaan(HFR 或 HF)方程[23~25]。在求解 HF 单电子方程的过程中,只利用了 3 个物理常数(Planck 常量、电子的静止质量和电量),而不再引进任何其他经验参数。求得的是分子轨道(MO)即单电子波函数和相应的能级,进而通过集居分析和能量分割求得所研究体系(如原子、离子、分子、超分子、自由基、原子簇和化学反应体系等)的电子运动状况,可得出原子上净电荷、原子间键级、前沿轨道及其能隙以及总能量、核和电子的能量等多种常用物理量,借以关联体系的静态和动态性质。

　　值得注意的是,在 HF 理论方案中,体系中某电子所受其他电子的作用只取平均值,在很大程度上忽略了电子的瞬时相互作用,这是电子相关能误差的主要来源。因此,必须用多个 Slater 行列式的线性组合作试探函数,即需要考虑组态相互作用(CI),才能超越 HF-SCF 计算的极限,获得较精确的总能量。除 CI 外,处理电子相关问题还经常采用 Möller-Plesset 多体微扰理论方法,即把单电子 Fock 算符之和组成零级哈密顿($\hat{H}$)。当计入微扰到 n 级时,就称之为 MPn 方法[26]。这两种方法虽能给出超 HF 的更精确的计算结果,但所需电子计算机运行时间和计算空间很大,难以应用于较大体系或较多体系。

　　近年来发展迅速的密度泛函理论(DFT)方法因较方便、快速地处理电子相关问题而得到极为广泛的关注和应用。DFT 建立在两个著名定理的基础之上。它们是在 1964 年由 Hohenberg 和 Kohn 在研究均匀电子气 Thomas-Fermi(TF)模型的理论基础时提出的,通常称为 HK 定理[27]。HK 第一定理是:在微观体系中,电子所处外部势场 $V_{\text{ext}}(r)$ 是体系电子密度 $\rho(r)$ 的唯一泛函,而体系的 $\hat{H}$ 由 $V_{\text{ext}}(r)$ 所确定,故处于基态的多电子体系的状态是其电子密度 $\rho(r)$ 的唯一泛函。HK 第二定理是:处于基态的多电子体系的能量是体系电子密度 $\rho(r)$ 的唯一泛函 $F_{\text{HK}}[\rho]$,该泛函是体系电子密度的变分函数,即当给出的电子密度为体系真实的基态电子密度 ρ_0 时,所得到的能量值最小。根据 HK 定理,原子、分子和固体的基态性质可用电子密度加以描述。据此,Kohn 和 Sham 又导出了 DFT 中的单电子自洽场方程,通常称为 KS 方程[28]:

$$\left[-\frac{1}{2}\nabla_i^2 + \hat{V_{\text{eff}}}(r)\right]\phi_i^{\text{KS}}(r) = \varepsilon_i\phi_i^{\text{KS}}(r) \qquad (1.1)$$

　　HK 定理和 KS 方程奠定了 DFT 方法的坚实基础。对 KS 单电子方程进行 SCF 求解,可得 KS 轨道 ϕ_i 及其相应本征值 ε_i。相比于我们熟悉的 HF 轨道,KS 轨道的占有电子能级偏高,非占能级偏低,故带隙相对较小;但最高占有和最低未占 KS 轨道能级关联电离能和电子亲和能尚好。对较大的体系,DFT 耗时比传统的超 HF 从头计算要少 1~2 个数量级。它可以处理有机、无机、金属、非金属体系,几乎可以囊括周期表中所有元素的化合物。国内学者熟知的 Xα 方法就是 DFT 的一种,但它只是对 HF 方法中的交换势作近似而未考虑电子相关。

　　在 HF 理论中,体系总能量具有如下表示形式

$$E_{\text{HF}} = V + \langle hP\rangle + 1/2\langle PJ(P)\rangle - 1/2\langle PK(P)\rangle \qquad (1.2)$$

式中:V 为核排斥能;P 为密度矩阵;$\langle hP\rangle$ 为单电子能量(动能和势能);$1/2\langle PJ(P)\rangle$ 为电子的经典库仑排斥能;$-1/2\langle PK(P)\rangle$ 为由电子的量子性质所产生的交换能。

　　在 DFT 中,把 HF 总能量(E_{HF})中的交换能项用具普遍意义的交换-相关泛函代替。交换-相关泛函同时包括交换能和在 HF 理论中被忽略的电子相关能。其

总能量如式(1.3)所示,其中 $E_X[P]$ 是交换泛函, $E_c[P]$ 是相关泛函。

$$E_{DFT} = V + \langle hP \rangle + 1/2 \langle PJ(P) \rangle + E_X[P] + E_c[P] \qquad (1.3)$$

HF 理论中的 $E_X[P] = -1/2 \langle PK(P) \rangle$,且 $E_c[P] = 0$,故 HF 理论可视为 DFT 的特例。当然前者以波函数、后者以电子密度来表征体系的状态,这是基本的不同点。

选择不同的交换泛函 $E_X[P]$ 和相关泛函 $E_c[P]$,构成用于实际计算的不同的 DFT 方法。在这些方法中有所谓的"杂化"DFT 方法,其 $E_X[P]$ 和 $E_c[P]$ 由 HF 交换能和 DFT 交换-相关能构成。因 HF 总能量中已准确地包括了交换能,在 HF 计算的基础上再利用 DFT 求得相关能的校正,既强调了 DFT 精确交换能的作用,又保留了 HF 分子轨道理论的若干概念,并最终使得总能量的计算更为精确,有利于综合 HF 和 DFT 两类方法的优点,取长补短。常用的"杂化"DFT 方法有 B3LYP、B3P86 和 B3PW91 等[29~32],其中 B3LYP 杂化方法使用密度泛函理论 Beck 三参数杂化方法[29],结合 Lee-Yang-Parr 非定域相关泛函[30]。此方法充分考虑了电子相关,保持了从头计算 MO 法的很多优点,又较为省时。相对于一组精确的实验数据 G2 测试组,B3LYP 的误差绝对值仅略大于 $8kJ \cdot mol^{-1}$。因此,B3LYP 方法近年来在分子的电子结构计算中获得了广泛的应用和空前的成功,是目前最为流行的 DFT 方法之一。本书后续应用最多的量子化学计算方法就是 B3LYP。

必须强调,无论是 *ab initio* 还是 DFT,它们计算的精确程度均依赖于所选的基组。原则上讲,只要基组足够大,自洽迭代计算次数足够多,就可以获得所希望的高精确结果。但在实际计算中,我们只能使用有限个基函数。所以,通常需要仔细选择 1 组合适的基组,使得由个数有限(截断效应)引起的误差尽量小。对化学家而言,最简单直观的基组是原子轨道线性组合(LCAO)基组。LCAO 基组包括解析基组和数值基组两类,其中解析基组又包括在量子化学计算中广泛运用的 Gauss 型轨道(GTO)[25] 和 Slater 型轨道(STO)[33]。为了综合两者的优点,现在广泛运用 STO-GTO 缩并基组,即用几个 GTO 的线性组合逼近 1 个 STO。GTO 是数学工具,STO 是 SCF 计算的基组,求得的分子轨道(MO)也以 STO 线性组合表示。例如,6-31G 基组,就是指每个原子的内层轨道用 6 个 GTO 组合逼近 1 个 STO 基,而价层轨道则劈成两个 STO 基,分别用 3 个和 1 个 GTO 组合表示。如在 6-31G 基组中除 H 原子外的每个原子上都加上 d 轨道,则构成 6-31G* 基;在 6-31G* 基组中每个 H 原子再加上 p 轨道,则形成 6-31G** 基。6-31G** 只比 6-31G* 多考虑了 H 原子的极化,二者相差并不大。

1998 年诺贝尔化学奖由著名化学家 Pople 和 Kohn 共享,主要奖励他们分别在发展 *ab initio* 和 DFT 方法中的重大贡献。从此,量子化学进入了 *ab initio* 和 DFT 时代。*ab initio* 和 DFT 是构成当代量子化学计算主流的第一性原理方法。

1.1.2　固体密度泛函方法

固体由大量原子组成,每个原子又有原子核和电子。为把多体问题简化为单电子问题,需进行绝热近似、电子势场平均化和势场周期性的简化。求解晶体中电子运动本征态问题可简化为求解周期场中的单电子 Schrödinger 方程

$$\left[\frac{-\hbar^2\nabla^2}{2m}+V(r)\right]\varphi(r)=E\varphi(r) \tag{1.4}$$

式中:$\varphi(r)$和 E 分别为单电子波函数和相应的能量。其中 $V(r)$ 是以晶格原胞为周期的势场,$V(r+\boldsymbol{R}_n)=V(r)$。设 $\boldsymbol{R}_n$ 为任意格矢量,则波函数具有平面波的形式

$$\varphi(r)=e^{ik\cdot r}u(r) \tag{1.5}$$

$$u(r+\boldsymbol{R}_n)=u(r) \tag{1.6}$$

$$\boldsymbol{R}_n=n_1a_1+n_2a_2+n_3a_3 \tag{1.7}$$

这里 $u(r)$ 是以晶格原胞为周期的函数。通常把式(1.4)和式(1.5)所表示的波函数称为 Block 函数。

求解方程(1.4)需选择合适的周期势场。对于势场的处理,大致有自由电子法、紧束缚法、正交平面波法和赝势法。我们通常选用平面波基组,它是自由电子气的本征函数,是最简单的正交完备集。平面波基组可通过增加截断能量而改善基函数集的性质;但由于体系波函数在原子核附近有很强的定域性,动量较大,平面波展开收敛很慢,故通常将平面波基组和赝势方法配套使用。赝势是模拟离子实对价电子作用的有效势,其发展经历了从经验赝势、模守恒赝势到超软赝势(USPP)[34] 几个阶段。其中 USPP 通过引入多参考能量、补偿电荷等概念,对所有元素均有较高的运行效率。当前,赝势平面波方法[35] 已成为固体能带结构计算中较为成熟、应用很广的重要方法。

Material Studio (MS) 程序包主要用于材料模拟,但其中也含有两个密度泛函计算模块 Dmol³ 和 CASTEP。前者采用数值局域原子基而后者使用平面波基组。它们既可用于模拟分子体系,也可对周期性边界条件进行处理而用于固体计算。Dmol³ 能以较高效率提供较可靠的计算结果,CASTEP 计算具有较高精度。本书后续章节主要用这些方法进行 HEDC 晶体能带结构的周期性计算。

1.1.3　半经验分子轨道方法

为节省计算空间,较快地计算较大体系或寻求系列较多化合物的结构-性能递变规律,科学家们提出了很多的半经验分子轨道(MO)方法。这些方法均可视为对求解 HF 方程的近似。它们通过忽略一些积分的计算,并引进一些经验参量,达

到对从头计算或相关实验结果的近似。20 世纪 70 年代，Pople 以零微分重叠假设为基础，先后提出了著名的 CNDO/2、INDO 和 NDDO 等近似的 SCF-MO 方法[36～38]，其参数化的标准是使计算结果尽量逼近从头计算的结果。而以计算结果（如分子几何、偶极矩和生成热等）符合实验事实为标准，Dewar 改进 Pople 的方法，先后提出了 MINDO/3[39]、MNDO[40] 和 AM1[41] 等参量化方法。Dewar 的学生 Steward 在 Pople 的 NDDO 近似方法基础上，又进一步提出了参量化的 PM3 方法[42]，成为半经验方法中较成功的一种。虽然半经验 MO 方法不够严格，计算结果不太准确，但由于节省计算机运行时间和容量，能够很快获得丰富信息，对于多系列化合物或较大体系的计算研究，特别在寻求结构、性能递变规律方面还是很有用的。目前，后 4 种方法特别是 PM3 方法更为流行通用，在 Gaussion 系和 Mopac 系等程序包中均包含这些标准方法，其突出优点是能够直接快速地求得生成热。本书后续计算高能化合物的生成热和热解均裂反应活化能，便运用了 PM3 等方法。

1.2　"量化后"计算

　　基于量子化学计算结果，借助统计热力学和绝对反应速率理论，运用 Gaussion 程序包中相应子程序，可方便地求得体系在不同温度下的性质参数，如熵、焓、自由能、热容和生成热以及反应的平衡常数和平衡组成，也可以方便地求得各温度下化学反应的活化能、指前因子和速率常数。这类对"量化"结果的"再加工"计算，俗称"量化后"（PQ）研究。

1.2.1　热力学性质计算

　　依据统计热力学，从分子的配分函数（f）可计算分子的热力学函数[43～46]。而分子的配分函数定义为

$$f = f_t f_{in} \tag{1.8}$$

$$f_{in} = f_0 f_v f_r f_e f_n \tag{1.9}$$

式中：f_t 为平动配分函数；f_{in} 为分子内部运动的配分函数；f_v、f_r、f_e 和 f_n 分别为振动、转动、电子和核配分函数。因子 f_0 相当于分子处于基态时的配分函数

$$f_0 = e^{-\varepsilon_0/KT} \tag{1.10}$$

式中：K 为玻尔兹曼常量；T 为热力学温度；ε_0 为基态能量。0K 时，$\varepsilon_0 = 0$，故 $f_0 = 1$。分子的平动配分函数 f_t 与内部结构无关，故又称外配分函数

$$f_t = \frac{(2\pi MRT)^{3/2}}{h^3 N_0} V_m \tag{1.11}$$

式中：M、N_0 和 V_m 分别为摩尔质量、阿伏伽德罗常量和摩尔体积；R 和 h 分别为摩尔气体常量和普朗克常量。分子的振动配分函数为

$$f_v = \prod_{i=1}^{n} \frac{1}{1 - e^{-h\nu_i/kT}} \tag{1.12}$$

式中：n 为简谐振动模式数，对原子数为 N 的线形分子其值为 $3N-5$，对非线形分子则为 $3N-6$，ν 为振动频率。非线形分子的转动配分函数为

$$f_r = \left(\frac{8\pi^2 kT}{h^2}\right)^{3/2} \frac{(\pi I_x I_y I_z)^{1/2}}{\sigma} \tag{1.13}$$

式中：I_x、I_y 和 I_z 分别为绕 3 个主轴转动的转动惯量；σ 为分子的对称数。在绝大多数情况下，核和电子的配分函数只考虑基态，并有 $f_n = f_e = 1$。

运用分子配分函数，借助如下关系式，可求得分子的熵 S、焓 H、恒容和比定压热容 C_V 和 C_p 等热力学函数：

$$S = k\ln\frac{f^N}{N!} + NkT\left(\frac{\partial\ln f}{\partial T}\right)_{V,N} \tag{1.14}$$

$$H = NkTV\left(\frac{\partial\ln f}{\partial V}\right)_{T,N} + NkT^2\left(\frac{\partial\ln f}{\partial T}\right)_{V,N} \tag{1.15}$$

$$C_V = \frac{\partial}{\partial T}\left[NkT^2\left(\frac{\partial\ln f}{\partial T}\right)_{V,N}\right]_V \tag{1.16}$$

$$\tilde{C}_p = \tilde{C}_V + R \tag{1.17}$$

可见通过对全优化分子构型进行振动分析，可获得计算振动和转动配分函数所需的信息（如振动频率和转动惯量等）。而平动配分函数只与体系粒子数和分子质量有关，电子和核的配分函数通常等于相应的基态简并度。因此，经"量化后"计算求得分子的配分函数，进而可方便地求得热力学函数。

1.2.2　设计等键反应计算生成热

生成热（HOF）是基本的热力学性质。高能化合物的生成热与其爆炸性能直接相关。因高能化合物的生成热难以实测且较危险，故用各种理论方法计算生成热成为热门课题[47~57]。以经验性基团加和法估算生成热误差大，不能区别同分异构体；半经验 MO 法能较快算出生成热，但有时结果偏差也较大；而运用 ab initio 方法基于定义通过计算精确总能量来求生成热，则必须进行校正电子相关的高水平计算，如采用 Pople 等提出的 Gaussian［G-1，G-2，G-2(MP2) 和 G-2(MP2, SVP)］系列方法[58~62]，由于 G_n 以及 QCISD(T) 和 MPn 等校正电子相关的高水平计算耗机时极多，只适合较小的体系。密度泛函理论（DFT）[63,64] 尤其是 B3LYP[29,30] 方法，包含电子相关校正，不仅能算出可靠的几何和能量，而且所需计算机空间和机时相对较少，故成为当前关注和运用的热门方法。若在此基础上，再

辅以合理的等键反应设计,消除系统误差,则可获得较精确的生成热[48~57]。因后文随金刚烷或六氮杂金刚烷骨架上取代基数目增多,几何优化和频率计算难度增大,故选择了在 B3LYP/6-31G* 水平通过设计等键反应求其生成热的方法。

在等键反应中,因反应物和产物电子环境相近,故由电子相关能造成的误差可以相互抵消,致使求得的生成热误差大为降低。在设计等键反应时,通常根据键分离规则(BSR)把分子分解成一系列与所求物质具有相同化学键类型的由两个重原子组成的小分子,但对于具有笼状骨架或含有离域键的分子体系,BSR 方案显然不适用,因求得的生成热误差较大。为了保持反应物和产物的电子环境相似,在设计等键反应时,我们建议不要破裂母体骨架。以金刚烷系列衍生物为例,可选已知气相实验生成热的母体金刚烷为参考物质。

例如,计算金刚烷硝基衍生物 298 K 生成热的等键反应可设计为

$$C_{10}H_{16-m}(NO_2)_m + mCH_4 \longrightarrow C_{10}H_{16} + mCH_3NO_2 \qquad (1.18)$$

式中:$C_{10}H_{16}$ 为金刚烷;m 为多硝基金刚烷分子中的硝基数;等键反应式(1.18)在 298K 时的反应热 ΔH_{298} 可用下式表达

$$\Delta H_{298} = \sum \Delta H_{f,P} - \sum \Delta H_{f,R} \qquad (1.19)$$

式中:$\sum \Delta H_{f,P}$ 和 $\sum \Delta H_{f,R}$ 分别为 298 K 产物和反应物的生成热之和。由于参考物 CH_4、CH_3NO_2 和 $C_{10}H_{16}$ 的气相生成热均是已知的,故只要按下式计算出等键反应的 ΔH_{298},则可由式(1.19)求得多硝基金刚烷的生成热。

$$\Delta H_{298} = \Delta E_{298} + \Delta(pV) = \Delta E_0 + \Delta ZPE + \Delta H_T + \Delta nRT \qquad (1.20)$$

式中:ΔE_0 和 ΔZPE 分别为 0 K 时产物与反应物的总能量和零点能(ZPE)之差;ΔH_T 为从 0~298K 的温度校正项;$\Delta(pV)$ 在理想气体条件下等于 ΔnRT,对于等键反应式(1.18),因 $\Delta n = 0$,故 $\Delta(pV) = 0$。

1.3　力　场　方　法

这里主要指经典的分子力学(MM)和分子动力学(MD)方法,而不涉及量子力学从头计算力场。

1.3.1　分子力学方法

MM 以经典牛顿力学为基础,能快速计算分子的构象、能量和多种性质。MM 将分子看作由一组靠弹性力(或谐振力)维系在一起的原子的集合,其中每个化学键(相当于弹簧)都有"自然"的键长和键角标准值,分子要调整它的几何形状(构象),必须使其键长和键角尽可能接近标准值,同时也要使非键作用能处于最小。

如果原子或基团在空间上过于靠近,便会产生较大排斥力;如果过于远离又会使键长伸长或键角发生弯曲,也将引起相应的能量升高。因此每个真实分子结构是相互制约各作用力的折中表现。分子总能量 E_{total} 可表示为

$$E_{total} = E_c + E_b + E_t + E_v + E_H + E_e + E_d \qquad (1.21)$$

式中:E_c 为键伸缩能;E_b 为键角弯曲能;E_t 为二面角扭转能;E_v 为范德华作用能;E_H 为氢键作用能;E_e 为静电作用能;E_d 为偶极作用能。每一能量项均由一定势能函数形式和力场参数构成。人们习惯上将这些函数和参数统称为力场。

当前,MM 已成为高分子模拟和材料科学运算的核心技术。因 MM 的数学模型很简单,不考虑电子运动,不涉及求解 Schrödinger(或 HF)方程问题,仅将体系能量作为原子(核)坐标的函数而加以求算,所以其最大优点是在通常电子计算机上即能迅速求得较大体系的静态结构和性能。

近年来,美国 Accelrys 公司专为材料科学工作者开发出一套可在电子计算机上运行的 Materials Studio(MS)软件[65],它涵盖只能在大型计算机或工作站上运行的昂贵 Cerius2 软件的大部分功能。MM 计算结果的优劣首先取决于所使用的力场。在 MS 程序包中,Discover 模块具有进行 MM 和 MD 运算的功能,其中PCFF 力场比较常用。为将 MM 方法扩展用于凝聚态(特别是固体),近期又推出一个被称为改进的 PCFF 或最新的"从头算力场"——COMPASS 力场[66~69]。之所以称 COMPASS 力场为从头算力场,主要因为其中多数力场参数的调试确定都基于从头算数据。此后又以实验数据为依据进行优化,还以 MD 求得液态和晶体分子的热物理性质精修其非键参数。本书后续的 MM 和 MD 运算,主要都使用了COMPASS 力场。

1.3.2　分子动力学方法

当前,分子动力学研究十分热门。MD 是在 MM 特定力场下通过运用力、速度和位置等参数动态模拟材料结构和性能的有效方法,具有广泛实用性。

在经典 MD 模拟中,假定原子运动由牛顿方程决定,亦即表明原子运动按特定轨迹进行。MD 忽略核运动的量子效应,设绝热近似严格成立,即设每一时刻电子均处在相应原子结构的基态。在一定力场下进行 MD 模拟,首先由经验势能函数通过能量极小化得到坐标 r,势能(E_p)对坐标的一阶导数的负值就是力 $F = -\partial E_p/\partial r$,再按牛顿第二定律得到加速度。一旦知道了某时刻 t 的 r、F 和 E_p,就可以知道另一时刻 $t+\Delta t$ 的新的力,再由新的力求得新的速度,用新的力和速度得出新的位置。于是位置随时间向前移动,通常称其为模拟。

MD 模拟既能得到原子的运动轨迹,进而基于轨迹计算得到所需各种性质,还能像做实验一样进行各种观察,可作为对理论和实验的有效补充。对于平衡体系,

计算所得是一定时间内某物理量的统计平均值;对于非平衡体系,获得的是一定时间内物理现象的直接模拟。在实验中无法获得许多与原子有关的细节,而在 MD 模拟中可方便地求得。

　　MD 已成为当前最广为采用的计算庞大复杂体系的方法。大到可处理 5000 个原子的体系,模拟时间可达到纳秒级。其主要优点在于对系统中粒子的运动有直观的物理依据和判断,并可同时获得体系的动态和热力学统计信息,可广泛适用于多种体系和各类性质的研究。本书主要采用 MD 方法和 COMPASS 力场,对部分高能化合物及其与高聚物组成的复合材料(高聚物黏结炸药 PBX)的结构和性能进行模拟研究,对 HEDM 的配方设计进行初探。

1.4　静态力学分析方法

　　根据弹性力学[70,71],体系所受应力和应变的最一般关系满足广义胡克定律

$$\boldsymbol{\sigma}_i = C_{ij}\boldsymbol{\varepsilon}_j \tag{1.22}$$

式中:$C_{ij}(i,j=1\sim6)$ 称为弹性系数,共 36 个。由于应变能的存在,使得 $|C_{ij}|$ 是对称的,即 $C_{ij}=C_{ji}$。因此,描述任意材料即使是极端各向异性体的应力-应变行为最多也只需要 21 个独立的弹性系数。展开式(1.22)即得

$$\left. \begin{aligned}
\sigma_1 &= C_{11}\varepsilon_1 + C_{12}\varepsilon_2 + C_{13}\varepsilon_3 + C_{14}\varepsilon_4 + C_{15}\varepsilon_5 + C_{16}\varepsilon_6 \\
\sigma_2 &= C_{21}\varepsilon_1 + C_{21}\varepsilon_2 + C_{23}\varepsilon_3 + C_{24}\varepsilon_4 + C_{25}\varepsilon_5 + C_{26}\varepsilon_6 \\
\sigma_3 &= C_{31}\varepsilon_1 + C_{32}\varepsilon_2 + C_{33}\varepsilon_3 + C_{34}\varepsilon_4 + C_{35}\varepsilon_5 + C_{36}\varepsilon_6 \\
\sigma_4 &= C_{41}\varepsilon_1 + C_{42}\varepsilon_2 + C_{43}\varepsilon_3 + C_{44}\varepsilon_4 + C_{45}\varepsilon_5 + C_{46}\varepsilon_6 \\
\sigma_5 &= C_{51}\varepsilon_1 + C_{52}\varepsilon_2 + C_{53}\varepsilon_3 + C_{54}\varepsilon_4 + C_{55}\varepsilon_5 + C_{56}\varepsilon_6 \\
\sigma_6 &= C_{61}\varepsilon_1 + C_{62}\varepsilon_2 + C_{63}\varepsilon_3 + C_{64}\varepsilon_4 + C_{65}\varepsilon_5 + C_{66}\varepsilon_6
\end{aligned} \right\} \tag{1.23}$$

　　弹性系数之间的关联性随物体对称性提高而增强,使独立的弹性系数将少于 21 个。对于各向同性体,只有两个独立的弹性系数 C_{11} 和 C_{12}。为简洁起见,令 $C_{12}=\lambda$,$C_{11}-C_{12}=2\mu$,λ 与 μ 称为拉梅(Lamé)系数。因此,各向同性材料的应力-应变行为可用两个独立参数 λ 和 μ 描述,对应的弹性系数矩阵可表示为

$$|C_{ij}| = \begin{bmatrix}
\lambda+2\mu & \lambda & \lambda & 0 & 0 & 0 \\
\lambda & \lambda+2\mu & \lambda & 0 & 0 & 0 \\
\lambda & \lambda & \lambda+2\mu & 0 & 0 & 0 \\
0 & 0 & 0 & \mu & 0 & 0 \\
0 & 0 & 0 & 0 & \mu & 0 \\
0 & 0 & 0 & 0 & 0 & \mu
\end{bmatrix} \tag{1.24}$$

　　模量是评价材料刚性的指标。各向同性材料的拉伸模量(又称杨氏模量)E、体模量 K 和剪切模量 G 以及泊松比 γ 可用拉梅系数表示为

$$E = \frac{\mu(3\lambda + 2\mu)}{\lambda + \mu}, \quad K = \lambda + \frac{2}{3}\mu, G = \mu, \quad \gamma = \frac{\lambda}{2(\lambda + \mu)} \tag{1.25}$$

四者之间的关系可表示为

$$E = 2G(1 + \gamma) = 3K(1 - 2\gamma) \tag{1.26}$$

对 MD 模拟所得体系的平衡运动轨迹,MS 程序首先对其实行单轴拉伸与纯剪切形变操作,然后在原子水平上由位力公式求得内应力张量[72]

$$\boldsymbol{\sigma} = -\frac{1}{V_0}\Big[\Big(\sum_{i=1}^{N} m_i(\boldsymbol{v}_i \boldsymbol{v}_i^{\mathrm{T}})\Big) + \Big(\sum_{i<j} \boldsymbol{r}_{ij} f_{ij}^{\mathrm{T}}\Big)\Big] \tag{1.27}$$

式中:m_i、$\boldsymbol{v}_i$ 和 $\boldsymbol{r}_{ij}$ 分别为原子质量、速度和坐标向量;V_0 为无形变体系的体积。在静态模型中,应力张量的表达形式为

$$\boldsymbol{\sigma} = -\frac{1}{V_0}\Big[\sum_{i=1}^{N} m_i(V_i V_i^{\mathrm{T}})\Big] \tag{1.28}$$

施加于体系的应力可使体系内粒子的相对位置发生变化。对平行六面体(如模拟所取周期箱)而言,若以列向量 $\boldsymbol{a}_0$、$\boldsymbol{b}_0$ 和 $\boldsymbol{c}_0$ 表征参比状态,以向量 $\boldsymbol{a}$、$\boldsymbol{b}$ 和 $\boldsymbol{c}$ 表征形变状态,则应变张量可表示为

$$\boldsymbol{\varepsilon} = \frac{1}{2}\big[(\boldsymbol{h}_0^{\mathrm{T}})^{-1} \boldsymbol{G} \boldsymbol{h}_0^{-1} - 1\big] \tag{1.29}$$

式中:$\boldsymbol{h}_0$ 为由列向量 $\boldsymbol{a}_0$,$\boldsymbol{b}_0$,$\boldsymbol{c}_0$ 组成的矩阵;$\boldsymbol{G}$ 为度量张量 $\boldsymbol{h}^{\mathrm{T}}\boldsymbol{h}$,其中 $\boldsymbol{h}$ 为 $\boldsymbol{a}$,$\boldsymbol{b}$,$\boldsymbol{c}$ 组成的矩阵。因此通过计算拉伸和剪切形变的斜率,即可求得弹性系数矩阵。

由任意取向的微晶所组成的多晶,从统计学角度看是各向同性的。其有效各向同性模量可通过 Reuss 平均方法求得。有效体模量和有效剪切模量分别为

$$K_{\mathrm{R}} = \big[3(\boldsymbol{a} + 2\boldsymbol{b})\big]^{-1} \tag{1.30}$$

$$G_{\mathrm{R}} = \frac{5}{4\boldsymbol{a} - 4\boldsymbol{b} + 3\boldsymbol{c}} \tag{1.31}$$

其中

$$\boldsymbol{a} = \frac{1}{3}(\boldsymbol{S}_{11} + \boldsymbol{S}_{22} + \boldsymbol{S}_{33}), \quad \boldsymbol{b} = \frac{1}{3}(\boldsymbol{S}_{12} + \boldsymbol{S}_{23} + \boldsymbol{S}_{31}), \quad \boldsymbol{c} = \frac{1}{3}(\boldsymbol{S}_{44} + \boldsymbol{S}_{55} + \boldsymbol{S}_{66})$$

柔量系数矩阵 $\boldsymbol{S}$ 为弹性系数矩阵 $\boldsymbol{C}$ 的逆矩阵,下标 R 表示 Reuss 平均。对通常各向异性晶体而言,所有 21 个系数都是独立的,Reuss 模量仅依赖于单晶的 9 个柔量系数。当得到体模量 K 和剪切模量 G 后,依据各向同性体的线性弹性规则,可求得其他有效各向同性力学性能,如拉伸模量 E 和泊松比 γ。

本书后续章节基于 MD 模拟轨迹,求得高能晶体和 PBX 的弹性力学性能,均基于静态力学分析方法。

参 考 文 献

[1] Pople J A et al. 分子轨道近似方法理论. 江元生译. 北京:科学出版社,1978

［2］ Levine I N. 量子化学. 宁世光,余敬曾,刘尚长译. 北京:人民教育出版社,1981

［3］ Johuson C S, Pedersen L G. 量子化学和量子物理题解. 肖鹤鸣译. 北京:人民教育出版社,
1981

［4］ 唐敖庆,杨忠志,李前树. 量子化学. 北京:科学出版社,1982

［5］ 刘若庄. 量子化学基础. 北京:科学出版社,1983

［6］ 徐光宪,黎乐民. 量子化学(基本原理和从头计算法). 北京:科学出版社,1984

［7］ 廖沐真,吴国是,刘洪霖. 量子化学从头计算法. 北京:清华大学出版社,1984

［8］ 张乾二. 多面体分子轨道. 北京:科学出版社,1987

［9］ 封继康. 基础量子化学原理. 北京:高等教育出版社,1987

［10］ 赵成大. 固体量子化学. 北京:高等教育出版社,1993

［11］ 肖鹤鸣. 硝基化合物的分子轨道理论. 北京:国防工业出版社,1993

［12］ 肖鹤鸣,李永富. 金属叠氮化物的能带和电子结构——感度和导电性. 北京:科学出版社,
1996

［13］ Szado A O. Modern Quantum Chemistry, Introduction to advanced electronic structure the-
ory. Mineola, New York: Dover Publications INC,1996

［14］ 江元生. 结构化学. 北京:高等教育出版社,1997

［15］ 孙家钟,何福成. 定性分子轨道理论. 长春:吉林大学出版社,1999

［16］ Jensen F. Introduction to Computation Chemistry. New York: John Wiley & Son, 1999

［17］ 陈凯先,蒋华良,嵇汝运. 计算机辅助药物设计——原理、方法及应用. 上海:上海科学技
术出版社,2000

［18］ 俞庆森,朱龙观. 分子设计导论. 北京:高等教育出版社,2000

［19］ 肖鹤鸣,陈兆旭. 四唑化学的现代理论. 北京:科学出版社,2000

［20］ 肖鹤鸣. 高能化合物的结构和性质. 北京:国防工业出版社,2004

［21］ 林梦海. 量子化学计算方法与应用. 北京:科学出版社,2004

［22］ 杨忠志,叶元杰,唐敖庆. 大分子体系的量子化学. 长春:吉林大学出版社,2005

［23］ Hartree D R. Wave mechanics of an atom with a non-coulomb central field. I. Theory and
methods. II. Some results and discussion. III. Term values and intensities in series in opti-
cal spectra. Prog Camb Phil Soc, 1928, 24: 89~110; 426~437

［24］ Fock V Z. The initial degrees of freedoms of the electron. Phys, 1931, 68: 522~534

［25］ Roothan C C J. New Developments in Molecular Orbital Theory. Rev Mod Phys, 1951,
23: 69~89

［26］ Möller C, Plesset M S. Note on an approximation treatment for many-electron systems.
Phys Rev, 1934, 46: 618~622

［27］ Hohenberg P, Kohn W. Inhomogenous electron gas. Phys Rev. B, 1964,136: 864~871

［28］ Kohn W, Sham L. Self-consistent equations including exchange and correction effects. J
Phys Rev A, 1965, 140: 1133~1138

［29］ Becke A D. Density-functional thermochemistry. III. The role of exact exchange. J Chem
Phys, 1993, 98: 5648~5652

[30] Lee C, Yang W, Parr R G. Development of the Colle-Salvetti correlation-energy formula into a functional of the electron density. Phys Rev B, 1988, 37: 785~789

[31] Perdew J P. Density-functional approximation for the correlation energy of the inhomogeneous electron gas. Phys Rev B, 1986, 33: 8822~8824

[32] Perdew J P, Burke K, Wang Y. Generalized gradient approximation for exchange-correlation hole of a many-electron system. Phys Rev B, 1996, 54: 16533~16539

[33] Slater J C. Atomic shielding constants. Phys Rev, 1930, 36: 57~64

[34] Vanderbilt D. Soft self-consistent pseudopotentials in a generalized eigenvalue formalism. Phys Rev B, 1990, 41: 7892~7895

[35] Payne M C, Teter M P, Allan D et al. Iterative minimization techniques for Ab initio total energy calculations: molecular dynamics and conjugate gradients. Rev Mod Phys, 1992, 64: 1045~1097

[36] Pople J A, Segal G A. Approximate self-consistent molecular orbital theory. III. CNDO results for AB₂ and AB₃ systems. J Chem Phys, 1966, 44: 3289~3296

[37] Pople J A, Beveridge D L, Dobosh P A. Approximate self-consistent molecular-orbital theory. V. intermediate neglect of differential overlap. J Chem Phys, 1967, 47: 2026~2033

[38] Pople J A, Santry D P. Approximate self-consistent molecular orbital theory. I. Invariant procedures. J Chem Phys, 1965, 43: 129~135

[39] Bingham R C, Dewar M J S, Lo D H. Ground states of molecules. XXV. MINDO/3. Improved version of the MINDO semiempirical SCF-MO method. J Am Chem Soc, 1975, 97: 1285~1293

[40] Dewar M J S, Thiel W. Ground states of molecules. 38. The MNDO method. Approximations and parameters. J Am Chem Soc, 1977, 99: 4899~4907

[41] Dewar M J S, Zoebisch E G, Healy E F et al. AM1: A new general purpose quantum mechanical molecular model. J Am Chem Soc, 1985, 107: 3902~3909

[42] Stewart J J P. Optimization of parameters for semiempirical methods I. J Comput Chem, 1989, 10: 209~220

[43] 傅献彩. 平衡态统计热力学. 北京:高等教育出版社, 1994

[44] 傅献彩,沈文霞,姚天扬. 物理化学(上、下册). 第四版. 北京:高等教育出版社, 1990

[45] 胡英. 物理化学(上、中、下册). 第四版. 北京:高等教育出版社, 2004

[46] 范康年. 物理化学. 第二版. 北京:高等教育出版社, 2005

[47] Curtiss L A, Raghavachari K, Redfern P C et al. Asessment of Gaussian-2 and density functional theories for the computation of enthalpies of formation. J Chem Phys, 1997, 106(3): 1063~1079

[48] Chen Z X, Xiao J M, Xiao H M et al. Studies on heat formation for tetarzole derivatives with density functional theory B3LYP method. J Phys Chem A, 1999, 103: 8062~8066

[49] Zhang J, Xiao H M, Gong X D. Theoretical studies on heats of formation for polynitrocubanes using density functional theory B3LYP method and semiempirical MO methods. J

Phys Org Chem，2001，14：583～588

[50] 张骥，肖鹤鸣，肖继军. 多氰基立方烷生成热的 DFT-B3LYP 和半经验 MO 研究. 化学学报，2001，8：1230～1235

[51] Xiao H M，Zhang J. Theoretical predictions on heats of formation for polyisocyanocubanes—looking for typical high energy density material（HEDM）. Sic in China Ser B，2002，45：21～29

[52] Zhang J，Xiao H M，Xiao J J. Theoretical studies on heats of formation for cubylnitrates using the density functional theory B3LYP method and semiempirical MO methods. Int. J Quantum Chem，2002，86：305～312

[53] 王飞，许晓娟，肖鹤鸣等. 多硝基金刚烷生成热和稳定性的理论研究. 化学学报，2003，61：1939～1943

[54] Xu X J，Xiao H M，Gong X D et al. Theoretical studies on the vibrational spectra, thermodynamic properties，detonation properties and pyrolysis mechanisms for polynitroadamantanes. J Phys Chem A，2005，109：11268～11274

[55] Xu X J，Xiao H M，Ju X H et al. Computational studies on polynitrohexaazaadmantanes as potential high energy density materials（HEDMs）. J Phys Chem A，2006，110：5929～5933

[56] Xu X J，Xiao H M，Ma X F et al. Looking for high energy density compounds among hexaazaadamantane derivatives with—CN，—NC，and —ONO$_2$ Groups. Inter J Quantum Chem，2006，106(7)：1561～1568

[57] 许晓娟. 有机笼状高能量密度材料（HEDM）的分子设计和配方设计初探. 南京理工大学博士研究生学位论文，2007

[58] Pople J A，Gordon M H，Fox D et al. Gaussian-1 theory：A general procedure for prediction of molecular energies. J Chem Phys，1989，90：5622～5629

[59] Handy N C，Pople J A，Gordon M H et al. Size -consistent Brueckner theory limited to double substitutions. Chem Phys Lett，1989，164：185～192

[60] Curtiss L A，Jones C，Trucks G W et al. Gaussian-1 theory of molecular energies for second-row compounds. J Chem Phys，1990，93：2537～2545

[61] Curtiss L A，Raghavachari K G，Trucks W et al. Gaussian-2 theory for molecular energies of first-and second-row compounds. J Chem Phys，1991，94：7221～7230

[62] Curtiss L A，Raghavachari K，Pople J A. Gaussian-2 theory using reduced Moller-Plesset orders. J Chem Phys，1993，98：1293～1298

[63] Seminario J M，Politzer P. Modern Density Functional Theory：A Tool for Chemistry. Amsterdam：Elsevier，1995

[64] Parr R G，Yang W. Density-Functional Theory of Atoms and Molecules. New York：Oxford University Press，1999

[65] Materials Studio 3.0.1；Accelrys Inc. San Diego，CA，2004

[66] Sun H，Rigby D. Polysiloxanes：*ab initio* force and structural，conformational and thermo-

physical properties. Spectrochimica Acta A, 1997, 153: 1301~1323

[67] Sun H, Ren P, Fried J R. The COMPASS force field: parameterization and validation for phosphazenes. Comput Theor Polym Sci, 1998, 8: 229~246

[68] Sun H. Compass: An *ab initio* force-field optimized for condense-phase applications-overview with details on alkanes and benzene compounds. J Phys Chem B, 1998, 102: 7338~7364

[69] Bunte S W, Sun H. Molecular modeling of energetic materials: the parameterization and validation of nitrate esters in the COMPASS force field. J Phys Chem B, 2000, 104: 2477~2489

[70] 吴家龙. 弹性力学. 上海: 同济大学出版社, 1993

[71] Weiner J H. Statistical Mechanics of Elasticity. New York: John Wiley, 1983

[72] Swenson R J. Comments for virial systems for bounded systems. Am J Phys, 1983, 51: 940~942

第2章 HEDC 的定量判别方法

先前对高能量密度化合物(HEDC)的分子设计,通常只给出其气相的分子和电子结构以及一般物理化学性质的理论预测。至于什么是 HEDC,筛选出的是不是 HEDC,有没有实用价值,则缺少明确的定义和定量判别标准。为增强可辨可信性,我们首次建议以密度($\rho \approx 1.9 \text{ g} \cdot \text{cm}^{-3}$)、爆速($D \approx 9.0 \text{ km} \cdot \text{s}^{-1}$)和爆压($p \approx 40.0 \text{ GPa}$)作为 HEDC 能量的评估和判别标准。考虑到随能量密度增加,化合物的稳定性一般将下降,感度随之升高,故对所设计的 HEDC,还应进行热解机理和稳定性研究,我们建议以其热解引发键的键离解能($\text{BDE} \approx 80 \sim 120 \text{ kJ} \cdot \text{mol}^{-1}$)作为其稳定性的判别标准。如果所设计化合物的 ρ、D、p 和 BDE 值达到了这些定量标准,则可予以推荐。本章阐述这些计算和预测方法,为后续章节的应用奠定基础。

2.1 晶体密度预测

物质的密度指其单位体积所含质量。若体积为炸药晶体本身的体积,则密度为炸药的晶体密度;若体积是具有一定形状的装药或药柱制成品,则密度为炸药的装药密度。因晶体本身体积不易压缩,故装药密度均小于晶体密度,后者又称理论最大密度。很显然,只有炸药的晶体密度高,才有可能从根本上提高炸药制件的装药密度及其相关爆轰性能,进而以较小容积释放较大能量对外做功。为此,寻求晶体密度较高的炸药是设计和合成 HEDC 的关键目标[1]。

在先前计算炸药晶体密度的主要方法中,应用较广泛、计算较简便的是摩尔体积基团加和法[2]和摩尔折射度基团加和法[3],结果较精确的有势函数法和基于物质紧密堆积理论的结晶化学法[4~6]等。然而,基团加和法未考虑分子在晶体内不同的排列状况,因而不能区分同分异构体和多种稳定晶型以及具有相同基团数的不同分子;后两种方法虽能有效考虑分子空间排列的影响,但相当繁琐,花费计算机运行时间太长,难以广泛应用。因此人们一直试图寻找一种既简便快速又能准确地估算炸药晶体密度的新方法。为此,我们选择已有实验晶体密度的 45 种硝胺类爆炸物[7~26](其分子结构参见附录Ⅰ),通过不同方法、不同基组的量子化学计算,求得它们分子的理论密度。经与实验值比较评估,发现基于密度泛函理论(DFT)的 B3LYP 方法连同 6-31G**(或 6-31G*)基组,所得分子理论密度与实验晶体密度符合较好,从而为高能物质晶体密度估算、为 HEDM 的定量分子设计提供了一种有效的手段[1,27]。

　　运用 Gaussian03 程序包[28]中的 DFT-B3LYP 方法[29,30]，以 6-31G**、6-311G**、6-31＋G**和 6-311＋＋G**基组[31]，对 45 种硝胺化合物分别进行分子几何全优化计算。经振动分析均无虚频，表明对应它们各自势能面上的极小值，即得到了各化合物的稳定构型。在各化合物的稳定构型下，对 0.001e·Bohr^{-3} 的等电子密度面所包围的体积空间，应用 Monte-Carlo 方法求得每种分子的平均摩尔体积(V)，进而求得该分子的理论密度($\rho=M/V$，M 为分子摩尔质量)。

2.1.1　DFT-B3LYP/6-31G**计算结果

　　如表 2.1 所示，将所研究的 45 种化合物按结构不同分为 3 类。9(1～9)种为脂肪族硝胺；12(10～21)种为单环氮杂硝胺；24(22～45)种为多环或笼状氮杂硝胺。把 B3LYP/6-31G**计算所得分子体积(V)和理论密度(ρ_{cal})列于表 2.1。为方便比较，表中同时列出实验晶体密度(ρ_{exp})和 ρ_{cal}/ρ_{exp}。为形象直观地考察理论计算值与实验值之间的符合程度，按表 2.1 中数据作图 2.1。

表 2.1　硝胺化合物基于 B3LYP/6-31G**计算的理论密度(ρ_{cal})和实验晶体密度(ρ_{exp})的比较*

序号	化学名称	代码	M	V	ρ_{cal}	ρ_{exp}	ρ_{cal}/ρ_{exp}
	Group I						
1	Nitroguanidine	NQ	104.08	65.92	1.58	1.77	0.89
2	Bis(cyanomethyl)nitramine	BCMN	140.11	94.41	1.48	1.50	0.99
3	Bis(cyanoethyl)nitramine	BCEN	168.16	122.37	1.37	1.36	1.01
4	N,N'-dinitrourea	DNU	150.07	81.50	1.84	1.98	0.93
5	Ethylene dinitroamine	EDNA	150.11	93.24	1.61	1.71	0.94
6	Di(2-nitroxyethyl)nitramine	DINA	240.14	141.36	1.70	1.67	1.02
7	1,7-diazido-2,4,6-trinitro-2,4,6-triazaheptane	DATH	320.22	187.88	1.70	1.72	0.99
8	1,9-diazido-2,4,6,8-tetranitro-2,4,6,8-tet-raazanonane	DATNTAN	394.27	224.97	1.75	1.67	1.05
9	1,1,1,3,6,8,8,8-octanitro-3,6-diazaoctane	ONDO	476.22	250.25	1.90	1.88	1.01
	Average						0.98
	Group II						
10	1,3,3-trinitroazetidine	TNAZ	192.10	108.21	1.78	1.84	0.97
11	1,3-dinitro-1,3-diazacyclopentane	DNCP	162.12	98.36	1.65	1.70	0.97
12	1,3-dinitro-1,3-diazacyclohexane	m-DNDC	176.14	109.47	1.61	1.57	1.03

续表

序号	化学名称	代码	M	V	ρ_{cal}	ρ_{exp}	ρ_{cal}/ρ_{exp}
13	1,4-dinitro-1,4-diazacyclohexane	p-DNDC	176.14	109.62	1.61	1.63	0.99
14	1,3,5-trinitro-1,3,5-triazacyclohexane	RDX	222.14	124.92	1.78	1.81	0.98
15	1,3,5,5-tetranitrohexahydropyrimidine	DNNC	266.15	146.47	1.82	1.80	1.01
16	1,3,5-trinitro-1,3,5-triazacyclohexane-2-one	TNTACH	236.12	125.18	1.89	1.93	0.98
17	1,3-dinitro-1,3-diazacycloheptane	m-DNDH	190.16	124.72	1.52	1.54	0.99
18	1,5-dinitro-3-nitroso-1,3,5-triazacycloheptane	DNTH	220.15	129.87	1.70	1.71	0.99
19	1,3,5,7-tetranitro-1,3,5,7-tetraazacyclooctane	HMX	296.18	157.53	1.88	1.90	0.99
20	l-(azidomethyl)-3,5,7-trinitro-1,3,5,7-tetraza-cyclootane	AZTC	306.23	182.30	1.68	1.70	0.99
21	1,3,3,5,7,7-hexanitro-1,5-diazacyclooctane	HNDZ	384.20	202.16	1.90	1.88	1.01
	Average						0.99
	Group Ⅲ						
22	1,4-dinitrofurazano[3,4-b]piperazine	DNFP	216.04	120.81	1.79	1.83	0.98
23	1,3,4,7-tetranitro-1,3,4,7-tetraazabicyclo[6.5.0]nonane-2-one	TN650	322.18	168.50	1.91	1.97	0.97
24	1,3,4,6-tetranitro-1,3,4,6-tetraazabicyclo[5.5.0]octane-2-one	TN550	308.15	156.88	1.96	1.95	1.01
25	1,4-dinitroglycolurile	DINGU	232.13	123.63	1.88	1.96	0.96
26	1,3,4,6-tetranitroglycolurile	TNGU	322.14	158.55	2.03	2.01	1.01
27	cis-2,4,6,8-tetranitro-1H,5H-2,4,6,8-tetraaz-abicyclo[3.3.0]octane	BCHMX	294.17	156.86	1.88	1.86	1.01
28	2,6-dinitro-3,3,3,7-tetrakis(trifluoromethyl)-2,4,6,8-tetraazabicyclo[3.3.0]octane	FIFCOM	476.17	201.56	2.36	1.98	1.19
29	2,4,6-trinitro-3,3,3,7-tetrakis(trifluoromethyl)-2,4,6-tetraazabicyclo[3.3.0]octane	FIFCUS	521.17	217.50	2.40	2.11	1.14
30	2,4,6,8-tetranitro-3,3,3,7-tetrakis(trifluoromethyl)-2,4,6,8-tetraazabicyclo[3.3.0]octane	FIFDAZ	566.18	232.22	2.44	2.18	1.12
31	$trans$-1,4,5,8-tetranitro-1,4,5,8-tetraazadecalin	TNAD	322.22	179.87	1.79	1.82	0.98
32	cis-1,3,5,7-tetranitro-1,3,5,7-tetraazadecalin	cis1357TNAD	322.22	179.57	1.79	1.79	1.00
33	$trans$-1,3,5,7-tetranitro-1,3,5,7-tetraazadecalin	$trans$1357TNAD	322.22	181.41	1.78	1.75	1.02
34	1,1′,3,3′-tetranitro-4,4′-biimidazolidine	(r,r)-TNBI	322.22	185.59	1.74	1.71	1.02

续表

序号	化学名称	代码	M	V	ρ_{cal}	ρ_{exp}	ρ_{cal}/ρ_{exp}
35	1,3,7,9-tetranitro-1,3,7,9-tetraazaspiro[4.5]decane	TNSD	322.22	178.98	1.80	1.71	1.05
36	2,4,8,10-tetranitro-2,4,8,10-tetraazaspiro[5.5]undecane	TNSU	336.25	191.11	1.76	1.74	1.01
37	1,3,5,7-tetranitro-3,7-diazabicyclo[3.3.1]nonane	TNDBN	306.10	173.17	1.77	1.66	1.07
38	tetranitropropanediurea	TNPD	336.16	171.70	1.96	1.98	0.99
39	2,4,6,8,10,12-hexanitro-2,4,6,8,10,12-hexaazatricyclo[7.3.0.0]dodecane-5,11-dione	HHTDD	468.21	230.17	2.03	2.07	0.98
40	octahydro-1,3,4,6-tetranitro-3aα,3bβ,6aβ,6bα-cyclobutane[1,2-d:3,4-d']diimidazole	TNTriCB	320.20	175.60	1.82	1.83	0.99
41	octahydro-1,3,4,6-tetranitro-3aα,3bβ,6aβ,6bα-cyclobutane[1,2-d:3,4-d']diimidazole-2,5-dione	TNCB	348.17	178.46	1.95	1.99	0.98
42	1,1'-dinitro-3,3'-azo-1,2,4-triazole	N-DNAT	254.06	141.15	1.80	1.81	0.99
43	4,10-dinitro-2,6,8,12-tetraoxa-4,10-diazaisowurtzitane	TEX	262.15	136.85	1.92	1.99	0.96
44	2,4,6,8,10,12-hexanitro-2,4,6,8,10,12-hexaazaisowurtzitane	CL-20	438.23	218.89	2.00	2.04	0.98
45	hexanitrohexaazaadamantane	HANA	412.19	198.04	2.08	2.10	0.99
Average							1.02
Total average							1.00

* M 为化合物的摩尔质量($g \cdot mol^{-1}$);V 为理论计算分子体积($cm^3 \cdot mol^{-1}$);ρ_{cal} 和 ρ_{exp} 分别为理论计算密度和实验晶体密度($g \cdot cm^{-3}$)。

由表 2.1 或图 2.1(a)均可见,对于 45 种硝胺化合物,基于 B3LYP/6-31G** 计算的 ρ_{cal} 与实验值 ρ_{exp} 总体符合良好,线性相关系数为 0.8911,绝对偏差为 0.0892。这一结果表明该理论计算密度可近似为晶体密度。

表中 3 个含氟化合物[FIFCOM(28),FIFCUS(29)和 FIFDAZ(30)]的密度计算值与实验值偏差较大;若将它们剔除,则 42 种硝胺化合物的计算值与实验值之间的线性相关更好($R=0.9410$,$SD=0.0527$),参见图 2.1(b)。含氟化合物的计算密度与实验晶体密度之所以偏差较大,可能归因于氟原子电负性大,氟化物分子极性大,在实际晶体中分子之间静电排斥作用大,致使分子间空隙较大,即在氟化物实际晶体中分子堆积较为松散,故其实验晶体密度较小。

从表 2.1 和图 2.1 还可见,比较基于 B3LYP/6-31G** 计算的理论密度和实验晶体密度,脂肪族硝胺符合得较差[图 2.1(c)],单环硝胺符合很好[图 2.1(d)],不含氟多环硝胺符合得非常好[图 2.1(f)]。

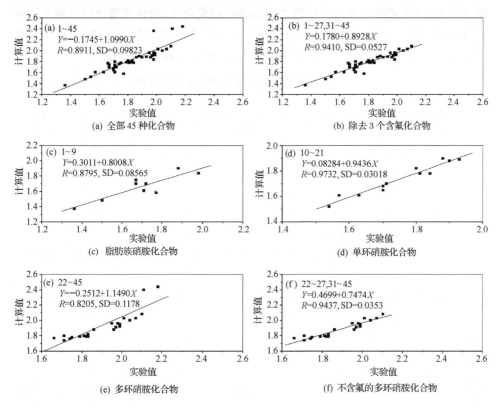

图 2.1　硝胺化合物的 B3LYP/6-31G** 计算理论密度(ρ_{cal})和实验晶体密度(ρ_{exp})的比较

2.1.2　DFT-B3LYP 较大基组计算结果

为了考察不同基组对 DFT-B3LYP 计算分子体积和理论密度的影响,表 2.2 列出上述 45 种硝胺化合物基于 B3LYP/6-311G**、6-31＋G** 和 6-311＋＋G** 优化分子构型,类似求得的 V、ρ_{cal} 和 ρ_{cal}/ρ_{exp}。为方便比较,表 2.3 列出在各种基组水平下计算的 45 种硝胺化合物的理论密度与实验晶体密度之间的线性关系以及标准偏差。

由表 2.2 可见,该 3 种较大基组下的理论计算密度,与 6-31G** 基组下所得相应结果类似。对单环硝胺和不含氟多环硝胺,计算密度与实验晶体密度很相近;而对 3 种含氟硝胺的理论估算值则远大于实验值。如表 2.2 中 ρ_{cal}/ρ_{exp} 值和表 2.3 中的线性关系所示。

　　虽然按量子力学基本原理,分子的结构和性能计算结果应随基组增大而更为精确,即更贴近真实值。但从表 2.2 中 ρ_{cal}/ρ_{exp} 值和表 2.3 中线性关系均可见:随基组增大,理论预测密度与实验值之间偏差却越来越大,线性关系也越来越差。这是因为基组增大,使 0.001 e·Bohr^{-3} 等电子密度面所包围的空间增大,即求得的分子体积增大,故求得的分子理论密度减小,偏离了实验晶体密度。

表 2.2　不同基组的 B3LYP 计算分子体积和密度

序号	V			ρ_{cal}			ρ_{cal}/ρ_{exp}		
	6-311 G**	6-31+ G**	6-311++ G**	6-311 G**	6-31+ G**	6-311++ G**	6-311 G**	6-31+ G**	6-311++ G**
I 组									
1	67.29	69.11	69.40	1.55	1.51	1.50	0.88	0.85	0.85
2	97.45	95.16	98.24	1.44	1.47	1.43	0.96	0.98	0.95
3	123.34	124.19	125.27	1.36	1.35	1.34	1.00	0.99	0.99
4	81.93	84.48	85.72	1.83	1.78	1.75	0.92	0.90	0.88
5	94.93	96.92	95.91	1.58	1.55	1.57	0.92	0.91	0.92
6	144.71	148.08	147.51	1.66	1.62	1.63	0.99	0.97	0.98
7	189.97	189.31	190.78	1.69	1.68	1.68	0.99	0.98	0.98
8	228.56	232.88	232.66	1.73	1.69	1.69	1.04	1.01	1.01
9	252.60	255.73	257.32	1.89	1.87	1.85	1.00	0.99	0.98
平均							0.97	0.95	0.95
II 组									
10	108.85	111.00	110.99	1.76	1.73	1.73	0.96	0.94	0.94
11	98.46	98.56	100.46	1.65	1.64	1.61	0.97	0.96	0.95
12	113.06	111.52	113.42	1.56	1.58	1.55	0.99	1.01	0.99
13	113.85	113.93	114.61	1.55	1.55	1.54	0.95	0.95	0.94
14	124.38	125.93	126.09	1.79	1.76	1.76	0.99	0.97	0.97
15	147.21	147.35	146.65	1.81	1.81	1.81	1.01	1.01	1.01
16	127.24	129.57	128.65	1.86	1.82	1.84	0.96	0.94	0.95
17	124.53	123.91	125.52	1.53	1.53	1.51	0.99	0.99	0.98
18	132.45	130.49	131.93	1.66	1.69	1.67	0.97	0.99	0.98
19	162.79	166.08	167.41	1.82	1.78	1.77	0.96	0.94	0.93
20	183.80	183.74	185.10	1.67	1.67	1.65	0.98	0.98	0.97
21	205.71	203.96	205.71	1.87	1.88	1.87	0.99	1.00	0.99
平均							0.98	0.97	0.97

续表

序号	V			ρ_{cal}			ρ_{cal}/ρ_{exp}		
	6-311 G**	6-31+ G**	6-311++ G**	6-311 G**	6-31+ G**	6-311++ G**	6-311 G**	6-31+ G**	6-311++ G**
Ⅲ组									
22	121.58	121.38	121.42	1.78	1.78	1.78	0.97	0.97	0.97
23	170.99	171.91	174.34	1.88	1.87	1.85	0.95	0.95	0.94
24	159.51	161.85	163.26	1.93	1.90	1.89	0.99	0.97	0.97
25	125.77	127.48	127.90	1.85	1.82	1.81	0.94	0.93	0.92
26	162.37	163.87	160.75	1.98	1.97	2.00	1.02	1.02	1.03
27	158.40	161.19	164.56	1.86	1.82	1.79	1.00	0.98	0.96
28	204.20	209.53	207.61	2.33	2.27	2.29	1.18	1.15	1.16
29	220.89	225.73	222.62	2.36	2.31	2.34	1.12	1.09	1.11
30	239.54	239.80	240.22	2.36	2.36	2.36	1.08	1.08	1.08
31	182.13	182.09	183.84	1.77	1.77	1.75	0.97	0.97	0.96
32	187.15	184.23	184.90	1.72	1.75	1.74	0.96	0.98	0.97
33	182.06	185.94	181.98	1.77	1.73	1.77	1.01	0.99	1.01
34	181.00	186.56	186.87	1.78	1.73	1.72	1.04	1.01	1.01
35	180.02	183.61	184.43	1.79	1.75	1.75	1.05	1.02	1.02
36	196.04	198.60	198.51	1.72	1.69	1.69	0.99	0.97	0.97
37	174.59	179.93	179.05	1.75	1.70	1.71	1.05	1.02	1.03
38	173.66	175.79	178.68	1.94	1.91	1.88	0.98	0.96	0.95
39	229.36	234.34	236.62	2.04	2.00	1.98	0.99	0.97	0.96
40	177.61	178.25	181.76	1.80	1.80	1.76	0.98	0.98	0.96
41	181.87	181.92	183.67	1.91	1.91	1.90	0.96	0.96	0.95
42	143.92	143.67	145.83	1.77	1.77	1.74	0.98	0.98	0.96
43	133.42	140.62	141.40	1.96	1.86	1.85	0.98	0.93	0.93
44	218.85	221.23	221.03	2.00	1.98	1.98	0.98	0.97	0.97
45	204.53	202.47	204.83	2.02	2.04	2.01	0.96	0.97	0.96
平均							1.01	0.99	0.99
总和							0.99	0.98	0.97

表 2.3　理论计算密度和实验晶体密度之间的相关性*

方法	总数(1～45)	总数′(1～27,31～45)	Ⅰ组(1～9)
B3LYP/6-31G**	$Y=-0.1745+1.0990X$	$Y=0.1780+0.8928X$	$Y=0.3011+0.8008X$
	$R=0.8911,SD=0.0982$	$R=0.9410,SD=0.0527$	$R=0.8795,SD=0.0856$
B3LYP/6-311G**	$Y=-0.1591+1.0777X$	$Y=0.1580+0.8919X$	$Y=0.2472+0.8195X$
	$R=0.8920,SD=0.0958$	$R=0.9326,SD=0.0566$	$R=0.8754,SD=0.0894$
B3LYP/6-31+G**	$Y=-0.1051+1.0374X$	$Y=0.2141+0.8507X$	$Y=0.3704+0.7330X$
	$R=0.8895,SD=0.0935$	$R=0.9262,SD=0.0568$	$R=0.8466,SD=0.0911$
B3LYP/6-311++G**	$Y=-0.1427+1.0536X$	$Y=0.2010+0.8526X$	$Y=0.3625+0.7325X$
	$R=0.8788,SD=0.1004$	$R=0.9189,SD=0.0600$	$R=0.8406,SD=0.0933$
PM3	$Y=-0.3726+1.3675X$	$Y=0.0240+1.1352X$	$Y=0.1082+1.0823X$
	$R=0.8939,SD=0.1203$	$R=0.9334,SD=0.0716$	$R=0.8555,SD=0.1294$
AM1	$Y=-0.3811+1.4087X$	$Y=0.0286+1.169X$	$Y=0.0768+1.1336X$
	$R=0.9001,SD=0.1196$	$R=0.9384,SD=0.0706$	$R=0.8948,SD=0.1118$
MNDO	$Y=-0.4753+1.4335X$	$Y=-0.0846+1.2049X$	$Y=-0.0246+1.1679X$
	$R=0.9120,SD=0.1131$	$R=0.9493,SD=0.0655$	$R=0.9369,SD=0.0861$
MINDO/3	$Y=-0.8137+1.6346X$	$Y=-0.1465+1.2452X$	$Y=0.0030+1.1509X$
	$R=0.8667,SD=0.1651$	$R=0.9486,SD=0.0682$	$R=0.8947,SD=0.1136$

方法	Ⅱ组(10～21)	Ⅲ组(22～45)	Ⅲ′组(22～27,31～45)
B3LYP/6-31G**	$Y=0.0828+0.9436X$	$Y=-0.2512+1.1490X$	$Y=0.4699+0.7474X$
	$R=0.9732,SD=0.0302$	$R=0.8205,SD=0.1178$	$R=0.9437,SD=0.0353$
B3LYP/6-311G**	$Y=0.0926+0.9242X$	$Y=-0.1611+1.0894X$	$Y=0.4908+0.7256X$
	$R=0.9680,SD=0.0325$	$R=0.8163,SD=0.1135$	$R=0.9231,SD=0.0407$
B3LYP/6-31+G**	$Y=0.2819+0.8118X$	$Y=-0.2118+1.1032X$	$Y=0.4209+0.7509X$
	$R=0.9292,SD=0.0437$	$R=0.8423,SD=0.1039$	$R=0.9517,SD=0.0326$
B3LYP/6-311++G**	$Y=0.1279+0.8936X$	$Y=-0.126+1.1022X$	$Y=0.4926+0.7133X$
	$R=0.9423,SD=0.043$	$R=0.8135,SD=0.1160$	$R=0.9229,SD=0.0401$
PM3	$Y=-0.1268+1.2143X$	$Y=-0.5917+1.4887X$	$Y=0.1921+1.0509X$
	$R=0.9470,SD=0.0558$	$R=0.8428,SD=0.1399$	$R=0.9419,SD=0.0505$
AM1	$Y=-0.1568+1.2690X$	$Y=-0.5501+1.5042X$	$Y=0.2878+1.0373X$
	$R=0.9396,SD=0.0626$	$R=0.8399,SD=0.1430$	$R=0.9284,SD=0.0559$
MNDO	$Y=-0.2653+1.3057X$	$Y=-0.7497+1.5808X$	$Y=0.0286+1.1468X$
	$R=0.9557,SD=0.0544$	$R=0.8565,SD=0.1402$	$R=0.9170,SD=0.0672$
MINDO/3	$Y=-0.2223+1.2807X$	$Y=-1.3464+1.9215X$	$Y=-0.0254+1.1873X$
	$R=0.9629,SD=0.0486$	$R=0.8109,SD=0.2041$	$R=0.9419,SD=0.0571$

*　R 和 SD 分别表示线性相关系数和标准偏差；括号中 1～45 等数字分别对应表 2.1 中化合物的序号。

众所周知,随基组增大,量子化学计算所需运行时间和所占用 CPU 空间猛增。这对于估算晶体密度却适得其反。总之,DFT-B3LYP 方法结合 6-31G** 基组,能够既快又准确地预测单环和多环硝胺的晶体密度。而且,经验表明[32],若选用与 6-31G** 相近的 6-31G* 基组,B3LYP 理论计算密度与实验晶体密度同样吻合很好,适用于有机笼状硝基、硝胺和硝酸酯衍生物[33~35]。因此,后续章节将运用 B3LYP/6-31G* 或 B3LYP/6-31G** 方法,优化爆炸物的分子几何,进而预测它们的晶体密度。

2.1.3　半经验分子轨道计算结果

半经验分子轨道方法如 MINDO/3、MNDO、AM1 和 PM3 等,在炸药化学中应用颇为广泛,能够比 ab initio 和 DFT 方法更快地给出计算结果。但是,若以它们优化的构型为基础计算分子体积和密度时,精确性到底如何,值得探讨。表 2.4 列出 3 类 45 种硝胺化合物的半经验计算分子体积(V)、理论密度(ρ_{cal})及其与实验晶体密度的比值(ρ_{cal}/ρ_{exp})。为便于与 DFT 计算结果相比较,表 2.3 也给出半经验计算密度与实验密度的相关性,图 2.2 还展示了理论预测结果与实验值之间的比较。

表 2.4　4 种半经验方法估算的分子体积和密度

序号	V				ρ_{cal}				ρ_{cal}/ρ_{exp}			
	PM3	AM1	MNDO	MINDO/3	PM3	AM1	MNDO	MINDO/3	PM3	AM1	MNDO	MINDO/3
I 组												
1	57.68	55.94	55.80	57.76	1.80	1.86	1.87	1.80	1.02	1.05	1.05	1.02
2	79.84	79.50	79.98	79.07	1.75	1.76	1.75	1.77	1.17	1.17	1.17	1.18
3	106.75	103.00	106.84	107.73	1.58	1.63	1.57	1.56	1.16	1.20	1.16	1.15
4	67.46	64.62	64.73	65.90	2.22	2.32	2.32	2.28	1.12	1.17	1.17	1.15
5	82.01	77.91	79.61	78.22	1.83	1.93	1.89	1.92	1.07	1.13	1.10	1.12
6	118.59	116.6	121.87	123.81	2.02	2.06	1.97	1.94	1.21	1.23	1.18	1.16
7	161.23	156.46	161.54	159.99	1.99	2.05	1.98	2.00	1.15	1.19	1.15	1.16
8	200.42	192.19	197.37	196.50	1.97	2.05	2.00	2.01	1.18	1.23	1.20	1.20
9	204.36	204.48	211.31	205.97	2.33	2.33	2.25	2.31	1.24	1.24	1.20	1.23
平均									1.15	1.18	1.15	1.15
II 组												
10	90.38	88.24	88.93	89.20	2.13	2.18	2.16	2.15	1.16	1.18	1.17	1.17
11	85.14	82.36	85.76	85.31	1.90	1.97	1.89	1.90	1.12	1.16	1.11	1.12
12	96.24	95.22	98.15	96.58	1.83	1.85	1.79	1.82	1.17	1.18	1.14	1.16
13	97.77	93.33	96.77	96.69	1.80	1.89	1.82	1.82	1.10	1.16	1.12	1.12

序号	V				ρ_{cal}				ρ_{cal}/ρ_{exp}			
	PM3	AM1	MNDO	MINDO/3	PM3	AM1	MNDO	MINDO/3	PM3	AM1	MNDO	MINDO/3
14	107.09	104.54	103.94	104.71	2.07	2.12	2.14	2.12	1.14	1.17	1.18	1.17
15	123.50	118.82	122.88	122.91	2.16	2.24	2.17	2.17	1.20	1.24	1.20	1.20
16	105.94	102.07	104.54	105.79	2.23	2.31	2.26	2.23	1.16	1.20	1.17	1.16
17	108.42	105.46	107.53	107.94	1.75	1.80	1.77	1.76	1.14	1.17	1.15	1.14
18	113.44	112.56	113.50	113.88	1.94	1.96	1.94	1.93	1.13	1.14	1.13	1.13
19	142.17	138.85	140.14	138.16	2.08	2.13	2.11	2.14	1.09	1.12	1.11	1.13
20	160.98	150.62	154.69	155.08	1.90	2.03	1.98	1.97	1.12	1.20	1.16	1.16
21	174.61	167.31	172.94	172.50	2.20	2.30	2.22	2.23	1.17	1.22	1.18	1.18
平均									1.14	1.18	1.15	1.15
Ⅲ组												
22	103.80	99.92	101.98	101.27	2.08	2.16	2.12	2.13	1.14	1.18	1.16	1.16
23	144.56	141.74	146.17	145.49	2.23	2.27	2.20	2.21	1.13	1.15	1.12	1.12
24	133.89	130.95	133.47	132.38	2.30	2.35	2.31	2.33	1.18	1.21	1.18	1.19
25	108.38	102.76	106.01	105.04	2.14	2.26	2.19	2.21	1.09	1.15	1.12	1.13
26	136.00	128.81	132.71	131.01	2.37	2.50	2.43	2.46	1.18	1.24	1.21	1.22
27	134.21	130.91	139.33	133.96	2.19	2.25	2.11	2.20	1.18	1.21	1.13	1.18
28	170.94	167.80	172.00	159.18	2.79	2.84	2.77	2.99	1.41	1.43	1.40	1.51
29	186.91	182.10	183.91	167.60	2.79	2.86	2.83	3.11	1.32	1.36	1.34	1.47
30	199.61	191.11	196.21	176.00	2.84	2.96	2.89	3.22	1.30	1.36	1.33	1.48
31	160.60	152.31	161.52	156.21	2.01	2.12	1.99	2.06	1.12	1.18	1.05	1.14
32	157.78	151.55	160.78	156.36	2.04	2.13	2.00	2.06	1.15	1.20	1.12	1.16
33	158.43	153.19	155.51	156.15	2.03	2.10	2.07	2.06	1.16	1.20	1.18	1.18
34	159.22	156.83	157.93	160.92	2.02	2.05	2.04	2.00	1.18	1.20	1.19	1.17
35	157.01	152.02	161.76	157.23	2.05	2.12	1.99	2.05	1.21	1.25	1.17	1.21
36	170.11	163.05	171.80	170.17	1.98	2.06	1.96	1.98	1.14	1.18	1.13	1.14
37	154.94	146.54	150.03	150.87	1.98	2.09	2.04	2.03	1.19	1.26	1.23	1.22
38	148.54	142.07	142.67	141.82	2.26	2.37	2.36	2.37	1.14	1.20	1.19	1.20
39	197.28	190.00	194.04	191.81	2.37	2.46	2.41	2.44	1.14	1.19	1.16	1.18
40	154.00	151.05	150.39	150.37	2.08	2.12	2.13	2.13	1.14	1.16	1.16	1.16
41	150.03	148.79	150.37	150.94	2.32	2.34	2.32	2.31	1.17	1.18	1.17	1.16
42	119.23	116.32	116.74	116.45	2.13	2.18	2.18	2.18	1.18	1.20	1.20	1.20
43	116.03	116.08	115.19	114.06	2.26	2.26	2.28	2.30	1.14	1.14	1.15	1.16
44	186.74	184.50	186.42	180.62	2.35	2.38	2.35	2.43	1.15	1.17	1.15	1.19
45	169.45	163.47	164.60	164.31	2.43	2.52	2.50	2.51	1.16	1.20	1.19	1.20
平均									1.18	1.22	1.18	1.21
总和									1.16	1.20	1.17	1.18

从表 2.3、表 2.4 并参照图 2.2 可见,对于所有硝胺化合物,半经验方法均过低估算了分子体积,因而过高估算了密度,这与前人的研究结果相符[36]。虽然半经验计算密度值远大于 DFT 和实验结果,但值得注意的是,与实验晶体密度相比,半经验方法总体上呈现与 DFT 相一致的趋势,即单环硝胺和不含氟多环硝胺化合物符合较好;脂肪族硝胺符合程度较差;含氟硝胺偏离最大。由于半经验方法能很快给出计算结果,且又能与 DFT 呈现一致的符合实验的趋势,因此在不求精确或在通过系统校正后,有时也能近似用于预测晶体密度。

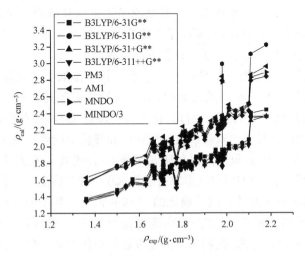

图 2.2　半经验和 DFT-B3LYP 计算密度
与实验晶体密度的比较

2.2　爆速爆压预测

在炸药的爆轰特性中,爆速(D)和爆压(p)是最重要的两个指标。除根据状态方程和计算机技术对爆轰性能进行较全面准确的理论预测外,人们还积累和总结了许多有效的估算 D 和 p 的经验或半经验公式[37~39]。这里介绍的"Kamlet-Jacobs"公式(以下简称 K-J 方程)和"ω-Γ"方法,就是本书后续分别用于单体和混合炸药 D 和 p 值预测的著名经验方法。

2.2.1　K-J　方　程

K-J 方程是由 Kamlet 和 Jacobs[40]提出的计算 C-H-O-N 系单体炸药爆速和爆压的经验公式

$$D = 1.01 \, (N\overline{M}^{1/2}Q^{1/2})^{1/2}(1 + 1.30 \, \rho) \tag{2.1}$$

$$p = 1.558 \, \rho^2 N\overline{M}^{1/2}Q^{1/2} \tag{2.2}$$

式中：D 为爆速（$km \cdot s^{-1}$）；p 为爆压（GPa）；ρ 为炸药的装药密度（$g \cdot cm^{-3}$）；N 为每克炸药爆轰生成气体产物的量（$mol \cdot g^{-1}$）；$\overline{M}$ 为气体产物的摩尔质量（$g \cdot mol^{-1}$）；Q 为每克炸药的爆轰化学能，亦即单位质量炸药的最大爆热（$J \cdot g^{-1}$）。在确定 N，$\overline{M}$ 和 Q 时，假设爆炸反应按最大放热原则（生成 H_2O 和 CO_2）进行，即对于 C-H-O-N 系炸药，所有的氮原子生成氮气，所有的氧原子先与氢原子生成水，剩余的氧原子再与碳原子生成 CO_2。若氧原子不足以使碳原子全部氧化，则多余的碳原子以固态碳形式存在；若氧原子有剩余则以氧分子形式存在。对分子式为 $C_aH_bO_cN_d$ 的炸药，其 N，$\overline{M}$ 和 Q 的计算方法见表 2.5[37]。

由 K-J 方程可见，ρ 极大地影响 D 和 p 值。因 ρ 是取决于实际装药的可变量，故由该方程求得的 D 和 p 也随之而变，即不同的实验装药密度将产生不同的 D 和 p 值。该方程对已知炸药尚可应用，代入实测爆热（Q）和装药密度（ρ）即可简便地求得 D 和 p 值，但对于尚未合成或处于设计和评估中的炸药则无能为力。我们在 HEDC 分子设计中，建议采用晶体理论密度（ρ_{cal}）代替 ρ，按最大放热原则由产物与炸药的计算生成热（HOF）之差求得爆热（Q）。有了确定的 ρ 和 Q 代入 K-J 方程后，则可求得对应于晶体密度的确定的 D 和 p 值。因炸药的装药密度只能接近而不可能达到其晶体密度，故按晶体密度求得的 D 和 p 值可视为实验值的上限，亦即最大 D 和 p 值。总之，我们采用 K-J 方程的简便形式，赋予其新的内涵，扩大其应用范围，建立了基于量子化学求 ρ，D 和 p，进而在分子设计中定量评估 HEDC 的新方法，并且已取得满意效果，引起国内外科技工作者的广泛关注[32~35,41~49]。

需要注意的是，因 DFT 计算不能直接给出 HOF 值，该精确值可通过设计等键反应间接求得[32~35,50~53]。但研究实践表明，半经验分子轨道 PM3 预估 HOF 值与实验值总体符合较好[54,55]，并且用 K-J 方程估算 D 和 p 值时，以 PM3 计算 HOF 即可取得良好效果[45~49,56~57]。为此，在后续章节中，我们采用了较精确计算和 PM3 计算两种方法所得 HOF，去估算化合物的 Q 值，进而代入 K-J 方程求 D 和 p 值。

此外，为计算含 F、Cl 等元素的炸药的爆轰参数，可采用 K-J 公式的修正形式[58]。即假定炸药爆轰仍遵循上述计算 N、$\overline{M}$ 和 Q 的规定，只是 Cl、F 首先与 H 反应生成 HCl、HF，剩余的 H 与 O 反应生成 H_2O。若有剩余 O 则与 C 反应生成 CO_2；若 O 不足以使 C 全部氧化，则多余 C 以固态形式存在；N 仍以 N_2 存在。因此，对 $C_aH_bO_cN_dF_eCl_f$ 炸药，只要如表 2.6 算出 N、$\overline{M}$ 和 Q 值，再代入计算所得理论密度，仍可按式（2.1）和式（2.2）求得其 D 和 p 值。

表 2.5　$C_aH_bO_cN_d$ 系炸药 N、$\bar{M}$ 和 Q 的计算方法*

参数	炸药组分条件		
	$c \geqslant 2a+\dfrac{b}{2}$	$2a+\dfrac{b}{2}>c \geqslant \dfrac{b}{2}$	$\dfrac{b}{2}>c$
N	$\dfrac{b+2c+2d}{4M}$	$\dfrac{b+2c+2d}{4M}$	$\dfrac{b+d}{2M}$
$\bar{M}$	$\dfrac{4M}{b+2c+2d}$	$\dfrac{56d+88c-8b}{b+2c+2d}$	$\dfrac{2b+28d+32c}{b+d}$
$Q \times 10^{-3}$	$\dfrac{28.9b+94.05a+0.239\Delta H_f^{\ominus}}{M}$	$\dfrac{28.9b+94.05\left(\dfrac{c}{2}-\dfrac{b}{4}\right)+0.239\Delta H_f^{\ominus}}{M}$	$\dfrac{57.8c+0.239\Delta H_f^{\ominus}}{M}$

* M 为炸药的摩尔质量 $(g \cdot mol^{-1})$；$\Delta H_f^{\ominus}$ 为炸药的标准生成焓 $(kJ \cdot mol^{-1})$。

表 2.6　$C_aH_bO_cN_dF_eCl_f$ 系炸药 N、$\bar{M}$ 和 Q 的计算方法

参数	炸药组分条件		
	$c>2a+\dfrac{b}{2}$	$c=2a+\dfrac{b}{2}$	$2a+\dfrac{b}{2}>c$
N	$\dfrac{b+2c+2d+3e+3f}{4M}$	$\dfrac{2a+b+d+e+f}{2M}$	$\dfrac{b+2c+2d+3e+3f}{4M}$
$\bar{M}$	$\dfrac{1}{N}$	$\dfrac{88a+18b+28d+22e+55f}{2a+b+d+e+f}$	$\dfrac{56d+88c+88e+154f-8b}{b+2c+2d+3e+3f}$
$Q \times 10^{-3}$	$\dfrac{28.9b+94.05a+35.9e-6.8f+0.239\Delta H_f^{\ominus}}{M}$	$\dfrac{28.9b+94.05a+35.9e-6.8f+0.239\Delta H_f^{\ominus}}{M}$	$\dfrac{28.9b+94.05\left(\dfrac{c}{2}-\dfrac{b}{4}\right)+59.5e+16.7f+0.239\Delta H_f^{\ominus}}{M}$

大量计算表明,K-J 公式及其扩展形式在计算装药密度大于 1.0 g·cm⁻³ 的单体炸药时,其 D、p 计算值与实测值的相对误差一般不大于 3%。而对较复杂的混合炸药,一般则采用 ω-Γ 方法计算其 D 和 p 值。

2.2.2　ω-Γ　方　法

ω-Γ 方法由我国含能材料专家 1985 年提出[59],是估算炸药爆轰参数的简易经验公式。由于计算中除用到某些基本参数如爆热 Q 和装药密度 ρ 外,还引入了势能因子 ω 和绝热指数 Γ,故而取名 ω-Γ 法。该方法既适用于单体炸药也适用于混合炸药爆轰参数的计算,且计算结果与实验值相吻合,为此得到了国内外的重视和应用。

$$D = 33.05Q^{1/2} + 243.2\omega\rho \tag{2.3}$$

$$p = \frac{\rho D^2 \times 10^{-6}}{\Gamma + 1} \tag{2.4}$$

$$Q = \frac{-(\sum n_i \Delta H_i - \Delta H_f)}{M} \tag{2.5}$$

式中:D、p 和 Q 分别为炸药的爆速(m·s⁻¹)、爆压(GPa)和爆热(J·g⁻¹);ρ 为装药密度(g·cm⁻³);ω 和 Γ 分别为炸药的热能因子和绝热指数,在相关文献中可以查得;n_i 为第 i 种爆轰产物的物质的量(mol);M 为炸药的摩尔质量(g·mol⁻¹);ΔH_i 和 ΔH_f 分别为第 i 种爆轰产物和炸药的生成热(J·mol⁻¹)。对于多组分混合炸药,根据混合炸药中各组分的质量分数,将各组分的 Q_i、ρ_i、ω_i 和 Γ_i 加和求得其总的 Q、ρ、ω 和 Γ。由于混合炸药的组分比较复杂,Γ 较难精确求得。故基于 C-J 理论[37~39]可将式(2.4)简化为

$$p = \frac{1}{4}\rho D^2 \times 10^{-6} \tag{2.6}$$

在后续计算高聚物黏结炸药(PBX)的 D 和 p 值时使用了 ω-Γ 方法。

2.3　稳定性和感度预测

一般而言,爆炸物的能量特性与其稳定性相互制约,高能量密度可能导致稳定性下降。故潜在 HEDC 的寻求理应考虑其稳定性和感度,以保证其在生产和使用中的安全性。

感度是爆燃物对外界刺激的敏感程度,感度越大表示越不稳定。在各种感度中以撞击感度研究较充分。基于量子化学研究感度有利于揭示机理和本质。国外 Delpuech[60]、Murray[61] 和 Politzer[62] 等曾分别以 $\Delta C^*/l$、分子电负性和静电势等

量子化学理论指标关联撞击感度。我们研究小组根据撞击引起热解、热解引发起爆以及感度主要与热解引发步骤相关联等基本思想,在探讨系列结构相似爆炸物撞击感度相对大小的理论判别中,先后提出了判别炸药撞击感度的"最小键级原理(PSBO)"[63~75]和电子"最易跃迁原理(PET)"等[76~79]热力学判据,以及"热解引发反应活化能 E_a"[65~75,80~83]和"键离解能 E_{A-B}"等动力学判据[72~75]。在先前论著中已见部分总结[44,84~88]。本节仅以苯和苯胺类硝基衍生物为例,以 DFT-B3LYP/6-31G* 静态和动态计算结果,阐明热解引发机理、稳定性和感度的量子化学理论判别方法[89]。

2.3.1　静态理论指标

在 B3LYP/6-31G* 水平上对苯和苯胺类硝基衍生物作分子几何全优化计算,振动分析无虚频,表明获得它们各自位能面上的极小值,对应于各化合物的稳定构型。表 2.7 列出它们在稳定构型下经 Mülliken 集居分析所得各化学键的电子集居数(M_{A-B})。由表 2.7 可见,分子中均以 $C—NO_2$ 键集居数最小,表明 $C—NO_2$ 键上电子集居较少,该键相对最弱,可能是表题物的热解或起爆引发键。在撞击等外界刺激下,$C—NO_2$ 键可能优先均裂。

由表 2.7 还可见,分子中随—NO_2 基增多,$C—NO_2$ 键电子集居数基本呈递减趋势,表明化合物的稳定性递降,符合硝基—NO_2"致爆"的实验事实;相反,分子中随—NH_2 基增多,$C—NO_2$ 键电子集居数递增,表明化合物的稳定性增强,符合氨基—NH_2"致钝"的实验事实。在所有标题物中,以 1,3,5-三氨基 2,4,6-三硝基苯(TATB)的 $C—NO_2$ 键电子集居数最大(高达 0.1787~0.1791),表明该键极强,与 TATB 是著名钝感炸药相吻合。

比较各异构体 $C—NO_2$ 键电子集居数,发现随—NO_2 取代基之间的距离减小而总体上变小,其中以邻位取代异构体(如邻二硝基苯和 2,3-或 3,4-二硝基苯胺)的 $C—NO_2$ 键集居数较小,表明邻位异构体感度大、稳定性差,主要归因于硝基的强吸电子诱导效应和空间排斥作用。

表 2.8 列出两类化合物的分子最高占有和最低未占轨道能级(E_{HOMO} 和 E_{LUMO})及其差值($\Delta E = E_{HOMO} - E_{LUMO}$)和硝基上净电荷($Q_{-NO_2}$)。为便于比较,表中还给出引发键 $C—NO_2$ 键电子集居数(M_{C-N})和撞击感度实验值($h_{50\%}$)。

由表 2.8 可见,两类化合物的前线轨道能级差(ΔE)分别随分子中—NO_2 基增多而呈递减趋势,表明稳定性随 ΔE 变小而递降。如间二硝基苯的 ΔE 为 0.1948 a.u.,六硝基苯的 ΔE 降至 0.1621 a.u.,而二者撞击感度($h_{50\%}$)分别为 3.75 m 和 0.11 m;2,4,6-三硝基苯胺和 2,3,4,5,6-五硝基苯胺的 ΔE 分别为 0.1443 和

表 2.7　苯和苯胺硝基衍生物中各化学键的 Mülliken 电子集居数 (M_{A-B})

化合物	M_{C-NO_2}	M_{C-C}	M_{C-H}	M_{N-O}	M_{C-NH_2}	M_{N-H}
硝基苯	0.1723	0.4926~0.5394	0.3481~0.3629	0.2938		
邻二硝基苯	0.1588,0.1589	0.4197~0.5294	0.3551,0.3641	0.2850,0.2907		
间二硝基苯	0.1611	0.4179~0.4966	0.3336~0.3662	0.2924,0.2989		
对二硝基苯	0.175	0.4413,0.4932	0.3495	0.2963		
均三硝基苯(TNB)	0.1551,0.1552	0.4195	0.3324	0.298		
1,2,3,4-四硝基苯	0.1433,0.1465	0.3733~0.4556	0.3538	0.2737~0.2901		
1,2,3,5-四硝基苯	0.1346~0.1656	0.3759~0.4073	0.3328	0.2755~0.2965		
1,2,4,5-四硝基苯	0.1487,0.1488	0.4091,0.4152	0.3459	0.2867,0.2881		
五硝基苯(PNB)	0.1211~0.1526	0.3553~0.3711	0.3367	0.2744~0.2932		
六硝基苯(HNB)	0.1326~0.1564	0.2975~0.2980		0.2813		
2,3-二硝基苯胺	0.1520,0.1715	0.3722~0.5413	0.3547~0.3598	0.2463~0.3078	0.3332	0.2843,0.3146
2,4-二硝基苯胺	0.1574,0.1678	0.3813~0.4935	0.3305~0.3542	0.2474~0.3073	0.3382	0.2757,0.3126
2,5-二硝基苯胺	0.1662,0.1708	0.4243~0.4839	0.3357~0.3515	0.2466~0.3090	0.3303	0.2803,0.3132
2,6-二硝基苯胺	0.1657	0.3809~0.4720	0.3463~0.3676	0.2399~0.3105	0.358	0.2704
3,4-二硝基苯胺	0.1585,0.1630	0.4659~0.5138	0.3464~0.3552	0.2801,0.2903	0.3179	0.3168,0.3174
3,5-二硝基苯胺	0.1569	0.4220~0.4887	0.3345,0.3368	0.2965,0.2972	0.3185	0.3171
2,4,6-三硝基苯胺(TNA)	0.1568~0.1595	0.3746~0.3961	0.3289	0.2439~0.3102	0.3644	0.2691
1,3-二氨基-2,4,6-三硝基苯(DATB)	0.1646~0.1701	0.3310~0.3548	0.3243	0.2514	0.3831	0.2608,0.2670
1,3,5-三氨基2,4,6-三硝基苯(TATB)	0.1787~0.1791	0.3166,0.3201		0.2455,0.2456	0.4062~0.4074	0.2596~0.2600
2,3,4,6-四硝基苯胺	0.1350~0.1694	0.3555	0.3282	0.2749~0.3099	0.3702	0.2700,0.2756
2,3,4,5,6-五硝基苯胺(PNA)	0.1169~0.1594	0.3060~0.3230		0.2433~0.2980	0.3737	0.278

表 2.8　苯和苯胺类硝基衍生物的静态电子结构参数

化合物	M_{C-N}	E_{HOMO} /a.u.	E_{LUMO} /a.u.	ΔE /a.u.	Q_{-NO_2} /e	$h_{50\%}$ /m*
硝基苯	0.1723	−0.2790	−0.0892	0.1898	−0.4061	
邻二硝基苯	0.1588	−0.2916	−0.1115	0.1801	−0.3633	
间二硝基苯	0.1611	−0.3104	−0.1156	0.1948	−0.3746	3.75
对二硝基苯	0.1750	−0.3081	−0.1289	0.1792	−0.3754	
均三硝基苯(TNB)	0.1551	−0.3296	−0.1358	0.1937	−0.3488	1.00
1,2,3,4-四硝基苯	0.1433	−0.3224	−0.1552	0.1672	−0.3001	
1,2,3,5-四硝基苯	0.1346	−0.3274	−0.1521	0.1753	−0.2659	
1,2,4,5-四硝基苯	0.1487	−0.3243	−0.1619	0.1624	−0.3212	0.27
五硝基苯(PNB)	0.1211	−0.3369	−0.1669	0.1699	−0.2705	0.11
六硝基苯(HNB)	0.1326	−0.3425	−0.1805	0.1621	−0.2555	0.11
2,3-二硝基苯胺	0.1520	−0.2455	−0.1047	0.1409	−0.3568	
2,4-二硝基苯胺	0.1574	−0.2530	−0.1030	0.1500	−0.4225	
2,5-二硝基苯胺	0.1662	−0.2466	−0.1192	0.1274	−0.3845	
2,6-二硝基苯胺	0.1657	−0.2507	−0.1138	0.1369	−0.4486	
3,4-二硝基苯胺	0.1585	−0.2491	−0.0975	0.1516	−0.3543	
3,5-二硝基苯胺	0.1569	−0.249	−0.1078	0.1411	−0.3841	
2,4,6-三硝基苯胺(TNA)	0.1568	−0.2787	−0.1344	0.1443	−0.3931	1.77
1,3-二氨基-2,4,6-三硝基苯(DATB)	0.1646	−0.2657	−0.1195	0.1462	−0.4538	3.20
1,3,5-三氨基 2,4,6-三硝基苯(TATB)	0.1787	−0.2662	−0.1032	0.1630	−0.5594	4.90
2,3,4,6-四硝基苯胺	0.1350	−0.2910	−0.1483	0.1427	−0.2709	0.41
2,3,4,5,6-五硝基苯胺(PNA)	0.1169	−0.3004	−0.1633	0.1372	−0.2717	0.15

* $h_{50\%}$ 是特征落高，即以 2.5kg 落锤撞击炸药引爆其 50％所需高度，其值越小表示感度越大[90]。

0.1372 a.u.,二者撞击感度($h_{50\%}$)分别为 1.77 m 和 0.15 m。在苯胺硝基衍生物中,ΔE 随—NH_2基增多而增大,随—NO_2增多而减小,理论预测与实验感度排序相一致;TATB 的 ΔE(0.1630 a.u.)在同系物中最大,其 $h_{50\%}$ 高达 4.90m,表明 TATB 非常钝感和稳定。

　　由表 2.8 还可见,两类化合物—NO_2基上负电荷(Q_{-NO_2})随分子中—NO_2基增多而减小,随—NH_2基增多而增大,表明—NO_2基上负电荷越多(Q_{-NO_2} 值越小),化合物的稳定性越大、感度越小。在两类化合物中,以 TATB 硝基上所带负电荷最多(−0.5594e),而以六硝基苯(HNB)硝基上所带负电荷最少(−0.2555e),与 TATB 最稳定、HNB 最敏感相一致。

总之,通过比较结构相似同系物的静态电子结构参数如 M_{C-N}、Q_{-NO_2} 或 ΔE 等可初步判别它们的热解引发机理、相对稳定性和撞击感度大小。

2.3.2　动态理论指标

以前的研究表明,运用半经验 MO 方法,在 UHF(Unrestricted-Hatree-Fock) 模式下,对键均裂热解机理研究可获得满意结果。以 UHF-AM1-MO 方法计算系列苯和苯胺类硝基衍生物的 C—NO_2 的引发键均裂反应活化能(E_a),结果列于表 2.9。

表 2.9　苯和苯胺类硝基衍生物的键离解能 BDE 和均裂 C—NO_2
键的活化能 E_a(单位:kJ·mol^{-1})

化合物	BDE^0			BDE			E_a
	C—NO_2	C—NH_2	N—H	C—NO_2	C—NH_2	N—H	(C—NO_2)
硝基苯	308.62			289.84			140.07
邻二硝基苯	251.37			234.44			119.00
间二硝基苯	295.55			277.87			131.43
对二硝基苯	294.92			277.37			129.38
均三硝基苯(TNB)	285.77			268.88			124.23
1,2,3,4-四硝基苯	231.38			215.75			96.68
1,2,3,5-四硝基苯	226.93			211.30			109.71
1,2,4,5-四硝基苯	240.37			224.11			108.99
五硝基苯(PNB)	237.09			221.63			94.89
六硝基苯(HNB)	200.00			186.06			84.19
2,3-二硝基苯胺	271.61	470.15	426.26	255.23	441.67	389.63	146.21
2,4-二硝基苯胺	313.07	493.84	434.15	295.51	464.77	398.29	145.28
2,5-二硝基苯胺	296.23	484.64	438.10	277.83	456.58	402.02	138.19
2,6-二硝基苯胺	309.41	494.13	473.68	288.75	463.51	435.58	138.87
3,4-二硝基苯胺	278.84	464.86	415.72	261.95	436.42	379.68	130.52
3,5-二硝基苯胺	292.78	451.67	406.22	275.23	423.36	370.15	129.28
2,4,6-三硝基苯胺(TNA)	297.91	511.14	480.31	279.30	479.64	441.00	130.64
1,3-二氨基-2,4,6-三硝基苯(DATB)	311.20	499.42	483.04	290.77	468.72	445.20	140.40
1,3,5-三氨基 2,4,6-三硝基苯(TATB)	311.43	473.42	482.75	291.56	444.36	445.20	157.21
2,3,4,6-四硝基苯胺	263.38	507.40	479.14	246.04	475.86	441.00	95.94
2,3,4,5,6-五硝基苯胺(PNA)	246.83	503.94	463.22	230.50	472.50	424.20	88.63

分子中化学键 A—B 的键离解能（BDE）指均裂该键所需的能量，通常用经零点能校正的产物与反应物的能量之差表示。对下列均裂 A—B 键的反应

$$RA\text{-}BR'(g) \longrightarrow RA \cdot (g) + R'B \cdot (g)$$

其键离解能为

$$BDE_{(RA-BR')} = [E_{RA\cdot} + E_{R'B\cdot}] - E_{(RA-BR')}$$

式中：RA-BR′ 为反应物；RA· 和 R′B· 为均裂 A—B 键所得产物（自由基）。

对苯和苯胺类硝基衍生物进行非限制性（U）B3LYP/6-31G* 计算，求得各可能热解引发键（经零点能校正前后）的 BDE^0 和 BDE 列于表 2.9。

比较表 2.9 中 BDE 和 BDE^0，发现经零点能（ZPE）校正的 BDE 仅比未校正 BDE^0 平行地下降 $13.9 \sim 31.5$ kJ·mol^{-1}，可见 ZPE 校正与否并不影响引发键和热解机理的判别。

一般而言，断裂某键所需能量越少，表明该键强度越弱，其越易成为热解引发键，相应的化合物则越不稳定，预测其感度可能越大。比较表 2.9 中苯胺硝基衍生物中各化学键的 BDE，发现均裂 C—NO_2 键所需能量最小，预测热解引发反应始于 C—NO_2 键均裂，亦即 C—NO_2 键是该类化合物的热解和起爆引发键。

表 2.9 表明，苯和苯胺类硝基衍生物均随分子中—NO_2 基增多，均裂其引发键 C—NO_2 键的 BDE 和 E_a 呈递减趋势，表明其稳定性递降、感度递增。例如，间二硝基苯和六硝基苯的 BDE 和 E_a 分别为 277.87、186.06kJ·mol^{-1} 和 131.43、84.19kJ·mol^{-1}，两者撞击感度（$h_{50\%}$）分别为 3.75 m 和 0.11m。苯胺类硝基衍生物分子中随—NH_2 基增多，均裂引发键 C—NO_2 键的 BDE 和 E_a 递增，表明其稳定性递增、感度递降。如 TNA、DATB 和 TATB 的 BDE 以及 E_a 分别为 279.30、290.77 和 291.56 kJ·mol^{-1} 以及 130.64、140.40 和 157.21 kJ·mol^{-1}，而 3 者的撞击感度也依次递降，即 $h_{50\%}$ 依次为 1.77、3.20 和 4.90 m。

综上所述，BDE 和 E_a 不仅可用于判别引发键和阐明热解机理，亦可用于判别稳定性和撞击感度的相对大小。

2.3.3　理论指标之间的关联

用 SPSS 程序[91] 将上述判别稳定性和感度的静态与动态理论指标（键级 M_{C-N} 和 Q_{-NO_2} 以及 BDE 和 E_a）进行关联，结果如表 2.10 和 2.11 所示。

由表 2.10 可见，苯硝基衍生物的 BDE、E_a 分别与 M_{C-N} 和 Q_{NO_2} 之间存在着良好的线性关系，相关系数分别为（0.840，−0.915）和（0.880、−0.925）；由表 2.11 可见，苯胺类硝基衍生物的 BDE、E_a 与 M_{C-N} 和 Q_{NO_2} 之间也存在良好的线性关系，相关系数分别为（0.876，−0.872）和（0.913，−0.851）。可见动态和静态理论指标可平行地用作预测标题物的稳定性和感度相对大小。

表 2.10　苯硝基衍生物变量间的相关矩阵

	BDE	E_a	M_{CN}	Q_{-NO_2}
BDE	1.000			
E_a	0.942	1.000		
M_{CN}	0.840	0.880	1.000	
Q_{-NO_2}	−0.915	−0.925	−0.945	1.000

表 2.11　苯胺硝基衍生物变量间的相关矩阵

	BDE	E_a	M_{CN}	Q_{-NO_2}
BDE	1.000			
E_a	0.821	1.000		
M_{CN}	0.876	0.913	1.000	
Q_{-NO_2}	−0.872	−0.851	−0.883	1.000

由于原子间键集居数和原子(或基团)上电荷均出自 MO 系数的集居数分析,它们之间存在理论上的必然联系;表 2.10 和 2.11 分别表明两类化合物中 M_{C-N} 和 Q_{NO_2} 之间的线性相关(系数分别为 0.945 和 0.883)。而 BDE 和 E_a 均为均裂引发键难易的动力学参量,它们之间也存在线性相关;表 2.10 和 2.11 表明两类化合物中的相关系数分别为 0.942 和 0.821。所以,上述这些理论指标用于研究热解机理并关联稳定性和感度必然存在平行或等价性,这是不难理解的。

综上所述,在 HEDC 分子设计中,对于满足能量标准($\rho \approx 1.9$ g·cm^{-3},$D \approx$ 9.0 km·s^{-1} 和 $p \approx 40$ GPa)的潜在 HEDC 目标物,可通过其静态和动态理论计算,揭示其热解(引发)机理。首先考察其静态理论指标,如引发键键集居数 M_{A-B}(或键级、双原子作用能、键长、IR 拉伸频率等关联键强度的物理量)、前沿分子轨道能级及其差值(ΔE)、活性原子或基团上净电荷(如 Q_{-NO_2})等,初步判别其稳定性和感度相对大小;继而通过考察其动态反应参量如均裂引发键的活化能(E_a)或键离解能(BDE),进一步确认其稳定性或感度大小。我们建议将 B3LYP/6-31G* 或 6-31G** 计算所得热解引发键的 BDE ≈ 80～120 kJ·mol^{-1},作为 HEDC 稳定性的定量标准。若 BDE>80 kJ·mol^{-1},则认为达到起码或基本要求;若 BDE >120 kJ·mol^{-1},则认为满足品优 HEDC 的稳定性要求。后续章节将运用这里建议的 HEDC 能量和稳定性定量标准,在有机笼状和氮杂环硝胺两大类多系列衍生物中判别和筛选 HEDC 潜在目标物。

参 考 文 献

[1] Qiu L, Xiao H M, Gong X D et al. Crystal density predictions for nitramines based on quan-

tum chemistry. J Hazard Mater, 2007, 141: 280~288

[2] (a)Tarver C M. Density estimations for explosives and related compounds using the group additivity approach. J Chem Eng Data, 1979, 24: 136~145; (b)Stine J R. Prediction of crystal densities of organic explosives by group additivity. Los Alamos National Laboratory's Report, New Mexico, 1981; (c)Ammon H L, Mitchell S. A new atom/functional group volume additivity data base for the calculation of the crystal densities of C, H, N, O and F-containing compounds. Propellants Explosives Pyrotechnics, 1998, 23: 260~265; (d)Ammon H L. New atom/functional group volume additivity data bases for the calculation of the crystal densities of C—, H—, N—, O—, F—, S—, P—, Cl—, and Br—containing compounds. Struct Chem, 2001, 12: 205~212

[3] (a)周发歧. 炸药密度计算列表. 火炸药技术, 1973, 1; (b)云主惠. 炸药密度与结构关系的初步探讨. 火炸药技术, 1973, 3; (c)张厚生. 炸药密度计算方法的探讨. 火炸药技术, 1974, 4

[4] Karfunkel H R, Gdanitz R J. *Ab initio* prediction of possible crystal structures for general organic molecules. J Comput Chem, 1992, 13: 1171~1183

[5] Holden J R, Du Z, Ammon H L. Prediction of possible crystal structures for C, H, N, O, and F containing organic compounds. J Comput Chem, 1993, 14: 422~437

[6] Dzyabchenko A V, Pivina T S, Arnautova E A. Prediction of structure and density for organic nitramines. J Mol Struct, 1996, 378: 67~82

[7] Willer R L. Synthesis of a new explosive compound, *trans*-1,4,5,8-tetranitro-1,4,5,8- tetraazadecalin. AD-A116666, 1982, 16

[8] Willer R L. Synthesis and characterization of high-energy compounds. I. Trans-1,4,5,8-tetranitro-1,4,5,8-tetraazadecalin (TNAD). Propellants Explos Pyrotech, 1983, 8(3): 65~69

[9] Willer R L. Synthesis of cis- and trans-1,3,5,7-tetranitro-1,3,5,7-tetraazadecalin. J Org Chem, 1984, 49(26): 5150~5154

[10] Brill T B, Oyumi Y. Thermal decomposition of energetic materials. 9. A relationship of molecular structure and vibrations to decomposition: polynitro-3,3,7,7-tetrakis (trifluoromethyl)-2,4,6,8-tetraazabicyclo[3.3.0]octanes. J Phys Chem, 1986, 90: 2679~2682

[11] Brill T B, Oyumi Y. Thermal decomposition of energetic materials. 18. Relationship of molecular composition to nitrous acid formation: bicyclo and spiro tetranitramines. J Phys Chem, 1986, 90(26): 6848~6853

[12] Oyumi Y, Brill T B. Thermal decomposition of energetic materials. 22. The contrasting effects of pressure on the high-rate thermolysis of 34 energetic compounds. Combust. Flame, 1987, 68(2): 209~216

[13] Koppes W M, Chaykovsky M, Adolph H G et al. Synthesis and structure of some peri-substituted 2,4,6,8-tetraazabicyclo[3.3.0]octanes. J Org Chem, 1987, 52: 1113~1119

[14] 董海山, 周芬芬. 高能炸药及相关物性能. 北京: 科学出版社, 1989

[15] Nielsen A T，Nissan R A，Chafin A P et al. Polyazapolycyclics by condensation of alde-hydes with amines. 3. formation of 2,4,6,8-tetrabenzyl-2,4,6,8- tetraazabicyclo[3.3.0] octanes from formaldehyde，glyoxal，and benzylamines. J Org Chem，1992，57：6756～6759

[16] Pagoria P F，Mitchell A R，Schmidt R D et al. New nitration and nitrolysis procedures in the synthesis of energetic materials. ACS Symp Ser，1996，623(Nitration)：151～164

[17] Eck Genevieve，Piteau Marc. Preparation of 2,4,6,8-tetranitro-2,4,6,8-tetraazabicyclo [3.3.0]octane. Brit UK Pat Appl. GB 2303849 A1，5 Mar 1997，9 pp

[18] Nielsen A T，Chafin A P，Christian S L et al. Synthesis of polyazapolycyclic caged polynit-ramines. Tetrahedron，1998，54：11793～11812

[19] 张教强，朱春华，马兰. 1,3,3-三硝基氮杂环丁烷的合成. 火炸药学报，1998，3：25～26

[20] 谭国洪. 1,3,3-三硝基氮杂环丁烷合成研究的现状与进展. 化学通报，1998，6：16～21

[21] Skare D. Tendencies in development of new explosives. Heterocyclic，benzenoid-aromatic and alicyclic compounds. Kem Ind，1999，48(3)：97～102

[22] 鲁鸣久. 一种新颖的高能炸药：六硝基六氮杂三环十二烷二酮. 火炸药学报，2000，1：23～24

[23] Jalovy Z，Zeman S，Sucesks M. 1,3,3-trinitroazetidine (TNAZ) Part I：Synthesis and properties. J Energ Mater，2001，19：219～239

[24] Fried L E，Manaa M R，Pagoria P F et al. Design and synthesis of energetic materials. Annu Rev Mater Res，2001，31：291～321

[25] Gilardi R，Flippen-Anderson J L，Evans R. *cis*-2,4,6,8-Tetranitro-1H,5H-2,4,6,8-tet-raazabicyclo [3.3.0]octane，the energetic compound 'bicyclo-HMX'. Acta Crystal. E，2002，58(9)：972～974

[26] 欧育湘，陈进全. 高能量密度化合物. 北京：国防工业出版社，2005

[27] 邱玲，肖鹤鸣. 由量子化学计算快速预测含能材料晶体密度的简易新方法——HEDM 的定量分子设计. 含能材料，2006，14(2)：158

[28] Frisch M J，Trucks G W，Schlegel H B et al. Gaussian 03，Revision C.02. Wallingford CT：Gaussian Inc，2004

[29] Becke A D. Density-functional thermochemistry. III. The role of exact exchange. J Chem Phys，1993，98：5648～5652

[30] Lee C，Yang W，Parr R G. Development of the Colle-Salvetti correlation-energy formula into a functional of the electron density. Phys Rev B，1988，37：785～789

[31] Hariharan P C，Pople J A. Self-consistent-field molecular orbital methods. XII. Further extension of Gaussian-type basis sets. Theor Chim Acta，1973，28：213～222

[32] 许晓娟. 有机笼状高能量密度材料(HEDM)的分子设计和配方设计初探. 南京理工大学博士研究生学位论文，2007

[33] Xu X J，Xiao H M，Gong X D et al. Theoretical studies on the vibrational spectra, thermo-dynamic properties，detonation properties and pyrolysis mechanisms for polynitroadaman-

tanes. J Phys Chem A, 2005, 109: 11268～11274

[34] Xu X J, Xiao H M, Ju X H et al. Computational studies on polynitrohexaazaadmantanes as potential high energy density materials (HEDMs). J Phys Chem A, 2006, 110: 5929～5933

[35] Xu X J, Xiao H M, Ma X F et al. Looking for high energy density compounds among hexaazaadamantane derivatives with —CN, —NC, and —ONO₂ groups. Inter J Quantum Chem, 2006, 106(7): 1561～1568

[36] Klapötke T M, Ang H G. Estimation of the crystalline density of nitramine (N—NO₂ based) high energy density materials (HEDM). Propellants Explosives Pyrotechnics, 2001, 26: 221～224

[37] 张熙和,云主惠. 爆炸化学. 北京:国防工业出版社,1989

[38] 惠君明,陈天云. 炸药爆炸理论. 南京:江苏科学技术出版社,1995

[39] 周霖. 爆炸化学基础. 北京:北京理工大学出版社,2005

[40] Kamlet M J, Jacobs S J. Chemistry of detonations. I. Simple method for calculating detonation properties of C-H-N-O explosives. J Chem Phys, 1968, 48: 23～35

[41] Zhang J, Xiao H M. Computational studies on the infrared vibrational spectra, thermodynamic properties, detonation properties and pyrolysis mechanism of octanitrocubane. J Chem Phys, 2002, 116(24): 10674～10683

[42] 肖继军,张骥,杨栋等. 环杂硝胺结构和性能的 DFT 比较研究. 化学学报, 2002, 60 (12): 2110～2114

[43] 许晓娟,邱玲等. 高能量密度材料分子设计——基于量子化学计算爆速和爆压. 含能材料, 2004, 505～508

[44] 肖鹤鸣. 高能化合物的结构和性质. 北京:国防工业出版社,2004

[45] Qiu L, Xiao H M, Ju X H et al. Theoretical study on the structures and properties of cyclic nitramines: tetranitrotetraazadecalin (TNAD) and its isomers. Int J Quant Chem, 2005, 105: 48～56

[46] 邱玲,肖鹤鸣,居学海等. 六硝基六氮杂三环十二烷的结构和性能——HEDM 分子设计. 化学物理学报, 2005, 18: 541～546

[47] 邱玲,肖鹤鸣,居学海等. 双环-HMX 结构和性质的理论研究. 化学学报, 2005, 63(5): 377～384

[48] Qiu L, Xiao H M, Gong X D et al. Theoretical studies on the structures, Thermodynamic properties, detonation properties, and pyrolysis mechanisms of spiro nitramines. J Phys Chem A, 2006, 110: 3797～3807

[49] Qiu L, Xiao H M, Zhu W H et al. Theoretical study on the high energy density compound hexanitrohexaazatricyclotetradecanedifuroxan. Chin J Chem, 2006, 24: 1538～1546

[50] Chen Z X, Xiao J M, Xiao H M et al. Studies on heat formation for tetarzole derivatives with density functional theory B3LYP method. J Phys Chem A, 1999, 103: 8062～8066

[51] Zhang J, Xiao H M, Gong X D. Theoretical studies on heats of formation for polynitrocu-

banes using the density functional theory B3LYP methods and semiempirical MO methods. J Phys Org Chem, 2001, 14: 583~588

[52] Xiao H M, Zhang J. Theoretical prediction on heats of formation for polyisocyanocubanes —Looking for typical high energetic density material (HEDM). Science In China B, 2002, 45(1): 21~29

[53] Zhang J, Xiao J J, Xiao H M. Theoretical studies on heats of formation for cubylnitrates using density functional theory B3LYP method and semiempirical MO methods. Inter J Quantum Chem, 2002, 86(3): 305~312

[54] Rice B M, Pai S V, Hare J. Predicting heats of formation of energetic materials using quantum mechanical calculations. Combust Flame, 1999, 118: 445~458

[55] 邱玲, 居学海, 肖鹤鸣. 高能化合物生成热的半经验分子轨道研究. 含能材料, 2004, 12 (2): 69~73

[56] Sikder A K, Maddala G, Agrawal J P et al. Important aspects of behavior of organic energetic compounds: a review. J Hazard Mater A, 2001, 84: 1~26

[57] Dorsett H, White A. Aeronautical and Maritime Research Laboratory, Defence Science & Technology Organization (DSTO). DSTO, Technical Report DSTo-GD-0253, Australia, 2000

[58] 孙业斌, 惠君明, 曹欣茂. 军用混合炸药. 北京: 兵器工业出版社, 1995

[59] Wu X. Simple method for calculating detonation parameters of explosives. J Energ Mater, 1985, 3(4): 263~277

[60] Delpuech A, Cherville J. Relation between shock sensitiveness of secondary explosives and their molecular electronic structure I. Nitroaromatics and nitramine. Propellants Explosives, 1978, 3(6): 169; Ⅱ. Nitrate Esters, 1979, 4(6): 121

[61] Murray J S and Politzer P. Chem Phys Energ Mater. Netherland : Kluwer Academ Publ, 1990. 157~173

[62] Politzer P, Murray J S. Relationships between dissociation energies and electrostatic potentials of C—NO$_2$ bonds: Applications to impact sensitivities. J Mol Struct, 1996, 376: 419~424

[63] 肖鹤鸣, 王遵尧, 姚剑敏. 芳香族硝基炸药感度和安定性的量子化学研究 I. 苯胺类硝基衍物. 化学学报, 1985, 43: 14~18

[64] Xiao H M, Fan J F, Gong X D. Theoretical study on pyrolysis and sensitivity of energetic compounds. (1) Simple model molecules containing NO$_2$ group. Propellants Explosives Pyrotechnics, 1997, 22: 360~364

[65] Fan J F, Xiao H M. Theoretical study on pyrolysis and sensitivity of energetic compounds. (2) Nitro derivatives of benzene. Journal of Molecular Structure (Theochem), 1996, 365: 225~229

[66] 贡雪东, 肖鹤鸣. 一元硝酸酯热解反应的理论研究. 物理化学学报, 1997, 13: 36~41

[67] 贡雪东, 肖鹤鸣. 多元硝酸酯热解反应的理论研究. 物理化学学报, 1998, 14: 33~38

［68］ Gong X D, Xiao H M, Dong H S. Quantum chemical studies on the structures, properties and decomposition of the azido derivatives of trinitrobenzenes. Chinese Journal of Chemistry, 1998, 16: 311~316

［69］ Xiao H M, Fan J F, Gu Z M et al. Theoretical study on pyrolysis and sensitivity of energetic compounds. (3) Nitro derivatives of aminobenzenes. Chemical Physics, 1998, 226: 15~24

［70］ Fan J F, Gu Z M, Xiao H M et al. Theoretical study on pyrolysis and sensitivity of energetic compounds. (4) Nitro derivatives of phenols. Journal of Physical Organic Chemistry, 1998, 11: 177~184

［71］ Gong X D, Xiao H M, Dong H S. Quantum chemical investigations on the structures, stabilities and decompositions of trinitrobenzenes and their chloro derivatives, Chemical Research in Chinese Universities, 1999, 15 (2): 152~157

［72］ Xu X J, Xiao H M, Ju X H et al. Theoretical studies on the vibrational spectra, thermodynamic properties, detonation properties and pyrolysis mechanisms for polynitroadamantanes. J Phys Chem A, 2005, 109: 11268~11274

［73］ Xu X J, Xiao H M, Wang G X et al. Theoretical studies on structures and relative stability for polynitrohexaazaadamantanes. Chinese Journal of Chemical Physics, 2006, 19 (5): 395~400

［74］ Xu X J, Xiao H M, Ju X H et al. Computational studies on polynitrohexaazaadmantanes as potential high energy density materials (HEDMs). J Phys Chem A, 2006, 110: 5929~5933

［75］ Qiu L, Xiao H M, Gong X D et al. Theoretical studies on the structures, thermodynamic properties, detonation properties, and pyrolysis mechanisms of spiro nitramines. J Phys Chem A, 2006, 110: 3797~3807

［76］ Xiao H M, Li Y F. Banding and electronic structures of metal azides-Sensitivity and conductivity. Science in China (Series B), 1995, 38: 538~545

［77］ 肖鹤鸣,李永富,钱建军. 碱金属和重金属叠氮化物的感度和导电性研究. 物理化学学报, 1994, 10:235~240

［78］ Zhu W H, Xiao J J, Xiao H M. Comparative first-principles study of structural and optical properties of alkali metal azides. J Phys Chem B, 2006, 110: 9856~9862

［79］ Zhu W H, Xiao J J, Xiao H M. Density functional theory study of the structural and optical properties of lithium azide. Chem Phys Lett, 2006, 422: 117~121

［80］ Chen Z X, Xiao H M, Yang S L. Theoretical investigation on the impact sensitivity of tetrazole derivatives and their metal salts. Chemical Physics, 1999, 250: 243~248

［81］ Chen Z X, Xiao H M. Impact sensitivity and activation energy of pyrolysis for tetrazole compounds. international journal of quantum chemistry, 2000, 79: 350~357

［82］ Zhang J, Xiao H M. Computational studies on the infrared vibrational spectra, thermodynamic properties, detonation properties, and pyrolysis mechanism of octanitrocubane. J

Chem Phys，2002，116：10674～10683

［83］许晓娟，肖鹤鸣，居学海等．ε-六硝基六氮杂异伍兹烷(CL-20)热解机理的理论研究．有机化学，2005，25(5)：536～539

［84］肖鹤鸣．硝基化合物的分子轨道理论．北京：国防工业出版社，1993

［85］肖鹤鸣，李永富．金属叠氮化物的能带和电子结构——感度和导电性．北京：科学出版社，1996

［86］肖鹤鸣，陈兆旭．四唑化学的现代理论．北京：科学出版社，2000

［87］肖继军，李金山．单体炸药撞击感度的理论判别——从热力学判据到动力学判据．含能材料，2002，10：178～181

［88］Xu X J，Xiao H M，Fan J F et al. A quantum chemical study on thermolysis initiation mechanism and impact sensitivity of energetic materials. Central European Journal of Energetic Materials(CEJEM) ，2005，2(4)：5～21

［89］王桂香，贡雪东，肖鹤鸣．高能化合物热解机理和撞击感度的量子化学理论研究——苯和苯胺类硝基衍生物．海南，钝感弹药学术会议

［90］(a) Storm C B, Stine J R, Kramer J F. Sensitivity Relationship in Energetic Materials, Los Alamos National Laboratory，LA-UR-89-2936，1989；(b) Storm C B, Stine J R, Kramer J F. In Chemistry and Physics of Energetic Materials. Dordrecht，Netherlands：Kluwer Academic Press，1990. 605

［91］余建英，何旭宏．数据统计分析与 SPSS 应用．北京：人民邮电出版社，2004

第二篇　有机笼状类 HEDM

第3章　金刚烷的硝基衍生物

作为钻石烃(diamond hydrocarbon，$C_{4n+6}H_{4n+12}$)类的最小单元，金刚烷分子(adamantine，$C_{10}H_{16}$，其结构见图 3.1)在具类似分子量化合物中最接近于球形。其高度对称、无张力的刚性笼状多环结构以及稳定性高、润滑性好、热值高等独特性能，决定了它在航天航空、功能材料、医药和精细化工等领域潜在的重要用途。诺贝尔化学奖获得者 Olah 预言[1]，随着金刚烷结构、性能及其规律性联系的研究日趋深入和系统化，相关的生产规模和应用领域也将急剧扩大，未来将出现一门新的分支学科——"金刚烷化学"。人们预言金刚烷化学有可能改变高能量、高密度燃料的生产方式，金刚烷衍生物可能成为航天航空以及军事领域的新型推进剂。

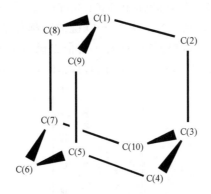

图 3.1　金刚烷的分子结构和原子编号

(为简洁计省去了 H 原子)

引入高能或氧化基团如—NO_2、—ONO_2、—N_3、—CN 和—NC 等，有利于提高化合物的能量性质，其中硝基类化合物尤为重要。从理论上讲，在金刚烷分子中最多可引进 16 个硝基。但至今只合成出不超过 6 个—NO_2 的多硝基金刚烷(PNAs)[2~11]。Gilbert 等曾以基团加和法估算了含 2~16 个—NO_2 的 PNAs 的密度(ρ)、生成热(HOF)和爆压(p)，得出了含 11 个—NO_2 的 PNA 是最佳目标物的结论[12]。Škare 等用静水压和基团加和法估算了 1,3,5,7-四硝基金刚烷的爆轰参数[13]。经验性基团加和法的固有不足导致其不能区分同分异构体的性质，而同分异构现象在 PNAs 中非常普遍。

对各类型多系列 HEDM 进行分子设计的文献虽已较多，但至今未见从理论上给出定量比较和判别的方法。本章在系列 PNAs 结构和性能的 DFT-B3LYP/

6-31G* 系统研究的基础上,依据 HEDC 的能量特性的定量标准,并兼顾其稳定性和感度要求,否定了 Gilbert 的结果和结论,在 PNAs 中筛选和寻求到潜在的 3 种品优 HEDCs 目标物[14]。

3.1　IR　谱

红外(IR)光谱可得出化合物的基本属性,也是分析和鉴别它们的有效手段。化合物的 IR 频率可用于计算其热力学性质。迄今为止,关于 PNAs IR 和热力学性质的报道较少,因此,通过理论方法加以计算具有重要意义。图 3.2 给出部分 PNAs 由 B3LYP/6-31G* 计算并经 0.96 校正[15] 所得 IR 谱图[14]。

由图 3.2 可见,PNAs 的 IR 谱具有 3 个特征区。其中两个很强的特征峰,一个在 $1581.9 \sim 1634.1 cm^{-1}$,对应于 C—N 伸缩振动和—$NO_2$ 中 N=O 键的不对称振动。在该区域内,振动频率的数目等于硝基的数目,如 1,3,5,7-四硝基金刚烷有 4 个频率 1596.0、1598.6、1598.6 和 $1601.0\ cm^{-1}$。另一特征峰对应于由 N 原子运动引起的 C—N 振动和—NO_2 中 N=O 键的对称伸缩振动。在此特征区内,硝基的相对位置对频率有重要影响,如对于含偕二硝基的 PNAs:2,2-、1,4,4-、2,2,4,4-、1,3,4,4,5,7-、2,2,4,4,6,6- 和 1,3,4,4,5,7,8- 多硝基金刚烷,它们在此

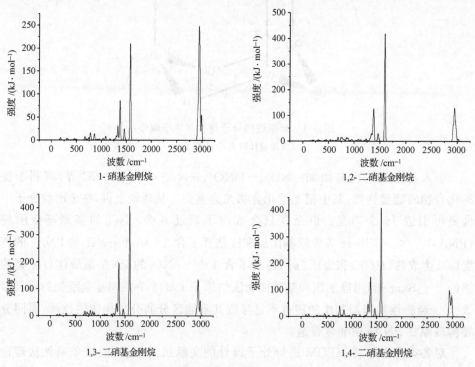

图 3.2　部分多硝基金刚烷的 B3LYP/6-31G* 计算 IR 谱

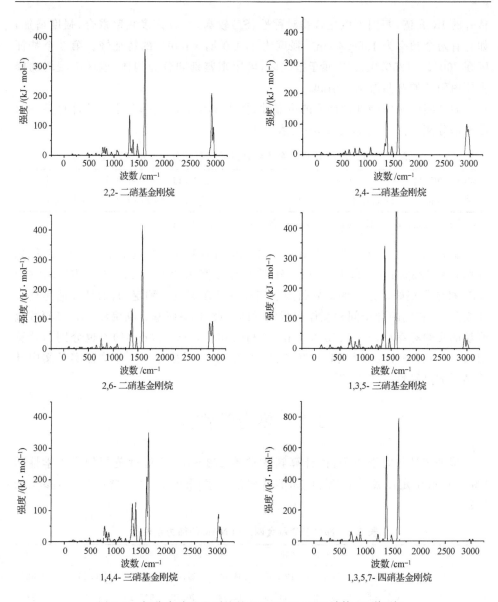

图 3.2　部分多硝基金刚烷的 B3LYP/6-31G* 计算 IR 谱(续)

区域的特征频率在 1299.9～1376.1cm⁻¹;而不含偕二硝基的 PNAs 在此区域的特征频率处于 1326.2～1382.8cm⁻¹。这是因为偕二硝基的耦合作用导致对应于 N ═O 振动的特征峰分裂成两部分:一个移向高频区,另一个移向低频区。如 1,3-、1,2-、1,4-、2,4-和 2,6-二硝基金刚烷在此区域的频率分别为 1375.7、1382.8、1381.7、1377.2 和 1381.0 cm⁻¹;而 2,2-二硝基金刚烷在此区域对应于 N ═O 振动的频率分别为 1313.4 和 1382.5 cm⁻¹两个。1,3,5,7-四硝基金刚烷具有非常简洁整齐的 IR 光谱,归因于该化合物对称性(S_4)较高、导致许多频率重合,强度增加,如它有两个频率为 1366.4 cm^{-1}强度为 179.0 kJ·mol^{-1}的特征峰。第 3 个特征区在 700.0~1250.0cm^{-1},属于指纹区,可用来鉴别同分异构体,该区中较弱的峰主要由硝基的弯曲振动所引起。

为证实谐振模型理论计算的可靠性,将 1,3,5,7-四硝基金刚烷的计算频率与已有部分实验值[16]进行比较,参见表 3.1。

表 3.1　1,3,5,7-四硝基金刚烷计算频率与部分已有的实验值＊

329(m)[305.4]	713(m)[705]	741(m)[722]	748(m)[732.2]	845(w)[815]	1236(m)[1214]
1362(s)[1366]	1457(m)[1464]	1542(s)[1599]	2985(w)[2973]	3000(w)[2974]	3015(w)[3033]

＊ 方括号里是计算值,圆括号里是强度,s、m 和 w 分别表示强、中等和弱。

由表 3.1 可见,1,3,5,7-四硝基金刚烷的计算频率与相应的实验值很接近,如计算频率 1366、1464 和 1599cm^{-1}分别与实验值 1362(s)、1457(m)和 1542(s)cm^{-1}符合得很好。细微的差异归因于实验值是在溶液中测定的,而计算的是气态孤立分子,它们的分子间相互作用截然不同。此外,1-硝基金刚烷和 1,3-二硝基金刚烷的实验频率(1366.1、1533.7cm^{-1})和(1368.0、1545.6cm^{-1})[9]也分别与计算值(1377.4、1581.9cm^{-1})和(1375.7、1589.2cm^{-1})很接近。这些均证实了文中计算结果的可靠性。

3.2　热力学性质

根据统计热力学原理,由计算频率求得 273~800K 温度范围的热力学性质[标准摩尔比定压热容($C_{p,m}^{\ominus}$)、标准摩尔熵($S_m^{\ominus}$)和标准摩尔焓($H_m^{\ominus}$)],参见表 3.2。

表 3.2　部分多硝基金刚烷(PNAs)的热力学性质＊

化合物＊＊	T	273.15	298.15	400.00	500.00	600.00	700.00	800.00
1-	$C_{p,m}^{\ominus}$	172.53	191.08	264.85	327.50	378.73	420.45	454.82
	$S_m^{\ominus}$	392.22	408.13	474.74	540.79	605.19	661.81	725.27
	$H_m^{\ominus}$	24.36	28.91	52.18	81.89	117.30	157.32	201.14
2-	$C_{p,m}^{\ominus}$	170.34	188.93	263.09	326.15	377.71	416.68	454.24
	$S_m^{\ominus}$	393.60	409.32	475.35	541.05	605.23	666.72	725.08
	$H_m^{\ominus}$	24.21	28.70	51.78	81.34	116.62	156.56	200.31
1,2-	$C_{p,m}^{\ominus}$	207.83	227.89	306.63	372.71	426.28	469.54	504.86
	$S_m^{\ominus}$	445.10	464.17	542.34	618.10	690.96	760.04	825.12

续表

化合物**	T	273.15	298.15	400.00	500.00	600.00	700.00	800.00
	$H_m^\ominus$	30.38	35.83	63.12	97.19	137.24	182.11	230.88
1,3-	$C_{p,m}^\ominus$	209.38	229.41	307.83	373.58	426.89	469.95	505.14
	$S_m^\ominus$	449.89	469.09	547.67	623.66	696.66	765.81	830.93
	$H_m^\ominus$	30.58	36.06	63.49	97.67	137.79	182.71	231.52
1,4-	$C_{p,m}^\ominus$	207.68	227.73	306.46	372.54	426.12	469.38	504.71
	$S_m^\ominus$	451.54	470.53	548.71	624.43	697.26	766.31	831.37
	$H_m^\ominus$	30.53	35.97	63.24	97.30	137.33	182.18	230.94
2,2-	$C_{p,m}^\ominus$	208.65	228.82	307.72	373.72	427.15	470.27	505.48
	$S_m^\ominus$	441.72	460.86	539.34	615.34	688.37	757.57	822.74
	$H_m^\ominus$	30.29	35.76	63.16	97.34	137.48	182.43	231.27
2,4-	$C_{p,m}^\ominus$	205.45	225.51	304.56	371.07	425.01	468.55	504.09
	$S_m^\ominus$	453.26	472.12	549.62	624.97	697.56	766.46	831.43
	$H_m^\ominus$	30.40	35.79	62.85	96.74	136.64	181.40	230.09
2,6-	$C_{p,m}^\ominus$	205.19	225.30	304.48	371.05	425.02	468.55	504.08
	$S_m^\ominus$	454.44	473.28	550.74	626.08	696.68	767.58	832.54
	$H_m^\ominus$	30.34	35.72	62.76	96.65	136.55	181.31	230.00
1,3,5-	$C_{p,m}^\ominus$	246.43	267.91	350.93	419.76	475.16	519.58	555.61
	$S_m^\ominus$	506.22	528.73	619.31	705.27	786.88	863.58	935.40
	$H_m^\ominus$	36.92	43.35	74.95	113.61	158.46	208.27	262.09
1,4,4-	$C_{p,m}^\ominus$	245.14	266.77	350.31	419.44	475.01	519.52	555.60
	$S_m^\ominus$	498.61	521.02	611.34	697.20	778.77	855.46	927.26
	$H_m^\ominus$	36.52	42.92	74.43	113.04	157.87	207.67	261.49
1,3,5,7-	$C_{p,m}^\ominus$	283.74	306.65	394.24	466.11	523.57	569.32	606.17
	$S_m^\ominus$	561.31	587.15	689.80	785.77	876.03	960.30	1038.82
	$H_m^\ominus$	43.39	50.77	86.57	129.71	179.31	234.03	292.87
2,2,4,4-	$C_{p,m}^\ominus$	282.39	305.66	394.34	466.74	524.41	570.22	607.06
	$S_m^\ominus$	541.26	566.99	669.51	765.58	855.97	940.38	1019.01
	$H_m^\ominus$	42.42	49.77	85.52	128.71	178.38	233.20	292.12
1,3,4,4,5,7-	$C_{p,m}^\ominus$	357.88	383.99	481.44	559.67	621.34	669.80	708.33
	$S_m^\ominus$	643.74	676.21	803.07	919.23	1026.94	1126.51	1218.56
	$H_m^\ominus$	54.90	64.18	108.39	160.59	219.77	284.42	353.40
2,2,4,4,6,6-	$C_{p,m}^\ominus$	354.79	381.19	479.83	558.87	620.98	669.67	708.29

化合物**	T	273.15	298.15	400.00	500.00	600.00	700.00	800.00
	$S_m^{\ominus}$	635.22	667.43	793.64	909.54	1017.15	1116.68	1208.72
	$H_m^{\ominus}$	54.34	63.54	107.53	159.62	218.74	283.36	352.33
1,3,4,4,5,7,8-	$C_{p,m}^{\ominus}$	393.24	420.87	523.32	605.00	669.06	719.13	758.67
	$S_m^{\ominus}$	683.32	718.96	857.40	983.30	1099.51	1206.56	1305.26
	$H_m^{\ominus}$	60.59	70.77	119.01	175.58	239.42	308.93	382.89

* 单位：T 的为 K，$C_{p,m}^{\ominus}$ 的为 $J \cdot mol^{-1} \cdot K^{-1}$，$S_m^{\ominus}$ 的为 $J \cdot mol^{-1} \cdot K^{-1}$，$H_m^{\ominus}$ 的为 $kJ \cdot mol^{-1}$。

** 1- 和 1,2- 表示 1-硝基金刚烷和 1,2-二硝基金刚烷，其余类推。

由表 3.2 可见，各热力学函数均随温度升高而增加，这是因为振动的贡献随温度升高而增大。以 1,3,5,7-四硝基金刚烷为例，在 273.15~800 K，求得其 $C_{p,m}^{\ominus}$、$S_m^{\ominus}$ 和 $H_m^{\ominus}$ 与温度(T)的关系为

$$C_{p,m}^{\ominus} = -19.7527 + 1.2839T - 0.0006T^2$$
$$S_m^{\ominus} = 252.4003 + 1.2060T - 0.0003T^2$$
$$H_m^{\ominus} = 87.9109 - 0.2966T + 0.0007T^2$$

其相关系数分别为 0.9999、1.0000 和 0.9805。同时

$$\frac{dC_{p,m}^{\ominus}}{dT} = 1.2839 - 0.0012T, \qquad \frac{dS_m^{\ominus}}{dT} = 1.2060 - 0.0006T$$

$$\frac{dH_m^{\ominus}}{dT} = -0.2966 + 0.0014T$$

表明随温度升高，$C_{p,m}^{\ominus}$ 与 $S_m^{\ominus}$ 的增幅减小，而 $H_m^{\ominus}$ 则相反。

该 3 种热力学函数均随分子中硝基数(n)增加而增加，如下式所示

$$C_{p,m}^{\ominus} = 151.7517 + 38.4599n$$
$$S_m^{\ominus} = 357.3342 + 52.8113n$$
$$H_m^{\ominus} = 21.9183 + 7.0040n$$

可见分子中每增加 1 个硝基，$C_{p,m}^{\ominus}$、$S_m^{\ominus}$ 和 $H_m^{\ominus}$ 分别地约增大 38.5 $J \cdot mol^{-1} \cdot K^{-1}$、52.8 $J \cdot mol^{-1} \cdot K^{-1}$ 和 7.0 $kJ \cdot mol^{-1}$，体现了热力学函数具有的基团加和性。

基于 B3LYP/6-31G* 计算结果，通过设计等键反应求得系列 PNAs 的气相生成热(HOF)，列于表 3.3[14,17]。该表还给出参照物的 HOF 实验值以及参照物和 PNAs 在相同水平下计算所得总能量(E_0)、零点能(ZPE)和温度校正值(H_T)。

由表 3.3 可见，总体而言，PNAs 的 HOF 随 n 增加而快速增大，尤其当含 11 个硝基时，HOF 由($n=10$ 的) 96.54 $kJ \cdot mol^{-1}$ 猛增到 208.39 $kJ \cdot mol^{-1}$。PNAs 的 HOF 还受硝基连接位置和相对距离的影响。简单的基团加和法，如增加 1 个—NO_2 使生成热减小 8.56 $kJ \cdot mol^{-1}$，在此显然很不适用。一般而言，分子中硝基越靠近，彼此间排斥越大，则相应化合物的生成热越高。另外，硝基若连接在桥

表 3.3　参照物和部分 PNAs 的 B3LYP/6-31G* 计算总能量（E_0）、零点能（ZPE）、温度校正值（H_T）和生成热（HOF）计算值*

化合物	E_0/a. u.	ZPE/(kJ·mol^{-1})	H_T/(kJ·mol^{-1})	HOF/(kJ·mol^{-1})
$C_{10}H_{16}$	−390.7252392	616.29	21.81	−136.5[18]
CH_4	−40.5183848	113.96	10.02	−74.4[19]
CH_3NO_2	−245.0093274	126.49	14.08	−74.3[20]
1-	−595.2305654	622.68	28.91	−177.26
2-	−595.2264414	623.82	28.70	−165.51
1,3-	−799.7313861	628.60	36.11	−206.57
1,4-	−799.7286600	629.58	35.97	−198.57
2,6-	−799.7259619	630.89	35.72	−190.43
1,2-	−799.7245601	629.29	35.83	−188.24
2,4-	−799.7233471	630.65	35.79	−183.73
2,2-	−799.7112297	628.29	35.76	−154.31
1,3,5-	−1004.2283951	634.20	43.35	−226.15
2,4,6-	−1004.2200079	637.24	42.81	−201.62
1,4,4-	−1004.2111446	634.61	42.92	−181.49
1,3,5,7-	−1208.7215379	639.27	50.77	−236.20
2,4,6,8-	−1208.7081414	643.34	49.92	−197.53
2,2,4,4-	−1208.6780824	638.45	49.77	−123.65
2,2,6,6-	−1208.6914861	639.00	50.15	−157.46
1,3,4,5,7-	−1413.2024053	644.07	57.51	−214.83
2,4,6,8,10-	−1413.1945473	649.36	56.93	−189.08
1,3,4,5,6,7-	−1617.6785187	649.68	64.53	−179.35
2,4,6,8,9,10-	−1617.6807637	654.78	64.33	−180.34
1,3,4,4,5,7-	−1617.6637552	647.99	64.18	−142.62
2,2,4,4,6,6-	−1617.6411057	649.15	63.54	−82.64
1,2,3,4,5,6,7-	−1822.1473630	655.46	71.29	−133.28
1,3,4,4,5,7,8-	−1822.1432948	653.65	70.73	−116.97
1,2,3,4,5,6,7,8-	−2026.6173365	660.37	77.93	−75.16
2,2,4,4,6,6,8,8-	−2026.583114	654.58	78.76	9.73
1,2,3,4,5,6,7,8,9-	−2231.0803474	664.49	84.34	7.79
1,2,3,4,5,6,7,8,9,10-	−2435.5293999	668.70	91.17	96.54
1,2,2,3,4,5,6,7,8,9,10-	−2639.9744323	669.38	98.14	208.39

*　1-和 1,2-分别表示 1-硝基金刚烷与 1,2-二硝基金刚烷,其余类推。

头 C 即 C(1),C(3),C(5) 和 C(7) 上,则生成热较低。例如,1-硝基金刚烷的生成热(-177.26 kJ·mol^{-1})比 2-硝基金刚烷的生成热(-165.51 kJ·mol^{-1})低。在二硝基金刚烷的 6 种同分异构体中,1,3-二硝基金刚烷的生成热最低(-206.57 kJ·mol^{-1}),2,2-二硝基金刚烷的生成热最高(-154.31 kJ·mol^{-1}),因为 C(1)和 C(3) 是桥头 C,且距离较远;C(2) 不是桥头 C,且其上连两个硝基(偕二硝基)。其余 1,4-、2,6-、1,2- 和 2,4-二硝基金刚烷的生成热依次增高,也均可归因于硝基是否连接在桥头 C 上以及硝基间的距离大小如何。而且桥头 C(减小生成热、增加分子稳定性的)效应比硝基间距离更重要,如 1,2-较 2,4-异构体稳定,1,4-较 2,6-异构体稳定均是佐证。对表 3.3 中的同分异构体:1,3,5- 和 1,4,4-三硝基金刚烷,1,3,5,7-、2,2,4,4- 和 2,2,6,6-四硝基金刚烷,以及 1,3,4,4,5,7- 和 2,2,4,4,6,6-六硝基金刚烷,其计算生成热的相对高低,也均可作类似的解释和归纳。值得注意的是,表中生成热最低的是 1,3,5,7-四硝基金刚烷,4 个硝基均连在桥头 C 上,分子的对称性也很高(S_4 群);桥头 C 效应使其特别稳定,它成为最早合成出来的标题物,且实验感度很低[16,9]。若比较表中 1-、1,3-、1,3,5- 和 1,3,5,7-金刚烷硝基衍生物,则发现随桥头 C 上硝基数增多,生成热依次减小,这是由于硝基有很强的吸电子性,有利于增加金刚烷骨架的稳定性。表中 2,2,4,4,6,6-六硝基金刚烷的较大生成热显然归因于分子中有 3 对偕二硝基,硝基间的空间位阻大,排斥作用很强。

总之,桥头 C 效应使得处于金刚烷桥头的 1,3,5,7 位 H 原子易被取代,生成的相应硝基化合物能量也较低;其他位置的取代,使生成热呈大小不等的变化,而偕二硝基则使生成热大增。因此依据分子中硝基的数目、位置和距离可定性判别标题物包括同分异构体生成热的相对大小,进而比较它们的热力学稳定性。

3.3　能量特性

基于系列 PNAs 的 B3LYP/6-31G^* 全优化构型和 0.001e·$Bohr^{-3}$ 电子密度曲面所包围的体积,估算其晶体理论密度(ρ);将 ρ 和表 3.3 中 HOF 代入 K-J 方程,求得它们的爆速(D)和爆压(p)。将结果一并列入表 3.4。

由表 3.4 可见,在系列 PNAs 中,只有 2,2-、2,2,4,4- 和 2,2,6,6- 3 种多硝基金刚烷已有实验晶体密度报道。比较它们的实验和理论估算密度值得出,2,2,4,4-四硝基金刚烷的理论计算值(1.75 g·cm^{-3})比其实验值(1.65 g·cm^{-3})略大,而 2,2-二硝基金刚烷和 2,2,6,6-四硝基金刚烷的理论计算值(1.50 g·cm^{-3} 和 1.77 g·cm^{-3})与它们的实验值(1.48 g·cm^{-3} 和 1.75 g·cm^{-3})更接近。这说明我们建议的计算晶体密度的方法确实比较可信。

表 3.4　系列 PNAs 的理论密度(ρ)、爆速(D)和爆压(p)[*]

化合物[**]	ρ	D	p
1-	1.34	4.32	6.77
2-	1.34	4.36	6.92
1,2-	1.49	5.99	14.12
1,3	1.49	5.66	12.61
1,4-	1.48	5.65	12.49
2,4-	1.53	5.81	13.52
2,6-	1.49	5.70	12.77
2,2-	1.50(1.48)[21]	5.79	13.25
1,3,5-	1.64	6.49	17.66
2,4,6-	1.62	6.47	17.41
1,4,4-	1.64	6.47	17.53
2,4,6,8-	1.72	7.18	22.72
1,3,5,7-	1.71	7.11	21.74
2,2,4,4-	1.75(1.65)[11]	7.35	23.58
2,2,6,6-	1.77(1.75)[10]	7.32	23.89
1,3,4,5,7-	1.80	7.75	26.67
2,4,6,8,10-	1.82	7.84	27.44
1,3,4,5,6,7-	1.90	8.76	35.15
1,3,4,4,5,7-	1.92	8.45	32.93
2,4,6 8,9 10-	1.89	8.33	31.68
1,2,3,4,5,6,7-	1.95	8.77	35.74
1,3,4,4,5,7,8-	1.96	8.81	36.21
1,2,3,4,5,6,7,8-	2.03	9.24	40.59
2,2,4,4,6,6,8,8-	2.00	9.18	39.82
1,2,3,4,5,6,7,8,9-	2.02	9.39	41.86
1,2,3,4,5,6,7,8,9,10-	2.12	9.90	47.64
1,2,2,3,4,5,6,7,8,9,10-	2.15	10.15	50.57

* 单位:ρ 的为 g·cm^{-3};D 的为 km·s^{-1};p 的为 GPa;括号中为实验值。

** 同表 3.3。

考察表 3.4 可见,对含相同硝基数(n)的 PNAs 同分异构体,它们的 ρ、D 和 p 值均很接近,归因于它们具有相似的分子结构。整体而言,ρ、D 和 p 值均随硝基数 (n)的增加而增加。以 2-、2,4-、2,4,6-、2,4,6,8-、2,4,6,8,10- 和 2,4,6,8,9,10-

六个不含桥头取代基的 PNAs 为例,求得它们的 ρ、D 和 p 值与 n 的关系为

$$\rho = 1.28 + 0.11n$$
$$D = 4.00 + 0.76n$$
$$p = 2.86 + 4.88n$$

其线性相关系数分别为 0.9875、0.9830 和 0.9978。对于 1-、1,3-、1,3,5-、1,3,5, 7-、1,3,4,5,7-、1,3,4,5,6,7-、1,2,3,4,5,6,7-、1,2,3,4,5,6,7,8-、1,2,3,4,5,6, 7,8,9-和 1,2,3,4,5,6,7,8,9,10- 10 种 PNAs 而言,其 ρ、D 和 p 值与 n 的关系为

$$\rho = 1.35 + 0.08n$$
$$D = 4.54 + 0.58n$$
$$p = 4.05 + 4.47n$$

线性相关系数分别为 0.9778、0.9701 和 0.9912。由表 3.4 结合这些关系式可见, 在系列 PNAs 中,仅当分子中硝基数(n)大于或等于 8 时,它们的 ρ、D 和 p 值才符合 HEDC 的定量标准($\rho \approx 1.9 \; g \cdot cm^{-3}$,$D \approx 9.0 \; km \cdot s^{-1}$,$p \approx 40 \; GPa$)。其中 1, 2,3,4,5,6,7,8,9,10-十硝基金刚烷的爆轰性能将高于目前公认的最著名 HEDC ε-CL-20($\rho = 2.1 \; g \cdot cm^{-3}$,$D = 9.4 \; km \cdot s^{-1}$,$p = 42.0 \; GPa$)。表中 1,2,2,3,4,5, 6,7,8,9,10-十一硝基金刚烷的 ρ、D、p 值更大,其爆轰性能更强,似与 Gilbert 曾推荐的十一硝基金刚烷为 HEDM 最佳目标物的结论相一致[12]。然而,十一硝基金刚烷中必含偕二硝基,可推知其稳定性很差,后续热解引发键离解能的计算将证明这一点。

3.4　热解机理和稳定性

实用 HEDC 除应满足 ρ、D 和 p 值标准,还必须具有安全性,即应比较稳定和钝感。为求得 PNAs 系列化合物的相对稳定性,揭示其稳定性与结构之间的关系,首先要进行热解尤其是热解引发机理研究。通常主要考虑其两种可能的热解引发步骤:①均裂侧链 $C—NO_2$ 键;②均裂笼状骨架 C—C 键。通过比较该两种热解步骤所需活化能(E_a)确定热解引发机理,通过比较 PNAs 系列化合物热解引发反应的 E_a 判别它们的相对稳定性。二者均选择各化合物分子中 Mülliken 集居数最小的 C—C 键和 $C—NO_2$ 键进行比较计算。

3.4.1　热解活化能

以 1,3,5,7-四硝基金刚烷(图 3.3)为例,表 3.5 列出用 UHF-PM3、AM1、 MNDO 和 MINDO/3 4 种半经验 MO 法求得的反应物和过渡态的能量(生成热)以及经零点能校正的活化能(E_a)。

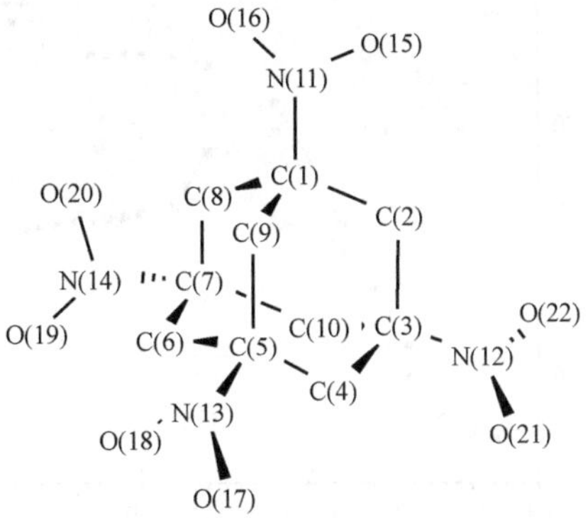

图 3.3　1,3,5,7-四硝基金刚烷的分子结构和原子编号

由表 3.5 可见，虽然 4 种半经验 MO 法求得的能量差别很大，但所得结论却是一致的，即均裂骨架 C—C 键所需活化能均比均裂侧链 C—N 键所需活化能大得多，据此可以断定，1,3,5,7-四硝基金刚烷的热解引发反应为 C—NO$_2$ 键的均裂。

表 3.5　1,3,5,7-四硝基金刚烷均裂 C—C 和 C—N 键的活化能 E_a *

方法	生成热			E_a	
	反应物	过渡态		C—C	C—NO$_2$
		C—C	C—NO$_2$		
PM3	−134.01	90.41	5.06	205.47	127.45
AM1	−17.76	217.14	62.08	214.71	66.53
MINDO/3	125.32	301.50	193.37	160.63	58.00
MNDO	328.70	537.52	403.61	185.68	57.65

* 单位：kJ·mol^{-1}，所有 E_a 均经零点能校正。

图 3.4 给出 PM3 计算的热解位能曲线。两条位能曲线均是沿反应坐标以一定步长（固定 C—C 或 C—N 间距作构型优化）求得的单点能连接而成。在曲线最高点附近进行几何全优化求得过渡态。过渡态均有唯一虚频，且分别对应于 C—C 或 C—N 键伸缩振动，并经 IRC 分析证实连接反应物和产物。各过渡态分别对应于 C—C 或 C—N 间距约为 2.62Å 和 2.32Å。下面仅选用 UHF-PM3 方法计算研究系列多硝基金刚烷（PNAs）的热解机理，结果见表 3.6。

比较表 3.6 中 13 个 PNAs 的两种可能热解途径的 E_a，发现均裂 C—NO$_2$ 键远小于均裂 C—C 键所需活化能，足以说明 C—NO$_2$ 键均裂是 PNAs 系列化合物的热解引发步骤。这与已有的唯一实验推论相一致[22]。先前的研究表明，六硝基六氮杂异伍兹烷（CL-20，HNIW）的热解引发键为侧链 N—NO$_2$ 键[23]。由于多硝基

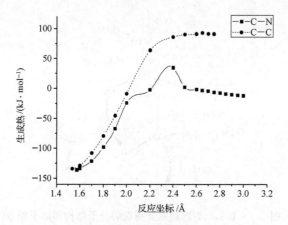

图 3.4　1,3,5,7-四硝基金刚烷均裂 C—C 和 C—N
键的 UPM3 热解位能曲线

立方烷的笼状骨架张力能较大,故其热解引发步骤为 C—C 键均裂[24]。由此可见,有机笼状高能化合物的热解机理并不一样,需要具体情况具体分析。

表 3.6　UHF-PM3 计算均裂 PNAs C—C 和 C—NO₂ 键的过渡态和活化能(E_a)*

| 化合物** | 生成热/(kJ·mol⁻¹) | | | E_a/(kJ·mol⁻¹) | |
| | 反应物 | 过渡态 | | C—C | C—NO₂ |
		C—C	C—NO₂		
1-	477.60	663.77	621.66	186.17	144.06
2-	485.00	668.65	630.12	183.65	145.12
1,2-	498.92	661.15	630.01	162.23	131.09
1,3-	483.23	674.17	621.27	191.04	138.04
1,4-	487.09	674.11	628.24	187.02	141.15
2,4-	498.44	683.07	638.79	184.63	140.35
2,6-	493.05	677.41	635.48	184.36	142.43
2,2-	535.73	707.09	635.98	171.36	100.25
1,3,5-	499.07	695.03	631.41	195.96	132.34
2,4,6-	515.96		651.23		135.27
1,4,4-	545.08	719.10	641.72	174.02	96.64
1,2,3-	533.28	694.21	650.30	160.93	117.02
1,3,8-	510.85		636.63		125.78
1,3,6-	500.88		635.56		134.68

化合物**	生成热/($kJ \cdot mol^{-1}$)			E_a/($kJ \cdot mol^{-1}$)	
	反应物	过渡态		C—C	C—NO_2
		C—C	C—NO_2		
1,3,5,7-	523.96	729.43	651.24	205.47	127.28
2,4,6,8-	555.99		682.18		126.19
2,2,4,4-	649.74	826.75	731.40	177.01	81.66
1,4,4,7-	564.62		659.76		95.14
2,2,6,6-	606.21		703.64		97.43
1,3,4,5,7-	592.61		692.52		99.91
2,4,6,8,10-	598.29		721.31		123.02
2,2,4,4,6,6-	778.29		848.69		70.40
1,3,4,5,6,7-	657.83		750.84		93.01
2,4,6,8,9,10-	642.75		761.76		119.01
1,2,3,4,5,6,7-	743.90		837.25		93.35
1,3,4,4,5,7,8-	745.42		819.33		73.91
2,2,4,4,6,6,8,8-	979.53		1042.72		63.19
1,2,3,4,5,6,7,8-	820.39		913.29		92.20
1,2,3,4,5,6,7,8,9-	932.45		1026.02		91.57
1,2,3,4,5,6,7,8,9,10-	1046.12		1121.99		75.87
2,2,4,4,6,6,8,8,10,10-	1343.26		1369.28		26.02
1,2,2,3,4,5,6,7,8,9,10-	1198.78		1223.55		24.77

* 所有生成热均经零点能校正。

** 1- 和 1,2- 分别表示 1-硝基金刚烷和 1,2-二硝基金刚烷,其余类推。

　　由表 3.6 可见,整体而言,随分子中硝基数(n)增加,均裂 C—NO_2 键所需 E_a 减小。对于桥头取代的 1-、1,3-、1,3,5-、1,3,5,7-多硝基金刚烷,以及对于非桥头取代的 2-、2,4-、2,4,6-、2,4,6,8-、2,4,6,8,10-、2,4,6,8,9,10-多硝基金刚烷,分子中每增加 1 个硝基,E_a 均约降低 5.50 $kJ \cdot mol^{-1}$,其 E_a 与 n 分别成线性关系,如图 3.5(a)和(b)所示;但化合物分子中每增加一对偕二硝基,其 E_a 将大幅度降低 (16.69 $kJ \cdot mol^{-1}$),且 E_a 与偕二硝基数(n)之间也符合基团加和性,其线性关系见图 3.5(c)。

　　由图 3.5(c)可见,当偕二硝基数(n)由 1 增加到 4 时,E_a 降低的梯度减小;但当 $n=5$ 时,E_a 急剧下降。自然键轨道分析[25]表明,这归因于偕二硝基间排斥(导致 E_a 降低)和 N═O 键与 C—N 键之间存在超共轭效应(导致 E_a 增加)的综合作

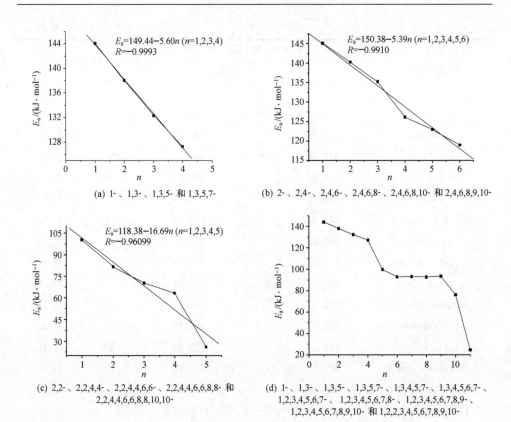

(a) 1-、1,3-、1,3,5- 和 1,3,5,7-

(b) 2-、2,4-、2,4,6-、2,4,6,8-、2,4,6,8,10- 和 2,4,6,8,9,10-

(c) 2,2-、2,2,4,4-、2,2,4,4,6,6-、2,2,4,4,6,6,8,8- 和 2,2,4,4,6,6,8,8,10,10-

(d) 1-、1,3-、1,3,5-、1,3,5,7-、1,3,4,5,7-、1,3,4,5,6,7-、1,2,3,4,5,6,7-、1,2,3,4,5,6,7,8-、1,2,3,4,5,6,7,8,9-、1,2,3,4,5,6,7,8,9,10- 和 1,2,2,3,4,5,6,7,8,9,10-

图 3.5　活化能 E_a 与硝基数(n)和偕二硝基对数(n)之间的关系

用：当偕二硝基对数 $n \leqslant 4$ 时，这两种作用彼此相当；但当 $n = 5$ 时，排斥力则起主导作用，使得 E_a 减小加剧。

在图 3.5(d)中，前 4 个点依次代表 1-、1,3-、1,3,5- 和 1,3,5,7-，即桥头取代物，E_a 较大，相应 PNAs 较稳定；接着是 1,3,4,5,7-，E_a 下降较多；而当 $n = 6 \sim 9$ 时，1,3,4,5,6,7-、1,2,3,4,5,6,7-、1,2,3,4,5,6,7,8-和1,2,3,4,5,6,7,8,9-，E_a 变化很小；而当 $n = 10$ 时，E_a 虽有较明显降低，但仍高达 75.87 kJ·mol^{-1}，即仍具较好稳定性；但当 $n > 10$ 时，分子中出现偕二硝基，如 1,2,2,3,4,5,6,7,8,9,10-，E_a 迅速降低到 24.77 kJ·mol^{-1}，表明该化合物变得很不稳定。以上分析表明，尽管当分子中硝基数 $n \geqslant 8$ 时，PNAs 可作为潜在 HEDC，但因含偕二硝基极不稳定，故只有 1,2,3,4,5,6,7,8-、1,2,3,4,5,6,7,8,9- 和 1,2,3,4,5,6,7,8,9,10- 3 个化合物可以作为 HEDC 的候选者，且从能量密度高考虑，1,2,3,4,5,6,7,8,9,10-十硝基金刚烷应是最佳目标物。

细致考察 PNAs 系列化合物的 E_a，分子中硝基间的相对位置也有较大影响。对同分异构体而言，硝基间的相对距离越近，则 E_a 越小，表明越不稳定。如 6 个二硝基金刚烷的硝基间相对距离排序为 2,6->1,4->2,4-≈1,3->1,2->2,2-。其中 2,6-二硝基金刚烷中两个硝基因不属同一六元环,间距最远,因此其均裂 C—NO$_2$ 键的 E_a 最大,在 6 个同分异构体中最稳定;而 2,2-二硝基金刚烷中有偕二硝基,硝基间距离最小,E_a 最小,在 6 个同分异构体中稳定性最差;其余同分异构体之间的相对稳定性亦可依此推断。此外,1,3,5- 与 2,4,6-相比,1,3,5,7- 与 2,4,6,8-相比,每对化合物的 E_a 彼此均很接近。表明非偕二硝基取代物,在两个不同碳上每增加一个硝基对 E_a 的影响几乎相同。值得强调的是,偕二硝基对 E_a 的影响非常之大,其作用甚至远超过硝基数(n)增加对 E_a 的影响。如 2,2-二硝基金刚烷的 E_a 小于 1,2,3-、1,3,8- 和 1,3,6-三硝基金刚烷的 E_a,甚至小于 1,3,5,7-四硝基金刚烷的 E_a。足见 Gilbert[12] 预测十一硝基金刚烷为 HEDC 最佳目标物肯定是错误的。

3.4.2　键 离 解 能

通过半经验 MO 计算热解引发反应,揭示了 PNAs 系列化合物的热解机理,分析比较了它们的热稳定性,发现 1,2,3,4,5,6,7,8,9,10-十硝基金刚烷为 HEDC 最佳目标物。以下再通过第一性原理计算,进一步从热解引发键所需键离解能的大小来衡量 PNAs 的稳定性、进而判别其作为 HEDC 的适用性。表 3.7 列出 PNAs 系列化合物热解引发键 C—N 键的键断裂能(E_{C-N})的 UB3LYP/6-31G* 计算结果。

表 3.7　各化合物在 B3LYP/6-31G* 水平下的 C—N 键断裂能(E_{C-N})*

化合物	$E_{C-N}/(kJ \cdot mol^{-1})$	化合物	$E_{C-N}/(kJ \cdot mol^{-1})$
1-	243.9	1,3,4,5,6,7-	180.1
2-	238.7	1,2,3,4,5,6,7-	151.7
1,3-	234.9	1,2,3,4,5,6,7,8-	178.3
1,3,5-	224.2	1,2,3,4,5,6,7,8,9-	150.9
1,3,5,7-	217.1	1,2,3,4,5,6,7,8,9,10-	126.8
1,3,4,5,7-	193.6	1,2,2,3,4,5,6,7,8,9,10-	41.7

* 1- 和 1,2- 分别表示 1-硝基金刚烷与 1,2-二硝基金刚烷,其余类推。

由表 3.7 可见,一般而言,化合物的键断裂能(E_{C-N})随分子中硝基数 n 增加而逐渐减小,表明稳定性依次下降。但其中 1,2,3,4,5,6,7,8- 比 1,2,3,4,5,6,7- 的 E_{C-N} 大(178.3 kJ·mol^{-1} > 151.7 kJ·mol^{-1}),表明前者稳定性较好,归因于前者分子对称性较高。值得注意的是,当分子中—NO$_2$ 数为 11 时,分子中必然出现偕二硝基,故 1,2,2,3,4,5,6,7,8,9,10-十一硝基金刚烷的 E_{C-N} 锐减为 41.68

kJ·mol^{-1},表明其稳定性很差,再次表明十一硝基金刚烷不应推荐为 HEDC 目标物。

总之,从均裂引发键离解能 E_{C-N} 得出的关于 PNAs 稳定性大小的变化趋势和导致的判别 HEDC 的结论,与上述相应反应活化能(E_a)研究得出的结果和结论相一致。

3.5 感度理论判据

感度是爆炸物对外界刺激的敏感程度,感度越大,表明该爆炸物越不稳定。因感度关系到爆炸物在合成、生产、储存和使用过程中的安全性,所以它是火炸药理论和工艺学的必议课题。化合物的结构决定其性能,以下将 PNAs 的稳定性和感度与多种结构参数进行关联。

图 3.6(a)和(b)分别示出 PNAs 的热解引发反应活化能(E_a)与其电子结构参数(C—N 键级 B_{C-N} 和硝基上净电荷 Q_{NO_2})之间的线性关系。

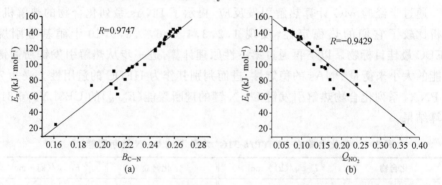

图 3.6 活化能(E_a)与(a) C—N 键级(B_{C-N})(b)硝基上净电荷(Q_{NO_2})之间的关系

由图 3.6(a)和(b)可见,对 31 种 PNAs 化合物,E_a 分别与 B_{C-N} 和 Q_{NO_2} 之间存在良好的线性关系,相关系数分别为 0.9747 和 -0.9429。以前的静态和动态分子轨道(MO)研究表明[26~32],对结构相似系列爆炸物,热解引发键的键级越小或均裂该键的活化能越小,则该化合物的稳定性越差、感度越大,亦即 E_a 与"最小键级原理"(PSBO)[26~32] 可等价地用于判别结构相似系列高能化合物的热稳定性或撞击感度。这里,E_a 与 B_{C-N} 之间的良好线性关系进一步证实了这些判据的可靠性。图 3.6(b)则表明,同系化合物分子中—NO$_2$ 上所带电荷与 E_a 亦可等价地作为热稳定性或感度的判据;Q_{NO_2} 越大,则其稳定性越差、感度越大。

图 3.7(a)和(b)分别示出 PNAs 系列化合物的 UB3LYP/6-31G* 计算键离解能(E_{C-N})与键级(B_{C-N})、—NO$_2$ 上电荷(Q_{NO_2})之间的线性关系,相关系数分别为 0.9434 和 -0.9451。由于原子上净电荷与原子间键级均出自集居分析,即由 MO

系数所决定,它们之间的固有联系,使得键级及其相关原子上净电荷均能很自然地与感度相关联。由此可见,对于 PNAs 系列化合物,静态结构参数(B_{C-N},Q_{NO_2})和动态指标(E_a,E_{C-N})均能用于判别其感度和稳定性。

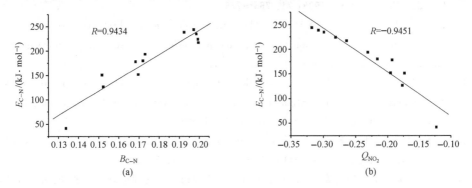

图 3.7　键断裂能(E_{C-N})与(a)键级(B_{C-N})、(b)硝基净电荷(Q_{NO_2})之间的线性关系

参 考 文 献

[1] Schleyer P R, Olah G A. Cage Hydrocarbons, New York: John Wiley Press, 1990

[2] Stetter H, Mayer J, Schwarz M et al. über verbindungen mit urotropin struktur, XVI. Beiträge zur chemie der adamantyl-(1)-derivate. Chem Ber, 1960, 93: 226~230

[3] George W S, Harry D W. Some reactions of adamantane and adamantane derivatives. J Org Chem, 1961, 26: 2207~2012

[4] Smith G W, Williams H D. Nitroadamantanes. U. S. Pat. No. 3,053,907, 1963

[5] Driscoll G L. Adamantane derivatives. U. S. Pat. No. 3,535,390, 1970

[6] Olah G A, Lin H C H. Electrophilic reactions at single bonds. V. Nitration and nitrolysis of alkanes and cycloalkanes with nitronium salts. J Am Chem Soc, 1971, 93: 1259~1261

[7] Sollott G P, Gilbert E E. A facile route to 1,3,5,7-tetraaminoadamantane. Synthesis of 1, 3,5,7-tetranitroadamantane. J Org Chem, 1980, 45: 5405~5409

[8] Umstead M E, Lin M C. Laser-induced reactions of NO₂ in the visible region III. Adamantane nitration in the liquid phase. Appl Phys B: Lasers and Optics, 1986, 39: 61~63

[9] Gilbert E E. 1,3,5,7-Tetranitroadamantane and process for preparing same. USP 4,329, 522, 1982

[10] Arshibald T G, Baum K. Synthesis of polynitroadamantanes. Oxidations of oximinoadamantanes. J Org Chem, 1988, 53: 4645~4649

[11] Dave P R, Mark F. Synthesis of 2,2,4,4-tetranitroadamantane. J Org Chem, 1990, 55: 4459~4461

[12] Gilbert P S, Jack A. Research towards novel energetic materials. J Energ Mater, 1986,

45：5～28

[13] Škare D, Sućeska M. Study of detonation parameters of polynitroada- matanes, potential new explosives. I. Molecular mass/density and oxygen content/sensitivity relationships. Croatica Chemica Acta, 1998, 71：765～776

[14] Xu X J, Xiao H M, Gong X D et al. Theoretical studies on the vibrational spectra, thermodynamic properties, detonation properties and pyrolysis mechanisms for polynitroadamantanes. J Phys Chem A, 2005, 109：11268～11274

[15] Scott A P, Radom L. Harmonic vibrational frequencies: an evaluation of Hartree-Fock, MΦller-plesset, quadratic configuration interaction, density functional theory, and semiempirical scale factors. J Phys Chem, 1996, 100：16502～16513

[16] Sollott G P, Gilbert E E. A facile route to 1,3,5,7-tetraaminoadamantane. Synthesis of 1, 3,5,7-tetranitroadamantane. J Org Chem, 1980, 45：5405～5409

[17] 王飞, 许晓娟, 肖鹤鸣等. 多硝基金刚烷生成热和稳定性的理论研究. 化学学报, 2003, 61：1939～1943

[18] Schulman J M, Disch R L. *Ab initio* heats of formation of medium-sized hydrocarbons. The heat of formation of dodecahedrane. J Am Chem Soc, 1984, 106：1202～1204

[19] Dean J A. LANGE'S Handbook of Chemistry. 15th Edn. New York：McGraw-Hill Book Co., 1999, 65

[20] Pedley J B, Naylor R D, Kirdy S P. Thermochemical Data of Organic Compounds. 2nd Edn. London, New York：Chapman and Hall, 1986. 89

[21] George C, Gilardi R. Structure of 2-bromo-2-nitroadamantane (I), $C_{10}H_{14}BrNO_2$, and 2, 2-dinitro-adamantane(II), $C_{10}H_{14}N_2O_4$. Acta Crystallogr Sect C: Cryst Struct Commun, 1983, C39：1674～1676

[22] Allen I F, Ellis K, Fields. Pyrolysis of 1-nitroadamantane. J Org Chem, 1971, 36：996～998

[23] 许晓娟, 肖鹤鸣, 居学海等. ε-六硝基六氮杂异伍兹烷(CL-20)热解机理的理论研究. 有机化学, 2005, 25(5)：536～539.

[24] Zhang J, Xiao H M. Computational studies on the infrared vibrational spectra, thermodynamic properties, detonation properties, and pyrolysis mechanism of octanitrocubane. J Chem Phys, 2002, 116：10674～10683

[25] Carpenter J E, Weinhold F. Analysis of the geometry of the hydroxymethyl radical by the different hybrids for different spins natural bond orbital procedure. J Mol Struct (Theochem), 1988, 169：41～62

[26] 肖鹤鸣, 王遵尧, 姚剑敏. 芳香族硝基炸药感度和安定性的量子化学研究 I 苯胺类硝基衍生物. 化学学报, 1985, 43：14～18

[27] 肖鹤鸣. 硝基化合物的分子轨道理论. 北京：国防工业出版社, 1993

[28] Fan J F, Xiao H M. Theoretical study on pyrolysis and sensitivity of energetic compounds. (2) Nitro derivatives of benzene. J Mol Struct (THEOCHEM), 1996, 365：225～229

[29] Xiao H M, Fan J F, Gong X D. Theoretical study on pyrolysis and sensitivity of energetic compounds. Part 1: Simple model molecules containing NO₂ group. Prop Explos Pyrotech, 1997, 22: 360~364

[30] Xiao H M, Fan J F, Gu Z M et al. Theoretical study on pyrolysis and sensitivity of energetic compounds (3) Nitro derivatives of aminobenzenes. Chem Phys, 1998, 226: 15~24

[31] Fan J F, Gu Z M, Xiao H M et al. Theoretical study on pyrolysis and sensitivities of energetic compounds Part 4, Nitro derivatives of phenols. J Phys Org Chem, 1998, 11(3): 177~184

[32] Xu X J, Xiao H M, Fan J F et al. A quantum chemical study on thermolysis initiation mechanisms and impact sensitivity of energetic materials. Central European Journal of energetic Materials (CEJEM), 2005, 2(4): 5~21

第4章　金刚烷的 NO_2 气相硝化反应机理

多硝基金刚烷（PNAs）的能量特性随分子中硝基数（n）增加而增高。当 $n \geqslant 8$ 时，符合高能量密度化合物（HEDC）的基本标准：密度 $\rho \approx 1.9 \text{ g} \cdot \text{cm}^{-3}$，爆速 $D \approx 9.0 \text{ km} \cdot \text{s}^{-1}$，爆压 $p \approx 40 \text{ GPa}$。因 $n \geqslant 11$ 时分子中必出现偕二硝基，均裂引发键 $C—NO_2$ 所需活化能和键离解能锐减，表明稳定性下降、感度增大，故值得推荐的潜在 HEDC 只能是不含偕二硝基的八、九和十硝基金刚烷。这是第3章分子设计导致的结论，解决了在 PNAs 中寻求 HEDC 应该"合成什么"的问题。至于"如何合成"主要应由实验工作者去做，但理论工作也可助一臂之力，比如可通过基元反应计算，求得活化能、过渡态和合适的反应途径。这是本章要讨论的问题。

自1-硝基金刚烷成功合成以来，合成 PNAs 的工作已引起广泛重视，取得重要进展[1~12]。但因空间位阻等效应，至今只能合成含 1~6 个硝基的金刚烷。氧化法合成多硝基金刚烷不仅过程复杂，而且常伴有较多副产物[1~3,5~8,13]。实验表明，由于不存在 NO_2，浓 HNO_3 和金刚烷不发生反应。用 NO_2 或其他可间接生成 NO_2 的化合物（如 N_2O_5 和 N_2O_4）直接硝化金刚烷简单而便宜。先前仅可得到1-硝基金刚烷，至多能得到少量 1,3-二硝基金刚烷[13,9~10]；近几年可制得含更多硝基的金刚烷，如 2,2,4,4,7-五硝基金刚烷[11]；且发现 NO_2 还可与含不同取代基的金刚烷发生硝化反应[12]。总之，以前的实验研究已表明，NO_2 气相硝化金刚烷是值得深入研究的重要反应。

链式烷烃硝化机理已比较成熟。通常认为链烃可于 400℃ 在气相或液相中与 HNO_3 反应生成硝化烷烃，反应实质是 NO_2 硝化，决速步骤是 NO_2 夺氢。但由于金刚烷存在笼状骨架，其硝化机理是否与链烃硝化相同；若也是 NO_2 夺氢，那究竟是 N 还是 O 进攻 H，链烃硝化不允许的 NO_2 直接取代 H 的反应在金刚烷的硝化过程中是否可以发生。此外，由于金刚烷中有两种化学环境不同的 1-位 H（与桥头叔 C 相连）和 2-位 H（与仲 C 相连），到底反应发生在哪一个位置，这些微观反应机理问题迫切需要理论加以阐明。近期，虽已有用量子化学方法揭示芳烃硝化（亲电取代）机理的报道[14~16]，但至今尚未见有关于 NO_2 硝化金刚烷的任何理论工作报道。

本章运用半经验 PM3 和 DFT-B3LYP 两种方法，计算研究了 NO_2 与金刚烷的气相反应机理，求得各可能基元反应的过渡态和活化能（E_a），通过比较确定了最佳反应途径。通过分析反应过程中体系的分子几何、原子电荷和 IR 谱的变化规律，揭示了反应的实质[17]。

4.1　反应机理

NO_2 与金刚烷反应可发生在 1-位和 2-位，且均可能有 3 种反应途径。图 4.1 示出 1-位反应的途径，2-位反应与之类似。

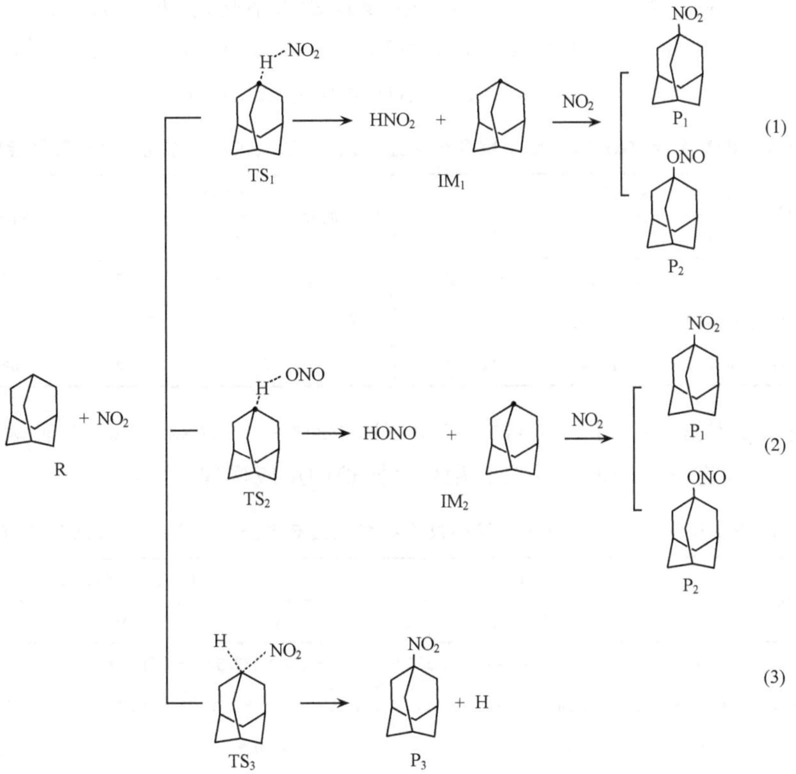

图 4.1　NO_2 硝化金刚烷 1-位反应的 3 个可能途径

在途径(1)中，NO_2 中 N 进攻 H 经过渡态 TS_1，生成金刚烷自由基(IM_1)；中间体 IM_1 与 NO_2 结合生成硝基金刚烷或亚硝酸金刚烷酯；在途径(2)中，NO_2 中 O 进攻 H 经过渡态 TS_2 生成金刚烷自由基(IM_2)，中间体 IM_2 再与 NO_2 金刚烷自由基进一步与 NO_2 结合生成硝基金刚烷或亚硝酸金刚烷酯；在途径(3)中，NO_2 直接取代氢生成硝基金刚烷。本章主要对第一步进攻 H 的决速步骤进行计算，分别求得 NO_2 中 N 和 O 夺取金刚烷 1-H 和 2-H 以及 NO_2 直接取代 H 各反应的过渡态(TS)和活化能(E_a)。在途径(1)和途径(2)中，金刚烷自由基进一步与 NO_2 结合生成硝基金刚烷(P_1)或亚硝酸金刚烷酯(P_2)，均为双自由基无垒反应，只要通过比较同分异构体 P_1 和 P_2 的总能量即可确定最终主要产物。

为初步判别 NO_2 气相硝化金刚烷的反应机理,首先运用 PM3 方法计算了各可能反应途径的反应物(R)和过渡态(TS)的能量(E)以及反应活化能(E_a),结果列于表 4.1。由表 4.1 可见,无论 1-位或 2-位反应,途径(3)的活化能高达 300 $kJ \cdot mol^{-1}$ 以上,远大于途径(1)和(2)的所需活化能。据此推测,途径(3)发生的可能性很小,即 NO_2 很难直接取代金刚烷的 H。这与链烃硝化机理相符。此外,表 4.1 显示,无论途径(1)还是途径(2),1-位反应所需活化能(E_a)均比 2-位低,预示 1-位反应较易发生;对于 1-位反应,途径(1)所需 E_a(119.16 $kJ \cdot mol^{-1}$)与途径(2)的(139.90 $kJ \cdot mol^{-1}$)相差不太大,预示两途径将相互竞争。

表 4.1　PM3 计算 NO_2 硝化金刚烷各反应途径的反应物、过渡态能量(E)和活化能(E_a)

反应途径		能量 $E/(kJ \cdot mol^{-1})$		$E_a/(kJ \cdot mol^{-1})$	反应途径		能量 $E/(kJ \cdot mol^{-1})$		$E_a/(kJ \cdot mol^{-1})$
		R	TS				R	TS	
	(1)	501.08	620.24	119.16		(1)	500.98	627.60	126.62
1-位	(2)	500.94	640.84	139.90	2-位	(2)	500.90	672.32	171.42
	(3)	501.20	824.69	323.49		(3)	501.13	807.20	306.07

表 4.2 列出 B3LYP/6-31G* 和 B3LYP/6-311++G(3df,2pd)两种水平的计算结果,借以进一步确证 NO_2 气相硝化金刚烷的反应机理。

表 4.2　NO_2 硝化金刚烷各反应途径的反应物和过渡态能量(E_R、E_{TS})以及活化能(E_a)*

反应途径		B3LYP/6-31G*			B3LYP/6-311++G(3df,2pd)		
		(1)	(2)	(3)	(1)	(2)	(3)
	E_R	−1 563 628.50	−1 563 631.46	−1 563 628.95	−1 564 162.35	−1 564 166.94	−1 564 167.56
1-位	E_{TS}	−1 563 531.23	−1 563 548.31	−1 563 294.67	−1 564 082.28	−1 564 089.88	−1 563 838.09
	E_a	97.27	83.15	334.28	80.07	77.06	329.47
	E_R	−1 563 629.02	−1 563 629.29	−1 563 628.91	−1 564 165.04	−1 564 166.68	−1 564 167.12
2-位	E_{TS}	−1 563 523.70	−1 563 515.75	−1 563 289.90	−1 564 070.41	−1 564 058.23	−1 563 833.06
	E_a	105.32	113.54	339.01	94.63	108.45	334.06

*　单位:$kJ \cdot mol^{-1}$。

由表 4.2 可见,较高水平的 B3LYP/6-311++G(3df,2pd)单点计算降低了各驻点的 B3LYP/6-31G* 能量,但并不改变不同途径下反应活化能(E_a)的相对大小。2-位反应 3 种途径所需 E_a 均比相应 1-位反应所需的高,预示 NO_2 硝化金刚烷主要发生在 1-位。对 1-位反应而言,途径(3)所需 E_a 高达 330 $kJ \cdot mol^{-1}$,远大于途径(1)和(2)所需 E_a,表明途径(3)很难发生。而途径(2)与途径(1)所需 E_a 较为接近,仅相差 3~4 $kJ \cdot mol^{-1}$,表明此两途径可能是竞争步骤。这些结论均与

PM3 计算所得结论相符。

由表 4.2 可见，1-硝基金刚烷 P_1 的 B3LYP/6-31G* 的计算总能量（$-1\,562777.85$ kJ·mol⁻¹）比 1-亚硝酸金刚烷酯 P_2 总能量（$-1\,562759.14$ kJ·mol⁻¹）低 18.71 kJ·mol⁻¹，预示 NO₂ 气相硝化金刚烷最终以 1-硝基金刚烷为主要产物；在改变反应条件时，也可能生成少量的 1-亚硝酸金刚烷酯。这些结论与实验结果相一致[13,9~10]。

理论计算可获得沿各反应途径的势能剖面图。限于篇幅，这里仅给出 NO₂ 中 O 进攻金刚烷 1-位 H 的决速步骤的内裹反应坐标（IRC）分析示意，参见图 4.2。该图表明，过渡态确实连接反应物（R）和中间体（IM₂），求得的过渡态和活化能是可信的；因 IM₂ 是自由基故能量较高。

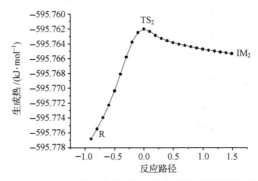

图 4.2　NO₂ 中 O 进攻金刚烷 1-H 位决速步骤的势能曲线

4.2　分子几何

表 4.3 给出 NO₂ 中 O 进攻 1-位 H 反应过程的主要分子几何变化。图 4.3 给出该反应的过渡态构型和原子编号。

由表 4.3 可见，在 NO₂ 中 O 进攻 1-位 H 决速反应过程中，只有与 C(1) 相连或相近的几何参数发生变化。其中变化最明显的是 C(1)—H(11) 键长由 0.1098 nm 经过渡态 0.1417 nm 到产物 0.1967 nm；H(11)—O(28) 键长则由 0.2691 nm 经过渡态 0.1187 nm 到产物 0.1013 nm；同时，C(1)—H(11) 和 H(11)—O(28) 的 Mülliken 集居数分别由 0.3534 经 0.1791 到 0.0843、由 0.01034 经 0.01530 到 0.1007，表明在 NO₂ 的 O 夺氢反应过程中，O—H 键的逐渐形成和 C—H 键的逐渐断裂是协同进行的，预示该反应存在同位素效应。此外，N(27)—O(28) 键长由 0.1203 nm 经 0.1319 nm 到 0.1366 nm，N(27)—O(29) 键长由 0.1203 nm 经 0.1207 到 0.1198 nm；说明反应物 NO₂ 中存在两个 δ 键和一个 π_3^3 键，在反应过程中 N(27)—O(28) 逐渐变长形成单键，而 N(27)—O(29) 键在产物（IM₂）中比在反

表 4.3 NO₂中 O 进攻金刚烷 1-位 H 反应的分子几何变化键长、键角(°)和二面角*

参数	几何参数	反应物(R)	过渡态(TS₂)	中间体(IM₂)
	C(1)—C(2)	1.544	1.518	1.508
	C(1)—C(8)	1.543	1.519	1.509
键长/Å	C(1)—C(9)	1.544	1.518	1.509
	C(1)—H(11)	1.098 (0.3534)	1.417(0.1791)	1.967(0.0843)
	H(11)—O(28)	2.691 (0.01034)	1.187(0.0153)	1.013(0.1007)
	N(27)—O(28)	1.203	1.319	1.366
	N(27)—O(29)	1.203	1.207	1.198
	C(2)—C(1)—C(8)	109.358	112.2	113.1
	C(2)—C(1)—C(9)	109.3	112.3	113.1
	C(8)—C(1)—C(9)	109.4	112.2	113.1
键角/(°)	C(2)—C(1)—H(11)	109.5	107.3	103.6
	C(1)—C(2)—C(3)	109.7	106.6	105.9
	C(1)—C(8)—C(7)	109.7	106.7	105.8
	C(1)—C(9)—C(5)	109.7	106.6	105.9
二面角/(°)	C(1)—N(27)—O(28)—O(29)	−0.3	0.0	1.2
	H(11)—N(27)—O(28)—O(29)	−1.1	0.0	−0.3

* 括号里中是 Mülliken 集居数。

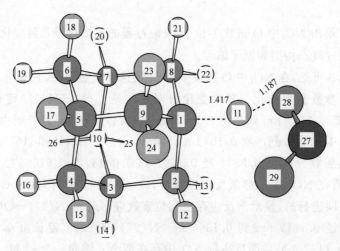

图 4.3 NO₂中 O 进攻金刚烷 1-位 H 的过渡态结构和原子编号

应物中略短,即形成了典型的双键。关于键角,以 C(1) 为中心的键角 C(2)—C(1)—C(8),C(2)—C(1)—C(9) 和 C(8)—C(1)—C(9) 由 109°左右增加到约 113°;以与 C(1)直接相连的 C(2)、C(8) 和 C(9) 为中心的键角 C(1)—C(2)—C(3)、C(1)—C(8)—C(7) 和 C(1)—C(9)—C(5) 则由 110°左右减小到约 105°;其他与 C(1)相连的 C—C—C、C—C—H 和 C—H—H 键角在整个反应过程中几乎不发生变化。二面角如 C(1)—N(27)—O(28)—O(29) 和 H(11)—N(27)—O(28)—O(29) 在反应过程中始终接近为 0°,表明相关原子接近共面,该面在反应中未发生明显扭转。

4.3　原子电荷

从反应中原子电荷的变化能揭示反应的实质。表 4.4 给出 NO_2 中 O 进攻金刚烷 1-位 H 反应中各原子上的自然电荷。

表 4.4　NO_2 中 O 进攻 1-位 H 反应中原子自然电荷的变化(单位:e)

原子	反应物(R)	过渡态(TS_2)	中间体(IM_2)	原子	反应物(R)	过渡态(TS_2)	中间体(IM_2)
C(1)	−0.2576	−0.1053	−0.0036	H(16)	0.2328	0.2403	0.2398
C(2)	−0.4603	−0.4818	−0.5046	H(17)	0.2467	0.2556	0.2536
C(3)	−0.2571	−0.2475	−0.2462	H(18)	0.2330	0.2387	0.2380
C(4)	−0.4595	−0.4648	−0.4659	H(19)	0.2329	0.2407	0.2402
C(5)	−0.2571	−0.2475	−0.2459	H(20)	0.2468	0.2552	0.2533
C(6)	−0.4594	−0.4648	−0.4658	H(21)	0.2331	0.2467	0.2444
C(7)	−0.2569	−0.2464	−0.2458	H(22)	0.2331	0.2468	0.2446
C(8)	−0.4592	−0.4807	−0.5021	H(23)	0.23211	0.2446	0.2431
C(9)	−0.4603	−0.4817	−0.5039	H(24)	0.2346	0.2550	0.2499
C(10)	−0.4595	−0.4648	−0.4658	H(25)	0.2330	0.2387	0.2381
H(11)	0.2435	0.3940	0.4617	H(26)	0.2329	0.2407	0.240
H(12)	0.2345	0.2550	0.2522	N(27)	0.5217	0.3929	0.384
H(13)	0.2321	0.2447	0.2430	O(28)	−0.2573	−0.4427	−0.5305
H(14)	0.2467	0.25567	0.2537	O(29)	−0.2588	−0.3578	−0.3394
H(15)	0.2337	0.24067	0.2397				

反应中原子上电荷的变化由电子转移所引起,主要发生在与新键形成和旧键

断裂有关的原子上。从表 4.4 可见，该反应中电荷变化主要发生在 C(1)、H(11)、O(28)、O(29) 和 N(27) 等原子上。在反应物中 C(1)、H(11) 之间以共价键相连，由于 C 的电负性略大于 H 故使 C(1) 带负电 H(11) 带正电；当 O(28) 向 H(11) 靠近时，因其具较强吸电子能力，故使 H(11) 和 C(1) 原子上负电荷均逐渐减少（正电荷逐渐增加），由反应物(R) 中 0.2435 和 −0.2576 变为过渡态(TS$_2$) 中 0.3940 和 −0.1053；随着 C(1)—H(11) 键断开、O(28)—H(11) 形成，H(11) 和 C(1) 所带电荷在中间体(IM$_2$) 中为 0.4617 和 −0.0036。在 R→TS$_2$→IM$_2$ 过程中，作为活性中心的 O(28) 上负电荷逐渐增多。在反应物 NO$_2$ 中该 O 除以一个电子与 N 形成 δ 共价键外，还有一个电子参与整个体系的 π_3^3 键，且因电负性大于 N 而带一定负电（−0.2573）。当与金刚烷反应时，O(28) 有吸引 H(11) 上电子形成 δ 键的趋势并形成过渡态(TS$_2$)，直至在中间体(IM$_2$) 中 O(28)—H(11) 键形成，O(28) 上带更多负电荷。从 C(1)、H(11) 和 O(28) 所带电荷在反应中的变化趋势和结果，证明 C(1)—H(11) 键断开和 O(28)—H(11) 键形成确是一个协同过程，与上述由分子几何变化得出的结论相一致。与 O(28) 直接相连的 N(27) 间接相连的 O(29)，以及与 C(1) 直接相连的 C(2)、C(8) 和 C(9) 等原子上的电荷随反应进行均有相应的变化，而其他离反应中心较远原子的电荷则几乎没有或很少发生变化。

4.4　IR　谱

红外光谱(IR) 是物质的基本光学性质，也是分析和鉴定物质的有力手段[18,19]。非线性分子一共有 3N-6 个正则振动方式，对应于 3N-6 条基频。这里 N 是分子中原子数，6 是分子的平动和转动自由度。表 4.5 列出 NO$_2$ 中 O 进攻金刚烷 1-位 H 决速反应过程中反应物(R)、过渡态(TS$_2$) 和中间体(IM$_2$) 的 IR 频率（单位 cm^{-1}）和强度（在括号内，单位 km·mol^{-1}）。反应体系中 $N=29$，共求得 81 个基频。所有计算频率均经 0.96 因子校正。

比较反应中 IR 特征频率的变化，利于判别和认识新键的形成和旧键的断裂。从表 4.5 可见，反应物(R) 主要有两个强特征峰，位于 1653cm^{-1} 和 2898～2941cm^{-1} 处，分别归属于 —NO$_2$ 的弯曲振动和 C—H 键的伸缩振动。TS$_2$ 则有唯一虚频 1296i cm^{-1} 以及 1560 cm^{-1} 和 2908～2977cm^{-1} 共 3 个强吸收峰，分别代表 C—H 和 O—H 键的伸缩振动（即趋向于形成 R 或 IM$_2$）、IM$_2$ 在 1624、2858 和 2906～2969cm^{-1} 处有 3 个强吸收峰。尤其是 2858cm^{-1} 峰，其强度高达 655 km·mol^{-1}，由 IM$_2$ 中 O—H 键的伸缩振动所引起。它的存在标志 O—H 新键的形成。而其他两个峰则分别由 HONO 分子的面内弯曲振动和金刚烷自由基的 C—H 伸缩振动所引起。由此可见，反应中体系振动频率的变化，反映了反应中 C—H 键断裂和 O—H 键形成的过程。

表 4.5　NO$_2$ 中 O 进攻 1-位 H 反应中振动频率的变化

频率	R	TS$_2$	IM$_2$	频率	R	TS$_2$	IM$_2$
ν_1	22(0)	1296i(165)	27(0)	ν_{42}	1199(0)	1108(10)	1143(0)
ν_2	33(0)	32(0)	39(1)	ν_{43}	1199(1)	1143(0)	1144(0)
ν_3	40(0)	65(1)	49(1)	ν_{44}	1272(0)	1157(6)	1233(0)
ν_4	46(0)	65(1)	77(0)	ν_{45}	1274(0)	1235(0)	1233(0)
ν_5	57(0)	134(2)	135(4)	ν_{46}	1274(0)	1241(3)	1237(20)
ν_6	74(1)	237(0)	176(2)	ν_{47}	1298(1)	1251(3)	1256(2)
ν_7	304(0)	285(0)	305(0)	ν_{48}	1299(0)	1256(108)	1257(2)
ν_8	305(0)	293(0)	315(0)	ν_{49}	1301(1)	1258(0)	1264(0)
ν_9	311(0)	319(0)	318(0)	ν_{50}	1312(0)	1261(0)	1297(1)
ν_{10}	391(0)	320(0)	384(0)	ν_{51}	1312(0)	1296(1)	1297(1)
ν_{11}	391(0)	385(0)	385(0)	ν_{52}	1313(0)	1297(2)	1309(0)
ν_{12}	424(0)	387(0)	430(0)	ν_{53}	1344(0)	1310(0)	1323(2)
ν_{13}	426(0)	428(0)	433(0)	ν_{54}	1350(0)	1328(1)	1331(0)
ν_{14}	431(0)	431(0)	435(0)	ν_{55}	1351(1)	1331(0)	1332(0)
ν_{15}	625(0)	446(1)	618(1)	ν_{56}	1352(1)	1333(0)	1353(0)
ν_{16}	625(0)	617(1)	618(1)	ν_{57}	1363(0)	1352(1)	1355(1)
ν_{17}	626(0)	619(1)	627(10)	ν_{58}	1364(0)	1356(1)	1359(17)
ν_{18}	719(6)	669(1)	664(11)	ν_{59}	1447(0)	1357(0)	1448(1)
ν_{19}	727(0)	732(0)	729(0)	ν_{60}	1451(1)	1448(0)	1450(1)
ν_{20}	771(0)	747(4)	757(3)	ν_{61}	1458(7)	1449(0)	1460(7)
ν_{21}	773(0)	771(1)	770(1)	ν_{62}	1463(6)	1460(8)	1461(7)
ν_{22}	777(0)	771(2)	773(0)	ν_{63}	1465(7)	1460(8)	1464(12)
ν_{23}	867(0)	792(4)	860(10)	ν_{64}	1483(0)	1465(13)	1484(1)
ν_{24}	869(0)	864(0)	865(1)	ν_{65}	1653(275)	1485(1)	1624(145)
ν_{25}	874(0)	865(0)	871(40)	ν_{66}	2898(3)	1560(253)	2858(655)
ν_{26}	879(0)	874(0)	883(0)	ν_{67}	2899(13)	2908(12)	2906(6)
ν_{27}	880(0)	885(0)	885(1)	ν_{68}	2899(16)	2908(12)	2907(11)
ν_{28}	940(1)	887(0)	886(5)	ν_{69}	2899(15)	2909(9)	2907(9)
ν_{29}	941(1)	913(17)	892(1)	ν_{70}	2800(5)	2919(4)	2914(3)
ν_{30}	945(1)	947(2)	931(215)	ν_{71}	2900(6)	2921(4)	2916(6)
ν_{31}	1011(0)	949(1)	953(2)	ν_{72}	2919(147)	2925(52)	2920(98)
ν_{32}	1012(0)	996(3)	954(0)	ν_{73}	2919(147)	2930(96)	2926(120)
ν_{33}	1013(0)	999(2)	1000(1)	ν_{74}	2919(161)	2931(115)	2928(134)
ν_{34}	1020(0)	1010(0)	1002(0)	ν_{75}	2931(1)	2938(29)	2936(2)
ν_{35}	1081(3)	1011(33)	1003(0)	ν_{76}	2933(1)	2943(26)	2942(18)
ν_{36}	1082(2)	1069(100)	1013(0)	ν_{77}	2933(1)	2945(26)	2943(18)
ν_{37}	1084(3)	1072(5)	1067(7)	ν_{78}	2934(1)	2949(58)	2948(76)
ν_{38}	1089(0)	1080(11)	1084(4)	ν_{79}	2940(103)	2964(32)	2958(26)
ν_{39}	1094(0)	1083(1)	1084(4)	ν_{80}	2941(97)	2974(11)	2964(34)
ν_{40}	1095(0)	1086(1)	1085(0)	ν_{81}	2941(96)	2977(39)	2969(41)
ν_{41}	1097(0)	1098(0)	1094(0)				

　　本章从理论上初步探讨了 NO_2 硝化金刚烷气相反应的机理。因为实际反应都是在溶液中进行的,即需考虑溶剂化效应,故计算比较了 NO_2 中 O 夺取 1-位 H 反应的反应物(R)、过渡态(TS_2)和中间体(IM_2)的偶极矩,它们分别为 0.4952、4.1463 和 3.7759 Debye。可见反应物偶极矩很小,预示受溶剂影响将较小。但 TS_2 和 IM_2 偶极矩较大,预示当反应在极性溶剂中进行时,TS_2 和 IM_2 可能会受到溶剂的稳定化作用,从而降低反应势垒和产物能量,有利于反应的进行。

参 考 文 献

[1] Stetter H, Mayer J, Schwarz M et al. über verbindungen mit urotropin struktur, XVI. beiträge zur chemie der adamantyl-(1)-derivate. Chem Ber, 1960, 93: 226~230

[2] George W S, Harry D W. Some reactions of adamantane and adamantane derivatives. J Org Chem, 1961, 26: 2207~2012

[3] Smith G W, Williams H D. Nitroadamantanes. U. S. Pat. No. 3,053,907, 1963

[4] Driscoll, G. L. Adamantane derivatives. U. S. Pat. No. 3,535,390, 1970

[5] Olah G A, Lin H C H. Electrophilic reactions at single bonds. V. Nitration and nitrolysis of alkanes and cycloalkanes with nitronium salts. J Am Chem Soc, 1971, 93: 1259~1261

[6] Sollott G P, Gilbert E E. A facile route to 1,3,5,7-tetraaminoadamantane. Synthesis of 1, 3,5,7-tetranitroadamantane. J Org Chem, 1980, 45: 5405~5409

[7] Paritosh R D, Little F N J. 2,2,4,4,6,6-hexamitroadamantane and a method of making the same. US 5202508, 1993. [Chem. Abstr. 1993, 119: 85013u]

[8] Paritosh R D. Synthesis of 1,2,2-Trinitroadamantane. J Org Chem, 1995, 60: 1895~1896

[9] Schneider A. Nitroalkyladamantane. US 3258498, 1966 [Chem. Abstr. 1966, 65: 7077f]

[10] Marchand A P. Synthesis and chemistry of novel polynitropolycyclic cage molecules. Tetrahedron, 1988, 44(9): 2377~2395

[11] Vishnevskii E N, Kuzmin V S, Golod E L. Nitration of adamantane with nitrogen dioxide. Zh Org Khim, 1996, 32(7): 1030~1038

[12] Isozaki S, Yoshiki N, Satoshi S et al. Nitration of alkanes with nitric acid catalyzed by N-hydroxyphthalimide. Chem Commun, 2001, 1352~1353

[13] Agrawal P J. Recent trends in high-energy materials. Prog Energy Combust Sci, 1998, 24: 1~30

[14] Xiao H M, Chen L T, Ju X H et al. A theoretical study on nitration mechanism of benzene and solvent effects. Sic in China Ser B, 2003, 46(5): 453~464

[15] Chen L T, Xiao H M, Xiao J J et al. DFT study on nitration mechanism of benzene with nitronium ion. J Phys Chem A, 2003, 107: 11440~11444

[16] Chen L T, Xiao H M, Xiao J J. DFT study of the mechanism of nitration of toluene with nitronium. J Phys Org Chem, 2004, 18(1): 62~68

[17] 许晓娟，肖鹤鸣，贡雪东等. NO_2 气相硝化金刚烷的理论研究. 化学学报，2006，64(4)：306～312

[18] George W O，Mcintyre P S. Infrared Spectroscopy. London：John Wiley & Sons，1987

[19] Lambert J B，Shurvell H F，Lightner D A et al. Introduction to Organic Spectroscopy. New York：Macmillian Publishing Company，1987

第5章 金刚烷的硝酸酯基衍生物

在常见硝基、硝胺基、硝酸酯基和叠氮基 4 大类高能化合物中,硝酸酯类化合物具有重要的地位。但至今未见有关硝酸酯基金刚烷的任何报道。第 3 章已较详尽地研究了系列金刚烷硝基衍生物的结构和性能,从中找到 3 种潜在的较稳定高能量密度化合物(HEDC)。本章对金刚烷的系列硝酸酯基衍生物进行类似的理论计算和分子设计,可视为对第 3 章工作的推广和拓展,为新型高能量密度材料(HEDM)的分子设计增添基础数据,发现新的结构、性能递变规律。根据判别HEDC 能量特性的定量标准($\rho \approx 1.9$ g·cm^{-3},$D \approx 9$ km·s^{-1},$p \approx 40$ GPa),在该系列化合物中找到 3 种潜在 HEDC。若兼顾其稳定性要求,则只推荐 1,2,4,6,8,9,10-七硝酸酯基金刚烷为品优 HEDC 目标物[1]。

5.1 生 成 热

设计等键反应类似式(1.17),这里式中 R 为—ONO$_2$,运用各参照物的实验生成热以及参照物和金刚烷硝酸酯基衍生物的 B3LYP/6-31G* 计算总能量(E_0)、零点能(ZPE)和温度校正值(H_T),求得该系列化合物的生成热(HOF)。参见表 5.1和表 5.2。

表 5.1 参照物的 B3LYP/6-31G* 总能量(E_0)、零点能(ZPE)、温度校正值(H_T)和实验生成热(HOF)

化合物	E_0/a. u.	ZPE/(kJ·mol^{-1})	H_T/(kJ·mol^{-1})	HOF/(kJ·mol^{-1})
C$_{10}$H$_{16}$	−390.7252392	616.29	21.81	−136.5[2]
CH$_4$	−40.5183848	113.96	10.02	−74.4[3]
CH$_3$ONO$_2$	−320.18944	143.75	15.47	−124.4[4]

从表 5.2 可见,多硝酸酯基金刚烷系列化合物的 HOF 随分子中硝酸酯基(—ONO$_2$)数(n)的增加而呈下降趋势。与先前研究的立方烷硝酸酯衍生物的HOF 遵循类似的规律[5]。图 5.1 展示 HOF 随 n 增加而递减的线性关系,图中对各同分异构体的 HOF 取了平均值。本系列化合物的 HOF 符合基团加和性,即每增加一个—ONO$_2$基,化合物的 HOF 约降低 46.13 kJ·mol^{-1}。

表 5.2　金刚烷硝酸酯基衍生物的 B3LYP/6-31G* 总能量（E_0）、零点能（ZPE）和温度校正值（H_T）以及生成热（HOF）计算值*

化合物	E_0/a. u.	ZPE/(kJ·mol⁻¹)	H_T/(kJ·mol⁻¹)	HOF/(kJ·mol⁻¹)
1-	−670.4082142	632.37	31.41	−222.03
2-	−670.4086532	633.88	31.30	−221.79
1,2-	−950.0844186	648.82	41.21	−289.22
1,3-	−950.0876857	647.95	41.14	−298.74
1,4-	−950.0888493	649.24	41.12	−300.52
2,2-	−950.0747731	647.16	41.11	−226.72
2,4-	−950.0881720	650.45	41.12	−297.53
2,6-	−950.0729506	651.37	40.91	−256.86
1,3,5-	−1229.7635031	662.34	51.18	−366.73
2,4,6-	−1229.7494437	667.14	50.95	−325.25
1,3,5,7-	−1509.4362402	676.69	61.35	−426.54
2,4,6,8-	−1509.4142576	676.18	60.84	−435.60
2,2,4,4-	−1509.4142576	676.18	60.84	−369.55
1,4,4,7-	−1509.4301942	677.00	61.07	−410.64
2,2,6,6-	−1509.420058	675.65	61.29	−385.02
1,3,4,5,7-	−1789.1050847	691.56	71.54	−475.59
2,4,6,8,10-	−1789.0959394	696.93	71.39	−446.36
1,3,4,5,6,7-	−2068.7627562	705.19	82.00	−496.28
2,4,6,8,9,10-	−2068.7687949	712.42	81.52	−505.39
1,2,3,4,5,6,7-	−2348.4104232	720.28	92.22	−560.91
1,2,4,6,8,9,10-	−2348.4412029	725.22	91.62	−565.96
1,2,3,4,5,6,7,8-	−2628.0874158	732.15	103.49	−560.17
1,2,3,4,6,8,9,10-	−2628.1016918	737.76	102.15	−593.38
1,2,3,4,5,6,7,8,9-	−2907.7543705	747.27	113.00	−604.48
1,2,3,4,5,6,8,9,10-	−2907.760518	749.25	112.70	−618.94
1,2,3,4,5,6,7,8,9,10-	−3187.4129258	760.55	123.30	−623.01

*　2- 与 2,4- 分别表示 2-硝酸酯基金刚烷和 2,4-二硝酸酯基金刚烷,其余类推。

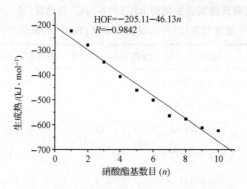

图 5.1　多硝酸酯基金刚烷的 HOF 与—ONO₂ 数的关系

　　多硝基金刚烷（PNAs）的生成热（HOF）的大小与分子中硝基间距离有关，距离越近，其 HOF 越大[6]。考察表 5.2，并未见多硝酸酯金刚烷同分异构体的 HOF 大小与取代基相对位置之间存在明确关联。这是因为多硝酸酯金刚烷中的 O—NO₂ 单键可自由旋转，形成了因 O—NO₂ 基空间伸展方向不同的很多构象异构体；此外，在多硝酸酯金刚烷化合物中还存在着较强的分子内氢键。如图 5.2 所示，以 2,4,6,8-、2,2,4,4-、1,2,4,6,8,9,10- 和 1,2,3,4,5,6,7,8- 多硝酸酯金刚烷为例，这些复杂的分子内氢键，如图所示的 H、O 原子间距（Å），增强了该系列化合物结构的复杂性，掩盖了其 HOF 与酯基间距离的简单关系。

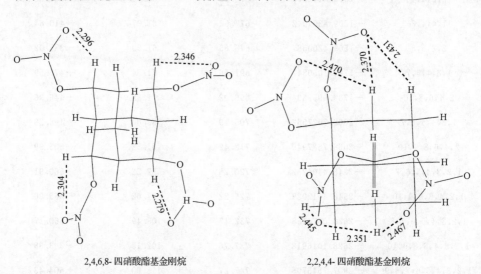

2,4,6,8- 四硝酸酯基金刚烷　　　　2,2,4,4- 四硝酸酯基金刚烷

图 5.2　部分多硝酸酯基金刚烷分子内氢键示意

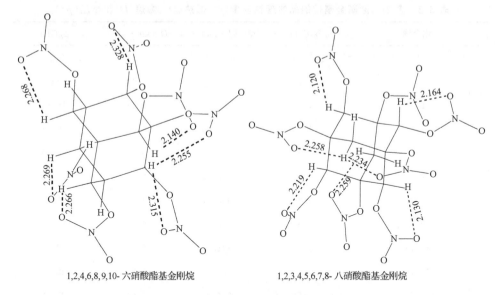

1,2,4,6,8,9,10- 六硝酸酯基金刚烷　　　　　　1,2,3,4,5,6,7,8- 八硝酸酯基金刚烷

图 5.2　部分多硝酸酯基金刚烷分子内氢键示意(续)

5.2　能量特性

基于 B3LYP/6-31G* 优化构型和 0.001 e·Bohr^{-3} 等电子密度曲面所包围的体积[7],通过 Monte-Carlo 统计计算,求得系列多硝酸酯基金刚烷的分子摩尔体积和晶体理论密度(ρ)。将由 HOF 求得的爆热(Q),连同密度(ρ)代入 K-J 方程,估算爆速(D)和爆压(p)。结果如表 5.3 所示。

由表 5.3 可见,具有相同酯基数(n)的同分异构体的密度很接近,最大仅相差 0.02 g·cm^{-3}。由 K-J 方程和计算实践表明,虽然 D 和 p 值与 HOF 和 ρ 均有关,但主要决定于 ρ。同分异构体的 ρ 值相近使它们的 D 和 p 值也很接近。

由表 5.3 还可见,随分子中硝酸酯基数(n)增大,多硝酸酯基金刚烷的能量参数一般呈增大趋势。当 $n \geqslant 7$ 时,化合物的 $\rho > 1.9$ g·cm^{-3},$D > 9.0$ km·s^{-1},$p > 40$ GPa,符合 HEDC 能量标准。但值得注意的是,与前述随分子中硝基数增加,多硝基金刚烷的 ρ、D 和 p 值单调增大不同,当 $n \geqslant 9$ 时,除 ρ 外,多硝酸酯基金刚烷的其他爆炸性质 Q、D 和 p 却均呈下降趋势。这是因为当 $n = 8$ 时,化合物处于零氧平衡,即 OB$_{100} = 0$,亦即化合物爆炸时,其中的 O 正好可将 C 和 H 完全氧化,释放出最大能量,产生最大的 Q、D 和 p 值;而当 $n \geqslant 9$ 时,化合物呈正氧平衡,OB$_{100} > 0$,该化合物爆炸或燃烧时将有多余的 O$_2$ 生成,带走大量能量,使 Q、D 和 p 值有所下降。由此可见,深入研究发现,仅在分子中含七八个—ONO$_2$ 基的金刚烷

表 5.3　多硝酸酯基金刚烷的晶体理论密度(ρ)、爆热(Q)、爆速(D)和爆压(p) *

化合物	$\rho/(g \cdot cm^{-3})$	$Q/(kJ \cdot mol^{-1})$	$D/(km \cdot s^{-1})$	p/GPa
1-	1.39	610.84	5.00	9.37
2-	1.41	611.13	5.05	9.65
1,2-	1.55	1076.27	6.26	15.81
1,3-	1.58	1067.45	6.33	16.37
1,4-	1.57	1065.80	6.30	16.15
2,2-	1.58	1098.09	6.37	16.60
2,4-	1.57	1068.57	6.30	16.17
2,6-	1.57	1106.24	6.36	16.45
1,3,5-	1.70	1271.52	7.23	22.39
2,4,6-	1.69	1302.59	7.24	22.40
1,3,5,7-	1.79	1386.86	7.94	27.92
2,4,6,8-	1.80	1381.16	7.97	28.17
2,2,4,4-	1.80	1422.70	8.03	28.59
1,4,4,7-	1.80	1396.86	7.99	28.33
2,2,6,6-	1.82	1422.70	8.03	28.59
1,3,4,5,7-	1.89	1476.13	8.58	33.66
2,4,6,8,10-	1.88	1491.97	8.58	33.48
1,3,4,5,6,7-	1.94	1557.20	9.01	37.64
2,4,6,8,9,10-	1.94	1552.86	9.00	37.59
1,2,3,4,5,6,7-	2.00	1602.05	8.98	38.00
1,2,4,6,8,9,10-	1.99	1599.91	9.35	41.14
1,2,3,4,5,6,7,8-	2.03	1663.17	9.67	44.47
1,2,3,4,6,8,9,10-	2.04	1660.95	9.70	44.88
1,2,3,4,5,6,7,8,9-	2.07	1457.42	9.49	43.28
1,2,3,4,5,6,8,9,10-	2.08	1452.54	9.51	43.62
1,2,3,4,5,6,7,8,9,10-	2.11	1293.57	9.34	42.35

*　2- 与 2,4- 分别表示 2-硝酸酯基金刚烷和 2,4-二硝酸酯基金刚烷,其余类推。

值得列入潜在 HEDC 行列。$n \geq 9$ 时,合成显然更困难,却导致爆炸性能(Q、D 和 p 值)下降,自然不可取。

5.3　热解机理和热稳定性

对高能化合物而言,通过比较每个可能引发键的键离解能是揭示其热解引发机理的有效方法。通常断裂某化学键所需能量较小,则表明该键较弱,可能成为该爆炸物的热解引发键。这一观点已被证实是可靠的[8,9]。一般认为,金刚烷骨架相当稳定,C—C 键不可能是热解引发键。考察系列多硝酸酯基金刚烷化合物的 B3LYP/6-31G* Mülliken 集居数,发现所有 C—C 键的集居数均大于 0.3172,远超过 C—ONO$_2$ 和 O—NO$_2$ 键的集居数(0.0975 和 0.1222 左右),证实 C—C 键较强。因后二者集居数相差不大,且随分子中硝酸酯基数(n)增加,C—ONO$_2$ 键的集居数增大,而 O—NO$_2$ 键的集居数减小,表明 O—NO$_2$ 键随 n 增大而变弱。因此,我们对 C—ONO$_2$ 和 O—NO$_2$ 键的离解能(E_{C-O} 和 E_{O-N})进行计算和比较,以判别该系列化合物的热解引发反应机理。

以 1- 和 2-硝酸酯基金刚烷为例,计算比较它们各自的 E_{C-O} 和 E_{O-N},由表 5.4 中 1 和 2 行可见,此两化合物的 E_{C-O}(353.25 和 351.45 kJ·mol^{-1})远大于 E_{O-N}(137.72 和 146.51 kJ·mol^{-1}),表明 O—NO$_2$ 键是该系列化合物的热解引发键。通过计算比较系列多硝酸酯基金刚烷的 E_{O-N},可预测它们的稳定性递变规律。

表 5.4　多硝酸酯基金刚烷的 B3LYP/6-31G* 计算键离解能(单位:kJ·mol^{-1})*

化合物	E_{O-N}	化合物	E_{O-N}	化合物	E_{O-N}
1-	137.72(353.25)	1,3,5-	132.77	2,4,6,8,10-	97.44
2-	146.51(351.45)	2,4,6-	142.56	1,3,4,5,6,7-	114.18
1,2-	140.01	1,3,5,7-	130.77	2,4,6,8,9,10-	131.47
1,3-	133.93	2,4,6,8-	143.51	1,2,3,4,5,6,7-	117.16
1,4-	135.68	1,4,4,7-	83.63	1,2,4,6,8,9,10-	143.30
2,2-	82.79	2,2,4,4-	85.54	1,2,3,4,5,6,7,8-	110.62
2,4-	144.56	2,2,6,6-	83.14	1,2,3,4,6,8,9,10-	118.11
2,6-	99.41	1,3,4,5,7-	127.36		

* 括号中为 C—ONO$_2$ 键断裂能 E_{C-O}。

考察表 5.4 可见:①多硝酸酯基金刚烷同分异构体的 E_{O-N} 彼此相差较大,表明其相对稳定性相差也较大;②偕二硝酸酯基取代衍生物的 E_{O-N} 在同分异构体中最低,预示其稳定性也最差,主要归因于空间位阻效应较大;③含偕二硝酸酯基金刚烷的 E_{O-N} 彼此之间比较接近,如 2,2-、1,4,4,7-、2,2,4,4- 和 2,2,6,6-四个含偕二取代基的化合物,其 E_{O-N} 分别为 82.79、83.63、85.54 和 83.14kJ·mol^{-1},表明偕二硝酸酯基能决定化合物的稳定性,但与其数目多少无关;④整体而言,E_{O-N}随分子中硝酸酯基数(n)增加而呈下降趋势,但以含金刚烷桥头 1、3、5 和 7 位的硝酸酯基的取代物(即 1-、1,3-、1,3,5-、1,3,5,7-、1,3,4,5,7- 和 1,3,4,5,6,7- 等)的 E_{O-N} 数值较小(137.72～114.15 kJ·mol^{-1}),而含 2、4、6 和 8 位酯基的取代物(即 2-、2,4-、2,4,6-、2,4,6,8- 和 2,4,6,8,9,10- 等)的 E_{O-N}(146.51～131.47kJ·mol^{-1})数值较大,且改变较小。

　　将表 5.4 与第 3 章表 3.7 进行比较,发现多硝基金刚烷(PNAs)的引发键 C—NO$_2$ 离解能 E_{C-N} 比多硝酸酯基金刚烷引发键 O—NO$_2$ 离解能 E_{O-N} 大得多,表明 PNAs 的稳定性远大于多硝酸酯基金刚烷。究其原因,与 PNAs 的 C—NO$_2$ 键较强有关,C 原子电负性较小,使相连—NO$_2$ 带负电;多硝酸酯基金刚烷的 O—NO$_2$ 键较弱,O 原子电负性很大,致使相连—NO$_2$ 带正电,故稳定性较低。

　　第 3 章研究表明,多硝基金刚烷系列的稳定性与其热解引发键 C—NO$_2$ 键的 Mülliken 集居数和—NO$_2$ 上电荷相关,且二者均与均裂 C—NO$_2$ 键的活化能和键离解能存在良好的线性关系。图 5.3(a)和(b)分别给出系列多硝酸酯基金刚烷的热解引发键 O—NO$_2$ 离解能(E_{O-N})与其键集居数(B_{O-N})以及与—NO$_2$ 上净电荷(Q_{NO_2})之间的关联。由图 5.3 可见,E_{O-N} 与 B_{O-N} 线性相关较差,与 Q_{NO_2} 之间的相关更小。这是由于多硝酸酯基金刚烷的结构较复杂,酯基内旋转产生很多构象,且存在分子内氢键,因此它们的热解机理和热稳定性也较复杂,以前用作表征的动态与静态结构参数的相关性必然较差。

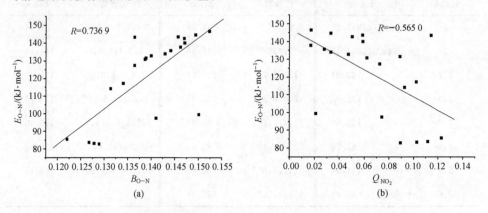

图 5.3　引发键离解能(E_{O-N})与(a)B_{O-N}和(b) Q_{NO_2} 之间的关系

　　综合表 5.3 和表 5.4 中的能量特性(ρ、D、p 值)和引发键离解能(E_{O-N})数据,按照 HEDC 的($\rho \approx 1.9$ g·cm^{-3},$D \approx 9$ km·s^{-1},$p \approx 40$ GPa,$E_{O-N} \approx 80 \sim 120$ kJ·mol^{-1})进行筛选,在本系列化合物中,当硝酸酯基数 $n \geqslant 7$ 时均为潜在 HEDC,而 1,2,4,6,8,9,10-七硝酸酯基金刚烷可作为品优 HEDC 特别予以推荐。

参 考 文 献

[1] Xu X J, Zhu W H, Gong X D et al. Theoretical studies on new potential high energy density compounds (HEDCs) adamantyl nitrates from gas to solid. Science in China B, 2008, 51: 427~439

[2] Schulman J M, Disch R L. *Ab initio* heats of formation of medium-sized hydrocarbons. The heat of formation of dodecahedrane. J Am Chem Soc, 1984, 106: 1202~1204

[3] Dean J A. LANGE'S Handbook of Chemistry. 15th Edn. MeGraw-Hill Book Co, 1999, 65

[4] Pedley J B, Naylor R D, Kirdy S P. Thermochemical Data of Organic Compounds. 2nd Edn. London, New York: Chapman and Hall, 1986, 89

[5] Zhang J, Xiao H M, Xiao J J. Theoretical studies on heats of formation for cubylnitrates using the density functional theory B3LYP method and semiempirical MO methods. Int J Quantum Chem, 2002, 86: 305~312

[6] 王飞, 许晓娟, 肖鹤鸣等. 多硝基金刚烷生成热和稳定性的理论研究. 化学学报, 2003, 61: 1939~1943

[7] Wong M W, Wiberg K B, Frisch M J. *Ab initio* calculation of molar volumes: Comparison with experiment and use in solvation models. J Comput Chem, 1995, 16(3): 385~394

[8] Strout D L. Stabilization of an all-nitrogen molecule by oxygen insertion: dissociation pathways of N_8O_6. J Phys Chem A, 2003, 107: 1647~1650

[9] Xu X J, Xiao H M, Ju X H et al. Computational studies on polynitrohexaazaadmantanes as potential high energy density materials (HEDMs). J Phys Chem A, 2006, 110: 5929~5933

第6章 六氮杂金刚烷的硝基衍生物

第3章的研究结果表明,不含偕二硝基的八、九和十硝基金刚烷是潜在品优高能量密度化合物(HEDC)。金刚烷的6个亚甲基C以N原子取代,即六氮杂金刚烷(HAA),其分子结构参见图6.1(为简洁起见,图中省去了H原子)。HAA的多硝基衍生物(PNHAAs),相当于PNA中的仲C—NO$_2$被N—NO$_2$取代,成为硝胺类化合物。众所周知,硝胺类高能化合物,如黑索金(环三亚甲基三硝胺,RDX)、奥克托金(1,3,5,7-四硝基-1,3,5,7-四氮杂环辛烷,HMX)都是应用极广的品优高能炸药,CL-20(六硝基六氮杂异伍兹烷,HNIW)则是已获得实际应用的最著名HEDC。那么,在PNHAAs系列化合物中能否寻找到品优HEDC,迄今未见任何实验或理论工作加以阐明。

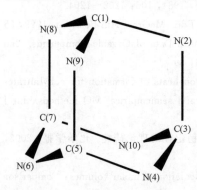

图6.1 六氮杂金刚烷(HAA)的
分子结构和原子编号

在20世纪末,在美国人提出的拟合成HEDC中,据说就有2,4,6,8,9,10-六硝基六氮杂金刚烷(HNHAA);俄国人也有涉及HNHAA晶体密度和生成热的经验性计算工作报道[1,2]。足见对PNHAAs的研究早已为国外所重视。我们选择该系列化合物进行系统理论研究,具有重要科学和实际意义。

与第3章和第5章类似,本章基于密度泛函理论(DFT),在B3LYP/6-31G*水平上,对PNHAAs系列化合物的结构和性能进行全优化计算;预测IR谱和热力学性质;基于量子化学估算晶体密度和爆轰性能;通过比较两种可能引发键的离解能(BDE)揭示热解引发机理;以多种理论参数关联稳定性和感度;根据密度(ρ)、爆速(D)、爆压(p)和引发键离解能(BDE)的定量要求,从该系列化合物中筛选出多种可能较为适用的品优HEDC[3]。

6.1 IR 谱

图6.2示出10种PNHAAs化合物经校正的B3LYP/6-31G*计算红外(IR)光谱频率和强度。频率校正因子取0.96[4]。

因实际振动方式较复杂,很难对系列PNHAAs的每一振动方式均进行细致归属,故这里仅对几个主要特征峰进行分析和归类。由图 6.2 可见,PNHAAs 的 IR 谱主要有 3 个强吸收区。1595~1664 cm^{-1} 波段的强吸收峰对应于—NO$_2$ 的不对称伸缩振动;在此特征区,振动频率数等于硝基数(n);随 n 增加,N =O 键增多,振动频率增大,出现所谓蓝移现象。1255~1350 cm^{-1} 的较强吸收峰对应于—NO$_2$

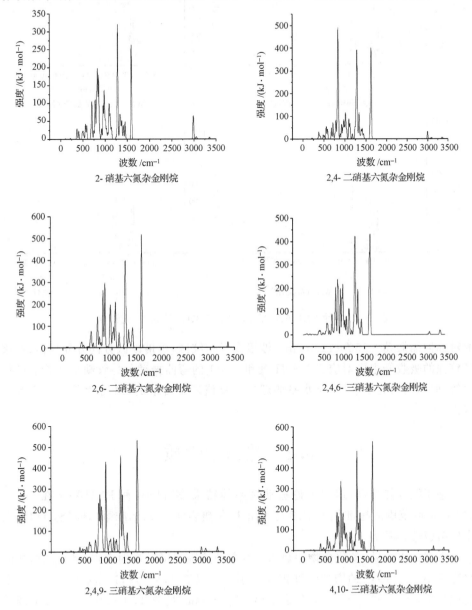

图 6.2　10 种 PNHAAs 的 B3LYP/6-31G* 计算 IR 光谱

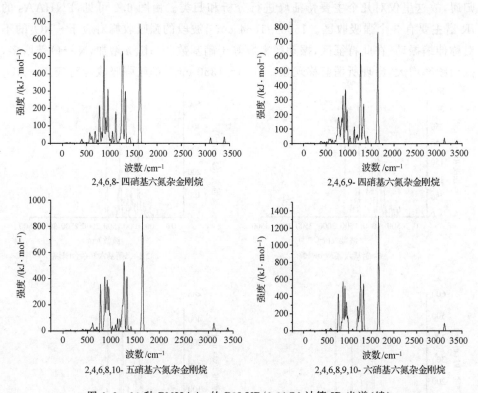

图 6.2　10 种 PNHAAs 的 B3LYP/6-31G* 计算 IR 光谱（续）

的对称伸缩振动。350～1250 cm^{-1} 波段属于指纹区，可借以区分同分异构体；在该区较强的吸收峰主要对应于 N—H 键和—NO$_2$ 的弯曲振动。尽管缺少实验值进行比较，但以前研究已表明，该水平的理论预算值还是可信的，对后续研究应具有参考价值。

6.2　热力学性质

基于统计热力学，运用理论振动频率等结果，求得 10 种 PNHAAs 在 200～800 K 温度范围的标准热力学函数：标准摩尔热容（$C_{p,\mathrm{m}}^{\ominus}$）、标准摩尔熵（$S_{\mathrm{m}}^{\ominus}$）和标准摩尔焓（$H_{\mathrm{m}}^{\ominus}$），见表 6.1。

由表 6.1 可见，各化合物的热力学函数值均随温度升高而递增，且 $C_{p,\mathrm{m}}^{\ominus}$ 增加的幅度变小，$S_{\mathrm{m}}^{\ominus}$ 和 $H_{\mathrm{m}}^{\ominus}$ 的增加幅度则几乎不变。以 2,4,6,8,9,10-六硝基六氮杂金刚烷为例，式（6.1）～式（6.3）分别给出 $C_{p,\mathrm{m}}^{\ominus}$、$S_{\mathrm{m}}^{\ominus}$ 和 $H_{\mathrm{m}}^{\ominus}$ 在 200～800 K 温度范围随温度 T 而变化的关系。

表 6.1　10 种多硝基六氮杂金刚烷（PNHAAs）在 200～800 K 温度范围的热力学函数*

化合物**	T/K	200.0	298.2	400.0	500.0	600.0	700.0	800.0
	$C_{p,m}^{\ominus}$	108.05	170.57	232.13	281.65	320.41	350.83	375.17
2-	$S_m^{\ominus}$	333.67	388.33	447.28	504.61	559.53	611.30	659.79
	$H_m^{\ominus}$	12.44	26.08	46.66	72.45	102.63	136.25	172.60
	$C_{p,m}^{\ominus}$	139.28	208.40	274.74	327.59	368.71	400.72	426.10
2,4-	$S_m^{\ominus}$	383.29	451.72	522.50	589.72	653.24	712.58	767.80
	$H_m^{\ominus}$	16.34	33.39	58.09	88.31	123.21	161.75	203.14
	$C_{p,m}^{\ominus}$	137.66	207.16	273.84	326.93	368.18	400.29	425.72
2,6-	$S_m^{\ominus}$	376.43	444.29	514.75	581.80	645.21	704.47	759.65
	$H_m^{\ominus}$	15.96	32.87	57.46	87.60	122.45	160.93	202.28
	$C_{p,m}^{\ominus}$	169.46	245.24	316.60	372.98	416.57	450.27	476.75
2,4,6-	$S_m^{\ominus}$	425.84	507.64	589.98	666.94	738.97	805.82	867.74
	$H_m^{\ominus}$	20.01	40.36	69.08	103.68	143.25	186.66	233.06
	$C_{p,m}^{\ominus}$	169.21	244.90	316.27	372.70	416.35	450.10	476.63
2,4,9-	$S_m^{\ominus}$	426.95	508.63	590.87	667.76	739.75	806.57	868.47
	$H_m^{\ominus}$	20.05	40.38	69.06	103.63	143.17	186.57	232.95
	$C_{p,m}^{\ominus}$	169.88	245.67	316.98	373.09	416.83	450.49	476.94
2,4,10-	$S_m^{\ominus}$	425.13	507.10	589.56	666.60	738.68	805.57	867.52
	$H_m^{\ominus}$	20.03	40.42	69.18	103.81	143.42	186.85	233.27
	$C_{p,m}^{\ominus}$	199.99	282.49	358.84	418.68	464.69	500.05	527.61
2,4,6,8-	$S_m^{\ominus}$	470.55	565.86	659.89	746.67	827.26	901.66	970.31
	$H_m^{\ominus}$	23.84	47.54	80.32	119.32	163.59	211.91	263.34
	$C_{p,m}^{\ominus}$	200.90	283.02	359.12	418.84	464.81	500.15	527.72
2,4,6,9-	$S_m^{\ominus}$	473.63	569.23	663.38	750.21	830.82	905.24	973.90
	$H_m^{\ominus}$	24.02	47.79	80.61	119.63	163.92	212.24	263.69
	$C_{p,m}^{\ominus}$	230.48	319.11	400.40	463.79	512.35	549.47	578.22
2,4,6,8,10-	$S_m^{\ominus}$	515.82	624.48	730.00	826.60	915.51	997.40	1072.73
	$H_m^{\ominus}$	27.81	54.82	91.59	134.94	183.85	237.03	293.47
	$C_{p,m}^{\ominus}$	262.14	356.85	442.83	509.57	560.54	599.33	629.20
2,4,6,8,9,10-	$S_m^{\ominus}$	563.91	686.40	803.71	910.01	1007.63	1097.09	1179.15
	$H_m^{\ominus}$	31.93	62.35	103.22	150.99	204.61	262.69	324.18

*　单位：T 的为 K；$C_{p,m}^{\ominus}$ 的为（J·mol^{-1}·K^{-1}）；$S_m^{\ominus}$ 的为（J·mol^{-1}·K^{-1}）；$H_m^{\ominus}$ 的为（kJ·mol^{-1}）。

**　2- 和 1,2- 表示 2-硝基六氮杂金刚烷和 1,2-二硝基六氮杂金刚烷，其余类推。

$$C_{p,m}^{\ominus} = 28.678 + 1.312T - 7.044 \times 10^{-4}T^2 \qquad (6.1)$$

$$S_m^{\ominus} = 291.271 + 1.451T - 4.271 \times 10^{-4}T^2 \qquad (6.2)$$

$$H_m^{\ominus} = -19.789 + 0.191T + 3.012 \times 10^{-4}T^2 \qquad (6.3)$$

相关系数(R^2)依次为 0.9999、1.0000 和 0.999。

这些热力学函数均随分子中硝基数(n)增加而增加。式(6.4)～式(6.6)分别给出 298.2K 时,热力学函数 $C_{p,m}^{\ominus}$、$S_m^{\ominus}$ 和 $H_m^{\ominus}$ 与 n 的关系。计算中对 n 相同的同分异构体选择了能量最小的稳定化合物。

$$C_{p,m}^{\ominus} = 129.28 + 38.62n \qquad (6.4)$$

$$S_m^{\ominus} = 337.53 + 56.13n \qquad (6.5)$$

$$H_m^{\ominus} = 18.23 + 7.28n \qquad (6.6)$$

该三式的相关系数(R)依次为 0.9995、0.9985 和 0.9999。由此表明,该系列化合物分子中每增加一个硝基,则其 $C_{p,m}^{\ominus}$、$S_m^{\ominus}$ 和 $H_m^{\ominus}$ 分别增加 38.62 J·mol^{-1}·K^{-1}、56.13 J·mol^{-1}·K^{-1},和 7.28 kJ·mol^{-1},表明热力学性质符合基团加和性。

为较精确地计算六氮杂金刚烷(HAA)硝基衍生物(PNHAAs)的气相生成热(HOF),设计等键反应如式(6.7)所示。具体方法和原理见 1.2.2 节介绍。这里的关键是反应前后不破坏其笼状骨架,即将 HAA($C_4N_6H_{10}$)作为参考物,反应前后不破坏其笼状骨架。

$$C_4N_6(NO_2)_{n+m}H_{10-n-m} + nNH_3 + mCH_4 \longrightarrow C_4N_6H_{10} + nNH_2NO_2 + mCH_3NO_2$$
$$(6.7)$$

式中:n ($n \leqslant 6$)为与 HAA 笼状骨架中 N 原子相连的硝基数;m ($m \leqslant 4$)为和 C 原子相连的硝基数。为便于比较,先将 6 个硝基分别与氮原子相连;其次才将硝基与 C 相连。对式(6.7)中所需参照物 NH_2NO_2 和 $C_4N_6H_{10}$ 的生成热,因无实验值,故而前者运用基于原子化能的 G3 理论加以计算[5]。后者分子较大,不能直接用 Gn 方法计算其 HOF,故通过设计等键反应式(6.8)在 B3LYP/6-31G* 水平下予以计算。

$$(6.8)$$

式中:CH$_4$ 生成热的实验值为 -74.40 kJ·mol^{-1}[6]。三氮杂环己烷$(CH_2NH)_3$ 分子较小,其 HOF 是基于原子化能由 G3 理论求得的。将各相关计算所需参照物的数据列于表 6.2。

表 6.2　各参照物的 B3LYP/6-31G* 计算能量和生成热（HOF）

化合物	E_0/a.u.	ZPE/(kJ·mol^{-1})	H_T/(kJ·mol^{-1})	HOF/(kJ·mol^{-1})
(CH$_2$NH)$_3$	−283.9617812	347.39	16.55	78.10[a]
CH$_4$	−40.5183848	113.96	10.02	−74.4[6]
HAA	−486.9068024	444.96	19.44	236.95[b]
NH$_2$NO$_2$	−261.031504	99.87	12.32	6.20[a]
NH$_3$	−56.5479472	87.01	10.00	−45.94[7]
CH$_3$NO$_2$	−245.0093274	126.49	14.08	−74.3[8]

a　基于原子化能由 G3 理论求得。

b　由等键反应式(6.8)在 B3LYP/6-31G* 水平下求得。

由表 6.2 可见，HAA 具有较大的正生成热（236.95 kJ·mol^{-1}），而金刚烷的生成热为负值（−136.50 kJ·mol^{-1}）[9]。据此推测六氮杂金刚烷硝基衍生物（PNHAAs）可能比相应的金刚烷硝基衍生物（PNAs）具有更高的能量，因而可能成为更好的 HEDCs。依据等键反应式(6.7)和表 6.2 中各参照物的数据，求得系列 PNHAAs 的气相 HOF，列于表 6.3。

表 6.3　系列 PNHAAs 的 B3LYP/6-31G* 总能量（E_0）、零点能（ZPE）
和温度校正值（H_T）以及由等键反应求得的生成热（HOF）*

化合物	E_0/a.u.	ZPE/(kJ·mol^{-1})	H_T/(kJ·mol^{-1})	HOF/(kJ·mol^{-1})
2-	−691.3956404	449.89	26.08	270.95
2,4-	−895.8701960	452.72	33.39	341.08
2,6-	−895.8811727	454.29	32.87	313.31
2,4,6-	−1100.3512633	456.49	40.36	394.70
2,4,9-	−1100.3497368	456.47	40.38	398.61
2,4,10-	−1100.3452551	455.93	40.42	410.10
2,4,6,8-	−1304.8240124	459.36	47.54	469.52
2,4,6,9-	−1304.8184286	458.60	47.79	483.67
2,4,6,8,10-	−1509.2929696	462.21	54.82	556.97
2,4,6,8,9,10-	−1713.7552601	463.90	62.35	665.76
1,2,4,6,8,9,10-	−1918.1959338	464.16	63.39	775.78
1,2,3,4,6,8,9,10-	−2122.631058	463.72	76.87	918.51
1,2,3,4,5,6,8,9,10-	−2327.0752935	461.68	85.15	1041.73
1,2,3,4,5,6,7,8,9,10-	−2531.5060539	460.47	92.70	1150.41

*　2- 和 2,4- 分别表示 2-硝基六氮杂金刚烷和 2,4-二硝基六氮杂金刚烷，其余类推。

由表 6.3 可见，所有 PNHAs 的 HOF 均为正值，且均大于母体 HAA 的生成热。与多硝基金刚烷(PNAs)化合物的负生成热[10~12]相比,PNHAAs确实具有更高的能量特性。

由表 6.3 还可见,该系列化合物的 HOF 与分子中硝基数(n)以及硝基之间的相对位置均有规律性联系。它们的 HOFs 随 n 增加而线性地增加,如图 6.3 所示。这里对 n 相同的同分异构体选择了最小 HOF 进行拟合。线性相关系数高达 0.9918,表明基团加和性良好,平均每引进一个硝基生成热约增加 100.97 kJ·mol^{-1}。

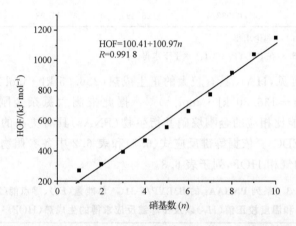

HOF=100.41+100.97n
R=0.9918

图 6.3　系列 PNHAAs 的 HOFs 与硝基数(n)的线性关系

一般地,对 PNHAAs 中的同分异构体,若分子中硝基较多、间距又较小,则由于硝基间斥力较大,其生成热就越高。如对含 3 个硝基的同分异构体,由表 6.3 可见,其 HOF 计算值的大小排序为 2,4,6- < 2,4,9- < 2,4,10-,可归因于 2,4,6- 中 3 个硝基距离最大;2,4,9- 中 3 个硝基虽在同一环上,但彼此间均有间隔;而 2,4,10- 中 3 个 N—NO$_2$ 却通过同一个 C(3)原子相连接。整体而言,通过综合考虑硝基数目和相对位置,即可大体判别该系列化合物 HOF 的相对大小。

6.3　能量性质

表 6.4 给出系列 PNHAAs 化合物基于量子化学求得的晶体理论密度(ρ)、爆热(Q)、爆速(D)和爆压(p)。由表 6.4 可见,2,4,6,8,9,10-六硝基六氮杂金刚烷的晶体理论密度 ρ=2.08 g·cm^{-3},与前人的结果(2.10 g·cm^{-3})[13]接近,表明基于 B3LYP/6-31G* 优化构型、计算 0.001 e·Bohr^{-3} 电子密度曲面所包围体积,进而估算晶体密度是较为可信的。

表 6.4　PNHAAs 系列化合物的理论晶体密度(ρ)、爆热(Q)、爆速(D)和爆压(p)*

化合物	$\rho/(g \cdot cm^{-3})$	$Q/(kJ \cdot mol^{-1})$	$D/(km \cdot s^{-1})$	p/GPa
2-	1.64	974.10	7.46	23.32
2,4-	1.77	1347.92	8.21	29.64
2,6-	1.79	1319.32	8.23	30.00
2,4,6-	1.87	1495.29	8.90	36.12
2,4,9-	1.87	1498.67	8.94	36.18
2,4,10-	1.92	1508.58	9.11	38.25
2,4,6,8-	1.97	1617.21	9.55	42.66
2,4,6,9-	1.96	1627.71	9.53	42.38
2,4,6,8,10-	2.02	1727.67	9.96	47.11
2,4,6,8,9,10-	2.08 (2.10)[13]	1574.09	9.95	47.52
1,2,4,6,8,9,10-	2.12	1418.62	9.78	46.56
1,2,3,4,6,8,9,10-	2.17	1301.84	9.72	46.51
1,2,3,4,5,6,8,9,10-	2.21	1195.75	9.70	46.04
1,2,3,4,5,6,7,8,9,10-	2.24	1099.91	9.48	45.18

*　2- 和 2,4- 分别表示 2-硝基六氮杂金刚烷和 2,4-二硝基六氮杂金刚烷,其余类推。

由表 6.4 可见,系列 PNHAAs 具有较大的晶体密度范围 $1.64 \sim 2.24$ g · cm^{-3},具有较大爆炸性能范围:$Q = 974.10 \sim 1727.67$ kJ · mol^{-1}、$D = 7.46 \sim 9.96$ km · s^{-1}、$p = 23.32 \sim 47.52$ GPa。当硝基数 $n = 4 \sim 10$ 时,对应的 PNHAAs 均满足 HEDC 能量特性定量标准,可作为潜在 HEDC 候选物。

仔细考察表 6.4,当 $n = 1 \sim 6$(硝基均与 N 相连)时, PNHAAs 的 ρ、Q、D 和 p 值均随 n 增加而增大;但当 $n > 6$ 即在笼状骨架 C 上继续引入硝基时,如 1,2,4,6,8,9,10-七硝基六氮杂金刚烷和 1,2,3,4,6,8,9,10-八硝基六氮杂金刚烷等,虽然 ρ 随 n 增大而继续增大,但 Q、D 和 p 值却随 n 增大而减小。这是因为正氧平衡的形成和扩展不仅大大降低体系的爆热(Q),而且也削弱和超过了密度 ρ 增加使爆轰性能 D 和 p 值增大的效应,致使 Q、D 和 p 值均明显下降。例如,2,4,6,8,9,10-六硝基六氮杂金刚烷的 Q、D 和 p 值分别为 1574.09 kJ · mol^{-1}、9.95 km · s^{-1} 和 47.52 GPa;而 1,2,4,6,8,9,10-七硝基六氮杂金刚烷的 Q、D 和 p 值迅速降为 1418.62 kJ · mol^{-1}、9.78 km · s^{-1} 和 46.56 GPa。显然,从爆炸性能考虑,人们没有必要去合成多于 6 个硝基的 PNHAAs。总之,兼顾考虑合成的难度和 HEDC 的实用性,含 4 至 6 个硝基的 HAA(即 2,4,6,8-、2,4,6,9-、2,4,6,8,10-和 2,4,6,8,9,10-多硝基六氮杂金刚烷)为潜在 HEDCs。

6.4　热解机理和稳定性

一般而言,高能化合物中某化学键的离解能越小,则该键越易断裂成为热解引发键。例如,经 B3LYP/6-31G* 计算,求得 1-硝基立方烷骨架 C—C 键的键离解能(E_{C-C},157.42 kJ·mol^{-1})远小于断裂侧链 C—NO$_2$ 键的键离解能(E_{C-N},261.21 kJ·mol^{-1}),由此确认 C—C 键为该化合物的热解引发键,理论与实验事实相一致[14,15]。

为阐述系列 PNHAAs 的热解机理和热稳定性,对两种可能的热解引发步骤进行键离解能计算:①侧链 N—N 键;②骨架 C—N 键。选择具有最小 Mülliken 集居数的 C—N 和 N—N 键进行计算。表 6.5 示出在非限制(U)模式下,该两种键离解能 E_{C-N} 和 E_{N-N} 的 B3LYP/6-31G* 计算结果。由表 6.5 可见,对于每个 PNHAA,E_{N-N} 均明显小于 E_{C-N},表明 N—N 键为该系列化合物的热解引发键,与通常硝胺化合物的热解引发机理相一致。

表 6.5　系列 PNHAAs 的 UB3LYP/6-31G* 计算 C—N 和 N—N 键离解能 E_{C-N} 和 E_{N-N} *

化合物**	E_{C-N}	E_{N-N}	化合物**	E_{C-N}	E_{N-N}
2-	290.93	172.50	2,4,10-	243.39	149.12
2,4-	254.32	155.47	2,4,6,8-	256.39	146.93
2,6-	291.67	168.32	2,4,6,9-	261.18	143.96
2,4,6-	247.28	149.58	2,4,6,8,10-	268.48	158.97
2,4,9-	256.64	150.75	2,4,6,8,9,10-	252.07	142.65

*　单位:kJ·mol^{-1}。

**　2- 和 2,4- 分别表示 2-硝基六氮杂金刚烷和 2,4-二硝基六氮杂金刚烷,其余类推。

以热解引发键的键离解能相对大小可预测 PNHAAs 化合物的稳定性。由表 6.5 可见,除 2,4,6,8,10-五硝基六氮杂金刚烷外,其余 PNHAA 中 N—N 键离解能 E_{N-N} 均随硝基数 n 增加而降低,表明它们的稳定性随 n 增加而下降,感度则相应增加。但表 6.5 中所列各化合物的 E_{N-N} 值均较大,且在 142.65~172.50 kJ·mol^{-1} 的较小范围变化,故表明 PNHAAs 较为稳定,且同系物之间的稳定性和感度比较接近。

N—NO$_2$ 中 N 原子的电负性介于 C 和 O 原子之间。一般认为 N—NO$_2$(硝胺类)的稳定性将介于 C—NO$_2$(硝基类)和 O—NO$_2$(硝酸酯类)化合物之间。将表 6.5 中 PNHAAs 的 E_{N-N} 与相应多硝基金刚烷(PNAs)的 E_{C-N}(表 3.7)和多硝酸酯金刚烷的 E_{O-N}(表 5.4)进行比较,发现 $E_{C-N} > E_{N-N} > E_{O-N}$,证实 PNHAAs 的稳定性介于 PNAs 和硝酸酯金刚烷之间,符合通常实验事实。

从表 6.5 中 PNHAAs 的键离解能均大于 120 kJ·mol^{-1}，表明它们的稳定性都相当好。再综合比较它们的密度、爆速和爆压，以 2,4,6,8-、2,4,6,8,10- 和 2,4,6,8,9,10- 3 种 PNHAAs 较好，值得推荐为品优 HEDC 目标物。

判别爆炸物的稳定性或感度除可用断裂引发键的离解能或活化能等动态理论指标外，还可用几何和电子结构、组成和对称性等静态参数加以表征。如引发键的键长和键级、—NO$_2$ 上净电荷、化合物的氧平衡指数，以及分子的偶极矩等均与化合物的稳定性和感度相关。

表 6.6 给出 PNHAAs 系列化合物的 B3LYP/6-31G* 全优化热解引发键 N—NO$_2$ 键长，当有多个键长时则取其最大值。

表 6.6　PNHAAs 系列化合物的 B3LYP/6-31G* 计算 N—NO$_2$ 键长（单位：Å）

化合物*	N—N	化合物*	N—N
2-	0.1401	2,4,10-	0.1423
2,4-	0.1405	2,4,6,8-	0.1418
2,6-	0.1406	2,4,6,9-	0.1423
2,4,6-	0.1414	2,4,6,8,10-	0.1436
2,4,9-	0.1414	2,4,6,8,9,10-	0.1440

* 2- 和 2,4- 分别表示 2-硝基六氮杂金刚烷和 2,4-二硝基六氮杂金刚烷，其余类推。

由表 6.6 可见，PNHAAs 引发键 N—N 键长随分子中硝基数 n 增加而增大，表明其稳定性随 n 增加而降低，感度则随 n 增大而增大。与 N—N 键离解能（表 6.5）的递变规律基本一致。

表 6.7 列出 PNHAAs 系列化合物中各化学键的 B3LYP/6-31G* 计算 Mülliken 集居数。同一化学键当有多个数值时取其最小集居数。由表 6.7 可见，在每一化合物中均以 N—N 键集居数（$M_{N—N}$）最小，表明 N—N 键为热解和起爆引发键。同时发现，N—N 键集居数随 n 增加而减小，表明该系列化合物的稳定性随 n 增加而降低，感度随 n 增加而增大。可见 N—N 键级与 N—N 键长的递变性相平行，均可反映引发键的强弱，用以判别稳定性和感度的相对大小。

表 6.7　PNHAAs 系列化合物中各化学键的 B3LYP/6-31G* Mülliken 集居数

化合物*	C—N	C—H	N—H	N—N	N=O
2-	0.1937	0.3905	0.2948	0.1721	0.3092
2,4-	0.1950	0.3769	0.2970	0.1564	0.3254
2,6-	0.1881	0.3911	0.2998	0.1685	0.3092
2,4,6-	0.1643	0.3751	0.3061	0.1552	0.3099
2,4,9-	0.1937	0.3747	0.3016	0.1505	0.3142

化合物*	C—N	C—H	N—H	N—N	N=O
2,4,10-	0.1741	0.3588	0.3007	0.1558	0.3242
2,4,6,8-	0.1882	0.3738	0.3125	0.1531	0.3075
2,4,6,9-	0.1620	0.3568	0.3102	0.1470	0.3208
2,4,6,8,10-	0.1658	0.3572	0.3134	0.1516	0.3122
2,4,6,8,9,10-	0.1736	0.3537		0.1494	0.3231

* 2- 和 2,4- 分别表示 2-硝基六氮杂金刚烷和 2,4-二硝基六氮杂金刚烷,其余类推。

表 6.8 示出 B3LYP/6-31G* 水平下经 Mülliken 集居数分析所得 PNHAAs 系列化合物中硝基上净电荷(Q_{NO_2}),当分子中有多个—NO_2 时取最小 Q_{NO_2} 值。由表 6.8 可见,—NO_2 上负电荷随 n 增加而减小,预示 PNHAAs 系列化合物的稳定性随 n 增大而下降,感度则随之而增大。

表 6.8　PNHAAs 系列化合物中 B3LYP/6-31G* 计算硝基上净电荷(Q_{NO_2})

化合物*	Q_{NO_2}	化合物*	Q_{NO_2}
2-	−0.164	2,4,10-	−0.083
2,4-	−0.132	2,4,6,8-	−0.066
2,6-	−0.145	2,4,6,9-	−0.073
2,4,6-	−0.104	2,4,6,8,10-	−0.038
2,4,9-	−0.103	2,4,6,8,9,10-	−0.030

* 2- 和 2,4- 分别表示 2-硝基六氮杂金刚烷和 2,4-二硝基六氮杂金刚烷,其余类推。

总之,上述 PNHAAs 化合物的几何和电子结构参数,如引发键键长、键级和硝基上净电荷(Q_{NO_2}),与引发键离解能(E_{N-N})一样,均可平行地用于预测同系物的稳定性递变规律。但对同分异构体而言,不同判据的预测结果存在差异,这可能因为 PNHAAs 异构体之间的稳定性差异本来就不太明显,加之影响稳定性和感度的因素又很多,所以单一的理论判据很难精确地将较小的差异分辨出来。

Kamlet 等曾提出以氧平衡指数(OB_{100})关联爆炸物的感度[16],认为 OB_{100} 越低则感度越小。OB_{100} 的定义为

$$OB_{100} = \frac{100(2n_O - n_H - 2n_C - 2n_{COO})}{M} \tag{6.9}$$

式中:n_O、n_H 和 n_C 分别为化合物分子中 O、H 和 C 原子的数目;n_{COO} 为分子中羧基数,因 PNHAAs 中均不含羧基,故此处 $n_{COO}=0$;M 为化合物的分子质量。

表 6.9 列出 PNHAAs 系列化合物的 OB_{100} 值,由该表可见,化合物的 OB_{100} 随分子中硝基数(n)增加而增大。据此推测,化合物的感度随 n 增加而增大,稳定性随之下降。可见经典的判据与上述基于量子化学所得判据相一致。然而,由表

6.9 可见,同分异构体的 OB_{100} 值相等,故 OB_{100} 值完全不能用于区分同分异构体的相对稳定性。

表 6.9　PNHAAs 系列化合物的氧平衡指数(OB_{100})*

化合物	OB_{100}	化合物	OB_{100}
2-	−7.0	2,4,10-	−1.3
2,4-	−3.4	2,4,6,8-	0.6
2,6-	−3.4	2,4,6,9-	0.6
2,4,6-	−1.3	2,4,6,8,10-	1.9
2,4,9-	−1.3	2,4,6,8,9,10-	2.9

* 2- 和 2,4- 分别表示 2-硝基六氮杂金刚烷和 2,4-二硝基六氮杂金刚烷,其余类推。

　　分子的偶极矩反映分子结构与原子电荷的对称性。表 6.10 列出系列 PNHAAs 的 $B3LYP/6-31G^*$ 计算偶极矩。以此可判别同分异构体的对称性高低和稳定性大小。一般认为同分异构体偶极矩越小,对称性越高,则其能量越低,稳定性越高。故可推测 2,6- 比 2,4-二硝基六氮杂金刚烷稳定,含 3 个和 4 个硝基的 PNHAAs 同分异构体的相对稳定性排序分别为 2,4,6->2,4,9->2,4,10- 和 2,4,6,8->2,4,6,9-。该稳定性排序较好地体现了硝基位置对同分异构体稳定性的影响。由偶极矩还可推测,极性溶剂如何改变同分异构体(尤其是偶极矩相差较大的同分异构体)的相对稳定性顺序。

表 6.10　PNHAAs 的 $B3LYP/6-31G^*$ 水平偶极矩*(单位:Debye)

化合物	偶极矩	化合物	偶极矩
2-	4.2801	2,4,10-	7.355
2,4-	7.1663	2,4,6,8-	2.785
2,6-	2.0265	2,4,6,9-	6.026
2,4,6-	4.3991	2,4,6,8, 10-	2.461
2,4,9-	6.5346	2,4,6,8,9,10-	0.805

a 2- 和 2,4- 分别表示 2-硝基六氮杂金刚烷和 2,4-二硝基六氮杂金刚烷,其余类推。

参 考 文 献

[1] Pivina T S, Shcherbukhin V V, Marina M S et al. Computer-assisted prediction of novel target high-energy compounds. Prop Explos Pyrotech, 1995, 20(3): 144~146

[2] Dzyabchenko A V, Pivina T S, Arnautova E A. Prediction of structure and density for organic nitramines. J Mol Struct, 1996, 378: 67~82

[3] Xu X J, Xiao H M, Ju X H et al. Computational studies on polynitrohexaazaadmantanes as

potential high energy density materials (HEDMs). J Phys Chem A, 2006, 110: 5929～5933

[4] Scott A P, Radom L. Harmonic vibrational frequencies: an evaluation of hartree-fock, MΦller-plesset, quadratic configuration interaction, density functional theory, and semiempirical scale factors. J Phys Chem, 1996, 100: 16502～16513

[5] Curtiss L A, Raghavachari K, Redfern P C et al. Gaussian-3 (G3) theory for molecules containing first and second-row atoms. J Chem Phys, 1998, 109: 7764～7776

[6] Dean J A. Lange's Handbook of Chemistry. 15th Edn. New York: McGraw-Hill Book Co, 1999, 65

[7] David R L. CRC Handbook of Chemistry and Physics. 73rd ed. Boca Raton, FL: CRC Press, 1992～1998. (Pedley J B, Naylor R D, Kirdy S P. Thermochemical Data of Organic Compounds, 2nd ed. New York: Chapman and Hall, 1986)

[8] Schulman J M, Disch R L. *Ab initio* heats of formation of medium-sized hydrocarbons. The heat of formation of dodecahedrane. J Am Chem Soc, 1984, 106: 1202～1204

[9] Agrawal P J. Recent trends in high-energy materials. Prog Energy Combust Sci, 1998, 24: 1～30

[10] 王飞, 许晓娟, 肖鹤鸣等. 多硝基金刚烷生成热和稳定性的理论研究. 化学学报, 2003, 61: 1939～1943

[11] Xu X J, Xiao H M, Gong X D et al. Theoretical studies on the vibrational spectra, thermodynamic properties, detonation properties and pyrolysis mechanisms for polynitroadamantanes. J Phys Chem A, 2005, 109: 11268～11274

[12] 欧育湘, 刘进全. 高能量密度化合物. 北京: 国防工业出版社, 2005, 10

[13] Zhang J, Xiao H M. Computational studies on the infrared vibrational spectra, thermodynamic properties, detonation properties, and pyrolysis mechanism of octanitrocubane. J Chem Phys, 2002, 116: 10674～10683

[14] Martin H D, Urbanek T, Pfohler P et al. The pyrolysis of cubane: an example of a thermally induced hot molecule reaction. Chem Soc Chem Commun, 1985, 964～965

[15] Kamlet M J, Adolph H G. The relationship of impact sensitivity with structure of organic high explosives. II. Polynitroaromatic explosives. Prop Explos Pyrotech, 1979, 4(2): 30～34

第7章 六氮杂金刚烷的氰基、异氰基和硝酸酯基衍生物

第 6 章用量子化学方法计算研究六氮杂金刚烷（HAA）硝基衍生物的结构和性能，预测其晶体密度（ρ）、爆速（D）和爆压（p）以及热解起爆引发键离解能（E_{N-NO_2}），按高能量密度化合物（HEDC）的能量标准（$\rho \approx 1.9$ g·cm^{-3}，$D \approx 9.0$ km·s^{-1}，$p \approx 40$ GPa）和稳定性要求（$E \approx 80 \sim 120$ kJ·mol^{-1}），筛选并推荐了 3 种品优 HEDCs 目标物，供合成实验工作参考。与硝基（—NO$_2$）类似，氰基（—CN）、异氰基（—NC）和硝酸酯基（—ONO$_2$）等也是通常被考虑的高能或氧化基团。既然 HAA 的硝基衍生物中潜在品优 HEDC，那么，HAA 的—CN，—NC 和—ONO$_2$ 基衍生物中是否也存在 HEDC，作为第 6 章的补充和扩展，本章对 HAA 的该 3 类衍生物进行了类似的理论研究。通过设计等键反应求得该系列化合物的较精确生成热（HOF）；基于量子化学 DFT-B3LYP/6-31G* 计算和 K-J 方程求得理论密度（ρ）、爆速（D）和爆压（p）；按引发键离解能（BDE）判别了稳定性。最后作出关于 HAA 的该 3 系列化合物中能否筛选出 HEDC 的结论[1]。由于该 3 系列化合物的结构和性能至今未见有任何实验和理论工作报道，故而本章提供的诸多能量特性数据，包括对 HEDC 的判别，均属于理论预测，有待日后实践的检验。

7.1 生 成 热

基于等键反应设计和 B3LYP/6-31G* 总能量，计算了六氮杂金刚烷的—CN，—NC 和—ONO$_2$ 3 类衍生物的生成热（HOF）。与第 6 章类似，HAA（$C_6N_6H_{10}$）被选作参考物，使反应前后笼状骨架保持不变，减少系统误差。所设计的等键反应为

$$C_4N_6R_nH_{10-n} + nNH_3 \longrightarrow C_4N_6H_{10} + nNH_2R \tag{7.1}$$

$$\Delta H_{298}^{\ominus} = \Delta E_0 + \Delta ZPE + \Delta H_T = \sum \Delta H_{f,P} - \sum \Delta H_{f,R} \tag{7.2}$$

式中：R 分别代表—CN，—NC 和—ONO$_2$ 取代基；$n(n \leqslant 6)$ 为取代基数目；$\Delta H_{298}^{\ominus}$ 为 298 K 时等键反应的焓变；ΔE_0、ΔZPE 和 ΔH_T 分别为反应前后总能量和零点能的变化以及从 0 K 到 298 K 的温度校正值；$\sum \Delta H_{f,P}$ 和 $\sum \Delta H_{f,R}$ 分别为产物和反应物的 HOF 之和。在等键反应中所涉及参考物 NH$_2$CN、NH$_2$NC 和 NH$_2$ONO$_2$ 的 HOF 基于原子化能和 G3 理论[2]求得。第 6 章已求得母体 HAA 的 HOF 为

236.95 kJ·mol^{-1}。表 7.1 列出反应式(7.1)中各参考物的 B3LYP/6-31G* 计算 E_0、ZPE 和 H_T 以及文献和 G3 理论计算 HOF。

表 7.1　相关参考物的 B3LYP/6-31G* 总能量(E_0)、零点能(ZPE)、温度校正值(H_T)和 HOF

化合物	E_0/a. u.	ZPE/(kJ·mol^{-1})	H_T/(kJ·mol^{-1})	HOF/(kJ·mol^{-1})
HAA	−486.9068024	444.96	19.44	236.9[1]
NH$_3$	−56.5479472	87.01	10.00	−45.9[3]
NH$_2$CN	−148.7800616	86.16	11.99	132.7^a
NH$_2$NC	−148.7097957	85.47	12.44	314.3^a
NH$_2$ONO$_2$	−336.1777583	107.32	15.99	40.3^a

a 由 G3 理论求得。

基于表 7.1~表 7.4 中各参考物和标题物的 E_0、ZPE、H_T 以及参考物的 HOF,由式(7.2)求得 HAA 的—CN、—NC 和—ONO$_2$ 基 3 类衍生物的 HOF,分别列于表 7.2~表 7.4 最后一列。

表 7.2　HAA 的—CN 衍生物的 B3LYP/6-31G* 总能量(E_0)、零点能(ZPE)、温度校正值(H_T)和生成热(HOF)计算值

化合物*	E_0/a. u.	ZPE/(kJ·mol^{-1})	H_T/(kJ·mol^{-1})	HOF/(kJ·mol^{-1})
2-	−579.1409386	439.32	24.40	408.4
2,4-	−671.3651802	432.98	29.59	605.4
2,6-	−671.3714501	433.29	29.48	588.2
2,4,6-	−763.5915746	426.75	34.76	828.2
2,4,9-	−763.5911209	426.66	34.71	829.4
2,4,10-	−763.5877014	426.69	34.56	838.2
2,4,6,8-	−855.8104378	420.16	39.95	1007.8
2,4,6,9-	−855.8085879	420.07	40.05	1012.7
2,4,6,8,10-	−948.0242162	413.60	45.20	1232.1
2,4,6,8,9,10-	−1040.2356689	406.81	50.58	1462.5

* 2- 与 2,4- 分别表示 2-氰基六氮杂金刚烷和 2,4-二氰基六氮杂金刚烷,其余类推。

考察表 7.2~表 7.4,发现 HAA 的该 3 类衍生物的 HOF 均为正值,且随分子中取代基(—CN、—NC 和—ONO$_2$)数目(n)的增加而增大。图 7.1(a)、(b)和(c)分别示出该 3 系列化合物 HOF 与 n 的线性关系,其相关系数分别为 0.9990、0.9997 和 0.9985。这里对 n 相同的同分异构体的 HOF 取了平均值。显然,该 3 类衍生物的 HOF 遵循基团加和性,即平均每增加一个取代基—CN、—NC 和 —ONO$_2$,其 HOF 分别增加 204.9 kJ·mol^{-1}、371.8 kJ·mol^{-1} 和 78.8 kJ·mol^{-1}。在立方烷的该 3 类衍生物中,各取代基对相应 HOF 的影响存在类似规律[4~6]。

表 7.3　HAA 的—NC 衍生物的 B3LYP/6-31G* 总能量(E_0)、零点能(ZPE)、温度校正值(H_T)和生成热(HOF)计算值

化合物 *	E_0/a. u.	ZPE/(kJ · mol^{-1})	H_T/(kJ · mol^{-1})	HOF/(kJ · mol^{-1})
2-	−579.0755098	436.48	24.86	575.2
2,4-	−671.2320934	427.16	30.51	944.6
2,6-	−671.2414415	428.14	30.32	920.9
2,4,6-	−763.394024	418.54	36.10	1300.8
2,4,9-	−763.3936451	418.73	36.07	1301.2
2,4,10-	−763.3877999	418.03	36.19	1316.7
2,4,6,8-	−855.5483186	409.23	41.87	1676.4
2,4,6,9-	−855.5449227	409.16	41.89	1685.3
2,4,6,8,10-	−947.6972339	400.10	47.69	2066.4
2,4,6,8,9,10-	−1039.8434265	390.59	53.55	2463.2

* 2- 与 2,4- 分别表示 2-异氰基六氮杂金刚烷和 2,4-二异氰基六氮杂金刚烷,其余类推。

表 7.4　HAA 的—ONO$_2$ 衍生物的 B3LYP/6-31G* 总能量(E_0)、零点能(ZPE)、温度校正值(H_T)和生成热(HOF)计算值

化合物 *	E_0/a. u.	ZPE/(kJ · mol^{-1})	H_T/(kJ · mol^{-1})	HOF/(kJ · mol^{-1})
2-	−766.5384358	453.57	31.33	312.6
2,4-	−1046.1655428	464.31	41.43	400.4
2,6-	−1046.1749345	464.86	41.73	376.6
2,4,6-	−1325.8049861	475.67	52.19	457.2
2,4,9-	−1325.8051056	475.59	52.32	456.9
2,4,10-	−1325.8044884	476.59	51.46	458.7
2,4,6,8-	1605.438755	487.69	62.22	528.8
2,4,6,9-	−1605.4359535	487.69	62.33	536.0
2,4,6,8,10-	−1885.0644422	498.27	73.10	622.6
2,4,6,8,9,10-	−2164.6884643	508.39	84.23	717.4

* 2- 与 2,4- 分别表示 2-硝酸酯基六氮杂金刚烷和 2,4-二硝酸酯基六氮杂金刚烷,其余类推。

　　除取代基数(n)外,取代基的相对位置也影响化合物的 HOF。对 n 相同的同分异构体,取代基之间的距离越近,斥力越大,则其 HOF 越大。以表 7.2 中 HAA 的—CN 基衍生物为例,参见图 6.1,2,4,6-三氰基六氮杂金刚烷中 3 个—CN 基彼此间距最远;2,4,10- 中 3 个—CN 基连在同一 C(3)原子上彼此间距最近;2,4,9- 中 3 个—CN 基的间距处于两者之间。故 3 者的 HOF 大小排序为 2,4,6-<2,4, 9-<2,4,10-。类似地可推测 2,4- 衍生物的 HOF 大于 2,6- 衍生物;2,4,6,9- 衍

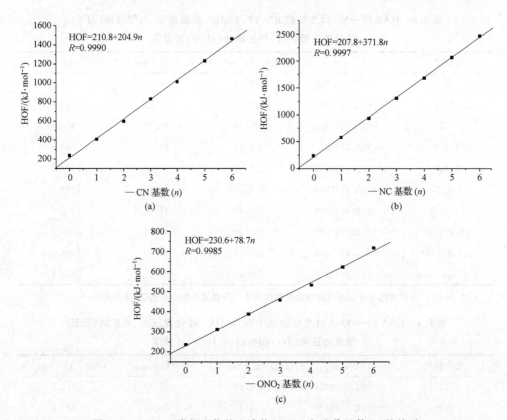

图 7.1　HAA 三类衍生物的生成热（HOF）与取代基数（n）的关系

生物的 HOF 大于 2,4,6,8- 衍生物。这一规律对 HAA 的 3 类衍生物均适用；仅含 3 个—ONO_2 的同分异构体稍有异常，其 2,4,6- 和 2,4,9-衍生物的 HOF 排序颠倒，但数值仅相差 0.3 kJ·mol^{-1}；由于—ONO_2 基存在 O—N 单键内旋转，使构象异构现象很复杂，故而掩盖了—ONO_2 基间距的影响，亦即难以仅从—ONO_2 基的位置来判别所有同分异构体 HOF 的相对大小。

　　以前的研究曾表明，非笼状烷基硝酸酯化合物的 HOF 随分子中—ONO_2 数（n）增加而下降，且 32 种衍生物的 HOF 均为负值[7]；立方烷硝酸酯衍生物的多数 HOF 为较大正值，但其 HOF 随分子中—ONO_2 基数增加而下降，直至八硝酸酯基立方烷（ONC）的 HOF 为负值[5]。然而，从表 7.4 可见，HAA 的—ONO_2 衍生物的 HOF 随分子中—ONO_2 数增加而增大，并符合基团加和性。由于 NH_2ONO_2 的 HOF 为正值（40.3 kJ·mol^{-1}），而 CH_3ONO_2 的 HOF 为负值（−124.40 kJ·mol^{-1}）[8]。亦即当—ONO_2 连接到 HAA 笼状骨架 N 原子上时，其 HOF 将增加；而当—ONO_2 连接到 HAA 的 C 原子上时，其 HOF 将下降。故据此可以推测，当 $n > 6$ 且连接到 HAAC 上的—ONO_2 增多时，HAA 的硝酸酯基衍生物的 HOF 将依次降低。

7.2　能　量　性　质

基于 B3LYP/6-31G* 全优化构型求得理论密度(ρ),由等键反应求得生成热(HOF)。按最大放能原则由爆炸物与产物的 HOF 差估算爆热(Q)。将 ρ、Q 代入 K-J 方程求得爆速(D)和爆压(p)。表 7.5 ~ 表 7.7 分别给出 HAA 的—CN、—NC 和—ONO$_2$ 三类衍生物的能量特性(ρ、Q、D 和 p)。

表 7.5　HAA 的—CN 衍生物的理论晶体密度(ρ)、爆热(Q)、爆速(D)和爆压(p)

化合物*	$\rho/(\text{g} \cdot \text{cm}^{-3})$	$Q/(\text{kJ} \cdot \text{mol}^{-1})$	$D/(\text{km} \cdot \text{s}^{-1})$	p/GPa
2-	1.51	584.49	6.16	15.06
2,4-	1.55	753.63	6.39	16.58
2,6-	1.55	732.15	6.36	16.36
2,4,6-	1.57	912.18	6.54	17.44
2,4,9-	1.57	913.53	6.54	17.44
2,4,10-	1.57	923.20	6.57	17.55
2,4,6,8-	1.59	995.29	6.53	17.57
2,4,6,9-	1.58	1000.10	6.51	17.39
2,4,6,8,10-	1.60	1102.91	6.56	17.71
2,4,6,8,9,10-	1.61	1197.01	6.56	17.77

* 2- 与 2,4- 分别表示 2-氰基六氮杂金刚烷和 2,4-二氰基六氮杂金刚烷,其余类推。

表 7.6　HAA 的—NC 衍生物的理论晶体密度(ρ)、爆热(Q)、爆速(D)和爆压(p)

化合物*	$\rho/(\text{g} \cdot \text{cm}^{-3})$	$Q/(\text{kJ} \cdot \text{mol}^{-1})$	$D/(\text{km} \cdot \text{s}^{-1})$	p/GPa
2-	1.52	823.42	6.73	18.11
2,4-	1.53	1175.86	7.09	20.17
2,6-	1.54	1146.34	7.09	20.17
2,4,6-	1.55	1432.63	7.28	21.30
2,4,9-	1.54	1433.13	7.25	21.02
2,4,10-	1.54	1450.20	7.25	21.14
2,4,6,8-	1.56	1655.64	7.34	21.80
2,4,6,9-	1.56	1664.40	7.34	21.84
2,4,6,8,10-	1.55	1849.71	7.31	21.52
2,4,6,8,9,10-	1.59	2016.11	7.40	22.45

* 2- 与 2,4- 分别表示 2-异氰基六氮杂金刚烷和 2,4-二异氰基六氮杂金刚烷,其余类推。

表 7.7　HAA 的—ONO$_2$ 衍生物的理论晶体密度(ρ)、爆热(Q)、爆速(D)和爆压(p)

化合物*	$\rho/(\text{g} \cdot \text{cm}^{-3})$	$Q/(\text{kJ} \cdot \text{mol}^{-1})$	$D/(\text{km} \cdot \text{s}^{-1})$	p/GPa
2-	1.67	1222.18	7.88	26.35
2,4-	1.80	1594.53	8.84	34.58
2,6-	1.80	1572.97	8.80	34.38
2,4,6-	1.87	1754.49	9.45	40.53
2,4,9-	1.89	1754.31	9.45	41.85
2,4,10-	1.89	1755.60	9.53	41.41
2,4,6,8-	1.95	1751.25	9.79	44.61
2,4,6,9-	1.95	1755.72	9.82	44.67
2,4,6,8,10-	2.01	1497.78	9.59	43.49
2,4,6,8,9,10-	2.03	1305.63	9.30	41.17

* 2- 与 2,4- 分别表示 2-硝酸酯基六氮杂金刚烷和 2,4-二硝酸酯基六氮杂金刚烷,其余类推。

比较表 7.5 和表 7.6 可见,HAA 的—CN 衍生物与相应—NC 衍生物的密度(ρ)相差很小,但因后者相应的 HOF 比前者大得多,故使后者的 Q、D 和 p 值均比前者大。随分子中取代基数(n)增加,该两类衍生物的 ρ、Q、D 和 p 值均呈增大趋势,但仅以爆热(Q)增大较多,爆速(D)和爆压(p)的数值较小且变化较小。如表中 HAA 氰基衍生物的 ρ、D 和 p 值分别为 1.51~1.61 g·cm^{-3}、6.16~6.56 km·s^{-1}和 15.06~17.77 GPa;HAA 异氰基衍生物的 ρ、D 和 p 值分别为 1.52~1.59 g·cm^{-3}、6.73~7.40 km·s^{-1}和 18.11~22.45 GPa。由此表明,在该两类衍生物中引进—CN 和—NC 两种高能基团,只能提高 HOF 和 Q,却很少提高 ρ、D 和 p 值;亦即能释放出大量热量,但不能对外做功、产生较好的爆轰效果。究其原因可能与氧平衡有关,因该二系列化合物中不含 O 原子,致使 C 原子不能被氧化为 CO_2 产生大量气体而做功。总之,由于 HAA 的氰基和异氰基衍生物的 ρ、D、p 值较低,显然从中不能找到潜在的 HEDC。由此还可以推知,因金刚烷的—CN 和—NC 衍生物中也不含 O 原子,不能把 C 原子氧化为 CO_2 提高爆轰性能。故在金刚烷的—CN 和—NC 衍生物中也不能找到潜在 HEDC。

由表 7.7 可见,HAA 的—ONO$_2$ 衍生物的 ρ、D 和 p 值比相应—CN 和—NC 衍生物的大得多。当—ONO$_2$ 基数 $n=1$~4 时,ρ、Q、D、p 值均随 n 增加而增大;但当 $n \geqslant 4$ 时,除 ρ 略有增加外,Q、D 和 p 值均呈减小趋势。因为 $n > 4$ 时化合物的氧平衡(OB_{100})为正值,且 n 越大,OB_{100} 值越大,Q、D 和 p 值等爆炸性能反而下降。故从减小合成困难的角度考虑,分子中含 3~4 个—ONO$_2$ 的 HAA 衍生物可作为潜在 HEDC。

比较表 7.7 和表 5.3 中六氮杂金刚烷与金刚烷的硝酸酯衍生物的相应性能,

对于含相同—ONO_2 数的两类化合物,前者的密度(ρ)、爆热(Q)、爆速(D)和爆压(p)均比后者大得多。如当—ONO_2 数 $n=1\sim 6$ 时,前者的 $\rho=1.67\sim 2.03$ g·cm^{-3},$Q=1222.18\sim 1755.72$ kJ·mol^{-1},$D=7.88\sim 9.79$ km·s^{-1},$p=26.35\sim 44.67$ GPa;而后者的 $\rho=1.39\sim 1.88$ g·cm^{-3},$Q=610.84\sim 1557.20$ kJ·mol^{-1},$D=5.05\sim 9.01$ km·s^{-1},$p=9.37\sim 37.59$ GPa。这再次证实 HAA 的高能基团衍生物比相应的金刚烷衍生物具有更高能量特性。

7.3　热　稳　定　性

多硝酸酯基金刚烷中含 C-酯基(C—O—NO_2),多硝酸酯基六氮杂金刚烷中含 N—酯基(N—O—NO_2)。N 的电负性大于 C,使后者分子中—NO_2 上带较多正电荷,故一般认为后者的稳定性比前者差。通过比较它们的热解引发键离解能可予以证实。

以 2,4,6,8-四硝酸酯基六氮杂金刚烷为例,在非限制性 B3LYP/6-31G* 水平下,对其 3 种可能的热解引发键(即骨架 C—N 键、支链 N—ONO_2 和 O—NO_2 键)进行了计算,求得它们的离解能分别为 109.58 kJ·mol^{-1}、172.53 kJ·mol^{-1} 和 29.81 kJ·mol^{-1}。其中 O—NO_2 键离解能(E_{O-NO_2})最小,被确认为热解引发键。相应 2,4,6,8-四硝酸酯金刚烷的热解引发键离解能为 143.51 kJ·mol^{-1}(表 5.4)远大于 29.81 kJ·mol^{-1},表明含 C—酯基的金刚烷衍生物的稳定性确实远高于含 N—酯基的六氮杂金刚烷衍生物。一般而言,具相似结构高能化合物的稳定性随分子中高能基团增多而下降,故推知随分子中 N—ONO_2 基增多,HAA 的酯基衍生物的稳定性将更差。其引发键离解能远小于 80 kJ·mol^{-1} 的 HEDC 稳定性要求,故 HAA 的硝酸酯衍生物不宜作为品优 HEDC 予以推荐。

总之,HAA 的—CN 和—NC 基衍生物因不符合 HEDC 的能量标准而不能入选 HEDC 行列,HAA 的—ONO_2 基衍生物能量特性很高,但因不符合稳定性的基本要求也不能入选品优 HEDC 行列。

参 考 文 献

[1] Xu X J, Xiao H M, Ma X F et al. Looking for high energy density compounds among hexaazaadamantane derivatives with —CN, —NC, and —ONO_2 groups. Int J Quant Chem, 2006, 106(7): 1561~1568

[2] Curtiss L A, Raghavachari K, Redfern P C et al. Gaussian-3 (G3) theory for molecules containing first and second-row atoms. J Chem Phys, 1998, 109: 7764~7776

[3] David R L. CRC Handbook of Chemistry and Physics. 73rd Edition. Boca Raton: CRC

press,1992

[4] Zhang J, Xiao H M, Gong X D. Theoretical studies on heats of formation for polynitrocu-banes using density functional theory B3LYP method and semiempirical MO methods. J Phys Org Chem, 2001, 14: 583~588

[5] Zhang J, Xiao H M, Xiao J J. Theoretical studies on heats of formation for cubylnitrates using the density functional theory B3LYP method and semiempirical MO methods. Int J Quant Chem, 2002, 86: 305~312

[6] Xiao H M, Zhang J. Theoretical predictions on heats of formation for polyisocyanocubanes-looking for typical high energetic density material (HEDM). Sic China Ser B, 2002, 45: 21~29

[7] 贡雪东,俞柏恒,肖鹤鸣. 硝酸酯化合物生成热的分子轨道研究. 化学学报, 1994, 52: 750~754

[8] Pedley J B, Naylor R D, Kirdy S P. Thermochemical Data of Organic Compounds. 2nd Edn. London, New York: Chapman and Hall, 1986, 89

第8章 CL-20 4种晶型和不同压力下 ε-CL-20 的能带结构

六硝基六氮杂异伍兹烷（HNIW 或 CL-20）是当前已获得实际应用的最重要的高能量密度化合物（HEDC），它的问世被誉为炸药合成史上的重大突破[1]。由于笼状 CL-20 环上 6 个硝基相对于五元环和六元环空间取向的不同、晶格堆积方式不同和晶胞内分子数不同，CL-20 可呈现多种晶型。至今人们已成功分离和鉴定出 4 种晶型，即 α、β、γ 和 ε-CL-20。其中 α 晶型以 α-CL-20 · H_2O 形式出现；ε-CL-20 具有最大密度和稳定性[2]，其分子结构见图 8.1。自 CL-20 问世以来，一直受到人们广泛关注[1~20]。对它们的合成、晶体结构[12~15]、热稳定性和热解机理[3,4,16~20]，以及以 CL-20 为基的高聚物黏结炸药（PBXs）[5,6,9,10]的实验研究很多。理论工作相对较少，如近期见有其气相分子的计算[11,19,20]和相关 PBX 的模拟[21]。

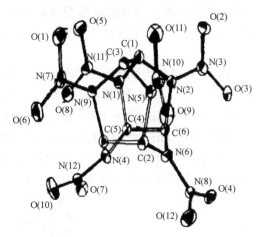

图 8.1　ε-CL-20 的分子结构

以前对感度的理论研究主要是通过对爆炸物分子结构及其静态或动态计算，以气态分子或电子结构参数加以关联[22~26]；至于将晶体结构与感度相关联，以前只有半经验 DV-X$_\alpha$ 法和 EH-CO 法对金属叠氮原子簇模型的研究[27~29]。随着理论化学和计算机技术的发展，Hartree-Fock 从头计算方法[30~31]，特别是包含电子相关的密度泛函理论（DFT）结合赝势和平面波基组，均已被用于计算晶体的结构和性质[32~34]。但迄今为止，尚未见有任何理论工作提供 CL-20 的晶体能带结构，更未见从电子微观层次阐明 CL-20 各晶型的稳定性和感度大小的报道。

本章首次运用 DFT 4 种计算方案研究 CL-20 4 种不同晶型($\alpha \cdot H_2O$、β、γ 和 ε)的能带和电子结构,以态密度和键集居数关联热解机理和稳定性,以前沿带隙和 "最易跃迁原理"(PET)[27~29]预测各晶型的感度排序[35]。

以前多在常温常压下计算研究高能物质的结构和性能,但实际使用中它们却可能要经受如高温、低温或高压等苛刻条件,因而探讨外界条件对高能物质结构、性能的影响成为当前理论研究的新趋势。为此,本章还在 DFT-GGA-PBE 水平计算研究了不同压力下 ε-CL-20 的能带结构和性能,提供了外界条件(尤其是高压)影响 CL-20 晶体结构和性能的理论研究的首例[35]。

8.1　计算方法及其验证

运用周期性边界条件,在原子水平上对晶体进行理论计算,可有效地求得其物理和化学性质。本章运用 DFT[36]的 4 种计算方案对 CL-20 不同晶型的能带和电子结构进行理论研究。方案 Ⅰ 和 Ⅱ 是指使用 CASTEP 程序包[37],以 GGA-PBE 泛函分别地作全优化构型计算和对实验构型实施单点计算;方案 Ⅲ 和 Ⅳ 是指用 Dmol³ 程序[38],以 GGA-RPBE 泛函分别对实验构型进行单点计算和对原子坐标作局部优化计算。对同一晶型而言,该 4 种方法计算所得晶体能带结构彼此很接近。

CL-20 4 种晶型的计算初始结构均取各自的实验值,参见图 8.2。其中 α-CL-20 $\cdot$ H_2O 属于正交系空间群 $Pbca$,其晶胞参数 $a=0.9603$ nm、$b=1.3304$ nm、$c=2.3653$ nm,每个晶胞中含 8 个 α-CL-20 $\cdot$ H_2O 分子[15];β-CL-20 属于正交系 $Pca21$ 群,其晶胞参数 $a=0.9670$ nm、$b=1.1616$ nm、$c=1.3032$ nm,每个晶胞中含 4 个分子[13];γ-CL-20 晶体属于单斜晶系 $P2_1/n$ 空间群,其 $a=0.9670$ nm、$b=1.1616$ nm、$c=1.3032$ nm,每个晶胞中含 4 个分子[14];ε-CL-20 则属于单斜晶系

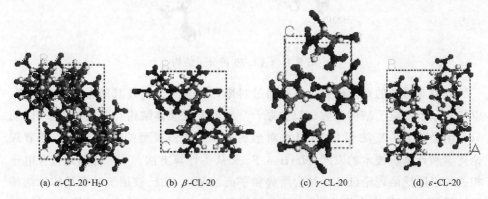

(a) α-CL-20·H_2O　　　(b) β-CL-20　　　(c) γ-CL-20　　　(d) ε-CL-20

图 8.2　CL-20 4 种晶型的晶体结构

$P2_1/a$ 群,其晶胞参数 $a=1.3696$ nm、$b=1.2254$ nm、$c=0.8833$ nm、$\beta=111.18°$,晶胞中含 4 个分子[12]。

为验证计算方法对 CL-20 晶体的适用性,以 DFT-GGA-PBE 方法为例,将其全优化 ε-CL-20 所得晶胞参数和原子分数坐标与其实验值进行了比较,如表 8.1 所示。

表 8.1　ε-CL-20 的 DFT-GGA-PBE 晶胞参数和原子分数坐标与其实验值[a]

晶胞参数/nm	原子分数坐标[b]			
	原子	u	v	w
	C(1)	0.3740 (0.3741)	0.0619 (0.0629)	0.7878 (0.7906)
	C(2)	0.1835 (0.1854)	0.1359 (0.1352)	0.8671 (0.8646)
	C(3)	0.3664 (0.3659)	0.1368 (0.1369)	0.9283 (0.9281)
	C(4)	0.2218 (0.2251)	0.1191 (0.1184)	0.5640 (0.5690)
	C(5)	0.2135 (0.2158)	0.2347 (0.2324)	0.7816 (0.7823)
	C(6)	0.1925 (0.1961)	0.0192 (0.0212)	0.6467 (0.6520)
	N(1)	0.3373 (0.3381)	0.1134 (0.1150)	0.6313 (0.6373)
	N(2)	0.2972 (0.2976)	−0.0226(−0.0190)	0.7441 (0.7504)
	N(3)	0.3046 (0.3078)	−0.1034 (−0.1028)	0.8519 (0.8509)
$a=1.3884$ (1.3696)	N(4)	0.1791 (0.1850)	0.2122 (0.2115)	0.6118 (0.6150)
	N(5)	0.2833 (0.2842)	0.0965 (0.0998)	0.9814 (0.9793)
$b=1.2741$ (1.2554)	N(6)	0.1336 (0.1393)	0.0550 (0.0556)	0.7467 (0.7477)
	N(7)	0.3729 (0.3718)	0.3310 (0.3287)	0.9554 (0.9524)
$c=0.8969$ (0.8833)	N(8)	0.0393 (0.0422)	0.0123 (0.0135)	0.7267 (0.7259)
	N(9)	0.3289 (0.3280)	0.2405 (0.2387)	0.8554 (0.8602)
$\alpha=0.9000$ (0.9000)	N(10)	0.3018 (0.3012)	0.1057 (0.1013)	1.1492 (1.1449)
	N(11)	0.3957 (0.3973)	0.1974 (0.1934)	0.6094 (0.6087)
	N(12)	0.1473 (0.1464)	0.2976 (0.2926)	0.5014 (0.5026)
$\beta=11.118$ (1.1305)	O(1)	0.4583 (0.4601)	0.3191 (0.3191)	1.0585 (1.0524)
	O(2)	0.3884 (0.3931)	−0.1121 (−0.1132)	0.9648 (0.9619)
$\gamma=0.90000$ (0.9000)	O(3)	0.2286 (0.2312)	−0.1606 (−0.1603)	0.8237 (0.8217)
	O(4)	0.0104 (0.0133)	−0.0626 (−0.0616)	0.6335 (0.6321)
	O(5)	0.4873 (0.4900)	0.1993 (0.1949)	0.6994 (0.6980)
	O(6)	0.3216 (0.3183)	0.4115 (0.4092)	0.9209 (0.9190)
	O(7)	0.1191 (0.1168)	0.2753 (0.2668)	0.3577 (0.3602)
	O(8)	0.3517 (0.3530)	0.2601 (0.2545)	0.5024 (0.4972)
	O(9)	0.2259 (0.2238)	0.1153 (0.1121)	1.1870 (1.1805)
	O(10)	0.1476 (0.1443)	0.3847 (0.3818)	0.5599 (0.5566)
	O(11)	0.3918 (0.3918)	0.0954 (0.0873)	1.2392 (1.2362)
	O(12)	−0.0082 (−0.0067)	0.0546 (0.0556)	0.8011 (0.8004)

a 括号里是实验值;

b H 原子的分数坐标被省去。计算所得密度 $\rho=1.969$ g·cm^{-3},与实验密度值 2.055 g·cm^{-3} 相近。

从表 8.1 可见,晶胞参数 a、b 和 c 的计算值仅比实验值大 1.5% 左右,符合 GGA-PBE 计算精度的要求。经优化原子位置改变较小,原子分数坐标的计算值与实验值也符合较好。

表 8.2 给出 DFT-GGA-PBE 优化晶型中 ε-CL-20 分子的几何参数计算值与实验值比较。由表 8.2 可见,计算所得键长和键角,与实验值也符合得很好。例如,C—N 键计算键长在 $1.428\sim1.458\text{Å}$,很接近于实验值 $1.434\sim1.477\text{Å}$。

表 8.2　晶体中 ε-CL-20 分子的键长(Å)和键角(°)计算值和实验值

键长	计算值	实验值	键角	计算值	实验值	键角	计算值	实验值
C(1)—N(1)	1.441	1.442	C(3)—C(1)—N(1)	111.7	112.6	C(6)—N(6)—N(8)	120.8	120.2
C(1)—N(2)	1.439	1.445	C(3)—C(1)—N(2)	111.7	113.3	C(2)—N(6)—C(6)	117.4	118.7
C(6)—N(2)	1.458	1.477	N(1)—C(1)—N(2)	97.2	96.0	C(2)—N(6)—N(8)	121.7	121.2
C(4)—N(4)	1.433	1.437	C(4)—C(6)—N(2)	101.9	101.3	N(2)—N(3)—O(2)	116.5	116.4
C(6)—N(6)	1.428	1.434	C(6)—C(4)—N(1)	101.5	101.0	N(2)—N(3)—O(3)	116.7	116.9
C(1)—C(3)	1.589	1.590	C(1)—N(1)—C(4)	111.2	111.1	O(2)—N(3)—O(3)	126.8	126.6
C(4)—C(6)	1.570	1.575	C(1)—N(2)—C(6)	111.1	110.8			
N(2)—N(3)	1.371	1.368	C(1)—N(2)—N(3)	120.6	119.6			
N(3)—O(2)	1.247	1.224	C(6)—N(2)—N(3)	121.2	118.7			
N(3)—O(3)	1.238	1.215	N(2)—C(6)—N(6)	111.6	112.0			

总之,从计算方案 I 所得 ε-CL-20 晶胞和分子的几何参数与实验值符合良好,表明方案 I 是可行的。计算方案 II、III、和 IV 的验证从略。

8.2　CL-20 4 种晶体的能带结构和感度判别

8.2.1　态　密　度

态密度(DOS)是单位能量的电子状态数。它是表征晶体的电子结构、反映晶体中各能带电子分布状况的重要物理量。局域态密度(PDOS)把对电子密度的贡献归属到每个原子,亦即将 DOS 投影到相应的分子轨道上。图 8.3(a)～图 8.3(d)提供由方案 III 计算 α-CL-20·H_2O、β-CL-20、γ-CL-20 和 ε-CL-20 4 种晶型所得 DOS 和 PDOS。虽然方案 III 未对各晶型进行优化计算,但它按 4 种晶型实验值作单点计算,比较系统全面,可用于综合比较分析。

图 8.3 具有以下特征:

(1)β、γ 和 ε-CL-20 3 种晶型的 DOS 和 PDOS 彼此很接近。这是因为它们晶胞中分子数和分子结构均相同,仅硝基的空间伸展方向不同,故而 3 者的电子结构较接近;

(2)α-CL-20·H_2O 晶体的 DOS 和 PDOS 比其他 3 晶型大得多,归因于其晶胞中原子数较多、相应电子数也较多;

　　(3)在 α-CL-20·H_2O 晶胞中，H_2O 分子对前沿能带有一定贡献。相对于其他 3 种晶型，α-CL-20 对 DOS 的贡献向能量较低区域移动，但其形貌仍与其他 3 类

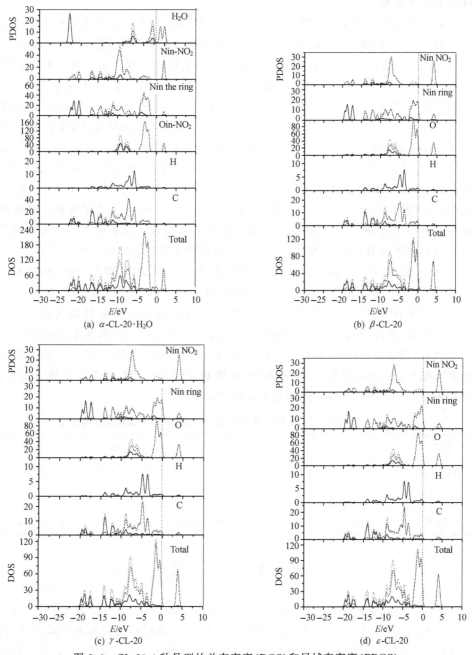

图 8.3　CL-20 4 种晶型的总态密度(DOS)和局域态密度(PDOS)

――― s　----- p　····· Total

晶型极为相似；

(4)各晶型在价带顶端的较窄能量区域内均有较多电子分布，表明在该能量区域能带重叠较大。

由图 8.3 中各晶型的 PDOS 可见：①在 α-CL-20·H_2O 晶体中，H_2O 分子中 O 和 H 原子的 p 和 s 轨道对 Fermi 能级附近满带有主要贡献；预示热解过程中，α-CL-20·H_2O 将首先失去 H_2O 分子，这与实验现象相一致。在稍低的能量区间 $-4.5\sim-1.8$ eV，—NO_2 中 O 和笼状骨架中 N 原子的 p 轨道作出主要贡献；—NO_2 中 N 原子的 p 轨道也有一定贡献。而较 Fermi 能级稍高能量的空带则主要由—NO_2 中 O 和 N 的 p 轨道以及笼状骨架中 N 的 p 轨道组成；②对于 β-、γ-和 ε-CL-20，各晶型中 C、H、O 和 N 原子对 DOS 的贡献基本一致。如 ε-CL-20 晶体的价带（最高占有满带）和导带（最低未占空带）主要由—NO_2 中 O 和 N 原子的 s 和 p 轨道，以及笼状骨架中 N 原子的 p 轨道所贡献。由图 8.3(b)、(c)和(d)还可见，在前沿价带区间，—NO_2 中 N 的 p 轨道与杂环上 N 的 p 轨道相重叠。根据能量匹配原则，这两种 N 原子的 p 轨道易于形成 N—N 键。这表明 N—NO_2 键为其活性中心和热解引发键，与实验[3,39,40]和气相热解计算的结果相一致[11,19]。

此外，还可根据晶体中分子的不同化学键的相对强弱（如键集居数）来预测热解机理。因 D mol³ 程序不能给出晶体中分子的键集居数，故表 8.3 给出由 CASTEP 程序中 GGA-PBE 方法对各实验晶型计算的 Mülliken 键集居数。由表 8.3 可见，对 β-、γ-和 ε-CL-20 3 种晶型而言，它们的 N—NO_2 键的集居数总是最小，表明该键相对较弱，可预测为热解引发键。尽管因 α-CL-20·H_2O 晶胞太大而未能实施 GGA-PBE 计算，但由其 DOS 可判别 α-CL-20·H_2O 晶体受热失水后，将发生 α-CL-20 的 N—NO_2 键均裂引发热解。

表 8.3　β-、γ-和 ε-CL-20 实验晶型的 GGA-PBE 计算 Mülliken 键集居数

晶体	C—H	C—C	C—N	N—N	N—O
β-CL-20	0.80～0.81	0.66～0.70	0.68～0.74	0.56～0.66	0.75～0.82
γ-CL-20	0.80～0.82	0.67～0.70	0.67～0.73	0.57～0.65	0.77～0.82
ε-CL-20	0.80～0.82	0.67～0.70	0.67～0.74	0.56～0.68	0.76～0.82

8.2.2　带　　隙

以前，曾根据金属叠氮化物原子簇的 DV-Xα 和 EH-CO 半经验计算结果，建议用"最易跃迁原理"(PET)判别其相对感度[27~29]。即对结构相似系列爆炸物，其 $\Delta E(E_{HOMO}-E_{LUMO})$ 越小，电子越易跃迁，则感度就越大。该原理已成功用于解释许多实验现象，如碱金属叠氮化物较钝感，而重金属叠氮化物感度较大[27~29]。新

近的第一性原理 DFT 计算,也证明了 PET 原理在判别高能物质感度方面的正确性[32~34]。与分子轨道理论中 HOMO 和 LUMO 的能级差 ΔE 相对应,在晶体能带理论中,最高占有晶体轨道(HOCO)与最低未占有晶体轨道(LUCO)之间的能量差,亦即导带底与价带顶的能量差,称为带隙(ΔE_g)。ΔE_g 可作为度量高能晶体感度的理论指标。

表 8.4 给出以 DFT4 种不同方案计算 CL-20 不同晶型所得 ΔE_g。由表 8.4 可见,除 α-CL-20 · H_2O 外,不同方法所得各晶型的 ΔE_g 彼此较接近,且相对大小排序完全一致。方案 I 和 II 中,ΔE_g 数据不全,是因为体系太大或实验结果有误而未能成功进行计算。归纳计算结果,发现 CL-20 4 种晶型的带隙 ΔE_g 顺序为 $\varepsilon > \beta > \gamma > \alpha \cdot H_2O$。故基于 PET 预测它们的感度相对大小为 $\varepsilon < \beta < \gamma < \alpha \cdot H_2O$。已知 ε-CL-20 确实最稳定,且 4 者($\alpha \cdot H_2O$、β、γ 和 ε)的实测撞击感度($h_{50\%}$,5 kg 落锤使 50% 炸药发生爆炸的高度)依次为 20.7 cm、24.2 cm、24.9 cm 和 26.8 cm,亦即实验感度顺序为 $\alpha \cdot H_2O > \beta \approx \gamma > \varepsilon$[40]。考虑到实测感度受很多因素影响,如晶体颗粒的形状和大小等均将影响实测值,故可认为,按计算带隙 ΔE_g 判别 CL-20 不同晶型的撞击感度是可行可信的。

表 8.4　CL-20 不同晶型的 4 种方案计算带隙(ΔE_g)(单位:eV)

方法	α-CL-20	β-CL-20	γ-CL-20	ε-CL-20
I		3.405		3.446
II		3.540	3.247	3.608
III	1.751	3.719	3.517	3.798
IV	2.581	3.628	3.390	3.634

可从另一角度证实 ΔE_g 预测感度的可靠性。已知 CL-20 4 种不同实验晶型[12~15] ε、β、γ 和 $\alpha \cdot H_2O$ 的引发键 N—NO_2 键长(当有多个键长时取最大值)分别为 1.432、1.434、1.444 和 1.446Å,即其相对大小排序为 $\varepsilon < \beta < \gamma < \alpha \cdot H_2O$。据此可推测它们的感度相对大小为 $\varepsilon < \beta < \gamma < \alpha \cdot H_2O$,与带隙 ΔE_g 判据导出的结论相一致。

总之,通过对 CL-20 不同晶型能带结构的研究,从 DOS 和 PDOS 及其前沿能带组成,合理地预测了它们的热解引发机理,以带隙 ΔE_g 判别了它们的相对感度,所得结论均与实验相符。但这些都是在常规(0 K,0 GPa)条件下所得结果。为适应高能物质在特殊条件下使用的实际需要,人们着手在苛刻条件下对高能物质的结构和性能进行基础理论研究。下面阐述运用 DFT-GGA-PBE 方法计算研究不同压力对 ε-CL-20 晶体结构和性能的影响。

8.3　压力对 ε-CL-20 晶体结构和性能的影响

8.3.1　晶　胞　参　数

表 8.5 列出 GGA-PBE 方法计算 ε-CL-20 在 0～400 GPa 压力范围所得全优化晶胞参数（a、b、c、β 和体积 V，$\alpha = \gamma = 90°$）以及晶体密度 ρ 和带隙（ΔE_g），括号中是相对于实验值的百分误差。

由表 8.5 可见，当压力为 0 时，晶胞参数 a、b、c 和 V 的计算值比相应实验值略大。实验测量在 0.0001 GPa 进行，GGA-PBE 计算因低估原子间成键作用而使晶胞参数略大。随压力增大，晶胞参数比实验值减小，晶体密度增大。当压力较低，小于 10 GPa 时，晶胞参数和晶体密度（ρ）改变较小，仍与实验相近；但当压力大于 10 GPa，晶胞参数随压力增大而急剧减小，晶体密度随之明显升高；当压强为 400 GPa，其计算密度达 5.72 g·cm^{-3}，预计其爆轰性能如爆速（D）和爆压（p）等将随 ρ 增大而快速增大。

表 8.5　ε-CL-20 在不同压强下的 GGA-PBE 优化晶胞参数（a、b、c、β、V、ρ）**和带隙**（ΔE_g）（单位：eV）

p/GPa	晶胞参数					ρ/(g·cm^{-3})	ΔE_g/eV
	a/Å	b/Å	c/Å	β/(°)	V/Å³		
0	13.884(1.37)	12.741(1.49)	8.969(1.54)	111.305(0.11)	1478.110(4.38)	1.969(−4.18)	3.492
5	13.596(−0.73)	12.419(−1.08)	8.692(−1.60)	111.425(0.22)	1366.10(−3.53)	2.131(3.70)	3.450
10	13.233(−3.38)	11.767(−6.27)	8.390(−5.02)	113.289(1.90)	1200.040(−15.26)	2.425(18.05)	3.323
50	12.204(−10.89)	10.410(−17.08)	7.793(−11.77)	116.616(4.89)	885.114(−37.50)	3.288(60.00)	2.742
100	11.535(−15.78)	9.893(−21.20)	7.451(−15.65)	117.271(5.48)	755.807(−46.63)	3.851(87.40)	2.102
200	10.859(−20.71)	9.468(−24.58)	7.065(−20.02)	119.457(7.44)	632.468(−55.34)	4.602(123.94)	1.401
400	9.791(−28.5)	9.477(−24.51)	6.419(−27.33)	121.244(9.05)	509.191(−64.04)	5.716(178.51)	0.085
实验值	13.696	12.554	8.833	111.180	1416.150	2.055	3.663

由表 8.5 并参照图 8.4 可见，ε-CL-20 晶体具各向异性。沿 b 方向的分子间距离最大，其次是 c、a 方向。据此可推测沿 b 方向分子间相互作用较弱，可压缩性强；而沿 c 和 a 方向因分子间距离较近、斥力较大，故不易压缩。因此，当压力在较低范围 5 ～ 50 GPa 时，ε-CL-20 沿 3 个方向的可压缩性顺序为 $b > c > a$；而当在 100 < 压力 < 400 GPa 时，沿 b 轴方向的可压缩性已趋于极限，晶胞参数变化小，而沿 c 和 a 方向晶体仍可进一步被压缩，晶胞参数变化较大；当压强为 400 GPa 时，沿 a 方向的可压缩性已略大于 c 和 b 方向。

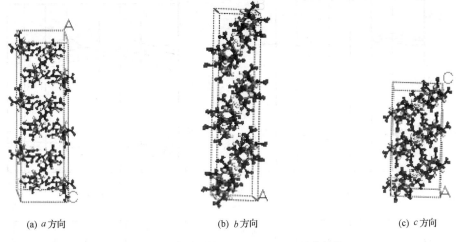

(a) a 方向　　　　　　　(b) b 方向　　　　　　　(c) c 方向

图 8.4　沿不同坐标方向的 ε-CL-20 晶体结构

8.3.2　能带和态密度

图 8.5 给出 GGA-PBE 计算所得能带结构。为简洁清晰起见,图 8.5 仅示出 Fermi 能级上下的前沿能带,包括 6 条满带和 4 条空带。

由图 8.5 可见,ε-CL-20 的前沿能带结构随压强变化具如下特点:①满带和空带均随压力增加而逐渐向低能区迁移;②当压力较小在 0～50 GPa 时,能带较为平坦,起伏较小,归因于 ε-CL-20 是分子型晶体,分子间相互作用较弱;但当压力由 100 增至 400 GPa 时,能带起伏变大,表明随分子间距离变小,相互作用增强;③最重要的是,价带顶和导带底的能量差亦即带隙(ΔE_g)随压强增加而逐渐减小;在 0、5、10、50、100、200 和 400 GPa 压力下带隙(ΔE_g)依次为 3.492、3.450、3.323、2.742、2.102、1.401 和 0.085 eV,这与 Kuklja 计算研究环三甲撑三硝胺(RDX)所得结论相一致[41,42]。按以前建议的判别感度相对大小的最易跃迁原理(PET),可推测随压力增大,ε-CL-20 晶体的稳定性下降、感度增大。表明带隙和 pET 不仅可用于预测金属叠氮化物的感度,而且也可用于预测不同晶型的分子型晶体的感度及其在不同压力下的递变性。

图 8.5 还表明,400 GPa 的高压已使 ε-CL-20 关闭晶体带隙(0.085 eV)而成为导体,电子可在类似于金属型晶体中那样自由移动。在通常分子型晶体中 CL-20 的 N—NO₂基团应处于同一平面;而由图 8.6 可见,400 GPa 时,ε-CL-20 分子中的 N—NO₂基已发生很大扭曲,这也是晶体已趋金属化的表现。需要指出,实际晶体都不是完美晶体,而存在诸多缺陷,前者的带隙一般均小于后者。据此可推测

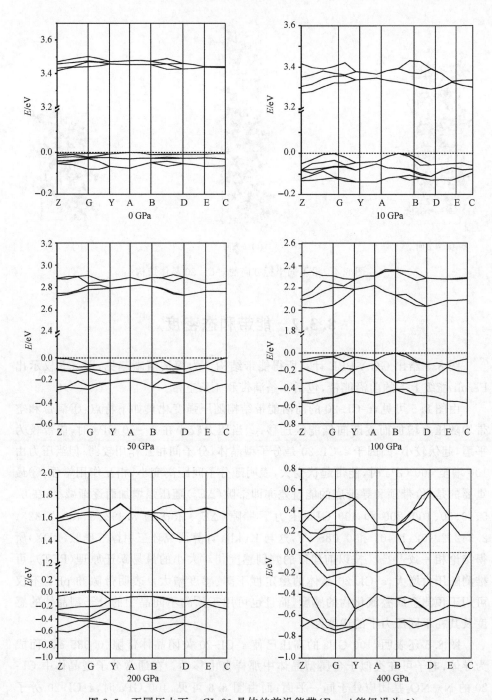

图 8.5　不同压力下 ε-CL-20 晶体的前沿能带（Fermi 能级设为 0）

实际 ε-CL-20 晶体金属化的临界压力可能低于 400 GPa。

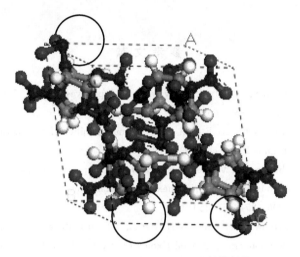

图 8.6　ε-CL-20 在 400 GPa 的晶体结构

　　图 8.7 示出不同压力下 ε-CL-20 晶体的态密度(DOS)。由该图可见,当压力低于 50 GPa 时,DOS 曲线具有明显的特征峰,即电子分布体现不均匀性;而当压强大于 50 GPa 时,尖峰逐渐消失,峰形变宽,表明各能量区的电子分布随压力增加而逐渐趋于均匀化;在 400 GPa 时,各能量区的 DOS 接近相等,DOS 成平滑曲线,表明电子在各能量区出现的概率接近相等,这也是类似自由电子的特

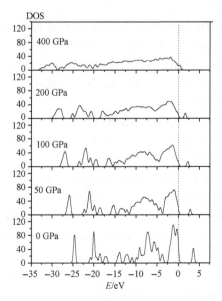

图 8.7　ε-CL-20 在不同压力下的总态密度(DOS)

征,进一步表明 ε-CL-20 晶体在高压下具有某种金属属性,与能带分析所导致的结论相符。

参 考 文 献

[1] Nielsen A T, Nissan P. A Polynitropolyaza caged explosives. Part 5. Naval Weapon Center Technical Publication, 1986, 6692

[2] Foltz M F, Coon C L, Garcia F et al. The thermal stability of the polymorphs of HNIW. Part 1. Propell Explos Pyrotech, 1994, 19: 19~25

[3] Nedelko V V, Chukanov N V, Raevskii A V et al. Comparative investigation of thermal decomposition of various modification of hexanitrohexaazaisowurtzitane (CL-20). Propell Explos Pyrotech, 2000, 25:255~259

[4] Simpson R L, Urtuew P A, Omellas D L et al. CL-20 performance exceeds that of HMX and its sensitivity is moderate. Propell Explos Pyrotech, 1997, 22: 249~255

[5] Bircher H R, Mäder P, Mathieu J. Properties of CL-20 based high explosives. 29th Int Annu Conf ICT Karlsruke Germany, 1998, 94:1~14

[6] Bouma R H B, Duvalois W. Characterization of commercial grade CL-20. 31th Int Annu Conf ICT Karlsruke Germany, 2000, 105: 1~9

[7] 周明川, 曹一林. CL-20 在固体推进剂中应用的探索. 高能推进剂及进材料研讨会论文集, 1998,15~19

[8] 欧育湘, 徐永江, 刘利华. 六硝基六氮杂异伍兹烷合成及应用研究进展. 高能推进剂及新材料研讨会论文集, 1998, 105~108

[9] Golfier M, Graindorge H, Longevialle Y et al. New energetic molecules and their applications in energetic materials. 29th Int Annu Conf ICT Karlsruke Germany, 1998, 3: 1~18

[10] Mueller D. New gun propellant with CL-20. Propell Explos Pyrotech, 1999, 24: 176~181

[11] 许晓娟, 肖鹤鸣, 居学海等. ε-六硝基六氮杂异伍兹烷(CL-20)热解机理的理论研究. 有机化学, 2005, 25(5): 536~539

[12] 赵信歧, 施倪承. ε-六硝基六氮杂异伍兹烷的晶体结构. 科学通报, 1995, 40: 2158~2160

[13] 欧育湘, 贾会平, 陈博仁等. β-六硝基六氮杂异伍兹烷的合成与晶体结构. 中国科学(B辑), 1999, 29(1): 39~46

[14] Bolotina N B, Hardie M J, Speer Jr et al. Energetic materials: variable-temperature crystal structures of γ- and ε-HNIW polymorphs. J Appl Crystallogr, 2004, 37: 808~814

[15] Golovina N I, Raevsky A V, Chukanov N V et al. Density of polynitramine crystals. The 2,4,6,8,10,12-hexanitro-2,4,6,8,10,12-hexaazaisowurtzitane as a potential ligand. Russ Chem J, 2004, 48: 41~48

[16] Foltz M F, Coon C L, Garcia F et al. The thermal stability of the polymorphs of HNIW. Part 2. Propell Explos Pyrotech, 1994, 19: 133~144

[17] Foltz M F. Thermal stability of ε-hexanitrohexaazaisowurtzitane in an estane formulation.

Propell Explos Pyrotech，1994，19：63～69

［18］Patil D G，Brill T B. Kinetics and mechanism of thermolysis of hexanitrohexaazaisowurtzitane，Combust Flame，1991，87：145～151

［19］张骥，肖鹤鸣，姬广富.六硝基六氮杂异伍兹烷结构和性质的理论研究. 化学学报，2001，59(8)：1265～1271

［20］肖鹤鸣. 高能化合物的结构和性质. 北京：国防工业出版社，2004

［21］Xu X J，Xiao J J，Zhu W，Xiao H M et al. Molecular dynamics simulations for pure ε- CL-20 and ε-CL-20-based PBXs. J Phys Chem B，2006，110：7203～7207

［22］Xu X J，Xiao H M，Ju X H et al. Computational studies on polynitrohexaazaadmantanes as potential high energy density materials（HEDMs）. J Phys Chem A，2006，110：5929～5933

［23］肖鹤鸣，王遵尧，姚剑敏. 芳香族硝基炸药感度和安定性的量子化学研究 I 苯胺类硝基衍生物. 化学学报，1985，43：14～18

［24］肖鹤鸣.硝基化合物的分子轨道理论. 北京：国防工业出版社，1993

［25］肖鹤鸣，陈兆旭. 四唑化学的现代理论. 北京：科学出版社，2000

［26］肖继军，李金山. 单体炸药撞击感度的理论判别——从热力学判据到动力学判据. 含能材料，2002，10：178～181

［27］Xiao H M，Li Y F. Banding and electronic structures of metal azides-Sensitivity and conductivity. Sci China Ser B，1995，38：538～545

［28］肖鹤鸣，李永富，钱建军. 碱金属和重金属叠氮化物的感度和导电性研究. 化学物理学报，1994，10：235～240

［29］肖鹤鸣，李永富. 金属叠氮物的能带和电子结构-感度和导电性. 北京：科学出版社，1996

［30］Younk E H，Kunz A B. An *ab initio* investigation of the electronic structure of lithium azide（LiN$_3$），sodium azide（NaN$_3$），and lead azide［Pb(N$_3$)$_2$］. Int J Quant Chem，1997，63：615～621

［31］Kunz A B. *Ab initio* investigation of the structure and electronic properties of the energetic solids TATB and RDX. Phys Rev B，1996，53：9733～9738

［32］Zhu W H，Xiao J J，Xiao H M. Comparative first-principles study of structural and optical properties of alkali metal azides. J Phys Chem B，2006，110：9856～9862

［33］Zhu W H，Xiao J J，Xiao H M. Density functional theory study of the structural and optical properties of lithium azide. Chem Phys Lett，2006，422：117～121

［34］Zhu W H，Xiao H M. *Ab. Initio* Study of Energetic Solids：Cupric Azide，Mercuric Azides，and Lead Azide. J Phys Chem B，2006，110：18196～18203

［35］Xu X J，Zhu W H，Xiao H M. DFT studies on the four polymorphs of crystalline CL-20 and the influences of hydrostatic pressure on ε-CL-20 crystal. J Phys Chem B，2007，111：2090～2097

［36］Payne M C，Teter M P，Allan D et al. Iterative minimization techniques for *ab initio* total energy calculations：molecular dynamics and conjugate gradients. Rev Mod Phys，1992，

64：1045～1097

[37] Materials Studio 3.0；Accelys：San Diego，CA，2004

[38] Delly B. J Chem Phys，2000，113：7756

[39] Pail D G，Brill T B，Kinetics and Mechanism of Thermolysis of hexanitrohexaazaisowurtzi-tane. Combust Flame，1991，87：145～151

[40] 欧育湘，王才，潘则林等. 六硝基六氮杂异伍兹烷的感度. 含能材料，1999，7(3)：100～102

[41] Kuklja M M，Kunz A B. *Ab initio* simulation of defects in energetic materials：Hydrosta-ticcompression of cyclotrimethylene trinitramine. J Appl Phys，1999，86：4428～4434

[42] Kuklja M M，Kunz A B. Compression-induced effect on the electronic structure of cyclotri-methylene trinitramine containing an edge dislocation. J Appl Phys，2000，87：2215～2218

第9章 潜在 HEDC 晶体结构和性能的预测

从第 3 章到第 7 章,在对金刚烷和六氮杂金刚烷多系列衍生物结构和性能的 DFT-B3LYP/6-31G* 计算研究的基础上,根据高能量密度化合物(HEDC)的定量标准兼顾稳定性要求,我们筛选出 1,2,3,4,5,6,7,8-八硝基金刚烷、1,2,3,4,5,6,7,8,9-九硝基金刚烷、1,2,3,4,5,6,7,8,9,10-十硝基金刚烷、1,2,4,6,8,9,10-七硝酸酯基金刚烷、2,4,6,8-四硝基六氮杂金刚烷、2,4,6,8,10-五硝基六氮杂金刚烷和 2,4,6,8,9,10-六硝基六氮杂金刚烷等 7 种化合物,作为潜在品优 HEDC 的目标物予以推荐。考虑到高能物质多处于凝聚态尤其是晶态,固体材料比气态分子更贴近于实际应用,因而本章对这些潜在 HEDC 的晶体结构和性能作进一步研究。

本章首先概述晶体结构预测的原理和方法,然后以 MS[1] 程序包中 Polymorph 模块和 Compass[2,3]、Dreiding[4] 两种力场,通过对已知 ε-CL-20 晶体结构的研究,考察原理、方法和力场的适用性;其次,在该两种力场下,分别对上述 7 种潜在 HEDC 目标物的分子堆积方式和晶体能带结构,进行理论预测和计算,以求得的态密度和带隙等晶体结构参数,关联了它们的热解机理和感度等重要性能[5]。本章是分子设计的深化,适应由"分子化学"向"材料化学"发展的趋势和要求。

9.1 晶体结构预测的原理和方法

实际存在的晶体应具有较低的自由能(G)。根据热力学定义:

$$G = E + pV - TS$$

式中:E 为体系的能量;p 为压强;V 为体积;T 为温度;S 为熵。pV 项较易求出,通常其值较小对 G 的影响可忽略;晶体在不同 T 时 S 不同,TS 项对 G 影响较大,但因研究目的是对 0 K 时不同能量的堆积方式进行相对稳定性排序,故该项为 0。因此能量 E 最低的堆积方式其 G 值亦最小,对应于实验中所得最稳定晶型。这是以 E 值大小判定可能晶型的基本依据。

由于分子体系较大,在不同空间群中可能的堆积方式太多,故在搜索晶体结构计算 E 时,通常不用量子力学方法,而是运用经验性力场分子力学(MM)方法。显然,力场选择至关重要。

Polymorph 程序给出晶体结构预测的如下 4 个步骤:

(1)分子堆积。定义分子为非对称晶胞单元,用 Monte Carlo 模拟退火法,反复"加热"和"冷却",在相空间进行堆积方式搜索。为尽可能实现全域搜索,定义精度为 Ultra-fine,对应温度(T)区间为 $300\sim1.5\times10^5$ K,加热因子取 0.025。在升温过程中,Monte Carlo 的运行因子最小值取 1×10^{-10}。该步骤可收集到包括各种堆积方式的轨迹文件。

(2) 簇分析。为了节省下一步优化所需时间,在上一步产生的(未经优化的)具有相似晶型的结构中找出代表,其余的则删去。由于优化前的相似构型并不代表优化后仍然相近,故而为避免遗漏,我们未运行这一步。

(3) 优化。对步骤 1 产生的晶型轨迹进行迭代优化,包括晶胞参数和原子坐标的双重优化以达到能量最低,并生成相应轨迹。优化中运用 smart 方法,定义精度为 Ultra-fine,对应的 4 个收敛标准分别为:能量 8.4×10^{-5} kJ · mol^{-1},作用力 0.001 kcal · mol^{-1} · Å^{-1},应力 0.001 GPa,位移,1×10^{-5}Å。范德华力和静电作用采用 Ewald 法求得,截断半径取 12.5 Å。

(4) 簇分析和能量排序。与第 2 步类似,将第 3 步优化生成的晶体轨迹中相似的晶型进行重组,并按能量由低到高的顺序重新排列。我们同样定义其精度为 Ultra-fine,其他参数均为相应默认值。最终根据能量最低标准选出该空间群下的最可能的几个晶型。

在 230 种空间群中,只有小部分为有机晶体所特有。Baur 和 Kassner 通过对剑桥晶体数据库中晶体结构的统计分析[6],发现 80% 以上的有机碳化合物属于 $P2_1/c$、P-1、$P2_12_12_1$、$P2_1$、Pbca、C2/C 和 $Pna2_1$ 7 种空间群。尽管该统计并非取自自然界所有物质,但对有机晶体所属空间群的确认概率很大,这给晶体结构预测带来极大方便,有利于提供全局搜索得到最常见空间群。每个晶胞中的分子数和分子所具有的对称性在预测中也值得考虑。

对最可能出现的 7 种空间群依次重复以上 4 个步骤,可分别得到属不同空间群的最稳定晶型;再比较这 7 种最稳定晶型的能量,一般以能量最低者作为最终预测到的合理晶型。

对于上述 7 种 HEDC 目标物的合理晶型预测,可根据需要分别采用不同的程序和方法。一种是用 CASTEP 程序[7]中 DFT 方法,结合 GGA-PBE 交换相关泛函[8]和 Vanderbilt 型超软赝势[9]平面波[10]基组,进行单点周期性计算。考虑到节省资源和便于比较,采用中等计算精度。相应地,体系总能量收敛值为 2.0×10^{-5} eV · 原子,残余力小于 0.05 eV/Å,原子位移阈值为 0.002Å,残余张力小于 0.1 GPa,平面波能量阈值取默认值 300.0 eV。另一种是运用 Dmol^3 程序[11,12]中 DFT 方法,结合 GGA-RPBE 交换相关泛函对如上预测的合理晶型进行单点周期性计算;取 Fine 计算精度,对应 DNP 基组,所有电子均当作价电子处理。倒易区间布里渊区能带结构由 Monkhorst-Pack[13,14]方案决定,其 k 值由相应晶型和精度决定。全部计算均在 PIV 微机上完成。

对含 C、H、O、N 的分子型晶体,Dreiding 和 Compass 两种力场均较适用。为进一步比较和选择,以求得更适合于有机笼状 HEDC 的力场,我们先将该两种力场优化所得分子几何,与由 MS 软件 DMol³ 模块中 DFT-GGA-RPBE 量子力学优化结果进行比较。特别是对已具有实验构型的 ε-CL-20 也进行类似的晶体预测,以证实方法和力场的可信度。结果表明,该两种力场均较适合于如上 7 种 HEDC 目标物。其中 Compass 力场对硝胺类化合物的适用性比 Dreiding 力场更好一些,因为由 Compass 力场优化所得多硝基六氮杂金刚烷的构型和 CL-20 的构型均与 DFT-GGA-PBE 方法优化构型更为接近。Dreiding 力场比 Compass 力场更适合于多硝基金刚烷。两种力场优化所得 1,2,4,6,8,9,10-七硝酸酯金刚烷的构型,与 GGA-RPBE 优化结果均符合得很好。详见附录Ⅲ图Ⅲ.8。

为简洁起见,以下仅讨论由 Compass 力场进行晶体结构预测的结果。Dreiding 力场预测的相应结果参见附录Ⅱ表Ⅱ.4。

9.2　晶型预测结果

以 ε-CL-20 晶体中的分子结构[15]作为初始值,运用 Compass 力场在 7 种最可几空间群($P2_1/c$、P-1、$P2_12_12_1$、$P2_1$、$Pbca$、$C2/c$ 和 $Pna2_1$)中分别进行全局搜索,以求得最佳分子堆积方式。表 9.1 列出其在每种空间群中具有能量极小晶型的结构参数。表 9.2～表 9.4 分别给出经类似全局搜索所得 7 种潜在 HEDC 在 7 种空间群中的具有最低能量的分子堆积方式。

表 9.1　ε-CL-20 的实验晶型和搜索所得可能的分子堆积方式

空间群	$P2_1/a^a$	$P2_1/c$	$P2_12_12_1$	P-1	$Pbca$	$C2/c$	$Pna2_1$	$P2_1$
Z^c	4	4	4	4	8	8	4	2
E	−1400.51	−1409.66	−1406.32	−1395.66	−1397.25	−1400.01	−1409.66	−1416.35
a	1.370	1.264	0.758	0.769	1.576	2.725	1.264	1.168
b	1.255	0.774	2.354	2.101	1.366	0.765	1.369	0.757
c	0.883	1.369	0.755	0.921	1.286	2.565	0.774	0.762
α	90.00	90.00	90.00	41.67	90.00	90.00	90.00	90.00
β	111.18	90.00	90.00	51.48	90.00	150.26	90.00	94.25
γ	90.00	90.00	90.00	75.97	90.00	90.00	90.00	90.00
ρ	2.055	2.173(2.040)^b	2.160	2.080	2.102	2.196	2.173	2.166

a 实验晶型,见文献[15]。

b 括号中 2.040 g·cm⁻³ 为基于 B3LYP/6-31G* 计算按 0.001 e·Bohr⁻³ 等电子密度曲面所包围体积空间求得的晶体理论密度。

c Z 为晶胞中分子数;单分子能量(E)单位为 kJ·mol⁻¹;晶体密度(ρ)单位为 g·cm⁻³;晶胞参数(a、b 和 c)单位为 Å;(α、β 和 γ)单位为(°)。以下表 9.2～表 9.4 不再加表注,均同。

　　由表 9.1 可见,在搜索所得 ε-CL-20 在各空间群中能量最低的分子堆积方式中,单个分子的能量差别较小。若取能量最低者,则其最佳堆积方式似应属于 $P2_1$ 空间群,对应密度为 2.166 g·cm^{-3}。但仔细考察表 9.1 可见,在 $P2_1/c$ 和 $Pna2_1$ 两空间群中搜索到的最低能量分子堆积方式(能量、密度和晶胞参数)完全一致,表明 ε-CL-20 分子以此种堆积方式存在的概率更大。加之考虑 Dreiding 力场的搜索结果,从附录Ⅱ(表Ⅱ.1)可见,ε-CL-20 在 $P2_1/c$ 空间群的堆积方式具有最低能量,与实测 ε-CL-20 属于 $P2_1/a$ 空间群一致。因此,ε-CL-20 取 $P2_1/c$ 空间群的最佳堆积方式较为合理。

　　表 9.2 给出由 Compass 力场在 7 个空间群中搜索到的 3 种多硝基六氮杂金刚烷的能量最低堆积方式的相关参数。Dreiding 力场的相应计算结果见附录Ⅱ(表Ⅱ.2)。

表 9.2　3 种多硝基六氮杂金刚烷搜索所得可能的分子堆积方式

化合物	空间群	$P2_1/c$	$P2_12_12_1$	$P-1$	$Pbca$	$C2/c$	$Pna2_1$	$P2_1$
	Z	4	4	4	8	8	4	2
	E	−3322.06	−3316.50	−3323.94	−3318.84	−3320.05	−3320.47	−3318.84
	a	13.74	6.58	14.21	11.47	13.19	12.30	7.36
2,4,6,8-	b	9.63	12.32	7.31	14.15	7.01	7.33	10.82
四硝基六氮	c	15.75	12.11	14.21	12.47	21.69	11.10	7.24
杂金刚烷	α	90.00	90.00	96.75	90.00	90.00	90.00	90.00
	β	151.95	90.00	49.25	90.00	90.00	90.00	59.15
	γ	90.00	90.00	114.22	90.00	90.00	90.00	90.00
	ρ	2.196	2.180	2.126(1.970)	2.114	2.136	2.139	2.161
	E	−3451.97	−3446.66	−3455.90	−3451.30	−3453.39	−3449.80	−3446.66
	a	7.10	12.60	7.47	11.16	24.06	14.16	7.30
2,4,6,	b	7.52	13.70	14.50	13.06	7.06	9.48	11.98
8,10-	c	20.60	6.71	7.76	15.11	13.43	8.40	7.06
五硝基六氮	α	90.00	90.00	117.47	90.00	90.00	90.00	90.00
金刚烷	β	173.35	90.00	124.429	90.00	69.42	90.00	115.27
	γ	90.00	90.00	93.242	90.00	90.00	90.00	90.00
	ρ	2.224	2.104	2.201(2.020)	2.224	2.274	2.163	2.185
	E	−3574.32	−3567.34	−3572.98	−3563.62	−3565.25	−3561.32	−3558.94
	a	7.13	13.35	7.76	13.41	12.47	14.23	7.39
2,4,6,	b	12.83	7.16	7.11	13.25	7.76	7.08	12.43
8,9,10-	c	14.57	12.76	12.69	13.50	24.79	11.81	7.52
六硝基六氮	α	90.00	90.00	78.33	90.00	90.00	90.00	90.00
杂金刚烷	β	117.49	90.00	95.77	90.00	100.06	90.00	115.23
	γ	90.00	90.00	60.94	90.00	90.00	90.00	90.00
	ρ	2.315(2.080)	2.245	2.346	2.283	2.319	2.301	2.192

　　由表 9.2 可见,按分子能量最低原则判别,2,4,6,8,10-五硝基六氮杂金刚烷

应属于 P-1 空间群,与 Dreiding 力场计算附录 Ⅱ(表 Ⅱ.2)所得结论相一致,且该两种力场所得堆积方式的晶胞参数也很接近。对于 2,4,6,8,9,10-六硝基六氮杂金刚烷,俄国人 Pivina 等曾运用 AAPM(atom-atom potential method)[16] 方法,预测其堆积方式属于 P-1 群[17]。但本工作中,两种力场的计算结果均表明,该化合物的最佳堆积方式应属于 $P2_1/c$ 空间群,且两种力场预测的晶胞参数也较好符合。这是由于这两种力场均较适合于该化合物。对于 2,4,6,8-四硝基六氮杂金刚烷,表 9.2 表明,其最佳堆积方式应属 P-1 空间群,而附录 Ⅱ(表 Ⅱ.2)中 Dreading 力场预测其属于 $P2_1/c$ 空间群。由于在力场的比较选择中已证明,Compass 力场更适合于硝胺类化合物,故判别其属于 P-1 空间群,具有与 P-1 群相对应的晶胞参数。

类似地,按分子能量最低为预测标准,由表 9.3 可见,1,2,3,4,5,6,7,8-八硝基金刚烷、1,2,3,4,5,6,7,8,9-九硝基金刚烷和 1,2,3,4,5,6,7,8,9,10-十硝基金刚烷应分别属于 $P2_1$、P-1 和 P-1 空间群。但该预测结果与附录 Ⅱ(表 Ⅱ.3)中 Dreiding 力场的预测结果并不一致。因在力场选择中已证明,Dreiding 力场较 Compass 更适合于硝基类化合物,故判定 Dreiding 力场对这 3 种化合物的预测结果更为可靠,即它们的最佳分子堆积方式应分别属于 $C2/c$、$P2_1/c$ 和 $C2/c$ 空间群。

表 9.3　3 种多硝基金刚烷搜索所得可能的分子堆积方式

化合物	空间群	$P2_1/c$	$P2_12_12_1$	P-1	Pbca	$C2/c$	Pna2$_1$	$P2_1$
	Z	4	4	4	8	8	4	2
	E	−1125.63	−1127.81	−1121.37	−1123.29	−1126.59	−1123.71	−1131.317
1,2,3,4, 5,6,7,8- 八硝基 金刚烷	a	11.96	12.94	8.48	8.82	26.72	17.88	11.39
	b	16.12	8.07	8.72	27.01	8.26	8.03	8.41
	c	14.47	14.67	15.10	12.43	13.99	10.61	7.90
	α	90.00	90.00	69.09	90.00	90.00	90.00	90.00
	β	146.28	90.00	121.13	90.00	82.23	90.00	85.00
	γ	90.00	90.00	128.14	90.00	90.00	90.00	90.00
	ρ	2.129	2.181	2.195	2.227	2.165	2.165	2.187(2.030)
1,2,3,4,5, 6,7,8,9- 九硝基 金刚烷	E	−1450.75	−1451.55	−1453.89	−1444.78	−1449.29	−1448.96	−1446.36
	a	12.81	9.97	8.90	8.01	37.42	13.93	8.89
	b	10.19	17.63	15.81	28.55	7.98	13.57	9.64
	c	17.44	9.19	7.89	14.48	14.44	8.59	9.40
	α	90.00	90.00	67.35	90.00	90.00	90.00	90.00
	β	134.99	90.00	99.08	90.00	132.14	90.00	89.85
	γ	90.00	90.00	60.58	90.00	90.00	90.00	90.00
	ρ	2.232	2.225	2.233(2.020)	2.171	2.249	2.214	2.232

续表

化合物	空间群	$P2_1/c$	$P2_12_12_1$	$P-1$	Pbca	$C2/c$	$Pna2_1$	$P2_1$
	E	−1744.40	−1747.91	−1754.76	−1744.98	−1746.28	−1739.49	−1732.15
	a	8.56	14.90	8.72	12.75	15.13	12.38	7.78
1,2,3,4,5,	b	28.52	13.51	7.95	23.78	8.11	15.18	13.58
6,7,8,9,	c	8.71	8.54	19.52	11.36	36.59	9.07	8.05
10-十硝基	α	125.15	90.00	76.37	90.00	90.00	90.00	90.00
金刚烷	β	125.15	90.00	133.08	90.00	130.60	90.00	80.77
	γ	90.00	90.00	118.22	90.00	90.00	90.00	90.00
	ρ	2.242	2.265	2.257(2.120)	2.261	2.284	2.283	2.232

类似地,由表 9.4 可见,1,2,4,6,8,9,10-七硝酸酯基金刚烷属 $P2_1/c$ 空间群,该最佳堆积方式的分子能量最低,这与 Dreiding 力场的预测结果(见附录Ⅱ表Ⅱ.4)相一致。两种力场预测结果的一致是因为它们对该化合物均较适合。但两种力场预测所得最佳堆积方式的晶胞参数却相差较大,Compass 力场比 Dreiding 力场预测的晶胞参数要小。根据晶胞单元应取最小重复单元的原则,可认为 Compass 力场的预测结果较为可靠;另外,参照基于 B3LYP/6-31G* 优化构型、按 0.001 e·Bohr^{-3} 等电子密度曲面所包围空间定义分子体积所求得的晶体理论密度(1.990 g·cm^{-3}),与 Compass 力场预测的晶体密度(2.074 g·cm^{-3})较相近,而距 Dreiding 力场预测值(1.890 g·cm^{-3})较远,也进一步证实了 Compass 力场预测结果的可靠性。

表 9.4　1,2,4,6,8,9,10-七硝酸酯金刚烷搜索所得可能的分子堆积方式

化合物	空间群	$P2_1/c$	$P2_12_12_1$	$P-1$	Pbca	$C2/c$	$Pna2_1$	$P2_1$
	Z	4	4	4	8	8	4	2
	E	−1048.09	−1042.07	−1044.58	−1036.26	−1044.21	−1028.74	−1041.53
	a	13.08	7.80	9.95	28.41	14.51	15.31	8.27
1,2,4,6,	b	14.36	17.21	16.26	10.74	9.03	8.57	14.20
8,9,10-	c	14.86	13.35	9.23	11.81	28.41	14.23	9.37
七硝酸酯	α	90.00	90.00	60.79	90.00	90.00	90.00	90.00
基金刚烷	β	139.64	90.00	47.14	90.00	56.07	90.00	56.07
	γ	90.00	90.00	54.73	90.00	90.00	90.00	90.00
	ρ	2.074(1.990)	2.088	2.121	2.074	2.012	2.003	2.049

综合比较 Compass 力场(表 9.1～表 9.4)和 Dreiding 力场(附录Ⅱ表Ⅱ.1～Ⅱ.4)预测的 ε-CL-20 和 7 种 HEDC 目标物在相应空间群中密度 ρ,发现前者均比

后者稍大。而表 9.1～表 9.4 括号中的 8 个密度值，正介于相应前者与后者之间。由此可见，基于 DFT-B3LYP/6-31G* 优化构型，按 0.001 e · Bohr^{-3} 等电子密度曲面包围体积空间求得的分子理论密度，确可视为晶体密度。以 ε-CL-20 为例，该量子化学理论预测晶体密度为 2.040 g · cm^{-3}，介于两种力场求得的晶体密度（2.173 g · cm^{-3} 和 1.961 g · cm^{-3}）之间，与实验晶体密度 2.055 g · cm^{-3} 非常接近。

9.3　晶体能带和电子结构

运用 Dmol^3 程序中 DFT-GGA-RPBE 方法，分别对 ε-CL-20 和 7 种潜在 HEDC 的合理预测晶型进行周期性能带结构计算，图 9.1～图 9.4 给出它们的态密度（DOS）和局域态密度（PDOS）。

图 9.1(a) 和 (b) 分别给出 ε-CL-20 的实验晶型和预测晶型的 DOS 和 PDOS。由图 9.1(a) 和 (b) 可见，ε-CL-20 预测晶型和实验晶型的总 DOS 和 PDOS 相吻合，这在一定程度上也证实上述晶型预测的可靠性；由图 9.1 还可见，在 Fermi 能级附近，ε-CL-20 的价带主要由笼状骨架上 N 杂原子和—NO$_2$ 中 O 原子的 p 轨道所贡献；而导带则主要由—NO$_2$ 中 N 和 O 原子 p 轨道所贡献，N 杂原子的 p 轨道也起一定作用。这表明 N—NO$_2$ 片断为 ε-CL-20 的活性中心；且由图 9.1 还可见，Fermi 能级附近 N 杂原子的 p 电子和 NO$_2$ 中 N 原子的 p 电子能量较接近。根据能

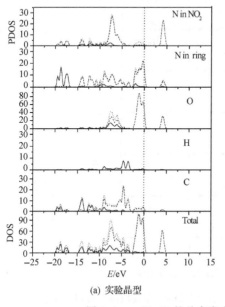
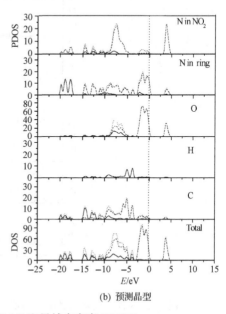

(a) 实验晶型　　　　　　　　　　　　　　　(b) 预测晶型

图 9.1　ε-CL-20 的总态密度（DOS）和局域态密度（PDOS）

—— s　----- p　······ Total

量匹配原则,这两种 N 原子的 p 电子应形成 N—N 键。据此预测 N—N 键在热解引发反应中可能优先断裂,与以前的实验[18,19]和气相理论研究[20]所得结论相一致。

图 9.2 六氮杂金刚烷的 3 种硝基衍生物预测晶型的 DOS 和 PDOS。

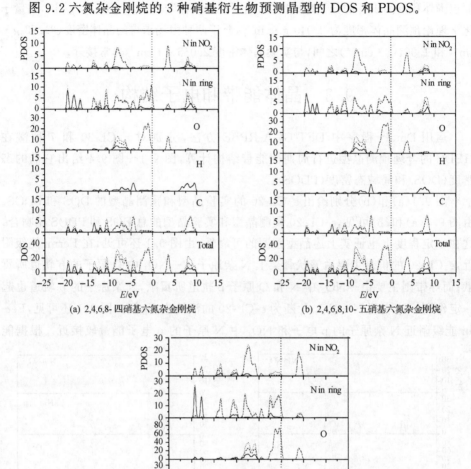

(a) 2,4,6,8- 四硝基六氮杂金刚烷

(b) 2,4,6,8,10- 五硝基六氮杂金刚烷

(c) 2,4,6,8,9,10-六硝基六氮杂金刚烷

图 9.2　3 种多硝基六氮杂金刚烷的总态密度(DOS)和局域态密度(PDOS)

—— s ----- p ······ Total

图 9.2 具有以下特征：

（1）这 3 种晶体的 DOS 和 PDOS 比较相似，因为它们是同系物，具有相似的电子结构，即在 Fermi 能级附近，其价带均主要由笼状骨架上 N 杂原子和—NO$_2$ 中 O 原子的 p 轨道所贡献，而导带则主要由—NO$_2$ 中 N 和 O 原子的 p 轨道所贡献，N 杂原子的 p 轨道也起一定作用。表明 N—NO$_2$ 片段为多硝基六氮杂金刚烷化合物的活性中心，且 Fermi 能级附近该两个 N 原子的 p 轨道电子因能量相近可形成 N—N 键，故 N—N 键被预测为热解引发键，与气相理论研究所得的结论[21]相一致。

（2）3 种晶体在各能量区的 DOS 和 PDOS 值不同，主要由于晶胞中分子数不同，含电子多的晶体其 DOS 和 PDOS 值较大，相反，含电子少的 DOS 和 PDOS 值则较小。如 2,4,6,8,9,10-六硝基六氮杂金刚烷晶胞中含 4 个分子，其 DOS 和 PDOS 值最大；而 2,4,6,8,-四硝基金六氮杂金刚烷和 2,4,6,8,10-五硝基金六氮杂金刚烷晶胞中仅含两个分子，故其 DOS 和 PDOS 值较小；且 2,4,6,8,10-五硝基金六氮杂金刚烷因比 2,4,6,8-四硝基金六氮杂金刚烷多两个—NO$_2$，故其 DOS 和—NO$_2$ 中 N 和 O 原子的 PDOS 均较后者有所增大，而 H 原子的 PDOS 则略有减小。

（3）与图 9.1 比较发现，六氮杂金刚烷的硝基衍生物与 ε-CL-20 晶体的 DOS 和 PDOS 彼此相似，尤以 2,4,6,8,9,10-六硝基六氮杂金刚烷与 ε-CL-20 的更为相似，这是因为它们均属于硝胺类笼状化合物，后两者所含 N—NO$_2$ 数又相同，因而具有相似的电子结构。据此还可推测它们具有相似的性质。

（4）比较图 9.2(a)、(b) 和 (c) 还可见，2,4,6,8-和 2,4,6,8,10-的次高占有满带在 5～10 eV，2,4,6,8,9,10-的次高占有满带在（超出图中的）更高能量区域，这与 ε-CL-20 也是一致的。

图 9.3 给出 3 种多硝基金刚烷预测晶型的 DOS 和 PDOS。

由图 9.3 可见，3 种多硝基金刚烷的 DOS 和 PDOS 图彼此很相似，即在 Fermi 能级附近，其价带主要由—NO$_2$ 中 O 原子的 p 轨道所贡献，而笼状骨架 C 原子和—NO$_2$ 中 N 原子的 p 轨道也有较少贡献；其导带则主要由 O 和 N 原子的 p 轨道组成，C 原子 p 轨道也有少量贡献。可见 C—NO$_2$ 片断为这 3 种化合物的活性中心；而 Fermi 能级附近，C 原子和—NO$_2$ 中 N 原子的 p 轨道因能量相近可形成 C—N 键，故该 C—N 键可能为该类化合物的热解引发键，这与其实验[22]和气相分子热解理论研究结果[23]相一致。在各能量区间，这 3 种化合物的 DOS 和 PDOS 值不同，是因为各晶胞中分子数不等。其中 1,2,3,4,5,6,7,8-八硝基金刚烷和 1,2,3,4,5,6,7,8,9,10-十硝基金刚烷同属 C2/c 群，晶胞中含 8 个分子，所含电子数最多，故其 DOS 和 PDOS 值也较大；且后者因每个分子多 1 个—NO$_2$，故其 DOS 和—NO$_2$ 中 N 与 O 原子的 PDOS 均比前者大，而其 H 原子的 PDOS 则比前者

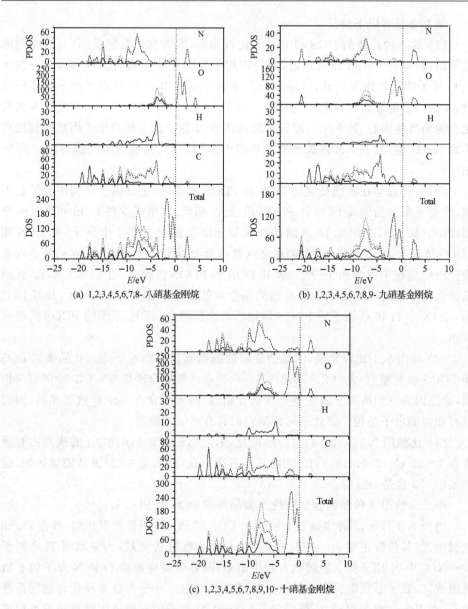

(a) 1,2,3,4,5,6,7,8-八硝基金刚烷

(b) 1,2,3,4,5,6,7,8,9-九硝基金刚烷

(c) 1,2,3,4,5,6,7,8,9,10-十硝基金刚烷

图 9.3　3 种多硝基金刚烷的总态密度(DOS)和局域态密度(PDOS)

—— s ----- p ······ Total

小。相应地,1,2,3,4,5,6,7,8,9-九硝基金刚烷属 $P2_1/c$ 空间群,晶胞中含 4 个分子,故其 DOS 和 PDOS 值均比前二者小。

　　图 9.4 示出 1,2,4,6,8,9,10-七硝酸酯金刚烷的 DOS 和 PDOS。由该图可见,该晶体的价带主要由 O—NO₂ 中两类 O 原子和 C 原子的 p 轨道所贡献,笼状

骨架上 N 杂原子的 p 电子也作少许贡献；而导带则主要由—NO$_2$ 中 N 和 O 原子的 p 轨道所贡献，—O—的 p 轨道也有一定贡献。这表明—O—NO$_2$ 是该化合物的活性中心；且 Fermi 能级附近，—O—的 p 电子和 N 的 p 电子能量接近，有利于形成 O—N 键。故可预测 O—N 键为其热解引发键，与其气相分子键离解能的计算结果相一致。

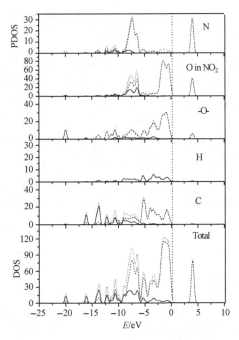

图 9.4　1,2,4,6,8,9,10-七硝酸酯基金刚烷的
总态密度(DOS)和局域态密度(PDOS)

—— s　----- p　······ Total

9.4　带隙和感度

在感度理论预测中，我们建议把具有相似分子结构和相似热解机理的同系物进行比较。例如，多硝基六氮杂金刚烷与 ε-CL-20 均属于有机笼状硝胺类化合物，且具有相同的热解引发键 N—NO$_2$，故可将它们归为同类进行感度比较。以此类推，以下将 8 种 HEDC 分为 3 类，即 N—NO$_2$ 类(ε-CL-20 和 3 种多硝基六氮杂金刚烷)、C—NO$_2$ 类(3 种多硝基金刚烷)和 O—NO$_2$ 类(七硝酸酯金刚烷)。表 9.5 给出该 8 种 HEDC 的价带顶和导带底(对应于 HOCO 与 LUCO)的能级差即带隙 (ΔE_g)。为便于将晶体计算 ΔE_g 与气相计算结果相比较，表 9.5 括号中还列出它们的气相热解引发键离解能。

表 9.5　8 种 HEDC 预测晶型的计算带隙（ΔE_g）*

晶体	ΔE_g/eV	晶体	ΔE_g/eV
ε-CL-20	3.522(143.93)	八硝基金刚烷	2.454(178.3)
四硝基六氮杂金刚烷	3.235(146.93)	九硝基金刚烷	2.367(150.9)
五硝基六氮杂金刚烷	3.188(158.97)	十硝基金刚烷	2.160(126.8)
六硝基六氮杂金刚烷	3.546(142.65)	七硝酸酯基金刚烷	3.794(143.3)

* 括号中为气相热解引发键离解能。能量单位：$kJ \cdot mol^{-1}$。

由表 9.5 可见，就 3 种多硝基六氮杂金刚烷而言，若按 ΔE_g 和最易跃迁原理（PET）判别，五硝基六氮杂金刚烷的带隙 ΔE_g 最小，表明其感度最大；六硝基六氮杂金刚烷的 ΔE_g 最大，表明其感度最小。这与由气相引发键离解能推测的感度排序并不一致。例如五硝基六氮杂金刚烷的 $N—NO_2$ 键离解能最大，感度应最小；而六硝基六氮杂金刚烷的相应离解能最小，感度应最大。由固相 ΔE_g 和气相引发键离解能推测感度排序的不一致，说明该 4 种硝胺类 HEDC 在由气相分子转变为晶体时，由于分子间的相互作用，分子结构参数发生了不同程度的改变。图 9.5 给出它们的气相分子和晶体中分子的结构。由图 9.5 可见，由气相分子转变为晶体

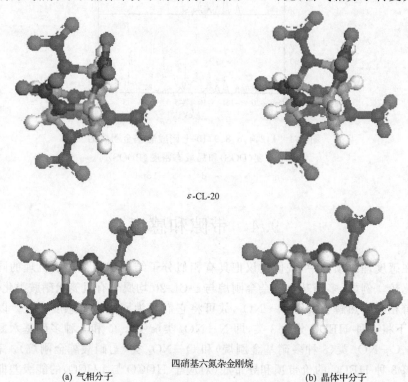

ε-CL-20

四硝基六氮杂金刚烷

(a) 气相分子　　　　　　　　　　　　　　　(b) 晶体中分子

图 9.5　4 种硝胺类化合物的(a)气相分子结构和(b)晶体中分子结构

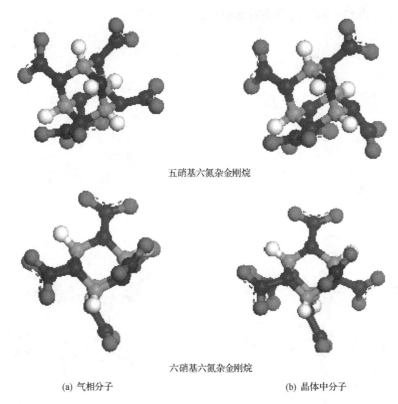

五硝基六氮杂金刚烷

六硝基六氮杂金刚烷

　　(a) 气相分子　　　　　　　　　　　　　　(b) 晶体中分子

图 9.5　4 种硝胺类化合物的(a)气相分子结构和(b)晶体中分子结构(续)

后,ε-CL-20 的结构参数变化较小;而 3 种多硝基六氮杂金刚烷的分子结构变化较大,特别是因 N—NO$_2$ 键的内旋转,使其空间伸展方向的改变较大。

　　特别值得注意的是,六硝基六氮杂金刚烷的 ΔE_g(3.546 eV)与 ε-CL-20 的相应值(3.522 eV)很接近,二者的气相分子 N—NO$_2$ 键离解能(分别为 142.65 和 143.93 kJ·mol^{-1})也相近,表明二者的稳定性和感度相当。六硝基六氮杂金刚烷的 DOS 和 PDOS 图也与 ε-CL-20 的相应图很相似。但由于它的预测密度(2.315 g·cm^{-3})比 ε-CL-20(2.173 g·cm^{-3})的大,故可预测,六硝基六氮杂金刚烷若能成功合成,其稳定性除与 ε-CL-20 相近外,其爆轰性能将优于当前最热门的 ε-CL-20。

　　对 3 种多硝基金刚烷 HEDC 而言,由表 9.5 可见,随分子中硝基数增加,晶体的带隙 ΔE_g 减小,表明它们的感度依次增大。这与三者气相分子的 C—NO$_2$ 键离解能的变化趋势相一致。亦即表明,用晶相带隙 ΔE_g 或气相引发键离解能预测三者的感度大小排序完全一致。图 9.6 给出这 3 种 HEDC 的气相分子结构和晶体中分子的结构,十硝基金刚烷的差异较小,八硝基和九硝基金刚烷的差异较明显,其变化主要由 C—NO_2 的内旋转所引起。

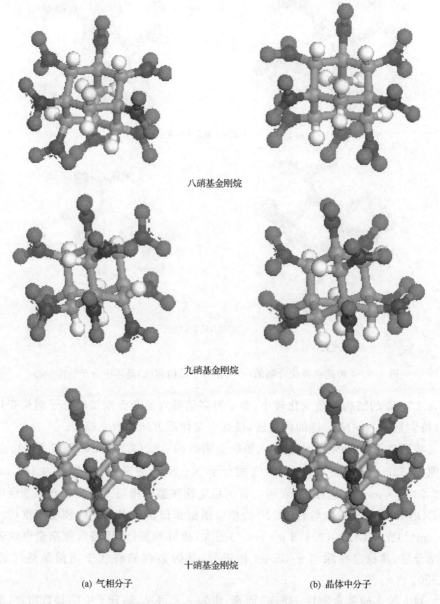

八硝基金刚烷

九硝基金刚烷

十硝基金刚烷

　　(a) 气相分子　　　　　　　　　　　　　　　　　　(b) 晶体中分子

图 9.6　3 种多硝基金刚烷的(a)气相分子和(b)晶体中分子结构

　　通常认为,硝酸酯类化合物的稳定性较差,感度较大。但表 9.5 中七硝酸酯金刚烷的较大带隙 ΔE_g 和较大引发键 O—NO_2 离解能,却表明其稳定性较好。图 9.7 还表明,由气相分子到晶体中分子,其结构参数几乎未发生变化。以前曾指出过,这是由于多硝酸酯金刚烷系列化合物内部存在复杂的较强氢键。

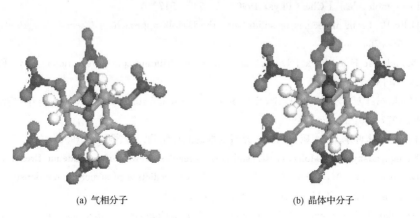

(a) 气相分子　　　　　　　　　　　　　　　(b) 晶体中分子

图 9.7　七硝酸酯基金刚烷的(a)气相分子和(b)晶体中分子的结构

参 考 文 献

[1] Materials Studio 3.0, Accelys: San Diego, Ca. 2004

[2] Sun H, Ren P, Fried J R. The COMPASS force field: parameterization and validation for phosphazenes. Comput Theor Polym Sci, 1998, 8: 229~246

[3] Sun H. Compass: An *ab initio* force-field optimized for condense-phase applications-overview with details on alkanes and benzene compounds. J Phys Chem B, 1998, 102: 7338~7364

[4] Mayo S L, Olafson B D, Goddard W A. III DREIDING: A generic forcefield. J Phys Chem, 1990, 94: 8897~8909

[5] 许晓娟. 有机笼状高能量密度材料的分子设计和配方设计初探. 南京理工大学博士研究生学位论文, 2007

[6] Baur W H, Kassner D. The perils of Cc: comparing the frequencies of falsely assigned space groups with their general population. Acta Crystallogr B, 1992, 48: 356~369

[7] Segall M D, Lindan P J D, Probert M J et al. First-principles simulation: ideas, illustrations and the CASTEP code. J Phys-Condens Mat, 2002, 14: 2717~2743

[8] Perdew J P, Burke K, Ernzerhof M. Generalized gradient approximation made simple. Phys Rev Lett, 1996, 77: 3865~3868

[9] Vanderbilt D. Soft self-consistent pseudopotentials in a generalized eigenvalue formalism. Phys Rev B, 1990, 41: 7892~7895

[10] Payne M C, Teter M P, Allan D et al. Iterative minimization techniques for *ab initio* total energy calculations: molecular dynamics and conjugate gradients. Rev Mod Phys, 1992, 64: 1045~1097

[11] Delly B. An all-electron numerical method for solving the local density functional for polyatomic molecules. J Chem Phys, 1990, 92: 508~517

[12] Delly B. From molecules to solids with the DMol3 approach. J Chem Phys, 2000, 113: 7756~7764

[13] Monkhorst H J, Pack J D. Special points for Brillouin-zone integrations. Phys Rev B, 1976, 13: 5188~5192

[14] Monkhorst H J, Pack J D. Special points for Brillouin-zone integrations-a reply. Phys Rev B, 1977, 16: 1748~1749

[15] 赵信歧, 施倪承. ε-六硝基六氮杂异伍兹烷的晶体结构. 科学通报, 1995, 40: 2158~2160

[16] Kitaigorodsky A I. Molecular Crystal and Molecules. New York: Academic Press, 1973

[17] Dzyabchenko A V, Pivina T S, Arnautova E A. Prediction of structure and density for organic nitramines. J Mol Struct, 1996, 378: 67~82

[18] Nedelko V V, Chukanov N V, Raevskii A V et al. Comparative investigation of thermal decomposition of various modification of hexanitrohexaazaisowurtzitane (CL-20). Propell Explos Pyrotech, 2000, 25: 255~259

[19] Pail D G, Brill T B. Kinetics and mechanism of thermolysis of hexanitrohexaazaisowurtzitane. Combust Flame, 1991, 87: 145~151

[20] 许晓娟, 肖鹤鸣, 居学海等. ε-六硝基六氮杂异伍兹烷(CL-20)热解机理的理论研究. 有机化学, 2005, 25(5): 536~539

[21] Xu X J, Xiao H M, Ju X H et al. Computational studies on polynitrohexaazaadmantanes as potential high energy density materials (HEDMs). J Phys Chem A, 2006, 110: 5929~5933

[22] Allen I F, Ellis K, Fields. Pyrolysis of 1-nitroadamantane. J Org Chem, 1971, 36: 996~998

[23] Xu X J, Xiao H M, Gong X D et al. Theoretical studies on the vibrational spectra, thermodynamic properties, detonation properties and pyrolysis mechanisms for polynitroadamantanes. J Phys Chem A, 2005, 109: 11268~11274

第10章 ε-CL-20/氟聚物 PBX 的 MD 模拟

前两章对 7 种潜在 HEDC 目标物和 CL-20 所属空间群进行 MM 搜索,对它们的优化构型和 CL-20 4 种不同实验晶型进行周期性从头计算,探讨了晶体结构与性能之间的关系。由于实际使用的高能材料很少是单体炸药(化合物),而总是混合炸药(混合物)即高能复合材料,故后续 3 章开始研究以高聚物黏结炸药(PBX)为代表的有机笼状类高能复合材料的结构和性能。

PBX 是以高能炸药为主体(基),加入少量高聚物黏结剂的复合材料。由于具有安全性能好、强度高和易成型等诸多优点,PBX 已在国防和国民经济领域得到广泛应用[1~4]。CL-20 是当前已获得实际应用的最著名 HEDC,寻求具有不同性能的 CL-20 基 PBX 已引起高度关注[5~7]。

虽然以实验测定和以量子力学(QM)、分子力学(MM)、分子动力学(MD)模拟计算炸药或高聚物的论著已较多,但除我们研究小组的近期工作[8~14]外,迄今鲜见以 MD 模拟 PBX 结构和性能的其他报道。至于对 CL-20 基 PBX,相关理论工作开展得更少。在后续 3 章,我们将对 CL-20 基 PBX 模型体系进行 MD 模拟,从原子水平上研究温度、黏结剂种类和含量以及晶体缺陷等因素对 PBX 性能的影响,为 PBX 配方设计提供信息和规律,对高能量密度材料(HEDM)配方设计进行初步理论研究。

本章对以 ε-CL-20 为基以 4 种典型氟聚物(聚偏二氟乙烯 PVDF、聚三氟氯乙烯 PCTFE、F_{2311} 和 F_{2314})为黏结剂的 PBX 进行 MD 模拟研究。这里 F_{2311} 和 F_{2314} 分别是指 PVDF 和 PCTFE 以 1:1 和 1:4(摩尔比)混合的共聚物。运用静态力学分析方法,求得和比较各 PBX 的弹性力学性能;求得黏结剂与主体炸药之间的结合能;预测评估不同氟聚物的加入对爆炸性能的影响[15]。

10.1 力场、模型和模拟细节

MM 和 MD 计算结果的优劣首先取决于所使用的力场(参数)。之所以选用 Compass 力场对纯 ε-CL-20 和 ε-CL-20 基 PBX 进行力学性能模拟,一方面,因为 Compass[16~18] 力场是较好力场,多数力场参数的调试确定均基于从头计算数据,又以实验结果为依据进行优化,还以 MD 求得液态和晶体分子的热物理性质精修其非键参数;另一方面,Compass 对凝聚态高能化合物尤其是硝胺类爆炸物特别适用,如 Compass 力场对 ε-CL-20 分子的优化构型与量子力学优化构型符合得很好,用 Compass 力场预测的 ε-CL-20 晶胞结构也与实验相符[19]。

ε-CL-20 的晶胞参数取自 X 射线衍射结果[20]。以 Materials Studio(MS)软件包中"切割分面"方法,将 ε-CL-20 沿其(001)、(010)和(100)3 个不同晶面方向切割,并分别置于具周期性边界条件的 3 个周期箱中。每个周期箱在 Z 轴即 C 方向留有 1nm 的真空层。为使理论模拟尽可能与实际符合且考虑到计算资源,选取(2×2×3)超晶胞内含 48 个 ε-CL-20 分子的体系进行周期性 MD 模拟计算。

以 MS 程序搭建链节均为 10 的 4 种氟聚物链,末端视情况分别以 H 或 F 加以饱和,经 Amorphous Cell 模块处理并进行 2.5 ns 的 MD 模拟以获得其平衡构象。各取两根平衡链分别置于 ε-CL-20 不同晶面上,即得氟聚物链在不同晶面上共 12 种 PBX 的初始构型。解除各 PBX 中对所有原子的束缚,先经 MM 优化,再在 C 方向经适当压缩使其密度接近理论值。压缩后的 PBX 视为正则(NVT)系综,在 Compass 力场下进行 MD 模拟。各分子起始速度按 Maxwell 分布取样,牛顿运动方程的求解建立在周期性边界条件、时间平均等效于系综平均等基本假设之上,采用 Velocity Verlet 法进行求解。模拟过程中非键力(库仑力和范德华力)分别采用 Ewald 和 atom-based 方法求得,其中范德华作用采用球形截断法进行长程校正,截断半径为 0.95nm,截断距离之外的分子之间相互作用按平均密度近似方法进行校正。模拟过程中时间步长设为 1 fs,模拟的总步数为 20 万步,前 10 万步用于体系平衡,后 10 万步用于统计分析。选取其中五帧轨迹用作力学性能计算的平均。以静态分析方法求力学性能。所有计算均在 Pentium IV 计算机上完成。

只有当体系达到平衡后,对其轨迹进行性能分析才有意义。体系的平衡可由温度和能量的同时平衡来确定。通常当温度和能量在 5%～10% 内波动即可认为体系已达到平衡。例如,图 10.1 分别示出将 F_{2314} 置于 ε-CL-20(001)晶面所得 PBX 在 MD 模拟的最后 50 ps 平衡步中所得温度和能量的平衡曲线。由图 10.1(a)可见,温度的波动幅度在 10 K 左右。图 10.1(b)表明能量波动小于 0.7%,可

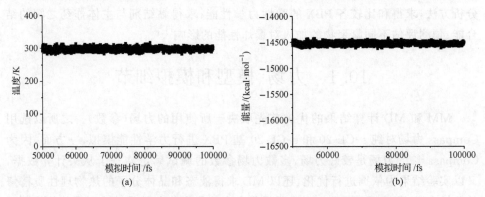

图 10.1　F_{2314} 置于 ε-CL-20(001)面所得 PBX 的平衡曲线

(1 cal＝4.1868J)

见体系已达到温度和能量平衡。应该指出,后续所有的 MD 模拟均已达到平衡。

平衡后收集轨迹,每隔 0.1ps 进行全坐标保存。为简洁起见,仅以图 10.2 示出将 F_{2314} 置于 ε-CL-20 3 个不同晶面所得 PBX 的 MD 模拟平衡结构。

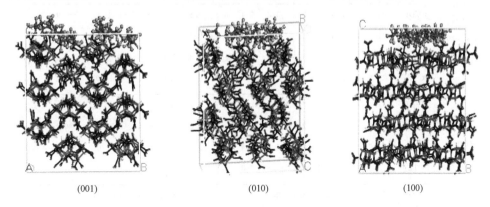

| (001) | (010) | (100) |

图 10.2　F_{2314} 置于 ε-CL-20 3 个不同晶面所得 PBX 的 MD 模拟平衡结构

10.2　力 学 性 能

力学性能是决定 PBX 优劣的重要性能,直接关系到 PBX 的制备、加工、生产和使用。在主体炸药中加入少量高聚物黏结剂可改善体系的某些力学性能。通过 MD 模拟和静态分析求得的是体系的弹性力学性能。表 10.1 和 10.2 分别给出纯 ε-CL-20 和 12 种 ε-CL-20 基(沿 CL-20 3 个晶面放置氟聚物所得)PBX 的弹性系数和有效各向同性力学性能。

弹性系数 C_{ij} 反映材料在各处的不同弹性效应。弹性系数矩阵中共 36 个元素,除表 10.1 所列元素外,其他值皆趋近于零而未列出。若将弹性系数分为 C_{11}、C_{22}、C_{33} 组,C_{12}、C_{13}、C_{23} 组和 C_{44}、C_{55}、C_{66} 组,如表 10.1 所示,3 组内数值彼此相差较大,表明体系具有一定各向异性特征。相同氟聚物置于 ε-CL-20 不同晶面所得 PBX 的弹性系数不同,进一步证实了体系具各向异性。对所模拟的 PBX 混合体系,其 C_{15}、C_{25}、C_{35} 和 C_{46} 的数值均接近于零,故它们趋近于正交各向异性弹性体。整体而言,在 ε-CL-20 中加入高聚物后,上述 3 组各组内的弹性系数(C_{ij}),数值较大的有所减小,而数值较小的则有所增大;尤其将各氟聚物置于 ε-CL-20 (001)面时,上述 3 组各组内的 C_{ij} 值更具平均化倾向。这表示 PBX 较纯 CL-20 的各向同性增强,尤以氟聚物置于 ε-CL-20 (001)面所得 PBX 的各向同性更好。

表 10.1　纯 ε-CL-20 和 ε-CL-20 基氟聚物 PBX 的弹性系数

PBXs		C_{11}	C_{22}	C_{33}	C_{44}	C_{55}	C_{66}	C_{12}	C_{13}	C_{23}	C_{15}	C_{25}	C_{35}	C_{46}	$C_{12}-C_{44}$
	纯 ε-CL-20	27.0	18.1	15.1	3.8	7.6	8.1	3.1	8.0	5.0	4.6	-3.2	-1.3	-1.1	-0.7
ε-CL-20 (001)	PVDF	20.2	14.2	13.3	3.4	3.3	5.1	6.3	8.6	7.4	2.3	-0.4	0.5	-0.9	2.9
	F_{2311}	21.4	13.4	14.5	3.6	4.2	5.6	6.1	9.3	7.7	2.5	-1.2	0.31	-1.0	2.5
	F_{2314}	19.8	13.6	12.1	3.2	4.2	5.9		8.4	7.6	3.3	-0.7	-0.2		2.7
	PCTFE	20.9	13.2	13.4	3.1	4.2	4.4	6.4	8.6	7.7	3.1	-0.8	0.4	-0.2	3.3
ε-CL-20 (010)	PVDF	12.4	22.0	11.1	3.0	3.9	2.4	4.7	5.2	4.0	0.1	0	0.5	0	1.7
	F_{2311}	12.9	22.1	14.2	2.5	4.9	2.9		8.6	5.5	0.4	0.3	1.2	-0.1	2.8
	F_{2314}	11.7	20.1	15.7	2.5	4.4	2.4	5.6		5.6	-0.1	0.1	0	-0.3	3.1
	PCTFE	15.0	21.6	13.8	2.9	4.9	2.6	5.6	8.1	5.0	0.4	1.7	0		2.7
ε-CL-20 (100)	PVDF	13.7	13.5	11.7	6.9	2.6	2.4	7.0	5.4	5.1	0.4	0.1	-0.1	0.2	0.1
	F_{2311}	13.7	15.6	16.7	2.6	2.6	2.8	7.7	6.6	7.6	1.0	0.5	0.2	0.4	0.8
	F_{2314}	15.0	13.8	14.5	7.0	2.4	2.3	8.1	5.6	6.6	0.6		-0.6	-0.2	1.1
	PCTFE	14.5	14.1	17.3	6.7	2.8	2.7	7.5	5.9	5.8	0.27	0	-1.0	0.1	0.8

　　柯西(Cauchy)压($C_{12}-C_{44}$)值可度量体系的延展性(材料发生形变而不产生裂缝的能力)。一般而言,具延展性物质的($C_{12}-C_{44}$)为正值;反之,则为负值。从表 10.1 可见,纯 ε-CL-20 的($C_{12}-C_{44}$)为负值,属脆性物质;而各 PBX 的($C_{12}-C_{44}$)均为正值,表明氟聚物的加入增强了体系的延展性,有利于加工成型和应用。比较不同 PBX 的($C_{12}-C_{44}$)可见,氟聚物置于 ε-CL-20 不同晶面所得 PBX 的延展性有所不同,其相对改善效应为(001)> (010) >(100)。其中 F_{2314} 置于不同晶面上均能较好改善体系的延展性。

　　表 10.2 列出纯 ε-CL-20 和 12 种 PBX 在 298K 的有效各向同性力学性能——拉伸模量、体模量、剪切模量和泊松比。因现有文献没有任何关于其实验值的报道,故仅通过计算结果的比较探索不同黏结剂对力学性能改善的规律,供优选黏结剂参考。

　　拉伸模量、剪切模量和体模量均可度量材料的刚性(抵抗弹性形变的能力)。体模量还可度量断裂强度的大小,其值越大表示断裂时所需能量越大,亦即断裂强度越大。由表 10.2 可见,与纯 ε-CL-20 相比,各 PBX 的各模量均有所减小,表明各 PBX 较纯 ε-CL-20 晶体刚性减弱,弹性增强。如纯 ε-CL-20 的拉伸模量(17.8 GPa)较大,表明其抵制变形的刚性较强;但当少量 PVDF 置于 ε-CL-20(100)面时,拉伸模量(9.4 GPa)减小一半,表明 PBX 的弹性得到较大改善。将氟聚物置于 ε-CL-20 不同晶面所得 PBX 的弹性改善效果并不一样,其相对效应为(100)≈(001)>(010);将氟聚物置于(001)面时各 PBX 的体模量也降低最小,甚至保持不变,表明体系断裂强度改变较小。

表 10.2 纯 ε-CL-20 和 ε-CL-20 基氟聚物 PBX 的各向同性力学性能*

PBXs		拉伸模量/GPa	体模量(K)/GPa	剪切模量(G)/GPa	泊松比	K/G
	纯 ε-CL-20	17.8	10.3	7.4	0.21	1.39
ε-CL-20 (001)	PVDF	11.2	10.2	4.2	0.32	2.43
	F_{2311}	11.5	10.6	4.3	0.32	2.47
	F_{2314}	10.4	9.9	3.9	0.32	2.54
	PCTFE	10.9	10.3	4.1	0.32	2.51
ε-CL-20 (010)	PVDF	13.0	8.1	5.3	0.23	1.53
	F_{2311}	12.7	9.8	5.0	0.28	1.96
	F_{2314}	11.9	9.7	4.6	0.29	2.11
	PCTFE	13.0	9.8	5.0	0.26	1.85
ε-CL-20 (100)	PVDF	9.4	8.2	3.6	0.31	2.28
	F_{2311}	10.6	10.0	4.0	0.32	2.50
	F_{2314}	10.1	9.3	3.8	0.32	2.45
	PCTFE	11.5	9.4	4.4	0.30	2.14

* 模量单位:GPa。

体模量与剪切模量的比值(K/G)可度量体系的韧性(材料在冲击或振动荷载下能承受较大形变而不致破坏的性能),其值越高则体系的韧性越好[21]。由表10.2 可见,各 PBX 的韧性优于纯 ε-CL-20;4 种氟聚物置于 ε-CL-20 不同晶面所得PBX 的韧性存在明显差异,其相对强弱顺序为 (001)>(100)>(010),且 ε-CL-20(001)/F_{2314} 的韧性相对较好。

通常认为泊松比在 0.2~0.4 之间的物质具有塑料的某些性质。由表 10.2 可见,纯 ε-CL-20 和 12 种 PBX 均具一定塑性。

总之,通过比较纯 ε-CL-20 和以其为基的 12 种 PBX 模型的 MD 模拟结果,发现氟聚物黏结剂的加入的确能在一定程度上改善 ε-CL-20 的力学性能,其中以 ε-CL-20 (001)/F_{2314} PBX 的综合力学性能相对较好。

10.3 结 合 能

PBX 平衡体系中高聚物与 ε-CL-20(晶体表面)之间的平均相互作用能(E_{inter})可按下式求得

$$E_{inter} = (E_{\text{ε-CL-20}} + E_{poly}) - E_T \qquad (9.11)$$

式中:$E_{\text{ε-CL-20}}$、E_{poly} 和 E_T 分别为平衡体系中 ε-CL-20 晶体、高聚物黏结剂和 PBX

的能量。定义结合能(E_{bind})为相互作用能的负值,即 $E_{bind} = -E_{inter}$。结合能越大,表示组分间相互作用越强,形成的 PBX 越稳定。

表 10.3 给出 4 种氟聚物置于 ε-CL-20 不同晶面(001)、(010)和(100)所得的 12 种 PBX 的总能量(E_T)、晶体 ε-CL-20 和氟聚物的能量($E_{\varepsilon\text{-CL-20}}$、$E_{poly}$)及其结合能($E_{bind}$)。

表 10.3　12 种 PBX 中高氟聚物与 ε-CL-20 分子之间的结合能(E_{bind})(单位:kJ·mol^{-1})

PBX		E_T	$E_{\varepsilon\text{-CL-20}}$	E_{poly}	E_{bind}
ε-CL-20 (001)	PVDF	−64227.29	−58656.56	−4495.26	1199.99
	F$_{2311}$	−61452.94	−58887.84	−1808.10	756.96
	F$_{2314}$	−60758.56	−58882.32	−1128.22	748.01
	PCTFE	−60024.59	−58711.36	−567.02	746.26
ε-CL-20 (010)	PVDF	−64194.52	−59092.41	−4518.745	583.36
	F$_{2311}$	−61457.452	−58928.68	−1824.57	704.16
	F$_{2314}$	−60506.34	−58790.15	−1123.412	592.39
	PCTFE	−60136.072	−58859.63	−549.67	726.78
ε-CL-20 (100)	PVDF	−64365.19	−59127.90	−4520.42	716.87
	F$_{2311}$	−61589.37	−59139.43	−1774.20	675.70
	F$_{2314}$	−60672.37	−59016.58	−1067.40	588.38
	PCTFE	−60154.63	−58927.93	−563.00	663.70

从表 10.3 可见,相同氟聚物与 ε-CL-20 不同晶面之间的结合能不同,各氟聚物与 ε-CL-20(001)面分子之间相互作用最强,其次是(100)和(010)面。这表明 ε-CL-20(001)晶面分子比较密集,当将各氟聚物加入 ε-CL-20 晶体中,它们趋向于集中在 ε-CL-20 的(001)晶面,导致在(001)晶面与 ε-CL-20 分子之间的结合能最大。从表 10.3 还可见,不同氟聚物与 ε-CL-20 分子之间的结合能的相对大小因晶面不同而有所变化。如在(001)面,PVDF 与 ε-CL-20 分子之间的结合能最大;而在(010)晶面,PCTFE 与 ε-CL-20 分子之间的结合能最大。

10.4　爆炸性能

在炸药中加入惰性附加物如高聚物黏结剂,一般均会降低炸药的爆炸性能。按炸药和爆炸理论中经验公式[22,23],求得纯 ε-CL-20 和 ε-CL-20 基以氟聚物为黏结剂的 4 种 PBXs 的爆炸性能列于表 10.4。由表 10.4 可见,所有 PBX 的爆热(Q)、爆速(D)和爆压(p)均较纯 ε-CL-20 有所降低。这是容易理解的,因为各氟聚物不是炸药。但仔细考察表明,各 PBX 爆炸参数值下降并不很多,这是因为添加高聚物较少所致,因此 PBX 仍是性能较好的高能材料。值得注意的是,4 种 PBX 的爆轰性能(D 和 p 值)差别很小,可能是由于所用计算方法的近似及其将不同氟聚物以相同 Q 和 ω(热能因子)值代入所致。整体而言,具相同链节数各氟聚物的加入对所得 PBX 的爆炸性能确实具有相似的降低效应。

表 10.4　纯 ε-CL-20 和 ε-CL-2 氟聚物 PBX 的爆热(Q)、爆速(D)和爆压(p)

	ε-CL-20	ε-CL-20/PVDF	ε-CL-20/F$_{2311}$	ε-CL-20/F$_{2314}$	ε-CL-20/PCTFE
$Q/(\mathrm{J \cdot g^{-1}})$	4623.8	4484.5	4416.1	4384.4	4364.8
$D/(\mathrm{m \cdot s^{-1}})$	9025.1	8620.5	8678.3	8653.1	8667.8
p/GPa	40.83	36.94	38.30	38.18	38.55

参 考 文 献

[1] Gibbs T R, Popolato A. LASL Explosive Proppety Data. Berkeley: University of California Press, 1980

[2] 董海山,周芬芬. 高能炸药及相关物性能. 北京:科学出版社. 1984

[3] 孙国祥. 高分子混合炸药. 北京:国防工业出版社, 1984

[4] 孙业斌,惠君明,曹欣茂. 军用混合炸药. 北京:兵器工业出版社. 1995

[5] Simpson R L, Urtuew P A, Omellas D L et al. CL-20 performance exceeds that of HMX and its sensitivity is moderate. Propell Explos Pyrotech, 1997, 22: 249~255

[6] Bircher H R, Mäder P, Mathieu J. Properties of CL-20 based high explosives. 29th Int Annu Conf ICT Karlsruke Germany, 1998, 94:1~14

[7] Bouma R H B, Duvalois W. Characterization of commercial grade CL-20. 31th Int Annu Conf ICT Karlsruke Germany, 2000, 105: 1~9

[8] Xiao J J, Fang G Y, Ji G F et al. Simulation investigation in the binding energy and mechanical properties of HMX-based polymer-bonded explosives. Chinese Sci Bull, 2005, 50: 21~26

[9] Xiao J J, Huang Y C, Hu Y J et al. Molecular dynamics simulation of mechanical properties of TATB/Flourine-polymer PBXs along different surfaces. Sci in China B, 2005, 48: 504~510

[10] 肖继军,谷成刚,朱伟等. TATB 基 PBX 结合能和力学性能的理论研究. 化学学报,2005, 63(6):439~444

[11] 马秀芳,肖继军,黄辉等. 分子动力学模拟浓度和温度对 TATB/PCTFE PBX 力学性能的影响. 化学学报, 2005, 63: 2037~2041

[12] Ma X F, Xiao J J, Huang H et al. Simulative calculation on mechanical property, binding energy and detonation property of TATB/fluorine-polymer PBX. Chin J Chem, 2006, 24: 473~477

[13] 马秀芳,赵峰,肖继军等. HMX 基多组分 PBX 结构和性能的模拟研究. 爆炸与冲击, 2007, 27: 109~115

[14] 肖继军,黄辉,李金山等. HMX 晶体和 HMX/F$_{2311}$ PBXs 力学性能的 MD 模拟研究. 化学 学报,2007, 65:41746~1750

[15] Xiao J X, He M X, Ji J X et al. Molecular dynamics simulations for pure ε-CL-20 and ε-CL-20 based PBXs. J Phys Chem B, 2006, 110: 7203~7207

[16] Sun H, Rigby D. Polysiloxanes: *ab initio* force and structural, conformational and thermophysical properties. Spectrochimica Acta A, 1997, 153: 1301~1323

[17] Sun H, Ren P, Fried J R. The COMPASS force field: parameterization and validation for phosphazenes. Comput Theor Polym Sci, 1998, 8: 229~246

[18] Sun H. Compass: An *ab initio* force-field optimized for condense-phase applications-overview with details on alkanes and benzene compounds. J Phys Chem B, 1998, 102: 7338~ 7364

[19] Xu X J, Zhu W H, Xiao H M. Theoretical predictions on the structures and properties for polynitrohexaazaadamantanes (PNHAAs) as potential high energy density compounds (HEDCs). Theochem, 2007, (in press)

[20] 赵信歧, 施倪承. ε-六硝基六氮杂异伍兹烷的晶体结构. 科学通报,1995, 40: 2158~2160

[21] Pugh S F. Relation between the elastic moduli and the plastic properties of polycrystalline pure metals. Phil Mag, 1954, 45: 823~843

[22] Wu X. Simple method for calculating detonation parameters of explosives. Energ Mater, 1985, 3(4): 263~277

[23] 张熙和,云主惠. 爆炸化学. 北京:国防工业出版社,1989

第11章 温度、高聚物含量和晶体缺陷对 PBX 性能的影响

第 10 章用分子动力学(MD)方法模拟计算了常温(298 K)下 4 种氟聚物分别置于 ε-CL-20"完美"晶体不同晶面所得 PBX 的力学性能、结合能,并估算了它们的爆炸性能。结果表明,ε-CL-20(001)/F_{2314} PBX 模型综合性能较好。

实际 PBX 的配方设计,除要优选适合于主体炸药的黏结剂,还要考虑其他多种因素的影响。例如,高聚物黏结剂的加入固然可在一定程度上改善 PBX 的力学性能,但若含量($W\%$)过高却会较大削弱 PBX 的爆炸性能;温度(T)对 PBX 性能的影响很大,温度过高影响安全,低温下较好的力学性能是实际应用的需要。此外,结晶过程因受不同外界条件影响,很难得到"完美"晶体,而总是伴有如空位和错位等缺陷[1,2]。制备过程中混入杂质将造成掺杂缺陷。凡偏离了严格的晶体结构周期性均构成缺陷,将使晶体结构不够完美并影响其性能。

本章取如上 ε-CL-20(001)/F_{2314} PBX 模型,在 Compass 力场和 NVT 系综下进行 MD 模拟,通过考察温度、黏结剂含量和不同晶体缺陷对其力学性能和结合能的影响,为 ε-CL-20 基 PBX 的结构-性能研究增添新的数据和规律,为复合材料配方设计研究提供方法和示例[3]。

11.1 模拟方法、模型和细节

取 ε-CL-20 的实验晶体参数[4],以 Materials Studio(MS)[5]软件包中切割分面的方法,将 ε-CL-20 的($2\times2\times3$)超晶胞沿(001)晶面切割,并置于具周期性边界条件的周期箱中。周期箱在 C 方向留有 20Å 的真空层。将搭建好的 1~5 条 10 链节的 F_{2314} 聚合物 ($n=1\sim5$) 分别置于 ε-CL-20 的(001)晶面,然后进行边压缩边 MM 优化以降低体系能量直至接近理论密度。对应于 F_{2314} 的含量分别为 4.69%、9.45%、12.86%、16.44% 和 20.70% 的 5 种 PBX,其最终密度分别为 2.016、2.039、2.025、2.012 和 2.001g·cm^{-3}。图 11.1(a)~(f)分别给出纯 ε-CL-20 和这 5 种 ε-CL-20/F_{2314} PBX 的初始模型。当模拟不同温度下 PBX 的性能时,选择如图 11.1(c)的初始模型,即对应于 $n=2$,$W\%=9.45\%$。

以图 11.1(a)"完美"晶体 1 和图 11.1(b)相应 PBX1 作为参比,建立了"空位"和"掺杂"两种晶体缺陷模型进行 MD 模拟。

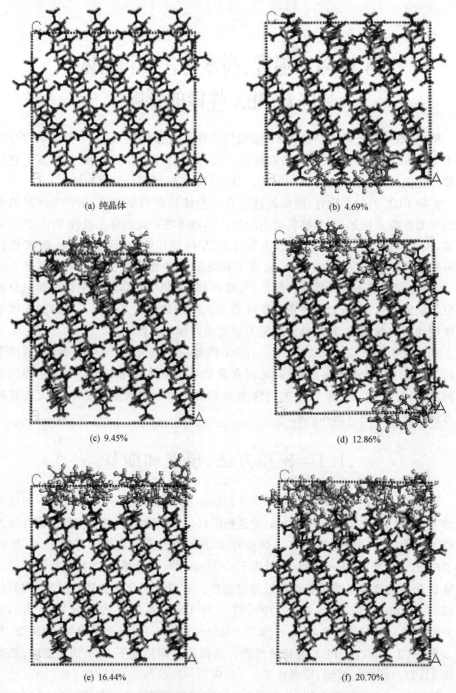

(a) 纯晶体

(b) 4.69%

(c) 9.45%

(d) 12.86%

(e) 16.44%

(f) 20.70%

图 11.1　不同黏结剂含量（W％）的 ε-CL-20/F_{2314} 的初始构型

　　在建立空位晶体缺陷模型时,为保证空位缺陷在晶体中所占比例较小,在如图 11.1(a)和(b)即完美晶体 1 和 PBX1 中分别去掉超晶胞中 C 轴方向表层的 1 个 ε-CL-20 分子,即形成质量百分比为 2.1％空位缺陷晶体 2 以及相应的 PBX2 的初始模型。如图 11.2 所示,图中圆球表示空穴位置。

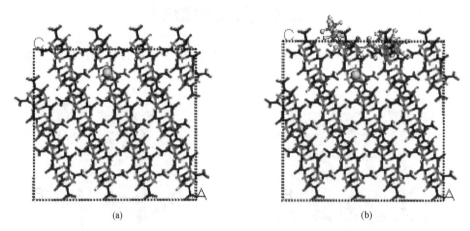

(a)　　　　　　　　　　　　　　(b)

图 11.2　含 2.1％空位的(a)ε-CL-20 晶体 2 和(b)相应的 PBX2

　　掺杂晶体缺陷模型:考虑到目前公认较好的硝解法制备 CL-20 的产物中,通常均含杂质 4,6,8,10,12-五硝基-2-乙酰基-2,4,6,8,10,12-六氮杂异伍兹烷(PNMAIW),含量一般为 2％左右[6~10]。为保证掺杂量与实际相符,且便于与空位缺陷情况进行比较,将图 11.2 中晶体 2 和 PBX2 中圆球空穴处放置一个 PNMAIW 分子,构成掺杂缺陷模型,如图 11.3 所示。

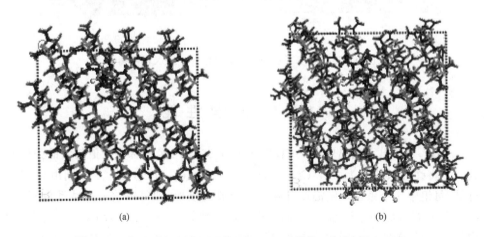

(a)　　　　　　　　　　　　　　(b)

图 11.3　含 2.1％PNMAIW 的(a)ε-CL-20 晶体 3 和(b)相应 PBX3

　　本章仍选用经证明较好的 COMPASS 力场,对上述各初始模型进行 NVT 系综 MD 模拟。压强取 0.0001 GPa,选用 Anderson 控温方法,步长 1 fs,总模拟步数为 24 万步,其中前 12 万步用于平衡,后 12 万步用于统计分析。每 50 步保存一次轨迹,共保存 2400 帧轨迹文件,用于静态力学分析求得弹性力学性能。

11.2　温度的影响

图 11.4 给出 ε-CL-20 (001)/F_{2314} PBX 在 248～398 K 进行 MD 模拟所得平衡构型。

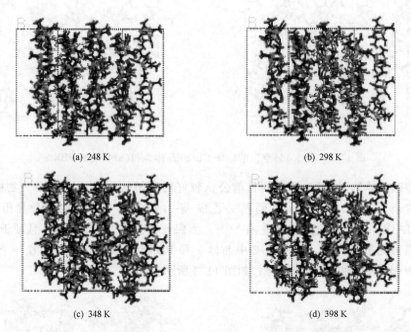

(a) 248 K　　　　　　　　　　(b) 298 K

(c) 348 K　　　　　　　　　　(d) 398 K

图 11.4　不同温度下 ε-CL-20 (001)/F_{2314} PBX 的平衡构型

11.2.1　力学性能

表 11.1 列出不同温度下 ε-CL-20 (001)/F_{2314} PBX 的部分数值较大的弹性系数。若将弹性系数分为 3 组:C_{11}、C_{22}、C_{33},C_{44}、C_{55}、C_{66} 和 C_{12}、C_{13}、C_{23},则由表 11.1 可见,每组中 3 个系数均随温度升高而趋于彼此接近,即每组较大弹性系数 C_{11} 和 C_{33}、C_{55} 和 C_{66} 以及 C_{13} 逐渐减小,而较小弹性系数如 C_{22} 和 C_{44} 以及 C_{12} 和 C_{23} 则有所增加,表明体系的各向同性随温度增加而增强。此外,从表 11.1 中 $(C_{12}-C_{44})$ 均为正值可推断,在 248～398K,该 PBX 均具一定延展性,且温度对延展性的影响不明显。

表 11.1　ε-CL-20 (001)/F_{2314} PBX 在不同温度下的弹性系数

T/K	C_{11}	C_{22}	C_{33}	C_{44}	C_{55}	C_{66}	C_{12}	C_{13}	C_{23}	C_{15}	C_{25}	C_{35}	$C_{12}-C_{44}$
248	22.15	13.43	15.31	2.90	4.37	5.05	5.25	8.68	7.29	3.53	-0.70	1.34	2.35
298	19.79	13.57	12.06	3.19	3.74	4.85	5.92	8.26	7.64	3.27	-0.72	-0.16	2.73
348	17.36	13.77	11.82	3.41	3.61	4.99	5.83	6.81	7.41	1.91	-0.29	1.60	2.42
398	17.40	14.23	11.34	3.50	3.73	4.79	5.66	6.09	7.79	1.33	-0.36	0.94	2.16

表 11.2 给出 248～398 K 温度范围 ε-CL-20(001)/F_{2314} 的拉伸模量、体模量 (K)、剪切模量(G)、泊松比和(K/G)值。由表 11.2 可见,该 PBX 的各模量并非随温度升高而单调增加或减少。248～348 K,各模量均随温度增加而下降,表明体系的刚性降低、弹性增强。这是由于随温度升高,高聚物分子动能增加,由单键内旋转引起的构象改变增多,从而增强了体系的弹性;但当温度升至 398 K 时,拉伸和剪切模量却有所增加,表示该 PBX 弹性又略有下降。体模量及其表征的断裂强度随温度升高而单调下降。在 298 K 时 K/G 值相对较大(2.52),与柯西压较大(2.73)相一致,表示该 PBX 在常温下具有较好的韧性和延展性。此外,不同温度下该 PBX 的泊松比均在 0.2～0.4,表明在此温度范围具一定塑性。

表 11.2　不同温度下 ε-CL-20(001)/F_{2314} PBX 的弹性力学性能

T/K	拉伸模量/GPa	剪切模量(G)/GPa	体模量(K)/GPa	泊松比	K/G
248	12.80	4.95	10.37	0.29	2.09
298	10.42	3.93	9.90	0.32	2.52
348	10.07	3.82	9.23	0.32	2.42
398	10.25	3.91	9.12	0.32	2.33

11.2.2　结　合　能

结合能大小是相互作用强弱的定量标志。依据 MD 模拟轨迹求得不同温度下该 PBX 中 F_{2314} 链与 ε-CL-20 分子之间的结合能(E_{bind}),列于表 11.3。由表 11.3 可见,随温度升高,PBX 在平衡时的总能量(E_T)、ε-CL-20 的能量($E_{\varepsilon\text{-CL-20}}$),以及高分子链 F_{2314} 的能量($E_{F_{2314}}$)均依次递增,这是因为动能随温度升高而增大。248～348 K,结合能(E_{bind})随温度升高而逐渐下降;在 398 K 时 E_{bind} 却有所回升。

表 11.3　不同温度下 ε-CL-20 (001)/F₂₃₁₄ PBX 中 F₂₃₁₄ 与 ε-CL-20 分子之间的结合能

T/K	$E_T/(kJ \cdot mol^{-1})$	$E_{\varepsilon\text{-CL-20}}/(kJ \cdot mol^{-1})$	$E_{F_{2314}}/(kJ \cdot mol^{-1})$	$E_{bind}/(kJ \cdot mol^{-1})$
248	−61968.17	−59981.16	−1219.85	767.16
298	−60758.56	−58882.32	−1128.22	748.01
348	−59712.35	−57842.25	−1128.81	741.28
398	−58518.66	−56737.90	−1025.98	754.78

　　以对相关函数(pair correlation function)揭示 PBX 中 F₂₃₁₄ 与 CL-20 相互作用的本质。$g(r)$ 又称径向分布函数,表征在指定参考原子任意距离 r 处其他原子出现几率。$g(r)$ 常用于研究凝聚态的结构和特殊相互作用。

　　这里主要考察不同温度下 PBX 中 3 类原子之间的相互作用:H 与 O、H 与 F 以及 H 与 Cl。将 F₂₃₁₄ 中 H、F、Cl 分别表示为 H(1)、F(1) 和 Cl(1);ε-CL-20 分子中 H 和 O 则以 H(2) 和 O(2) 表示。图 11.5 示出 4 种温度下的 3 类相互作用曲线。

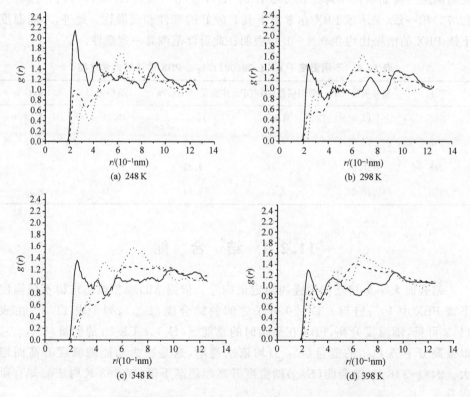

图 11.5　不同温度下 ε-CL-20 (001)/F₂₃₁₄ PBX 的对相关函数曲线 $g(r)$

—— H(1)~O(2)　-----F(1)~H(2)　······Cl(1)~H(2)

分子间相互作用通常有氢键和范德华作用,范德华作用包括取向力、诱导力和色散力。氢键距离一般为 0.26~0.31nm。强范德华作用距离为 0.31~0.50nm。大于 0.50nm 的范德华作用很弱,一般可忽略。氢键虽比化学键弱得多,但却是很强的分子间相互作用。

由图 11.5 可见,在不同温度下,$g(r)$ 在氢键作用区总有一个较强的峰,表明 F_{2314} 与 ε-CL-20 之间以氢键作用为主,同时存在一定范德华作用。在不同温度下不同氢键对总相互作用的贡献有所不同,但 H(1)…O(2) 之间的氢键作用总是最强,其次才是 F(1)…H(2) 和 Cl(1)…H(2)。

比较图 11.5$g(r)$ 峰高,尤其是氢键区的峰高,可辨别不同温度下 F_{2314} 与 ε-CL-20 之间相互作用的强弱。248 K 时,$g(r)$ 在氢键区存在 H(1)…O(2) 和 F(1)…H(2)峰值最高(分别为 2.15 和 0.98),还存在 Cl(1)…H(2) 之间的强范德华作用,表明其总相互作用最强;348 K 时,H(1)…O(2) 之间的氢键作用较弱,其峰值较低(1.36 左右);而 F(1)…H(2) 和 Cl(1)…H(2) 之间主要以范德华作用为主,表明 F_{2314} 与 ε-CL-20 之间相互作用总体较弱;对 398 K 和 298 K 的 $g(r)$ 峰高比较和分析,表明 F_{2314} 与 ε-CL-20 的相互作用强弱介于前两温度之间,且 398 K 时的相互作用略强。亦即该 PBX 中 F_{2314} 与 ε-CL-20 之间相互作用强弱的不同温度排序为:248 K>398 K>298 K≈348 K,该作用强弱排序与不同温度下求得的结合能排序(表 11.3)恰好一致。

11.3　高聚物含量的影响

11.3.1　力 学 性 能

表 11.4 给出 298 K 纯 ε-CL-20 和不同 F_{2314} 含量(W%)PBX 的弹性系数和各向同性力学性能。

表 11.4　纯 ε-CL-20 和不同 F_{2314} 含量(W%)PBX 的弹性力学性能

	纯 ε-CL-20	4.69%	9.45%	12.86%	16.44%	20.70%
C_{11}	27.0	20.83	19.79	18.99	18.06	15.53
C_{22}	18.1	11.26	13.57	13.57	13.14	11.33
C_{33}	15.1	12.01	12.06	11.40	10.37	9.27
C_{44}	3.8	3.20	3.19	2.37	2.84	2.7
C_{55}	7.6	2.80	3.76	3.71	3.62	2.49
C_{66}	8.1	3.52	4.85	4.53	3.72	2.23
C_{12}	3.1	4.80	5.92	5.15	4.08	4.35

续表

	纯 ε-CL-20	4.69%	9.45%	12.86%	16.44%	20.70%
C_{13}	8.0	7.94	8.26	6.68	5.74	4.96
C_{23}	5.0	6.71	7.64	5.60	4.71	5.06
C_{15}	4.6	2.56	3.27	2.01	1.91	0.54
C_{25}	−3.2	0.54	−0.72	1.03	−1.46	−1.06
C_{35}	−1.3	0.47	−0.16	−0.21	−1.01	−1.03
$C_{12}-C_{44}$	−1.1	1.61	2.73	2.78	1.24	1.86
拉伸模量/GPa	17.8	10.73	10.42	11.35	11.35	9.35
体模量(K)/GPa	10.3	9.23	9.90	8.76	7.85	7.18
剪切模量(G)/GPa	7.4	4.11	3.93	4.42	4.51	3.65
泊松比	0.21	0.31	0.32	0.28	0.26	0.28
K/G	1.39	2.25	2.52	1.98	1.74	1.97

由表 11.4 可见,与纯 ε-CL-20 相比,各 PBX 的弹性系数和模量均有所下降,柯西压($C_{12}-C_{44}$)和 K/G 值增大,表明高聚物 F_{2314} 的加入,使体系刚性减弱、弹性增强、延展性和韧性增强。随 F_{2314} 的加入和含量($W\%$)递增,在 3 组弹性系数(C_{11}、C_{22} 和 C_{33})、(C_{44}、C_{55} 和 C_{66})以及(C_{12}、C_{13} 和 C_{23})中,每组内系数之间的差值减小,表明 PBX 的各向同性随 $W\%$ 递增而增强。各 PBX 的泊松比在 0.26～0.32,均比纯 ε-CL-20 略高,表明它们均具一定塑性,且塑性较纯 ε-CL-20 略高。

仔细考察表 11.4,发现上述表征力学性能的各物理量并非随体系中 F_{2314} 含量($W\%$)的增加而单调地变化。亦即表明,并非黏结剂含量越高 PBX 的力学性能就越好。例如,当 F_{2314} 含量由 4.69% 到 9.45% 和 12.86% 时,其拉伸模量分别为 10.73、10.42 和 11.35GPa;体模量分别为 9.23、9.90 和 8.76GPa;剪切模量则分别为 4.11、3.93 和 4.42GPa,均非单调地变化。这对 PBX 配方设计提出了更为严格的要求。

11.3.2 结 合 能

对不同 F_{2314} 含量的 PBX,其($W\%$)分别为 4.69%、9.45%、12.86%、16.44% 和 20.70%(即对应于 $n=1\sim5$,n 为 10 链节 F_{2314} 链的数目),分别求得其中黏结剂 F_{2314} 与 ε-CL-20 分子之间的总结合能(E_{bind})和每根 F_{2314} 链与 ε-CL-20 分子之间的平均归一结合能(E_{aver}),列于表 11.5。

表 11.5　不同 $W\%$ PBX 中 F_{2314} 与 ε-CL-20 分子之间的总结合能（E_{bind}）

和平均归一结合能（$E_{aver.}$）（单位：$kJ \cdot mol^{-1}$）

n	E_T	$E_{\varepsilon\text{-CL-20}}$	$E_{F_{2314}}$	E_{bind}	E_{aver}
1	−60016.82	−59034.27	−571.95	410.60	410.60
2	−60758.56	−58882.32	−1128.22	748.01	374.03
3	−61455.70	−58717.80	−1723.33	1014.70	338.08
4	−62464.9168	−58765.24	−2424.65	1275.03	318.77
5	−63125.6494	−58734.31	−3075.52	1315.82	263.17

由表 11.5 可见，总结合能（E_{bind}）随 $W\%$ 增加而增加，这是显然的，因为 E_{bind} 是容量性质而非强度性质。但每根 F_{2314} 链与 ε-CL-20 分子之间的平均归一结合能（$E_{aver} = E_{bind}/n$）却随 $W\%$ 增加而降低。这是由高分子本身的特性决定的，随 $W\%$ 增加，F_{2314} 高分子链将趋向于黏结在一起，与 CL-20 分子的平均接触面反而减小，故 PBX 中两组分之间的 E_{aver} 随 n 增大而下降。

11.3.3　爆 炸 性 能

混合炸药的爆炸性能由组分及其结构和性质决定，受温度影响较小。由第 2 章式（2.3）和式（2.4）可见，炸药的爆速（D）和爆压（p）与炸药的爆热或特征热值（Q）、热能因子（ω）和装药密度（ρ）有关。混合炸药的 Q、ω 及 ρ 由各组分（i）的 Q_i、ω_i 及 ρ_i 按质量百分比加和求得。F_{2314} 的理论密度达 $2.02\ g \cdot cm^{-3}$，与主体炸药 ε-CL-20 的密度（$2.055\ g \cdot cm^{-3}$）相当接近，故可认为 F_{2314} 的浓度对 PBX 的 ρ 值影响不大。但 F_{2314} 的 Q_i 和 ω_i 均比 ε-CL-20 小得多，故随 PBX 中 F_{2314} 含量增加，其 Q 和 ω 必将减小，从而使 PBX 的 D 和 p 值将相应减小。这可由表 11.6 中爆炸性能的计算值得到证实。从表 11.6 可见，当 $W\% \leqslant 4.69\%$ 时，尽管 PBX 的 Q、D 和 p 值比纯 ε-CL-20 的有所下降，但仍具有较高的能量性质；而当 $W\% > 4.69\%$，各爆炸性能下降较多；$W\%$ 越大，偏离良好高能材料的要求越远。

表 11.6　不同 F_{2314} 含量（$W\%$）PBX 的爆炸性能

爆炸性能	0	4.69%	9.45%	12.86%	16.44%	20.70%
$Q/(J \cdot g^{-1})$	4623.8	4505.0	4384.4	4298.0	4207.3	4099.3
$D/(m \cdot s^{-1})$	9025.1	8892.1	8653.3	8493.6	8333.5	8155.2
p/GPa	40.83	39.86	38.18	36.48	34.94	33.3

总之，当 PBX 中高聚物 F_{2314} 含量约为 4.69% 时，PBX 不仅力学性能得到改善，爆炸性能也下降不多。该 $W\%$ 含量与通常实际 PBX 配方制备中黏结剂的含

量(应小于 5％)较为接近。

11.4　晶体缺陷的影响

11.4.1　力学性能

基于 MD 轨迹文件和静态力学分析,求得 3 种晶体和相应 3 种 PBX 的力学性能见表 11.7。晶体 1、2 和 3 分别为纯 ε-CL-20(001)、空位和掺杂 ε-CL-20(001),PBX1、2 和 3 分别对应于在晶体 1、2 和 3 中加入了 F_{2314} 黏结剂。

由表 11.7 可见,将 3 种晶体与各自对应的 PBX 进行比较,弹性系数和各模量均有所减小,K/G 值有所增大,表示高聚物 F_{2314} 的加入,使体系刚性减弱、弹性和韧性增强,这是由于高分子链具有柔顺性。

表 11.7　纯 ε-CL-20 晶体和缺陷 ε-CL-20 晶体以及相应 PBX 的密度、弹性系数和模量*

参数	晶体 1	PBX1	晶体 2	PBX2	晶体 3	PBX3
C_{11}	21.67	20.83	19.92	20.16	21.46	20.62
C_{22}	14.38	11.26	13.34	11.39	14.13	12.96
C_{33}	12.16	12.01	10.80	7.03	11.83	10.32
C_{44}	2.75	3.20	2.34	2.83	2.86	2.87
C_{55}	3.10	2.80	2.90	3.07	2.59	3.03
C_{66}	6.07	3.52	5.61	3.40	6.00	3.79
C_{12}	5.90	4.80	4.82	5.40	6.21	6.41
C_{13}	8.63	7.94	7.99	6.67	8.67	8.03
C_{23}	5.04	6.71	4.54	5.14	5.10	6.77
C_{15}	1.07	2.56	1.69	2.67	0.62	2.16
C_{25}	−0.05	0.54	−0.19	0.08	0.17	−0.94
C_{35}	1.79	0.47	1.23	1.15	1.86	0.58
C_{46}	−0.40	−0.852	−0.21	−0.20	−0.46	−0.33
拉伸模量/GPa	12.21	10.73	11.42	9.31	11.83	10.03
体模量/GPa	9.68	9.22	8.75	8.11	9.73	9.59
剪切模量/GPa	4.73	4.11	4.45	3.56	4.76	3.78
柏松比	0.29	0.31	0.28	0.31	0.30	0.33
K/G	2.05	2.25	1.96	2.28	2.04	2.54
$\rho/(\text{g} \cdot \text{cm}^{-3})$	2.055	2.039	2.012	2.016	2.055	2.016

* 这里晶体 1 的力学性能是以切割分面(001)模型进行 MD 模拟并通过静态分析而求得的。

表 11.7 表明,相对于纯 ε-CL-20"完美"晶体 1,"缺陷"晶体 2 和 3 的各模量大多有所下降,存在"缺陷"使晶体呈刚性减弱、弹性增强的趋势。但就如上所取两种缺陷模型而言,缺陷造成的影响并不很显著。

由表 11.7 还可见,与 PBX1 相比,PBX2 和 PBX3 的弹性系数和各模量的变化并不很大。其中以 PBX2 的变化稍大,如其拉伸模量、体模量和剪切模量分别由 PBX1 的 10.73、9.22 和 4.11 GPa,对应地下降为 9.31、8.11 和 3.56 GPa,表明空位缺陷减小体系的刚性,增强体系的弹性,这与其相应晶体 2 的弹性性能较好相一致。PBX3 的体模量和 K/G 值较大,表明其断裂强度和韧性相对较好,这与掺杂晶体 3 相应性能较好也是一致的。由此可见,虽有空位或掺杂等缺陷,PBX 的力学性能等仍主要由主体炸药所决定。

11.4.2　结　合　能

表 11.8 列出(含"完美"晶体)PBX1、(含空位缺陷)PBX2 和(含掺杂缺陷)PBX3 中主体炸药与黏结剂 F_{2314} 的结合能(E_{bind})。

表 11.8　各 PBX 中 ε-CL-20 与 F_{2314} 之间的结合能(E_{bind})

PBX	PBX1	PBX2	PBX3
$E_{bind}/(kJ \cdot mol^{-1})$	410.62	370.25	375.94

由表 11.8 可见,3 种 PBX 中主体炸药 ε-CL-20 与 F_{2314} 黏结剂之间的 E_{bind} 大小排序为 PBX1>PBX3>PBX2,即 PBX1 中分子间相互作用最强,掺杂 PBX3 次之,空位 PBX2 中较弱。这是因为 F_{2314} 黏结剂与主体炸药 ε-CL-20 之间的主要作用是氢键,PBX1 中 CL-20 含量相对较多,其与 F_{2314} 间的氢键数较多,故相互作用较强;PBX3 中掺进 PNMAIW 分子代替 CL-20,但前者与 F_{2314} 的作用比后者弱;而 PBX2 中因有空位,减少了与 F_{2314} 作用的 CL-20 分子数,因此结合能最小——这表明"空位"缺陷可能降低体系的稳定性,不利于使用。

总之,温度、黏结剂含量和晶体缺陷将在一定程度上影响晶体或相应 PBX 的相关性能,如力学性能、结合能和爆轰性能等,在实际配方设计中应予以综合考虑。

参 考 文 献

[1] 黄昆. 固体物理学. 北京:高等教育出版社,1988

[2] 陈继勤,陈敏熊,赵敬世. 晶体缺陷. 杭州:浙江大学出版社,1992

[3] Xu X J, Xiao J J, Zhang H et al. Molecular dynamics simulation to investigate structures and properties of ε-CL-20-based PBXs. J Phys Chem B,2007,submitted

[4] 赵信歧，施倪承. ε-六硝基六氮杂异伍兹烷的晶体结构. 科学通报，1995，40：2158～2160

[5] Materials Studio 3.0，Accelys：San Diego，Ca. 2004

[6] Nielsen A T. Caged Polynitramine Compound. US，1997，5，693，754

[7] Sanderson A J. Process for making 2,4,6,8,10,12-hexanitro-2,4,6,8,10,12-hexaa zatetra-cyclo [5.5.0.0.5,903,11]-dodecane. US 2002,6,391,130, B1

[8] Nikolaj V L，Ulf W，Patrick G. Synthesis and scale-up of HNIW from 2,6,8,12-tetraacetyl-4,10-dibenzyl-2,4,6,8,10,12-hexaazaisowurtzitane. Org Proc Res & Develop，2003，4(3)：156～158

[9] Duddu R G，Dave P R. Processes and Compositions for nitration of N-substituted isowurtzitane Compounds with Concentrated Nitric Acid at Elevated Temperatures to form HNIW and Recovery of Gamma HNIWW with High Yields and Purities. US，2000，6,015,898

[10] Cannizzo L，Hamilton S，Sanderson A et al. Development of an alternate process for the synthesis of CL-20. 32th Int Annu Conf ICT Karlsruke Germany，2001,108：1～9

第12章 ε-CL-20基PBX配方设计初探

寻求高能量密度材料(HEDM)是当前能源材料领域的研究热点和焦点,与国家安全、航天事业和国民经济发展息息相关[1~5]。HEDM 由高能量密度化合物(HEDC)和其他添加剂构成,主体是 HEDC,依赖于好的配方。

CL-20(六硝基六氮杂异伍兹烷)是当前最著名且获得实际应用的 HEDC[6],以其为基(主体炸药)添加少量高聚物黏结剂,形成高聚物黏结炸药(PBX),亦即被广泛关注的 HEDM[7~10]。如美国著名的劳伦斯莫尔实验室(LLNL)已分别制备了以 CL-20 为基、以 Estane5703(聚氨基甲酸乙酯)和 EVA(乙烯-醋酸乙烯共聚物)为黏结剂的 4 种 PBX[7,9];Bircher 等制备了以聚 GAP(聚叠氮甘油醚)和 HT-PB(端羟基聚丁二烯)为黏结剂的 CL-20 基 PBX,并测量了它们的爆炸性、相容性和感度等性能[8]。

HEDM 和 PBX 配方主要由实验得到,耗费大量人力、物力和财力,且实验周期长,还存在安全问题,尤其是无法预测未知配方及其性能,因此迫切需要理论指导。运用分子动力学(MD)方法模拟炸药[11~15]、高聚物[16]和 PBX[10,17~22]的结构和性能有助于从理论上指导 PBX 和 HEDM 的配方设计。

本章对近期已报道(黏结剂分别为 Estane5703、GAP 和 HTPB)的 ε-CL-20 基PBX,以及以 PEG(聚乙二醇)和 F_{2314}(聚偏二氟乙烯和聚三氟氯乙烯的 1:4 共聚物)为黏结剂的 ε-CL-20 基 PBXs,在适合的 Compass[23~25]力场下进行 MD 模拟研究,对其 4 大属性(相容性、力学性能、安全性和能量性质)进行分析和比较,目的是为优选黏结剂和指导 HEDMs 配方设计提供示例、信息和规律,即进行 HEDM 的理论配方设计初探[26,27]。

12.1 模型和模拟细节

为贴近实验,控制黏结剂在 PBX 中的质量百分含量约为 4.2%。图 12.1 示出 5 种高聚物黏结剂的结构。取 Estane5703 硬段链节数 $m=1$,软段链节数 $n=3$;取 GAP 的链节数 $n=8$;HTPB 的链节数 $n=17$;PEG 的链节数 $n=21$;取 F_{2314} 的链节数 $n=10$。端基视情况分别以—H、—CH_3、—OH 或—F 加以饱和。将如上获得的高聚物模型,用 Materials Studio[28]软件包 Discover 模块,以 Compass 力场进行 MD 模拟。选取 NVT 系综,采用 Anderson 控温器,温度设定为 298 K,时间步长为 1 fs,总模拟时间为 3 ns,获得的最终结构视为高聚物链的平衡构象。

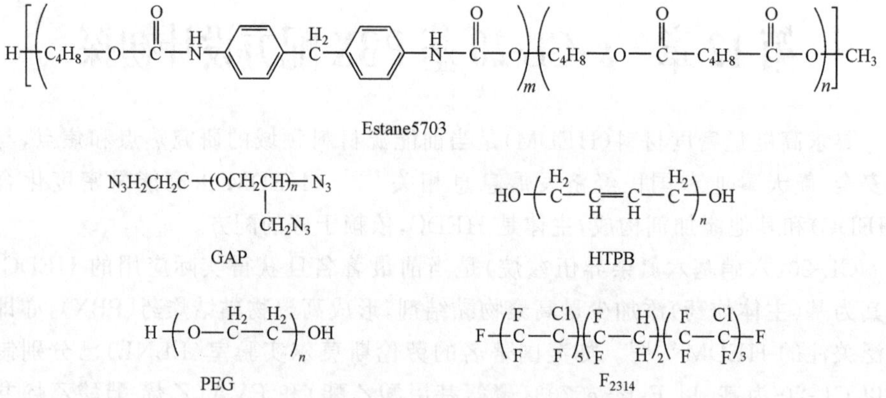

图 12.1　5 种高聚物的初始结构模型

ε-CL-20 晶体结构取自 X 射线衍射结果[29],由 MS 软件搭建其 $(2 \times 2 \times 3)$ 超晶胞模型。因以前的研究表明,ε-CL-20 的 (001) 晶面分子堆积较为紧密,与各黏结剂作用较强[10]。故本文采用"切割分面"模型,超晶胞沿 (001) 晶面方向切割,并置于具周期性边界条件的周期箱中。周期箱在 c 方向留有 20Å 的真空层,将 5 种高聚物平衡构象分别加入该真空层中,并尽可能使之接近 ε-CL-20 分子,从而构成 5 种 PBX 初始构型。然后边压缩边进行 MM 优化以降低体系能量,使初始模型尽量接近理论密度值。获得 ε-CL-20/Estane5703、ε-CL-20/GAP、ε-CL-20/HTPB、ε-CL-20/PEG 和 ε-CL-20/F$_{2314}$ 5 种 PBX 的密度分别为 1.853 g·cm^{-3}、1.771 g·cm^{-3}、1.746 g·cm^{-3}、1.769 g·cm^{-3} 和 2.02 g·cm^{-3}。相应的黏结剂含量分别为 4.35%、4.40%、4.33%、4.29% 和 4.69%。此外,压缩纯 ε-CL-20(001) 超晶胞真空盒子至晶体密度接近实验值(2.055 2 g·cm^{-3})即得 ε-CL-20 纯晶体的初始模型。

对纯 ε-CL-20 晶体和 5 种 PBX 体系分别在 Compass 力场下进行 NVT 系综 MD 模拟。温度设为 298 K,选择 Andersen 控温方法,步长 1 fs,总模拟步数为 24 万步,前 12 万步用于平衡,后 12 万步用于统计分析。每 50 步保存一次轨迹文件,共保存 2400 帧,用于模拟静态力学性能和进行对相关函数 $g(r)$ 分析。图 12.2 示出 5 种 PBX 经 MD 模拟的平衡结构。

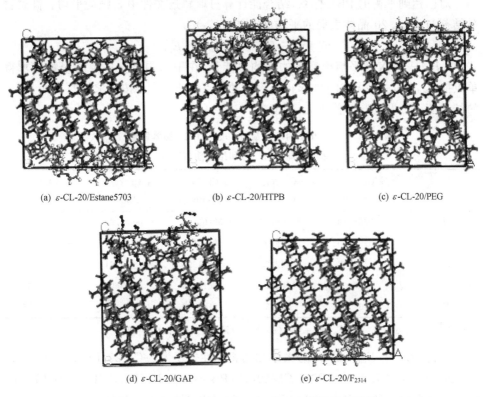

(a) ε-CL-20/Estane5703　　　　　(b) ε-CL-20/HTPB　　　　　(c) ε-CL-20/PEG

(d) ε-CL-20/GAP　　　　　　　(e) ε-CL-20/F$_{2314}$

图 12.2　5 种 ε-CL-20 基 PBX 的 MD 模拟平衡结构

12.2　相　容　性

"相容性"至今并无公认的定义。综合多种定义,判别两组分相容性好坏,要考虑以下两点:①二者要发生相互作用,没有作用当然不相容;②体系要稳定,造成稳定性大幅度变化则认为相容性差。爆炸物的相容性指该物质与其他物质相混合或接触后保持其物理、化学和爆炸性不发生明显变化的能力。相容性是高能材料的重要性能,如果炸药与其他组分不相容,则炸药的安定性和爆发点下降、起爆感度改变、综合性能变坏[30]。相容性有多种实验测定方法,但如何从理论上加以判别鲜见文献报道。对于 PBX 而言,高聚物黏结剂是惰性成分,一般不会使主体炸药发生化学变化,故它们之间只有物理相容性。物理相容性的好坏,与主体炸药和黏结剂之间的相互作用有关。结合能(E_{bind})是相互作用能(E_{inter})的负值,即 $E_{bind}=$ $-E_{inter}$。结合能愈大表明形成的 PBX 越稳定,反映了主体炸药和黏结剂之间的彼此相容性越好。所以我们建议以结合能的大小来预测和比较类似体系的相容性。

对已达到平衡的 PBX 体系，结合能计算可取轨迹文件中 5 帧的平均。高聚物黏结剂与 ε-CL-20 晶体表面的平均结合能（E_{bind}）为

$$E_{bind} = -(E_T - E_{\varepsilon\text{-CL-20}} - E_{poly})$$

式中：E_T 是 PBX 在平衡构型下的平均总能量，在平衡构型下去掉高聚物链求得单点能 $E_{\varepsilon\text{-CL-20}}$，去掉 ε-CL-20 求得高聚物的单点能 E_{poly}。将按式求得的 5 种 PBXs 的结合能 E_{bind} 及其归一值 E'_{bind} 列于表 12.1。

表 12.1　5 种 PBX 的总能量（E_T）、ε-CL-20 晶体能量（E_{crys}）、黏结剂能量（E_{poly}）和结合能（E_{bind}）*

	ε-CL-20/ Estane5703	ε-CL-20/ GAP	ε-CL-20/ HTPB	ε-CL-20/ PEG	ε-CL-20/ F$_{2314}$
E_T	-59688.60	-59079.33	-59200.00	-58941.93	-60016.82
E_{crys}	-58794.00	-58819.96	-58863.39	-58751.45	-59034.27
E_{poly}	-186.97	442.79	281.98	662.61	-571.95
E_{bind}	707.63	702.16	618.59	853.09	410.60
E'_{bind}	162.67	159.58	142.86	198.86	87.55

* 单位：kJ·mol^{-1}；E'_{bind} 是 E_{bind} 归一到单位黏结剂（1%质量百分比）的结合能。

按表 12.1 中 E_{bind}（或 E'_{bind}）大小预测相容性排序为 ε-CL-20/PEG$>$$\varepsilon$-CL-20/Estane5703$\approx$$\varepsilon$-CL-20/GAP$>$$\varepsilon$-CL-20/HTPB$>$$\varepsilon$-CL-20/F$_{2314}$。其中 3 种 PBX 已有实测相容性排序 ε-CL-20/GAP$>$$\varepsilon$-CL-20/HTPB$>$$\varepsilon$-CL-20/Estane5703[7,9,31]，与结合能预测的排序并不完全一致。这可能是由于 3 者实验试样中所用 ε-CL-20 粒径大小不同。ε-CL-20/Estane5703 中 ε-CL-20 粒径（平均粒径小于 160 μm）大于其他两种 PBX 中 ε-CL-20 粒径（40% 的粒径小于 134 μm，50% 小于 35 μm，10%小于 6 μm），故使 Estane5703 与 CL-20 的接触面积相对较小，致使其实测相容性偏小。若主体炸药所取粒径大小一致，则它与不同黏结剂之间相容性的相对好坏应可用结合能大小加以判别和预测。

为揭示各黏结剂与 ε-CL-20 分子之间相互作用的实质，对各 PBX 轨迹文件进行对相关函数 $g(r)$ 分析。以下仅给出 ε-CL-20/Estane5703 和 ε-CL-20/GAP 两种 PBX 的 $g(r)$ 图（图 12.3 和图 12.4）。各相关原子标识为：①对于 ε-CL-20，因距离较远处分子间相互作用较弱，故仅考虑与黏结剂距离较近的表面两层 ε-CL-20 分子，其 O 原子标识为 O_{12}，H 标识为 H_1；②Estane5703 中 O= 标识为 O_1=，O— 标识为 O_{2s}，N 原子标识为 N_{3mh}，H 原子亦为 H_1；③GAP 中醚基 O 标识为 O_{2e}，醇 O 标识为 O_{2h}，H 原子为 H_1，—N_1=N_2≡N_3 中 N_1 和 N_3 因带正电，不易与 CL-20 中 H 原子形成氢键，故仅对 N_2 进行标识 N_{2t}。

通常分子间相互作用包括氢键作用和范德华作用，氢键距离一般为 2.6～

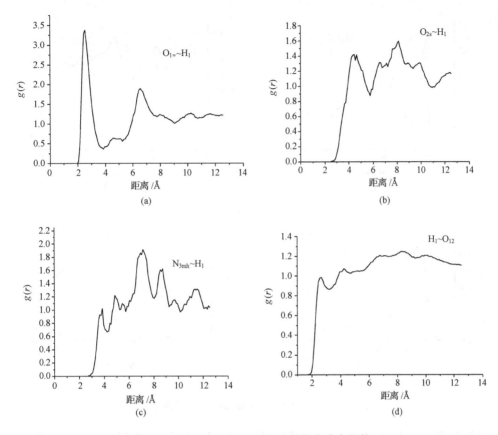

图 12.3　ε-CL-20/Estane5703 的径向分布函数

3.1Å,强范德华作用通常为 3.1~5.0Å,大于 5.0Å 的范德华作用就很微弱了。由图 12.3(a)可见,Estane5703 中羰基 O($O_{1=}$)与 ε-CL-20 中 H_1 同时出现在相距 2.15~3.15Å 的概率相当大,其 $g(r)$ 值最大达到 3.37 左右,表明该两类原子间存在较强的氢键作用。图 12.3(b)显示 Estane5703 中酯 O(O_{2s})与 ε-CL-20 中 H_1 在相距 3.95~5.35Å 有一较大峰,说明它们之间存在较强的范德华作用;图 12.3(c)表明 N_{3mh}~H_1 原子对之间主要以范德华作用形式存在;图 12.3(d)表明 Estane5703 中 H 原子与 ε-CL-20 中 O 原子 H_1~O_{12} 之间也存在较弱的氢键作用。总之,$g(r)$ 分析表明,Estane5703 与 ε-CL-20 之间的相互作用主要源自氢键和范德华作用,尤以 Estane5703 的羰基 O 与 ε-CL-20 的 H 原子间的氢键作用为主。

　　由图 12.4(a)可见,GAP 中醇 O(O_{2h})与 ε-CL-20 中的 H(H_1)原子对在 2.15~3.45Å 区间的 $g(r)$ 出现最大值,高达 4.1,表明它们之间作用很强;且在范德华作用区 $g(r)$ 曲线再次出现高峰,表明该原子对之间还存在一定的范德华作用;由图 12.4(b)和 12.4(c)可见,N_{2t}~H_1 和 H_1~O_{12} 原子对之间也存在一定的

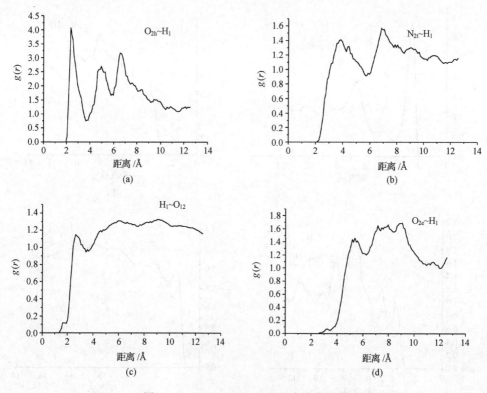

图 12.4   ε-CL-20/GAP 的径向分布函数

氢键和范德华作用；而图 12.4(d)则表明 $O_{2e} \sim H_1$ 之间以范德华作用为主。总之，GAP 中醇 O 和 ε-CL-20 中 H 之间的强氢键作用是它们之间相互作用较强的主要根源。

此外，表 12.1 中数据表明，PEG 与 ε-CL-20 的结合能（198.86 kJ·mol^{-1}）最大，是因为其间相容性较好。而 F_{2314} 尽管含量（4.69%）偏高，但其与 CL-20 的 E_{bind} 明显低于其他黏结剂，表明氟聚物与 ε-CL-20 的相容性较差。

12.3   安　全　性

爆炸物在制备、储藏、运输和使用过程中的安全性可通过其感度加以表征。感度是爆炸物在外界刺激下爆燃的难易程度。一般而言，在爆炸物中加入惰性黏结剂均导致感度下降。当黏结剂含量为 4.2% 时，实验测得 ε-CL-20 基 PBX 的感度排序为：纯 ε-CL-20＞ε-CL-20/GAP＞ε-CL-20/Estane5703≈ε-CL-20/HTPB[31]。可见加入 HTPB 和 Estane5703 可较好地降低 CL-20 的感度，增强其安全性。

以前只有高能量密度化合物及其晶体的感度理论判别研究报道[32~34]。对于高能复合材料如 PBX 等,因体系较大较复杂,很难对其感度进行量子化学研究。本文试图通过 MD 模拟考察 PBX 的感度性质,揭示各黏结剂对 CL-20 感度的影响本质。化学键的强弱与其键长或键级有关。MD 模拟虽不能给出 CL-20 的热解引发键 N—NO₂ 键级,但却可以给出其键长变化。表 12.2 给出基于 MD 模拟轨迹文件对 N—NO₂ 键长的统计结果。由表 12.2 可见,与纯 ε-CL-20 相比,5 种 PBX 中 CL-20 的平均键长($L_{N—NO_2}$)和最大键长(L_{max})均未发生明显变化。这表明各黏结剂并非通过改变 CL-20 的分子结构来影响 CL-20 的感度。这与近期对多组分 PBX 的研究结论相一致[35]。

表 12.2 纯 ε-CL-20 和 5 种 PBX 中 N—NO₂ 键的平均键长($L_{N—NO_2}$)和最大键长(L_{max})*

参数	纯 CL-20	CL-20/ Estane	CL-20/ GAP	CL-20/ HTPB	CL-20/ PEG	CL-20/ F$_{2314}$
N—NO₂ 键数	230400	230400	230400	230400	230400	230400
标准偏差	0.0308	0.0310	0.0309	0.0309	0.0308	0.0308
$L_{N—NO_2}$	0.1396	0.1396	0.1397	0.1396	0.1396	0.1394
L_{max}	0.1557	0.1555	0.1571	0.1548	0.1558	0.1532

* 键长单位:Å。

为深入揭示各黏结剂对 PBX 的致钝机理,我们用量子化学 PM3-MO 方法求得 298 K ε-CL-20 和 5 种黏结剂的热容($C_p^{\ominus}$),其值依次为 0.92(ε-CL-20)、1.35(HTPB)、1.22(PEG)、1.18(Estane5703)、1.13(GAP)和 0.78(F$_{2314}$)J·g^{-1}·K^{-1}。黏结剂热容越大表示其在受热情况下越能有效地吸热、隔热,即吸收相同的热量,温度升高较少,可减少"热点"的形成和传播概率,也就越利于降低 PBXs 的感度。据此推测 5 种 PBX 的感度大小排序为 ε-CL-20/F$_{2314}$ > ε-CL-20/GAP > ε-CL-20/Estane > ε-CL-20/PEG > ε-CL-20/HTPB。其中 ε-CL-20/GAP、ε-CL-20/HTPB 和 ε-CL-20/Estane 的感度排序与已有实验相一致。PEG 黏结剂与 ε-CL-20 的相容性和致钝作用均较好,值得关注。F$_{2314}$ 与 ε-CL-20 的相容性差,致钝作用也差,可能是至今未见 ε-CL-20/F$_{2314}$ 实际配方的重要原因。

12.4 力 学 性 能

表 12.3 列出基于 MD 模拟轨迹、由静态力学分析所得 ε-CL-20 及其与 5 种不同黏结剂构成的 PBX 的弹性系数和有效各向同性力学性能(拉伸模量 E、体模量 G、剪切模量 K 和泊松比 ν)。

从表 12.3 可见,与纯 ε-CL-20 相比,5 种 PBX 的弹性系数大多有所下降,表明在各处产生相同应变所需承受应力减小,弹性增强。若将弹性系数分为 3 组:C_{11}、C_{22}、C_{33};C_{44}、C_{55}、C_{66};C_{12}、C_{13}、C_{23},发现各 PBX 的每组弹性系数的内部差值减小,表明黏结剂的加入增强了体系的各向同性。由表 12.3 还可见,与纯 ε-CL-20 相比,5 种 PBX 的 E、K 和 G 均有所降低,表明刚性减弱、弹性增强。表 12.3 还表明,在 ε-CL-20 中加入 GAP 和 HTPB,将使 ν 减小,使体系塑性减小。

表 12.3　纯 ε-CL-20 和 5 种 PBX 的弹性力学性能

参数	纯 ε-CL-20	ε-CL-20/ Estane5703	ε-CL-20/ GAP	ε-CL-20/ HTPB	ε-CL-20/ PEG	ε-CL-20/ F2314
C_{11}	21.67	16.21	14.11	13.33	14.30	20.83
C_{22}	14.38	10.53	8.44	7.93	8.78	11.26
C_{33}	12.16	7.26	2.93	3.03	4.40	12.01
C_{44}	2.75	2.59	2.57	2.45	2.26	3.20
C_{55}	3.10	2.62	2.49	2.05	1.18	2.80
C_{66}	6.07	2.66	1.95	1.33	2.00	3.52
C_{12}	5.90	3.52	1.50	1.39	2.39	4.80
C_{13}	8.63	5.37	1.94	1.77	3.11	7.94
C_{23}	5.04	3.27	0.59	0.74	1.51	6.71
C_{15}	1.07	0.13	1.94	1.61	1.64	2.56
C_{25}	−0.05	0.03	−0.46	−0.15	−0.18	0.54
C_{35}	1.79	0.84	0.54	0.27	0.67	0.47
拉伸模量(E)/GPa	12.21	9.20	8.11	7.72	8.34	10.73
体模量(K)/GPa	9.68	6.48	3.68	3.60	4.61	9.23
剪切模量(G)/GPa	4.73	3.64	3.58	3.38	3.41	4.11
泊松比(ν)	0.29	0.26	0.13	0.14	0.27	0.31

12.5　能量性质

密度(ρ)、爆速(D)和爆压(p)是判别 HEDC 和 HEDM 的最重要能量特性参数。品优 HEDC 的基本要求是 $\rho \approx 1.9$ g·cm^{-3},$D \approx 9$ km·s^{-1} 和 $p \approx 40$ GPa。以 Kamlet-Jacobs 方程[36]或 $\omega\Gamma$ 法[37,38]计算单体和混合炸药的最重要爆轰性能(D、p)时,发现 D 和 p 极大地依赖于炸药的装载密度,即 D 和 p 分别近似地与 ρ 的一次方和平方成正比。故在 PBX 的能量性质难以定量求得时,不妨通过考察黏结剂及其相应 PBX 的密度加以定性评估。已知 ε-CL-20 和 5 种黏结剂的密度依次为 2.055(ε-CL-20)、2.00(F2314)、1.30(GAP)、1.20(Estane5703)、1.18(HTPB)

和 1.13(PEG)g·cm^{-3}。设备黏结剂的百分含量均为 4.2%,则各相应 PBX 的理论密度依次为 2.053、2.024、2.019、2.018 和 2.016 g·cm^{-3}。于是可推测 PBX 的能量特性相对大小为 ε-CL-20/F$_{2314}$＞ε-CL-20/GAP＞ε-CL-20/Estane5703＞ε-CL-20/HTPB＞ε-CL-20/PEG;而已知 3 种 PBX 的 D 和 p 实验测量值的排序为 ε-CL-20/GAP＞ε-CL-20/Estane5703＞ε-CL-20/HTPB[27]。与纯 ε-CL-20 相比,PBX 的能量特性参数确有所下降,但它们的数值仍较高。如 3 种实测 PBX 的密度均可达 1.9 g·cm^{-3} 以上,除 ε-CL-20/HTPB 外,其他两种 PBX 的爆速均大于 9.0 km·s^{-1},亦即均满足 HEDM 的基本要求。

　　总之,就本文所选 5 种黏结剂而言,除 F$_{2314}$ 外,其余 4 种与 ε-CL-20 的结合能均较大,表示相容性较好,有利于增强 PBX 的稳定性。它们的热容($C_p^\ominus$) 较大,有利于降低体系的感度,增强安全性。少量高聚物的加入均能显著改善主体炸药的弹性和各向同性。所得各 PBX 的能量特性虽较主体炸药有所降低,但因黏结剂含量较小(＜5%),且各 PBX 的密度仍较大,故仍能较好保持 ε-CL-20 的高能量密度特性,致使所得 PBX 确为 HEDM。含氟聚合物(如 F$_{2314}$)虽在 TATB(1,3,5-三氨基-2,4,6-三硝基苯)基 PBX 中广泛使用,但不适合与 CL-20 构成 HEDM。

参 考 文 献

[1] Gilbert P S, Jack A. Research towards novel energetic materials. J Energ Mater,1986,45: 5~28

[2] Agrawal P J. Recent trends in high-energy materials. Prog Energy Combust Sci, 1998, 24: 1~30

[3] Zhang M X, Eaton P E, Gilardi R. Hepta-and octanitrocubanes. Angew Chem Int Ed, 2000,39(2):401~404

[4] Nedelko V V, Chukanov N V, Raevskii A V et al. Comparative investigation of thermal decomposition of various modification of hexanitrohexaazaisowurtzitane (CL-20). Propell Explos Pyrotech, 2000, 25:255~259

[5] 董海山. 高能量密度材料的发展与对策. 含能材料(增刊),2004,12:1~12

[6] Nielsen A T, Nissan P A. Polynitropolyaza caged explosives. Part 5, Naval Weapon Center Technical Publication, 1986, 6692

[7] Simpson R L, Urtuew P A, Omellas D L. CL-20 performance exceeds that of HMX and its sensitivity is moderate. Propell Explos Pyrotech, 1997, 22: 249~255

[8] Bircher H R, Mäder P, Mathieu J. Properties of CL-20 based high explosives. 29th Int Annu Conf ICT Karlsruke Germany, 1998, 94:1~14

[9] Bouma R H B, Duvalois W. Characterization of commercial grade CL-20. 31th Int Annu Conf ICT Karlsruke Germany, 2000, 105: 1~9

[10] Xu X J, Xiao J J, Zhu W et al. Molecular Dynamics Simulations for Pure ε-CL-20 and

ε-CL-20-Based PBXs. J Phys Chem B, 2006, 110: 7203~7207

[11] Manaa M R, Fried L E, Melius C F et al. Decomposition of HMX at extreme conditions: a molecular dynamics simulation. J Phys Chem A, 2002, 106: 9024~9029

[12] Sewell T D, Menikoff R, Bedrov D et al. A molecular dynamics simulation study of elastic properties of HMX. J Chem Phys, 2003, 119: 7417~7426

[13] Qiu L, Xiao H M, Zhu W H et al. *Ab initio* and molecular dynamics study of crystalline TNAD (trans-1,4,5,8-tetranitro-1,4,5,8-tetraazadecalin). J Phys Chem B, 2006, 110: 10651~10661

[14] Gee R H, Roszak S, Balasubramanian K et al. *Ab initio* based force field and molecular dynamics simulations of crystalline TATB. J Chem Phys, 2004, 120: 7059~7066

[15] Bunte S W, Sun H. Molecular modeling of energetic materials: the parameterization and validation of nitrate esters in the COMPASS force field. J Phys Chem B, 2000, 104: 2477~2489

[16] 杨小震. 分子模拟与高分子材料. 北京: 科学出版社, 2002

[17] Xiao J J, Fang G Y, Ji G F et al. Simulation investigation in the binding energy and mechinal properties of HMX-based Polymer-bonded explosives. Chinese Sci Bull 2005, 50: 21~26

[18] Xiao J J, Huang Y C, Hu Y J et al. Molecular dynamics simulation of mechanical properties of TATB/Flourine-polymer PBXs along different surfaces. Sci China B, 2005, 48: 504~510

[19] 肖继军, 谷成刚, 方国勇. TATB 基 PBX 结合能和力学性能的理论研究. 化学学报, 2005, 63: 439~444

[20] 马秀芳, 肖继军, 黄辉等. 分子动力学模拟浓度和温度对 TATB/PCTFE PBX 力学性能的影响. 化学学报, 2005, 63: 2037~2041

[21] Ma X F, Xiao J J, Huang H et al. Simulative calculation on mechanical property, binding energy and detonation property of TATB/fluorine-polymer PBX. Chin J Chem, 2006, 24: 473~477

[22] 肖继军, 黄辉, 李金山等. HMX 晶体和 HMX/F_{2311} PBXs 力学性能的 MD 模拟研究. 化学学报, 2007, 65: 41746~41750

[23] Sun H, Rigby D. Polysiloxanes: *ab initio* force and structural, conformational and thermophysical properties. Spectrochimica Acta A, 1997, 153: 1301~1323

[24] Sun H, Ren P, Fried J R. The COMPASS force field: parameterization and validation for phosphazenes. Comput Theor Polym Sci, 1998, 8: 229~246

[25] Sun H. Compass: An *ab initio* force-field optimized for condense-phase applications-overview with details on alkanes and benzene compounds. J Phys Chem B, 1998, 102: 7338~7364

[26] 许晓娟, 肖继军, 黄辉等. ε-CL-20 基 PBX 结构和性能的分子动力学模拟——HEDM 理论配方设计初探. 中国科学 B, 2007, 37: 556~563

[27] Xu X J, Xiao J J, Huang H et al. Molecular dynamics simulations on the structures and

properties of ε-CL-20-based PBXs—Primary theoretical studies on HEDM formulation design. Science in China B,2007,50:737～745

[28] Materials Studio 3.0，Accelys：San Diego，Ca. 2004

[29] 赵信歧,施倪承. ε-六硝基六氮杂异伍兹烷的晶体结构. 科学通报,1995,40:2158～2160

[30] 惠君明,陈天云. 炸药爆炸理论. 镇江:江苏科技出版社,1995,64～65

[31] 欧育湘,刘进全. 高能量密度化合物. 北京:国防工业出版社,2005

[32] Xu X J, Xiao H M, Ju X H et al. Computational studies on polynitrohexaazaadmantanes as potential high energy density materials (HEDMs). J Phys Chem A, 2006, 110(17): 5929～5933

[33] Xu X J, Xiao H M, Ju X. H et al. Theoretical studies on the vibrational spectra, thermodynamic properties, detonation properties and pyrolysis mechanisms for polynitroadamantanes. J Phys Chem A, 2005, 109(49): 11268～11274

[34] Xu X J, Zhu W H, Xiao H M. DFT studies on the four polymorphs of crystalline CL-20 and the influences of hydrostatic pressure on ε-CL-20 crystal. J Phys Chem B, 2007, 118 (8): 2090～2097

[35] 马秀芳,赵峰,肖继军等. HMX 基多组分 PBX 结构和性能的模拟研究. 爆炸与冲击, 2007, 27(2): 109～115

[36] Kamlet M J, Jacobs S J. Chemistry of detonations. I. A simple method for calculating detonation properties of CHNO explosives. J Chem Phys, 1968, 48: 23～35

[37] Wu X. Simple method for calculating detonation parameters of explosives. J Energ Mater, 1985, 3(4): 263～277

[38] 张熙和,云主惠. 爆炸化学. 北京:国防工业出版社,1989

第三篇　氮杂环硝胺类 HEDM

第13章 单环硝胺

众所周知,RDX(环三甲撑三硝胺)和 HMX(环四甲撑四硝胺)是著名的常用单环硝胺类烈性炸药,对于其结构-性能的研究一直很活跃[1~11]。很自然地,人们关注到它们的同系物,既然六元和八元单环硝胺具有非常适用于炸药的结构和性能,那么其他单环氮杂硝胺如三元、四元、五元以及十元等氮杂环硝胺是否也具有同样性能。基于这一思路,以前曾对十元环杂硝胺 CRX(环五甲撑五硝胺)进行半经验 MNDO 和密度泛函理论 B3LYP/6-31G** 计算[12,13];已成功合成四元环杂硝胺 TNAZ(1,3,3-三硝基氮杂环丁烷),还进行过大量相关理论、实验和开发应用研究[14~16]。但通过研究发现,还有更多单环硝胺尚未得到研究。另外,由于多环或笼状硝胺如双环-HMX[17]、TNAD[18]和 CL-20[19]等,具有更高晶体密度、能量和爆轰性能,甚至超过 RDX 和 HMX 的 HEDC,这引起了广泛关注;而它们均由单环氮杂硝胺组合而成,表明对单环氮杂硝胺的结构与性能作深入细致的系统研究也是很有必要的。

本章选择两系列单环氮杂硝胺——六元和五元环杂硝胺化合物,如图 13.1 所示,作较高水平计算。通过比较它们的全优化几何构型、电子结构、IR 谱和热力学性质以及爆速、爆压等爆轰性能和热稳定性,寻求其共性和差异,以期对理解和寻求品优 HEDM 有所启迪,并在一定程度上展示当代理论化学解释已有和预测未

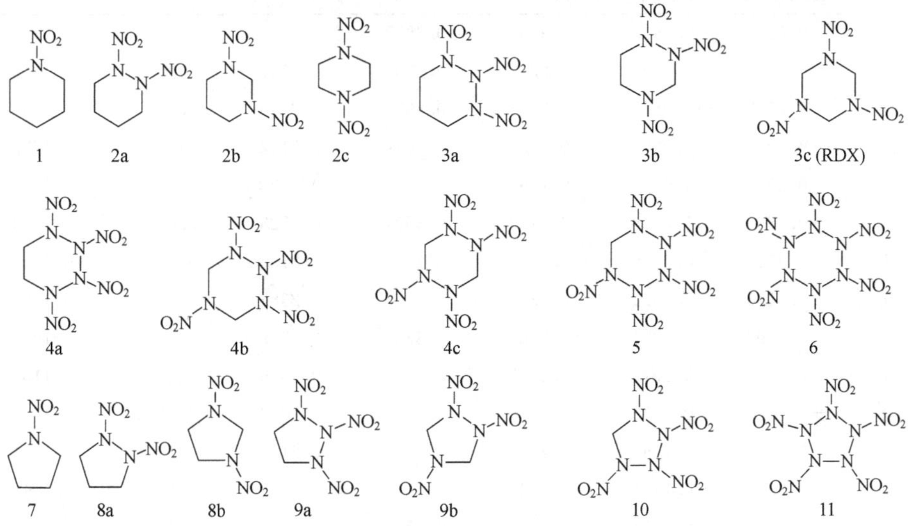

图 13.1　六元和五元环杂硝胺的分子结构

知化合物的功能[20~29]。

为考察单硝基氮杂取代对结构和性能的影响，对环己烷（C_6H_{12}）和环戊烷（C_5H_{10}）作类似计算，并与单硝基氮杂环己烷和单硝基氮杂环戊烷进行了相应比较。

13.1　电 子 结 构

化合物的最高占有分子轨道能级 E_{HOMO} 越高（或最低空轨道能级 E_{LUMO} 越低），前线轨道能级差 ΔE（$\Delta E = E_{LUMO} - E_{HOMO}$）越小，则分子的稳定性越差，化学反应活性越大。这里的稳定性和反应活性主要适用于由电子转移或跃迁所控制的化学或光化学过程。

Mülliken 键集居数[30]反映化学键周围电子密度的高低，一般而言，某键的集居数越小则该键的强度就越弱。尽管 Mülliken 集居分析有许多不足，对基组依赖性也很大，但因其简洁方便，至今仍广泛运用 Mülliken 键级或 Mülliken 键集居数等参量表征键的相对强弱，关联化合物的稳定性或感度[20~29,31]。

表 13.1 列出标题物的 B3LYP/6-31G** 计算 E_{HOMO}、E_{LUMO} 和能隙 ΔE，以及分子中各化学键的键集居数 P_{A-B}（当有多个同类键时取最小值）。

表 13.1　标题物的前线轨道能级（E_{HOMO}，E_{LUMO}）、能隙（ΔE）和各化学键最小 Mülliken 键集居数

化合物	E_{HOMO}/ Hartree*	E_{LUMO}/ Hartree*	ΔE/ Hartree*	P_{C-C}	P_{C-N}	P_{N-N}	P_{N-NO_2}
C_6H_{12}	−0.2921	0.0878	0.3799	0.3832			
1	−0.2676	−0.0407	0.2269	0.3537	0.2547		0.1942
2a	−0.2797	−0.0671	0.2126	0.3383	0.2535	0.1853	0.1360
2b	−0.2914	−0.0657	0.2257	0.3449	0.2192		0.1775
2c	−0.2892	−0.0627	0.2265	0.3200	0.2428		0.1839
3a	−0.2839	−0.0886	0.1953	0.3521	0.1928	−0.0005	0.1056
3b	−0.3014	−0.0885	0.2129	0.2945	0.2190	0.1724	0.1229
3c	−0.3070	−0.0855	0.2215		0.2384		0.1629
4a	−0.3092	−0.1031	0.2061	0.3253	0.2349	0.1320	0.1073
4b	−0.3180	−0.1073	0.2107		0.2305	0.1781	0.1158
4c	−0.3180	−0.1002	0.2178		0.2050	0.1582	0.1147
5	−0.3230	−0.1152	0.2078		0.2165	0.1298	0.0981
6	−0.3253	−0.1187	0.2066			0.1403	0.1048
C_5H_{10}	−0.3083	0.0854	0.3936	0.3754			

续表

化合物	E_{HOMO}/ Hartree*	E_{LUMO}/ Hartree*	ΔE/ Hartree*	P_{C-C}	P_{C-N}	P_{N-N}	P_{N-NO_2}
7	−0.2662	−0.0327	0.2335	0.3376	0.2588		0.1945
8a	−0.2831	−0.0701	0.2130	0.3305	0.2406	0.1590	0.1404
8b	−0.2966	−0.0747	0.2219	0.3274	0.2105		0.1772
9a	−0.2935	−0.0947	0.1988	0.3101	0.2107	0.0922	0.1091
9b	−0.3074	−0.0952	0.2122		0.1998	0.1542	0.1262
10	−0.3191	−0.1079	0.2112		0.1988	0.1049	0.1012
11	−0.3073	−0.1257	0.1817			0.0065	0.0966

* 1 Hartree＝27.211eV,下同。

　　由表 13.1 可见,随环己烷和环戊烷母体环上 N-硝基数增多,ΔE 逐渐减小,表明分子稳定性逐渐降低,感度依次增大,符合分子稳定性随分子中硝基数增多而下降的一般规律。取代基之间的相对位置影响化合物的稳定性,通常硝基之间距离越近稳定性越差。如表中 3 个二硝基取代氮杂环己烷分子中硝基间的距离排序为 2a ＜ 2b ＜ 2c,故可判断相对稳定性排序为 2a ＜ 2b ＜ 2c。这与由 ΔE 值给出的排序相一致,表明根据 ΔE 值可判别多硝基取代氮杂环己烷和氮杂环戊烷中同分异构体的相对稳定性。类似地,表中其他同分异构体之间的相对稳定性亦可由 ΔE 值依次推出,如 3a ＜ 3b ＜ 3c,4a ＜ 4b ＜ 4c,8a ＜ 8b,9a ＜ 9b。此外,由 ΔE 值还可判别表中两组单环硝胺(从 C_6H_{12} 至 11)的总体稳定性排序,即 11＜ 3a ＜ 9a ＜ 4a ＜ 6 ＜ 5 ＜ 4c ＜ 10 ＜ 9b ＜ 2a ＜ 3b ＜ 8a ＜ 4b ＜ 3c ＜ 8b ＜ 2b ＜ 2c ＜ 1 ＜ 7 ＜ C_6H_{12} ＜ C_5H_{10}。这与 Oxley 等[32]研究单环硝胺热解反应速率得出的结论基本一致。他们给出的热解速率相对大小顺序为 3c ＞ 8b ＞ 2b ＞ 2c ＞ 7 ＞ 1,亦即稳定性排序为 3c ＜ 8b ＜ 2b ＜ 2c ＜ 7 ＜ 1。

　　由表 13.1 中 Mülliken 键集居数可归纳出以下规律:①在标题物的所有化学键中,均以 C—H 键的电子集居数最大(大于 0.36),且受取代基数目和位置的影响较小;硝基中 N—O 键和环骨架 C—C 键也较强;除分子 3a、9a 和 11 中的环骨架 N—N 键较 N—NO$_2$ 弱外,其他化合物均以环外 N—NO$_2$ 键最弱。可见 N—NO$_2$ 键或 N—N 键可能是热解或爆炸的引发键。该结论将在下文以动态反应计算进行验证;②随分子中硝基数增多,总体上所有化学键上的电子集居数均减小,尤以 N—NO$_2$ 键降低得最明显。根据"最小键级原理"(PSBO)[31],可判断标题物的稳定性随分子中硝基数增多而降低,感度则随之增加;③对同分异构体而言,随 N—NO$_2$ 基间相对距离增大,键集居数也逐渐增加,表明分子稳定性随硝基间距离增大而逐渐升高,即 2a ＜ 2b ＜ 2c,3a ＜ 3b ＜ 3c,4a ＜ 4b ＜ 4c,8a ＜ 8b,9a ＜ 9b,这与根据 ΔE 值判断的分子稳定性排序相一致。

　　表 13.2 给出标题物的 B3LYP/6-31G** 全优化分子总能量(E_0)和零点振动能(ZPE)。分子总能量显然将随分子中硝基增多而降低。对六元环杂硝胺(从 C_6H_{12} 至 6)和五元环杂硝胺(从 C_5H_{10} 至 11)而言,分子中每增加一个 N—NO$_2$ 基,E_0 均降低 220.5 Hartree,ZPE 则分别平均降低 23～33 kJ·mol^{-1} 和 22～36 kJ·mol^{-1}。此外,对含相同硝基数的单环硝胺而言,六元环杂硝胺的总能量均比相应的五元环杂硝胺约降低 39.3 Hartree,而零点振动能约升高 77 kJ·mol^{-1}。这些都表明标题物分子的总能量和零点振动能均符合基团加和性。尽管同分异构体之间差别较小,但根据它们的分子总能量即可方便判别它们的热力学稳定性排序为 2a ＜ 2b ＜ 2c,3a ＜ 3b ＜ 3c,4a ＜ 4b ＜ 4c,8a ＜ 8b,9a ＜ 9b。这与由 ΔE 和 N—NO$_2$ 键集居数导致的结论相符。

表 13.2　标题物的总能量(E_0)和零点振动能(ZPE)

化合物	E_0/Hartree	ZPE/(kJ·mol^{-1})	化合物	E_0/Hartree	ZPE/(kJ·mol^{-1})
C_6H_{12}	−235.8971638	447.8078	C_5H_{10}	−196.5710560	369.8516
1	−456.4123760	425.1433	7	−417.0909727	348.1698
2a	−676.8847909	397.8268	8a	−637.5680617	321.2551
2b	−676.9187633	401.5937	8b	−637.5944066	324.4850
2c	−676.9210787	401.4711	9a	−858.0337645	291.7452
3a	−897.3394921	368.3756	9b	−858.0671800	295.3957
3b	−897.3897369	372.8057	10	−1078.5077603	262.0656
3c	−897.4172415	375.5984	11	−1298.9338561	226.0592
4a	−1117.8294195	339.8684			
4b	−1117.8591236	343.3772			
4c	−1117.8640095	344.1682			
5	−1338.2948808	309.6937			
6	−1558.7328259	275.9630			

　　为了估算分子中 N—NO$_2$ 基之间相互作用的强弱并关联分子的稳定性,我们设计了等键反应式(13.1)和反应式(13.2)。根据反应前后的能量差求得多硝基取代氮杂环己烷和环戊烷中的歧化能(disproportionation energy,E_{dis})$^{[33]}$,列于表 13.3。

$$nC_5H_{10}NNO_2 \longrightarrow (n-1)C_6H_{12} + C_{6-n}H_{12-2n}(NNO_2)_n \qquad (13.1)$$

$$nC_4H_8NNO_2 \longrightarrow (n-1)C_5H_{10} + C_{5-n}H_{10-2n}(NNO_2)_n \qquad (13.2)$$

式中:n 为多硝基氮杂取代衍生物中 N—NO$_2$ 基的数目。

　　由表 13.3 可见,随两组单环硝胺分子中 N—NO$_2$ 基数增多,歧化能(E_{dis})均明显增大,表明取代基之间相互作用增强,预示分子的稳定性将会相应降低。比较

2a~2c、3a~3c 和 4a~4c 以及 8a~8b 和 9a~9b 中的 E_{dis}，发现 N—NO₂ 基之间相对距离越大，E_{dis} 降低越多。这表明基团间相互作用随基团间相对距离增大而减弱，邻位基团间的相互作用远大于间位和对位基团之间的相互作用。此外，通过比较两组单环硝胺之间的 E_{dis}，发现多硝基氮杂环戊烷中的 E_{dis} 均比相应的多硝基氮杂环己烷大，表明前者中基团之间的相互作用较后者大，主要是由于前者环张力和基团空间位阻较大。

由表 13.3 中的电荷值可见，硝基上平均净电荷（$Q_{\mathrm{NO_2}}$）和环 N 原子上平均净电荷（Q_{N}）均随分子中取代基增多而下降，且随取代基之间的距离增大而升高，如 2a < 2b < 2c，3a < 3b < 3c，4a < 4b < 4c，8a < 8b，9a < 9b。这与前线轨道能级差 ΔE 和 Mülliken 键集居数的变化规律相一致，与歧化能 E_{dis} 的变化趋势恰相反。可见比较结构相似物的电荷分布即可判别它们的相对稳定性和感度大小，亦即硝基或环 N 原子上所带负电荷越多，则相应标题物越稳定、感度越小。这与以前的研究结论相符[34,35]。总之，硝基或 N 原子所具电荷反映其吸电子能力，并与化合物的稳定性和感度相关。

表 13.3　标题物的歧化能（E_{dis}）以及—NO₂ 基
和环 N 原子上的平均净电荷（$Q_{\mathrm{NO_2}}$，Q_{N}）

化合物	$E_{\mathrm{dis}}/(\mathrm{kJ \cdot mol^{-1}})$	$Q_{\mathrm{NO_2}}$	Q_{N}	化合物	$E_{\mathrm{dis}}/(\mathrm{kJ \cdot mol^{-1}})$	$Q_{\mathrm{NO_2}}$	Q_{N}
1	0	−0.1995	−0.3223	5	468.24	0.0218	−0.1210
2a	112.36	−0.1007	−0.1891	6	671.11	0.0712	−0.0712
2b	23.17	−0.1542	−0.3207	7	0	−0.2355	−0.3119
2c	17.09	−0.1652	−0.3375	8a	112.44	−0.0888	−0.1862
3a	271.24	−0.0423	−0.1507	8b	43.28	−0.1655	−0.3200
3b	139.32	−0.0907	−0.2440	9a	254.78	−0.0471	−0.1410
3c	67.10	−0.1167	−0.3130	9b	167.05	−0.0684	−0.2438
4a	337.62	−0.0134	−0.1286	10	375.35	0.0180	−0.1434
4b	259.63	−0.0343	−0.1934	11	621.67	0.0669	−0.0669
4c	246.81	−0.0451	−0.2064				

总之，对于系列多硝基氮杂取代环己烷和环戊烷衍生物，用前线轨道能级差 ΔE、Mülliken 键集居数、歧化能 E_{dis} 以及 $Q_{\mathrm{NO_2}}$ 和 Q_{N} 等电子结构参数，均可评估或预测其稳定性和感度的相对大小，并得到一致的结论。

13.2　IR　谱

红外（IR）振动光谱反映物质的基本属性，与其热力学性质直接相关，是鉴定和表征物质的有效手段。除化合物 2c[36] 和 3c[37] 外,在多硝基氮杂环己烷和环戊烷系列化合物中,至今未见其 IR 光谱研究的系统报道。图 13.2 展示标题物的 DFT-B3LYP/6-31G** 计算 IR 频率和强度,其中频率值均经 0.96 校正因子校正[38]。以下对其主要振动模式进行分析,并判定其重要特征峰归属。

由图 13.2 可见,标题物的 IR 谱主要有 4 个特征区:①通常基团频率随成键原子质量增大而向低波数方向移动。因氢原子质量最小,对应于 C—H 键的对称和

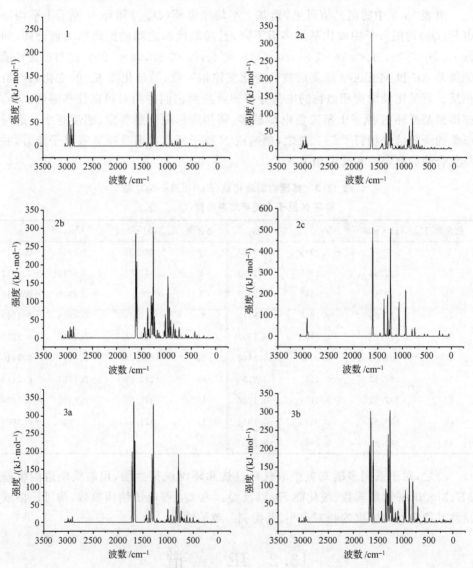

图 13.2 标题物的 B3LYP/6-31G** 计算 IR 光谱

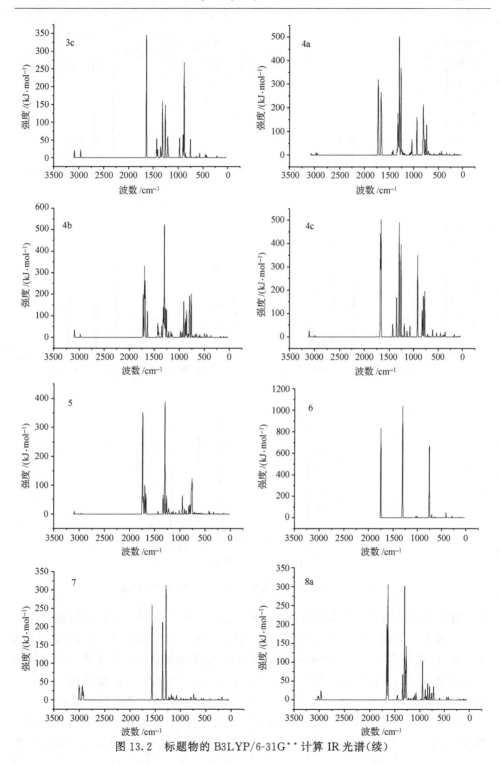

图 13.2 标题物的 B3LYP/6-31G** 计算 IR 光谱(续)

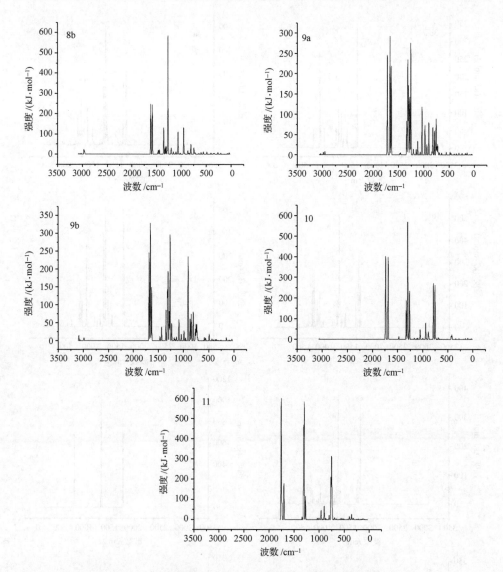

图 13.2　标题物的 B3LYP/6-31G** 计算 IR 光谱(续)

不对称伸缩振动均出现在高频区 3000 cm⁻¹左右。分子中 N—NO₂ 基的数目和相对位置对 C—H 键的伸缩频率和强度影响很大,N—NO₂ 基数从 0 依次增加到 6 或 5 时,标题物中 C—H 键伸缩振动频率增加、振动强度减小。这主要是因为随分子中硝基数增加,诱导效应增强,导致分子中环外用于形成 C—H 键的碳轨道中平均 s 成分增加,使相应的 C—H 键增强;②1567~1761 cm⁻¹ 波段的强吸收峰对应于—NO₂ 中 N═O 键的不对称伸缩振动。在此特征区内,振动模式数等于—NO₂ 基数;且随分子中 N—NO₂ 基数增多,N═O 不对称伸缩振动频率增大,即发生蓝移;③在 1235～1370 cm^{-1} 波段存在的较强吸收峰,对应于—NO$_2$ 中 N ＝O 键的对称伸缩振动和 C—H 键的弯曲振动,其频率随硝基数增多而减小;④IR 谱图中较低的波段(<1200 cm^{-1})属于指纹区,其中较强的吸收峰主要归于环骨架伸缩振动以及 C—H 键和—NO$_2$ 中 N ＝O 键弯曲振动等,该区可用于鉴定和区分同分异构体。

将标题物 2c 和 3c 的理论计算 IR 光谱与已有实验值[36,37]进行比较,结果列于表 13.4。很显然,B3LYP/6-31G** 计算的振动频率与实验值多数很接近,二者符合得很好。一些细微的差异可能是由于实测样品是晶体,存在较强分子间相互作用,而理论计算则是对孤立气相分子并基于简谐振动模式。总之,这里的 IR 理论计算结果还是可靠可信的,可供实验工作者合成和初步鉴定这些化合物作参考。

表 13.4　理论计算 IR 频率与已有实验值的比较 *

化合物	波数/cm^{-1}	归属
2c	3025w(3049),2967w(3049),2965w(3048),2891w(2912), 2883w(2909),2875w(2901),2857w(2899)	CH$_2$ 伸缩振动
	1571vs(1597)	NO$_2$ 不对称伸缩振动
	1471w(1462),1458w(1452),1439w(1445),1425w(1440)	CH$_2$ 弯曲振动
	1386m(1382),1384m(1370)	NO$_2$ 对称伸缩振动
	1280m(1297),1279m(1265),1259s(1241),1251m(1228)	CH$_2$ 弯曲振动＋NO$_2$ 伸缩振动
	1066w～949m(1069～934)	环骨架伸缩振动
3c	3065vw(2959～3091)	CH$_2$ 伸缩振动
	1584vs(1637)	NO$_2$ 不对称伸缩振动
	1444m(1430),1420m(1412)	CH$_2$ 弯曲振动
	1374m(1314),1319s(1259),1268s(1256)	NO$_2$ 对称伸缩振动
	1218w(1209),1014w(973),910s(903),880m(882), 845w(857),782m(753)	环骨架伸缩振动

* 括号中是理论计算结果。w、m、s 和 vs 分别表示 IR 光谱的吸收强度弱(weak)、中等(medium)、强(strong)和很强(very strong)。

13.3　热力学性质

根据统计热力学原理和校正后的谐振频率,运用自编程序计算了标题物的热力学性质,包括标准恒压摩尔热容($C_{p,m}^{\ominus}$)、标准摩尔熵($S_m^{\ominus}$)和标准摩尔焓($H_m^{\ominus}$),列于表 13.5。对于高能化合物,这些热力学量是计算评估其爆炸性质(如爆温和爆热等)以及深入研究其他性质和反应的必备参数。

表 13.5 标题物在不同温度下的热力学性质 *

化合物	函数	T							
		200.0K	273.15K	298.15K	400.0K	500.0K	600.0K	700.0K	800.0K
C_6H_{12}	$C_{p,m}^{\ominus}$	71.57	98.54	108.84	151.63	189.67	221.81	248.74	271.48
	$S_m^{\ominus}$	280.18	306.32	315.39	353.38	391.41	428.91	465.19	499.93
	$H_m^{\ominus}$	9.33	15.51	18.10	31.38	48.49	69.11	92.68	118.72
1	$C_{p,m}^{\ominus}$	98.54	129.44	140.71	186.19	225.61	258.30	285.19	307.51
	$S_m^{\ominus}$	326.37	361.55	373.37	421.14	467.04	511.16	553.06	592.65
	$H_m^{\ominus}$	12.53	20.85	24.22	40.90	61.54	85.79	113.01	142.68
2a	$C_{p,m}^{\ominus}$	126.98	162.90	175.43	224.08	264.64	297.47	323.92	345.47
	$S_m^{\ominus}$	375.81	420.64	435.44	493.93	548.44	599.70	647.61	692.31
	$H_m^{\ominus}$	16.27	26.86	31.09	51.48	75.98	104.15	135.27	168.77
2b	$C_{p,m}^{\ominus}$	123.41	159.50	172.08	221.11	262.17	295.46	322.29	344.12
	$S_m^{\ominus}$	369.41	413.15	427.66	485.21	539.11	589.96	637.59	682.10
	$H_m^{\ominus}$	15.59	25.92	30.07	50.14	74.37	102.31	133.24	166.60
2c	$C_{p,m}^{\ominus}$	125.63	160.45	172.70	220.90	261.70	294.96	321.84	343.76
	$S_m^{\ominus}$	370.62	414.86	429.43	487.03	540.84	591.60	639.16	683.62
	$H_m^{\ominus}$	15.82	26.27	30.44	50.52	74.72	102.61	133.49	166.81
3a	$C_{p,m}^{\ominus}$	155.85	198.48	212.49	264.40	305.78	338.42	364.19	384.80
	$S_m^{\ominus}$	401.96	456.88	474.87	544.79	608.41	667.16	721.34	771.36
	$H_m^{\ominus}$	18.73	31.70	36.84	61.20	89.79	122.06	157.24	194.73
3b	$C_{p,m}^{\ominus}$	154.03	194.27	207.85	259.30	301.21	334.58	361.01	382.16
	$S_m^{\ominus}$	418.86	472.81	490.41	558.87	621.40	679.38	733.02	782.65
	$H_m^{\ominus}$	19.48	32.21	37.24	61.10	89.20	121.05	155.88	193.08
3c	$C_{p,m}^{\ominus}$	149.26	191.01	205.00	257.58	300.11	333.80	360.40	381.64
	$S_m^{\ominus}$	415.94	468.64	485.97	553.76	615.98	673.80	727.33	776.89
	$H_m^{\ominus}$	18.87	31.31	36.26	59.89	87.86	119.62	154.38	191.52
4a	$C_{p,m}^{\ominus}$	187.05	232.76	247.56	301.50	343.74	376.56	402.07	422.12
	$S_m^{\ominus}$	467.18	532.31	553.34	633.89	705.89	771.59	831.63	886.68
	$H_m^{\ominus}$	23.61	38.98	44.98	73.04	105.38	141.47	180.45	221.70

续表

化合物	函数	T							
		200.0K	273.15K	298.15K	400.0K	500.0K	600.0K	700.0K	800.0K
4b	$C_{p,m}^{\ominus}$	182.31	228.71	243.76	298.61	341.54	374.86	400.72	421.01
	$S_m^{\ominus}$	463.59	527.34	548.02	627.58	699.02	764.37	824.17	879.06
	$H_m^{\ominus}$	23.07	38.12	44.03	71.74	103.84	139.73	178.56	219.69
4c	$C_{p,m}^{\ominus}$	182.85	229.11	244.06	298.67	341.52	374.82	400.66	420.94
	$S_m^{\ominus}$	450.78	514.68	535.40	615.01	686.45	751.79	811.59	866.47
	$H_m^{\ominus}$	22.56	37.64	43.56	71.29	103.39	139.28	178.10	219.22
5	$C_{p,m}^{\ominus}$	217.98	268.27	284.16	340.63	383.60	416.36	441.36	460.65
	$S_m^{\ominus}$	518.49	593.99	618.18	709.90	790.74	863.71	929.85	990.10
	$H_m^{\ominus}$	27.70	45.52	52.43	84.36	120.66	160.74	203.68	248.82
6	$C_{p,m}^{\ominus}$	252.93	307.83	324.74	383.15	426.15	458.24	482.28	500.47
	$S_m^{\ominus}$	568.08	655.22	682.92	786.91	877.25	957.93	1030.46	1096.10
	$H_m^{\ominus}$	32.23	52.79	60.70	96.89	137.45	181.75	228.84	278.01
C_5H_{10}	$C_{p,m}^{\ominus}$	60.16	81.44	89.93	125.58	157.17	183.68	205.81	224.45
	$S_m^{\ominus}$	283.17	304.88	312.38	343.81	375.31	406.38	436.41	465.14
	$H_m^{\ominus}$	9.22	14.36	16.50	27.48	41.66	58.74	78.25	99.79
7	$C_{p,m}^{\ominus}$	86.61	111.74	121.13	159.26	192.24	219.44	241.69	260.08
	$S_m^{\ominus}$	315.93	346.52	356.70	397.68	436.87	474.40	509.95	543.47
	$H_m^{\ominus}$	11.75	18.97	21.88	36.18	53.80	74.43	97.53	122.64
8a	$C_{p,m}^{\ominus}$	113.15	144.36	155.21	196.97	231.27	258.69	280.56	298.21
	$S_m^{\ominus}$	356.00	395.82	408.93	460.51	508.28	552.97	594.55	633.20
	$H_m^{\ominus}$	14.69	24.10	27.84	45.82	67.30	91.85	118.85	147.82
8b	$C_{p,m}^{\ominus}$	111.07	141.69	152.42	194.10	228.73	256.56	278.78	296.73
	$S_m^{\ominus}$	360.32	399.40	412.28	463.01	510.17	554.42	595.70	634.14
	$H_m^{\ominus}$	14.61	23.84	27.52	45.21	66.41	90.72	117.53	146.34
9a	$C_{p,m}^{\ominus}$	145.66	180.67	192.35	235.94	270.75	298.07	319.46	336.39
	$S_m^{\ominus}$	404.25	454.83	471.16	533.96	590.49	642.37	689.99	733.80
	$H_m^{\ominus}$	18.63	30.57	35.23	57.10	82.50	111.00	141.92	174.75

化合物	函数	T							
		200.0K	273.15K	298.15K	400.0K	500.0K	600.0K	700.0K	800.0K
9b	$C_{p,m}^{\ominus}$	139.66	175.82	187.89	232.80	268.51	296.41	318.17	335.35
	$S_m^{\ominus}$	402.15	451.04	466.96	528.64	584.57	636.10	683.49	727.14
	$H_m^{\ominus}$	17.98	29.52	34.07	55.56	80.69	109.00	139.77	172.48
10	$C_{p,m}^{\ominus}$	174.15	214.50	227.53	274.38	310.29	337.71	358.67	374.87
	$S_m^{\ominus}$	460.92	521.23	540.58	614.24	679.50	738.61	792.31	841.31
	$H_m^{\ominus}$	22.62	36.85	42.37	68.02	97.33	129.80	164.66	201.37
11	$C_{p,m}^{\ominus}$	212.23	257.39	271.34	319.52	354.90	381.22	400.91	415.78
	$S_m^{\ominus}$	503.81	576.78	599.93	686.73	762.02	829.17	889.48	944.03
	$H_m^{\ominus}$	27.00	44.21	50.82	81.03	114.84	151.71	190.86	231.73

* 单位：T 的为 K；$C_{p,m}^{\ominus}$ 的为 J·mol^{-1}·K^{-1}；$S_m^{\ominus}$ 的为 J·mol^{-1}·K^{-1}；$H_m^{\ominus}$ 的为 kJ·mol^{-1}。

从表 13.5 可见，所有标题物的热力学函数均随温度升高而增大。这是由于温度较低时对热力学量的贡献主要来自于分子的平动和转动，振动的影响很小；而随温度升高，分子振动的贡献增大，导致热力学函数值增大。

通过拟合求得各标题物在 200～800 K 温度范围的热容、熵和焓与温度之间的关系。这里仅以六元环杂硝胺中 3c(RDX) 和五元环杂硝胺中 8b(DNCP) 为例，给出其热力学性质与温度之间的函数关系式。

3c：$C_{p,m}^{\ominus} = 10.1786 + 0.7693T - 3.8218 \times 10^{-4} T^2$,　$R^2 = 0.9999$,　SD = 0.9100

$S_m^{\ominus} = 261.2513 + 0.8179T - 2.1698 \times 10^{-4} T^2$,　$R^2 = 1.0$,　　SD = 0.1756

$H_m^{\ominus} = -9.5291 + 0.0985T + 1.9220 \times 10^{-4} T^2$,　$R^2 = 0.9998$,　SD = 0.9044

8b：$C_{p,m}^{\ominus} = 3.5085 + 0.5851T - 2.7314 \times 10^{-4} T^2$,　$R^2 = 0.9998$,　SD = 1.1499

$S_m^{\ominus} = 246.1704 + 0.5998T - 1.4350 \times 10^{-4} T^2$,　$R^2 = 1.0$,　　SD = 0.0802

$H_m^{\ominus} = -5.4865 + 0.0658T + 1.5591 \times 10^{-4} T^2$,　$R^2 = 0.9999$,　SD = 0.6546

式中：R^2 和 SD 分别为相关系数和标准偏差。由拟合曲线图 13.3(a) 可见，无论是六元环杂硝胺还是五元环杂硝胺，$C_{p,m}^{\ominus}$ 和 $S_m^{\ominus}$ 的增幅均随温度升高而逐渐减小，而 $H_m^{\ominus}$ 的增幅则随温度升高而逐渐增大；但由于曲线的二次方项系数均很小，故近似为直线，即 3 个热力学函数随温度升高基本呈线性递增。其余同系物的热力学性质与温度之间也存在类似的线性关系。

考察两类所有标题物（从 C_6H_{12} 至化合物 6，从 C_5H_{10} 至化合物 11）的热力学性质，发现它们均随分子中硝基数(n)增加而线性增加，如图 13.3(b) 所示。图中取了 298.15 K 时的热力学函数值。由图可见，当分子中 N—NO$_2$ 基数分别从 0 增

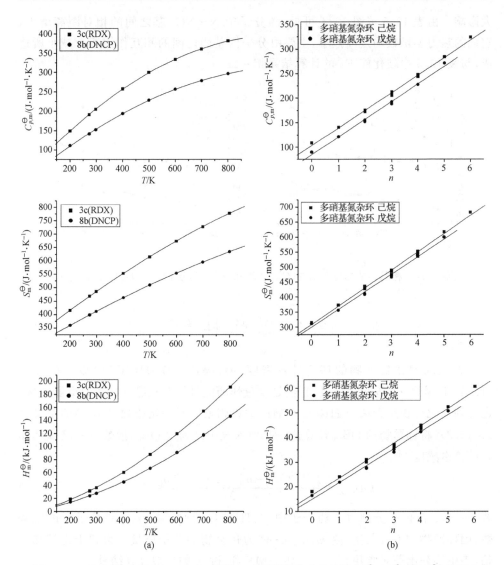

图 13.3 (a)温度 T 和(b)N—NO$_2$ 基数 n 对标题物热力学函数($C_{p,m}^{\ominus}$、$S_m^{\ominus}$ 和 $H_m^{\ominus}$)的影响

加到 6 和 5 时,两类化合物的 3 种热力学函数均线性地增加,体现了基团加和性。前者的 $C_{p,m}^{\ominus}$、$S_m^{\ominus}$ 和 $H_m^{\ominus}$ 的线性相关系数分别为 0.9982、0.9967 和 0.9962,每个硝胺基团对 $C_{p,m}^{\ominus}$、$S_m^{\ominus}$ 和 $H_m^{\ominus}$ 的平均贡献值分别约为 35.93 J·mol^{-1}·K^{-1}、60.51 J·mol^{-1}·K^{-1}和 7.04 kJ·mol^{-1};而后者的 $C_{p,m}^{\ominus}$、$S_m^{\ominus}$ 和 $H_m^{\ominus}$ 的线性相关系数分别为 0.9975、0.9965 和 0.9947,每个硝胺基团对 $C_{p,m}^{\ominus}$、$S_m^{\ominus}$ 和 $H_m^{\ominus}$ 的平均贡献值分别约为 36.08 J·mol^{-1}·K^{-1}、58.51 J·mol^{-1}·K^{-1}和 6.86 kJ·mol^{-1}。

对两类化合物中的同分异构体,硝基之间的相对距离对其热力学性质也有较大影响。由表 13.5 或图 13.4 可见,随分子中 N—NO$_2$ 基之间的相对距离增大,它们的热力学函数均逐渐减小,主要由分子内基团之间的相互作用逐渐减小所造成,与表 13.3 中歧化能 E_{dis} 的计算结果相一致。

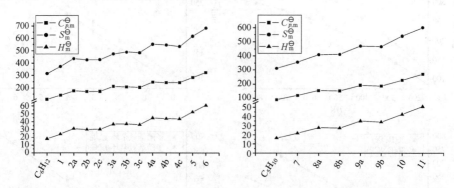

图 13.4　标题物的热力学函数($C_{p,m}^{\ominus}$、$S_m^{\ominus}$ 和 $H_m^{\ominus}$)随分子结构的总体变化趋势

13.4　爆炸性能

表 13.6 列出标题物的理论计算密度(ρ)、爆速(D)和爆压(p)以及生成热(HOF)和爆热(Q)等物理参量,它们是度量炸药能量特性和爆炸特性的重要指标,也是判别化合物是否属于 HEDC 范畴的关键因素。氧平衡指数(OB$_{100}$)的定义见式(13.3),将标题物的 OB$_{100}$ 计算值一并列入表中。利用 OB$_{100}$ 指数可粗略预估炸药的撞击感度[39]。

$$OB_{100} = \frac{100(2\,n_O - n_H - 2\,n_C - 2\,n_{COO})}{M} \qquad (13.3)$$

式中:n_O、n_H 和 n_C 分别为炸药分子中 O、H 和 C 的原子数;n_{COO} 是分子中的羧基数,因标题物均不含羧基,故 $n_{COO} = 0$;M 为化合物的分子质量。为利于比较和评估,表中还列出著名常用高能炸药如 HMX 和 TNT 的类似计算结果。

由表 13.6 可见,我们的 ρ、D、p 计算结果与已有实验值基本一致,表明基于 B3LYP/6-31G** 计算分子体积(V)进而预测高能物质的晶体密度和爆轰性能确实是可靠的。对具有相同硝基数(n)的同分异构体,其理论计算密度(ρ)较接近,最大仅相差 0.05 g·cm^{-3},故主要决定于 ρ 的 D 和 p 值也较接近。

当爆炸物的 $\rho \approx 1.9$ g·cm^{-3}、$D \approx 9$ km·s^{-1} 和 $p \approx 40$ GPa 时,即可视为 HEDC,我们建议以此作为判别和筛选 HEDC 的定量标准。由表 13.6 可见,随分子中 N—NO$_2$ 基增多,硝胺氮杂环己烷和环戊烷的密度和爆轰性能均呈增大趋势。当环己烷和环戊烷中 N—NO$_2$ 基数分别达到 4 和 3 时,它们的爆轰性能达到最高,并已超过 HMX,有望成为潜在 HEDC。值得注意的是,当分子中 n 分别大于 4 和 3 时,除 ρ 继续增大外,标题物的其他爆炸性质如 Q、D 和 p,却均呈下降趋势。这是因为当 $n=4$ 或 3 时,标题物的氧平衡稍大于零,亦即化合物爆炸时,其中的氧正好可将碳和氢完全氧化,释放出最大能量,产生最大的 Q、D 和 p;而当 $n>4$ 或 3 时,标题物呈正氧平衡即 OB_{100} 远大于零,这使其爆炸或燃烧时将有多余 O_2 生成,不利于放出能量,导致 Q、D 和 p 相应下降。总之,在判别化合物是否是品优 HEDC 时还应考虑其氧平衡状况。分别含 4 和 3 个 $N—NO_2$ 基的氮杂环己烷和氮杂环戊烷能量特性较好,有望成为潜在 HEDC。

表 13.6　标题物的密度、爆速和爆压等性能的预测值

化合物	分子式	OB_{100}	HOF**	Q**	V**	ρ**	D**	p**
C_6H_{12}	C_6H_{12}	−28.52	−130.25	−369.91	85.38	0.99		
1	$C_5H_{10}N_2O_2$	−12.29	−31.17	830.97	96.90	1.34	5.90	12.70
2a	$C_4H_8N_4O_4$	−4.54	138.92	1501.06	113.01	1.56	7.55	23.09
2b	$C_4H_8N_4O_4$	−4.54	76.03	1415.72	109.47	1.61	7.60	23.91
2c	$C_4H_8N_4O_4$	−4.54	74.09	1413.09	109.62	1.61(1.63)*	7.60	23.87
3a	$C_3H_6N_6O_6$	0	335.27	1776.03	124.12	1.79	9.16	37.09
3b	$C_3H_6N_6O_6$	0	243.83	1678.01	123.02	1.81	9.10	36.85
3c	$C_3H_6N_6O_6$	0	168.90	1597.39	124.92	1.78(1.81)	8.88(8.75)	34.75(34.70)
4a	$C_2H_4N_8O_8$	2.98	516.75	1593.26	140.04	1.91	9.52	41.60
4b	$C_2H_4N_8O_8$	2.98	439.35	1524.27	139.66	1.92	9.45	41.12
4c	$C_2H_4N_8O_8$	2.98	426.68	1512.97	140.73	1.91	9.39	40.53
5	$CH_2N_{10}O_{10}$	5.09	685.63	1005.06	154.03	2.04	8.88	37.54
6	$N_{12}O_{12}$	6.66	882.21	585.49	169.89	2.12	7.97	30.88
C_5H_{10}	C_5H_{10}	−28.52	−100.32	−341.89	71.66	0.98		
7	$C_4H_8N_2O_2$	−10.33	−17.26	959.96	85.70	1.36	6.20	14.29
8a	$C_3H_6N_4O_4$	−2.47	141.29	1567.95	99.73	1.63	8.08	27.24
8b	$C_3H_6N_4O_4$	−2.47	79.22	1476.45	98.36	1.65(1.70)	8.03	27.10
9a	$C_2H_4N_6O_6$	1.92	323.42	1830.73	112.37	1.85	9.64	41.86
9b	$C_2H_4N_6O_6$	1.92	243.38	1738.81	111.23	1.87	9.58	41.68
10	$CH_2N_8O_8$	4.72	455.81	1026.30	130.39	1.95	8.64	34.72
11	$N_{10}O_{10}$	6.66	703.10	559.95	144.53	2.08	7.78	29.12
HMX	$C_4H_8N_8O_8$	0	270.41	1633.88	161.05	1.88(1.90)	9.28(9.10)	39.21(39.00)
TNT	$C_7H_5N_3O_6$	−3.08	15.37	1376.95	139.35	1.63(1.64)	7.06(6.95)	20.78(19.10)

* 括号中数据为实验值[40,41]。

** 单位:HOF 的为(kJ·mol^{-1});Q 的为(J·g^{-1});V 的为(cm^3·mol^{-1});ρ 的为(g·cm^{-3});D 的为 (km·s^{-1});p 的为 GPa。

　　与常用著名猛炸药 RDX(3c)相比,由表 13.6 可见,标题物 3a～5 和 9a～10 的能量性质均超过或接近它。TNT 的 $\rho = 1.64$ g·cm^{-3},$D = 6.95$ km·s^{-1},$p =$ 19.0 GPa;除化合物 1 和 7 外,其余标题物的能量特性均远超过它。表明标题物均可能成为潜在高能材料。

　　Kamlet 等[39]认为,高能化合物的 OB$_{100}$ 指数越低则撞击感度越小。由表 13.6 可见,标题物的 OB$_{100}$ 随分子中 N—NO$_2$ 基增加而增大,预示标题物的感度随分子中 N—NO$_2$ 基增加而增大;但 OB$_{100}$ 不能区分同分异构体的相对稳定性。

　　以表 13.7 中数据作图 13.5。该图清晰地展示出标题物诸多性能与结构之间的关系。随环己烷和环戊烷中 N—NO$_2$ 基数(n)增多,六元环杂硝胺和五元环杂硝胺的氧平衡指数 OB$_{100}$、生成热 HOF、爆热 Q、密度 ρ 以及爆速 D 和爆压 p 均与 n 成二次方函数关系($a_0 + a_1 \times n + a_2 \times n^2$);仅分子体积 V 随 n 呈线性递增($a_0 + a_1 \times n$),具基团加和性。

表 13.7　标题物的多种性能与 N—NO$_2$ 基数目(n)之间的关系

$$(a_0 + a_1 \times n + a_2 \times n^2 \text{ 或 } a_0 + a_1 \times n)^*$$

参数	六元环杂硝胺				
	a_0	a_1	a_2	R^2	SD
OB$_{100}$	−25.8008	12.3731	−1.2139	0.9729	1.6762
HOF	−138.9759	92.7863	13.5185	0.9769	48.3538
Q	−242.4836	1163.8773	−175.6722	0.9691	114.6644
ρ	1.0169	0.3323	−0.02544	0.9941	0.02565
D	2.9324	3.1838	−0.3917	0.9837	0.1552
p	−11.7340	24.4464	−2.8770	0.9670	1.8367
V	82.6841	14.2537		0.9979	1.5939

参数	五元环杂硝胺				
	a_0	a_1	a_2	R^2	SD
OB$_{100}$	−26.6350	15.2633	−1.7758	0.9787	1.9631
HOF	−103.2811	73.4924	17.4271	0.9885	33.3346
Q	−290.7819	1432.4169	−257.4092	0.9628	165.8877
ρ	0.9892	0.3975	−0.03667	0.9967	0.02426
D	2.6900	3.9946	−0.5996	0.9353	0.3674
p	−13.7171	30.7704	−4.4614	0.9072	3.5969
V	70.3622	14.5536		0.9975	1.7972

* $R^2(R)$ 和 SD 分别代表相关系数和标准偏差。

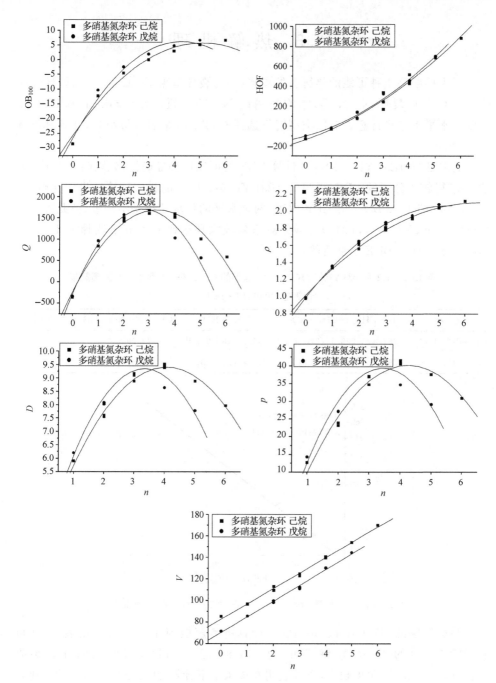

图 13.5 标题物中 N—NO₂ 基数目(n)与多种性能
（OB₁₀₀、HOF、Q、ρ、D、p 和 V）的关系

13.5　热解机理

考虑标题物 4 种可能的热解引发步骤：①均裂环骨架 C—C 键；②均裂环骨架 C—N 键；③均裂环 N—N 键；④均裂侧链 N—NO$_2$ 键。在（非限制）B3LYP/6-31G** 水平下进行计算。对同类型键仅选择 Mülliken 集居数最小者，计算其键离解能（BDE）。

为验证（U）B3LYP/6-31G** 计算 BDE 的可靠性和准确性，先以高水平 G2 方法[42] 求得较小分子的 BDE，再与（U）B3LYP/6-31G** 的相应计算结果作比较，如表 13.8 和图 13.6 所示。经比较发现，两种水平的计算结果基本一致，彼此符合良好（$R = 0.9965$，$SD = 6.6347$）。可见对系列较大环杂硝胺类分子选择 B3LYP/6-31G** 水平计算 BDE 是合适的。

表 13.8　G2 和 B3LYP/6-31G** 两种水平的 C—C、C—N 和 N—N 键离解能
计算值（单位：kJ·mol^{-1}）

化合物	CH$_3$—CH$_3$	CH$_3$—NO$_2$	NH$_2$—NO$_2$	(CH$_3$)$_2$N—NO$_2$	CH$_3$NH—NO$_2$[44]
B3LYP/6-31G**	361.12	228.11(228.45)[43]	196.77(196.65)[43]	172.09	186.19
G2	369.45	255.22	213.72(213.80)[44]	205.64	216.31

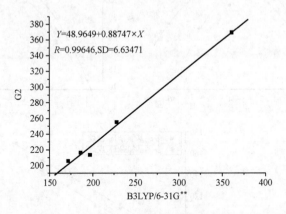

图 13.6　G2 和 B3LYP/6-31G** 两种水平的计算 BDE 值比较

将标题物的（U）B3LYP/6-31G** 计算键离解能列于表 13.9。由表 13.9 可见，RDX（3c）的 N—NO$_2$ 键 BDE 为 153.80 kJ·mol^{-1}，与前人的计算结果（152.09 kJ·mol^{-1}）[44] 吻合，再次表明在该水平下计算 BDE 是可靠可信的。比较表中 BDE 和 BDE^0，发现经零点能（ZPE）校正的 BDE 仅比未校正 BDE^0 下降约 8～30 kJ·mol^{-1}，校正与否并不影响标题物的键均裂途径判别。

表 13.9　标题物各可能热解引发键的(U)B3LYP/6-31G** 计算离解能(单位:kJ·mol⁻¹)ᵃ

化合物	BDE⁰				BDE			
	C—C	C—N	N—N	N—NO₂	C—C	C—N	N—N	N—NO₂
C_6H_{12}	384.01				353.63			
1	338.23	356.39		200.37	311.75	331.08		179.37
2a	324.26	287.11	222.76	107.11	295.93	265.43	205.73	89.54
2b	341.00	299.95		188.36	314.76	277.65		165.81
2c	329.49	342.84		192.59	309.70	318.28		171.63
3a	271.25	253.42	124.22	22.93	245.64	230.08	110.00	8.21
3b	281.54	292.42	222.46	106.90	255.85	269.62	205.69	90.50
3c		309.57		175.14		287.27		153.80(152.09)[44]
4a	327.19	298.78	213.80	81.76	296.81	277.48	201.38	67.32
4b		258.53	188.99	84.98		237.90	175.27	69.58
4c		255.35	228.28	113.14		233.01	224.22	96.36
5		281.75	193.72	82.51		259.70	179.54	66.19
6			161.29	88.87			150.29	73.09
C_5H_{10}	348.03				321.75			
7	322.84	340.62		203.18	297.94	314.93		179.91
8a	328.36	290.33	232.76	104.27	301.37	269.41	216.27	86.69
8b	269.91	282.00		168.03	247.99	262.25		145.94
9a	286.31	280.16	166.06	53.14	261.37	260.20	153.39	39.04
9b		257.44	232.59	97.74		238.57	217.36	81.13
10		273.34	132.63	83.22		253.51	117.82	70.00
11			132.93	104.22			124.81	91.29
HMX		296.77		185.90		274.43		166.48

a BDE⁰ 和 BDE 分别代表经零点能校正前后的键离解能。

　　一般而言,断裂某键所需能量越少,表明该键的强度越弱,其越易成为热解引发键,相应的化合物则越不稳定,其感度则越大。因此,比较表 13.9 中 4 种可能热解引发键的 BDE,发现标题物和 HMX 均裂 N—NO₂ 键所需能量均最小,表示其热解引发反应均始于 N—NO₂ 键的均裂。这与通常硝胺类化合物的热解引发机理相符[31,32,44~48]。表 13.9 表明,随环己烷和环戊烷分子中 N—NO₂ 数增多,N—NO₂ 键的 BDE 值逐渐减小,表示化合物的稳定性逐渐降低、感度增大。此外,硝基之间的相对位置对化合物的稳定性影响也很大,参见图 13.7。由表 13.9 和图 13.7 还可见,标题物同分异构体中硝基之间的相对距离越大,N—NO₂ 键的 BDE

就越大,表示该化合物相对越稳定,如 2a < 2b < 2c,3a < 3b < 3c,4a < 4b < 4c,8a < 8b,9a < 9b。这里从 BDE 动态计算结果得出的结论,与上述根据分子总能量 E_0、前线轨道能级差 ΔE、键集居分析、歧化能 E_{dis} 和基团或原子上净电荷等静态电子结构参数得出的结果,在判断分子稳定性和感度方面完全一致,达到了彼此验证的效果。

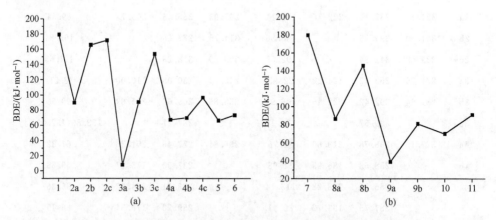

图 13.7　标题物热解引发键($N-NO_2$)的 BDE 随分子结构的变化

Chung 等在计算 N_8 异构体时曾指出[49],热解引发键的 BDE 若大于 20 kJ·mol^{-1},则该化合物可能稳定存在;若 BDE 大于 30 kJ·mol^{-1},则其实用性可能较好。我们建议以引发键 BDE≈80~120 kJ·mol^{-1} 作为潜在 HEDC 稳定性的判别标准。按此标准,除 3a、4a、4b、5、6 和 9a~10($N-NO_2$ 键的 BDE 小于 80 kJ·mol^{-1})外,其余标题物均能稳定存在;其中 BDE >120 kJ·mol^{-1} 的标题物 1、2b、2c、3c、7 和 8b 可能更具实用性。再结合它们的能量特性即表 13.6 中 ρ、D、p 值,推荐标题物 3b(1,2,4-三硝基三氮杂环己烷)、3c(1,3,5-三硝基三氮杂环己烷,即 RDX)和 4c(1,2,4,5-四硝基四氮杂环己烷)为品优 HEDC。其中 3c(RDX)已获得广泛应用,证明理论研究具实用意义。

参 考 文 献

[1] 肖继军,姬广富,杨栋等. 环三甲撑三硝胺(RDX)结构和性质的 DFT 研究. 结构化学, 2002,21(4):437~441

[2] 肖继军,张骥,杨栋等. 环四甲撑四硝胺(HMX)结构和性质的 DFT 研究. 化学物理学报, 2002,15(1):41~45

[3] 姬广富,肖鹤鸣,董海山. β-HMX 晶体结构及其性质的高水平计算研究. 化学学报,2002, 60(2):194~199

[4] Manaa M R, Fried L E, Melius C F et al. Decomposition of HMX at extreme conditions:A

molecular dynamics simulation. J Phys Chem A，2002，106：9024～9029

[5] Sewell T D，Menikoff R，Bedrov D et al. A molecular dynamics simulation study of elastic properties of HMX. J Chem Phys，2003，119：7417～7426

[6] Sewell T D，Thompson D L. Classical dynamics study of the unimolecular dissociation of Hexahydro-1,3,5-trinitro-1,3,5-triazine. J Phys Chem，1991，95：6228～6242

[7] Chambers C C，Thompson D L. Further studies of the classical dynamics of the unimolecular dissociation of RDX. J Phys Chem，1995，99：15881～15889

[8] Kohno Y，Ueda K，Imamura A. Molecular dynamics simulations of initial decomposition processes on the unique N—N bond in nitramines in the crystalline state. J Phys Chem，1996，100：4701～4712

[9] Shalashilin D V，Thompson D L. Monte Carlo variational transition state theory of the unimolecular dissociation of RDX. J Phys Chem A，1997，101：961～966

[10] Sorescu D C，Rice B M，Thompson D L. Intermolecular packing for the Hexahydro-1,3,5-trinitro-1,3,5-s-triazine crystal (RDX)：A crystal packing，Monte Carlo and molecular dynamics study. J Phys Chem B，1997，101：798～808

[11] Sorescu D C，Rice B M，Thompson D L. Isothermal-isobaric molecular dynamics simulations of 1,3,5,7-Tetranitro-1,3,5,7-tetraazacyclooctane (HMX) crystals. Ibid，1998，1：6692～6695

[12] 肖继军,贡雪东,肖鹤鸣.环五甲撑五硝胺(CRX)结构和性质的 DFT 预示.化学物理学报，2002，15(6)：433～437

[13] 肖继军,张骥,杨栋等.环杂硝胺结构和性能的 DFT 比较研究.化学学报，2002，60(12)：2110～2114

[14] 张教强,朱春华,马兰. 1,3,3-三硝基氮杂环丁烷的合成.火炸药学报，1998，3：25～26

[15] 谭国洪. 1,3,3-三硝基氮杂环丁烷合成研究的现状与进展.化学通报，1998，6：16～21

[16] Jalovy Z，Zeman S，Sucesks M. 1,3,3-trinitroazetidine (TNAZ) Part I：Synthesis and properties. J Energ Mater，2001，19：219～239

[17] Eck G，Piteau M. Preparation of 2,4,6,8-tetranitro-2,4,6,8-tetraazabicyclo [3.3.0]octane. Brit UK Pat Appl GB 2303849 A1，5 Mar 1997，9

[18] Willer R L. Synthesis of a new explosive compound，trans-1,4,5,8-tetranitro-1,4,5,8-tetraazadecalin. AD-A116666，1982,16

[19] Nielsen A T，Chafin A P，Christian S L et al. Synthesis of polyazapolycyclic caged polynitramines. Tetrahedron，1998，54：11793～11812

[20] 邱玲.氮杂环硝胺类高能量密度材料(HEDM)的分子设计.南京理工大学博士学位论文，2007

[21] 肖鹤鸣.高能化合物的结构和性质.北京:国防工业出版社，2004

[22] Qiu L，Xiao H M，Ju X H et al. Theoretical study on the structures and properties of cyclic nitramines：tetranitrotetraazadecalin (TNAD) and its isomers. Int J Quant Chem，2005,105：48～56

[23] 邱玲，肖鹤鸣，居学海等. 六硝基六氮杂三环十二烷的结构和性能——HEDM 分子设计. 化学物理学报，2005，18：541～546

[24] 邱玲，肖鹤鸣，居学海等. 双环-HMX 结构和性质的理论研究. 化学学报，2005，63（5）：377～384

[25] Xu X J, Xiao H M, Gong X D et al. Theoretical studies on the vibrational spectra，thermodynamic properties，detonation properties and pyrolysis mechanisms for polynitroadamantanes. J Phys Chem A, 2005, 109：11268～11274

[26] Qiu L, Xiao H M, Gong X D et al. Theoretical studies on the structures，thermodynamic properties，detonation Properties，and pyrolysis mechanisms of spiro nitramines. J Phys Chem A, 2006, 110：3797～3807

[27] Qiu L, Xiao H M, Zhu W H et al. Theoretical study on the high energy density compound hexanitrohexaazatricyclotetradecanedifuroxan. Chin J Chem, 2006, 24：1538～1546

[28] Xu X J, Xiao H M, Ju X H et al. Computational studies on polynitrohexaazaadmantanes as potential high energy density materials（HEDMs）. J Phys Chem A, 2006，110：5929～5933

[29] Xu X J, Xiao H M, Ma X F et al. Looking for high energy density compounds among hexaazaadamantane derivatives with —CN，—NC，and —ONO$_2$ Groups. Inter J Quantum Chem，2006，106（7）：1561～1568

[30] Mülliken R S. Electronic population analysis on LCAO-MO molecular wave functions. I J Chem Phys, 1955，23：1833～1840

[31] 肖鹤鸣. 硝基化合物的分子轨道理论. 北京：国防工业出版社，1993

[32] Oxley J C, Kooh A B, Szekeres R et al. Mechanisms of nitramine thermolysis. J Phys Chem，1994，98：7004～7008

[33] Hrovat D A, Borden W T, Eaton P E et al. A computational study of the interactions among the nitro groups in octanitrocubane. J Am Chem Soc，2001，123：1289～1293

[34] (a) Bates L R. The potential of tetrazoles in initiating explosives systems. Proc Symp Explos Protech 13th，1986，III：1～10；(b) Bates L R, Jenkins J M. Search for new detonants. Proceedings of the international conference on research in primary explosives，1975，2：12

[35] Haskins P J. Electronic structure of some explosives and its relationship to sensitivity. Proceedings of the international conference on research in primary explosives，1975，2：14

[36] Peiris M S, Mowrey R C, Thompson C A et al. Computational and experimental infrared spectra of 1,4-dinitropiperazine and vibrational mode assignment. J Phys Chem A，2000，104：8898～8907

[37] Karpowicz R J, Brrill T B. Comparison of the molecular structure of hexahydro-1,3,5-trinitro-s-triazine in the vapor，solution，and solid phases. J Phys Chem, 1984, 88：348～352

[38] Scott A P, Radom L. Harmonic vibrational frequencies：An evaluation of hartree-fock，möller-plesset，quadratic configuration interaction，density functional theory，and semiem-

pirical scale Factors. J Phys Chem, 1996, 100: 16502~16513

[39] Kamlet M J, Adolph H G. The relationship of impact sensitivity with structure of organic high explosives. II. Polynitroaromatic explosives. Prop Explos Pyrotech, 1979, 4 (2): 30~34

[40] 欧育湘,陈进全. 高能量密度化合物. 北京:国防工业出版社,2005

[41] 董海山,周芬芬. 高能炸药及相关物性能. 北京:科学出版社,1989

[42] Curtiss L A, Carpenter J E, Raghavachari K et al. Gaussian-2 theory for molecular energies of first-and second-row compounds. J Chem Phys, 1991, 94: 7221~7230

[43] Politzer P, Lane P. Comparison of density functional calculations of C—NO$_2$, N—NO$_2$ and C—NF$_2$ dissociation energies. J Mol Struct (Theochem), 1996, 388: 51~55

[44] Harris N J, Lammertsma K. *Ab Initio* density functional computations of conformations and bond dissociation energies for hexahydro-1, 3, 5-trinitro-1, 3, 5-triazine. J Am Chem Soc, 1997, 119: 6583~6589

[45] Sewell T D, Thompson D L. Classical dynamics study of the unimolecular dissociation of Hexahydro-1,3,5-trinitro-1,3,5-triazine. J Phys Chem, 1991, 95: 6228~6242

[46] Chambers C C, Thompson D L. Further studies of the classical dynamics of the unimolecular dissociation of RDX. J Phys Chem, 1995, 99: 15881~15889

[47] Kohno Y, Ueda K, Imamura A. Molecular dynamics simulations of initial decomposition processes on the unique N—N bond in nitramines in the crystalline state. J Phys Chem, 1996, 100: 4701~4712

[48] Shalashilin D V, Thompson D L. Monte Carlo variational transition state theory of the unimolecular dissociation of RDX. J Phys Chem A, 1997, 101: 961~966

[49] Chung G, Schmidt M W, Gordon M S. An *ab initio* study of potential energy surfaces for N$_8$ Isomers. J Phys Chem A, 2000, 104: 5647~5650

第14章 双环-HMX及其同系物

HMX是得到广泛应用的能量密度较高、其他性能都较好的烈性炸药。若化合物能量密度超过HMX 5%以上,则可认为获得了新型品优HEDC。早在20世纪70年代就有人预测,在多环硝胺中有可能找到能量超过HMX且满足使用要求的HEDC。因多环硝胺相对分子质量较大且其稠环结构有利于提高晶体密度,故可能比相应单环化合物能量密度高。顺式-2,4,6,8-四硝基四氮杂双环[3.3.0]辛烷(如图14.1中的Ⅰ-5所示)即属于典型的多环硝胺,因其可视为HMX分子中连接相对两碳原子的单键把HMX八元环稠合而成的两个五元环,故俗称"双环-HMX"。自它被合成问世以来[1],因其能量密度高、热安定性较好、潜在应用价值较大,因此备受关注。有关其合成制备、晶体结构、化学和爆炸性能等已有许多报

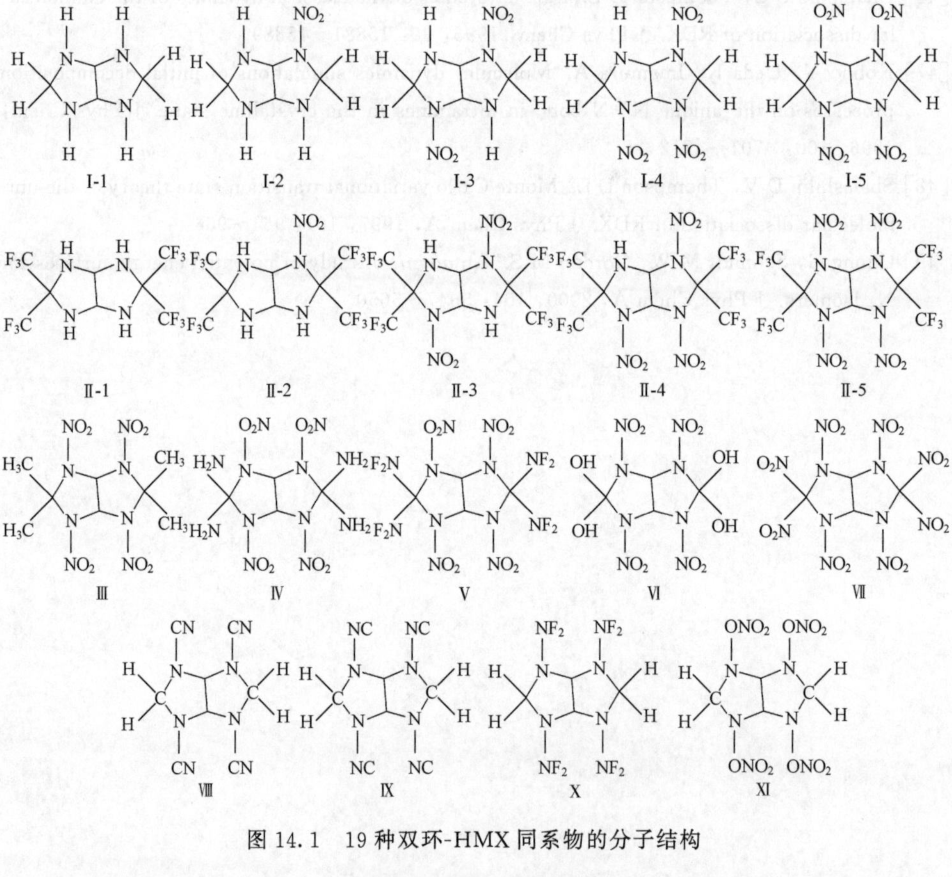

图14.1 19种双环-HMX同系物的分子结构

道和总结[2~9]。人们期待基于四氮杂双环[3.3.0]辛烷母体化合物的一系列同系物能成为新型 HEDC。虽然对该类化合物的实验研究已较多,但迄今的理论研究仍较少。

本章基于已有实验,由四氮杂双环[3.3.0]辛烷母体出发,设计它的一系列同系物,并归纳为 N-取代和 C-取代衍生物两大类,亦即让它的环氮上的氢被—NO$_2$、—ONO$_2$、—NF$_2$、—CN 和—NC 等高能基团所取代,其亚甲基上氢被—CF$_3$、—CH$_3$、—NH$_2$、—OH、—NF$_2$ 和 —NO$_2$ 等基团所取代(Ⅰ-1~Ⅺ,见图14.1)。用量子化学第一性原理方法对它们的电子结构、IR 谱、热力学性质以及爆轰性能、热解机理和稳定性等进行系统的研究,阐明取代基对结构和性能的影响,总结结构与性能之间的规律联系,从而为设计构建具有特定性能的双环硝胺类高能材料奠定基础、提供信息,有利于开发潜在 HEDC、指导实验合成[10~15]。

为便于分析比较,将标题物按分子结构分为 4 类。第 1 类是 2,4,6,8-四氮杂双环[3.3.0]辛烷环上的 N—H 基团被 N—NO$_2$ 基取代的衍生物(Ⅰ-1~Ⅰ-5);第2 类是 3,3,7,7-四(三氟甲基)-2,4,6,8-四氮杂双环[3.3.0]辛烷环上的 N—H 基团被 N—NO$_2$ 基取代的衍生物(Ⅱ-1~Ⅱ-5);第 3 类是 2,4,6,8-四硝基-2,4,6,8-四氮杂双环[3.3.0]辛烷亚甲基上的氢原子被—CF$_3$、—CH$_3$、—NH$_2$、—OH、—NF$_2$ 和—NO$_2$ 等基团取代的系列衍生物(Ⅱ-5~Ⅶ);第 4 类是 2,4,6,8-四氮杂双环[3.3.0]辛烷环氮原子上氢原子被—NO$_2$、—ONO$_2$、—NF$_2$、—CN 和—NC 等基团取代的衍生物(Ⅰ-5,Ⅷ~Ⅺ)。

14.1　电子结构

表 14.1~表 14.4 分别列出上述 4 类标题物的 B3LYP/6-31G** 计算结果:最高占有轨道能级 E_{HOMO} 和最低空轨道能级 E_{LUMO} 及其差值 ΔE,以及由 Mülliken 集居分析给出的分子中各键型的平均键集居数(P_{A-B})。

由表 14.1 可见,相对于 2,4,6,8-四氮杂双环[3.3.0]辛烷母体化合物(Ⅰ-1),分子中引进硝基使 ΔE 值减小;但 ΔE 并不随分子中—NO$_2$ 基逐渐增多而依次减小,反而呈依次上升的趋势,即分子 Ⅰ-5 的 ΔE 值相对最大,而分子 Ⅰ-2 的 ΔE 值最小,这可能与分子结构的对称性有关。表明随化合物 Ⅰ-1 中—NO$_2$ 基数增多,标题物的光化学稳定性逐渐增强。考察表中键集居数,发现随分子中硝基数增多,环 C—C 和 C—N 键以及 N—NO$_2$ 和 N—O 键上的电子集居数逐渐减少,这主要由分子中取代基之间的相互作用增强所引起。比较化合物 Ⅰ-1~Ⅰ-5 中所有化学键上的电子集居数,发现除 Ⅰ-1 中环 C—N 键最小(0.3094)外,其他皆以 N—NO$_2$ 键最小(0.1679~0.1812),表明 2,4,6,8-四氮杂双环[3.3.0]辛烷的多硝基取代衍生物的 N—NO$_2$ 键强度较弱,在热解或撞击下可能最易断裂,成为热解和爆炸引发键;该键集居数随分子中硝基数增多而逐渐减小,表明相应标题物的热稳定性依次下降,这与通常硝胺类化合物的热解机理相符[16~18]。

表 14.1　多硝基取代 2,4,6,8-四氮杂双环[3.3.0]辛烷衍生物的
前线轨道能级和各键型的平均 Mülliken 集居数

化合物	$E_{HOMO}/$ Hartree	$E_{LUMO}/$ Hartree	$\Delta E/$ Hartree	P_{C-C}	P_{C-N}	P_{C-H}	P_{N-NO_2}	P_{N-O}	P_{N-H}
I-1	−0.2099	0.0402	0.2501	0.3473	0.3094	0.3846			0.3232
I-2	−0.2397	−0.0402	0.1995	0.3308	0.2843	0.3884	0.1812	0.3297	0.3316
I-3	−0.2652	−0.0593	0.2059	0.3012	0.2594	0.3895	0.1761	0.3294	0.3428
I-4	−0.2905	−0.0803	0.2102	0.2939	0.2374	0.3872	0.1743	0.3275	0.3433
I-5	−0.3169	−0.0953	0.2216	0.2747	0.2164	0.3832	0.1679	0.3255	

考察表 14.2 可得如上相似规律。相对于 3,3,7,7-四(三氟甲基)-2,4,6,8-四氮杂双环[3.3.0]辛烷母体化合物(II-1),引入硝基使 ΔE 下降较多。这可能主要是由于分子对称性的影响,随分子中—NO₂ 基数增多 ΔE 逐渐升高,即一硝基取代物(II-2)的 ΔE 最小,而四硝基取代物(II-5)的 ΔE 值最大。与其他键的电子集居数相比,除 II-1 以侧链 C—CF₃ 键最小(0.2187)外,其他标题物皆以 N—NO₂ 键最小(0.1420~0.1573),表明 N—NO₂ 键是热解或起爆引发键,与实验事实相符。此外,随 II-1 中—NO₂ 基数增多,环 C—C 和 C—N 键以及环外 C—CF₃、N—NO₂ 和 N—O 键上的电子集居数总体上均逐渐减少,只有环外 C—F 和 N—H 键略有升高。根据最易跃迁原理(PSBO)[16]推测,II-1 的多硝基衍生物的稳定性将随分子中硝基增多而逐渐下降。

表 14.2　多硝基取代 3,3,7,7-四(三氟甲基)-2,4,6,8-四氮杂双环[3.3.0]辛烷衍
生物的前线轨道能级和各键型的平均 Mülliken 集居数

化合物	$E_{HOMO}/$ Hartree	$E_{LUMO}/$ Hartree	$\Delta E/$ Hartree	$P_{C-C}*$	P_{C-N}	P_{C-F}	P_{C-H}	P_{N-NO_2}	P_{N-O}	P_{N-H}
II-1	−0.2632	0.0511	0.3143	0.3370(0.2187)	0.2447	0.2850	0.3858			0.3441
II-2	−0.2788	−0.0724	0.2064	0.3123(0.2203)	0.2239	0.2879	0.4019	0.1568	0.3220	0.3493
II-3	−0.3002	−0.0873	0.2129	0.2816(0.2154)	0.1945	0.2894	0.4076	0.1573	0.3229	0.3537
II-4	−0.3135	−0.0983	0.2153	0.2868(0.2122)	0.1817	0.2911	0.3982	0.1478	0.3214	0.3525
II-5	−0.3298	−0.1056	0.2242	0.3052(0.2109)	0.1684	0.2931	0.3891	0.1420		0.3197

* 括号中为侧链 C—CF₃ 键上的电子集居数。

表 14.3 列出 2,4,6,8-四硝基四氮杂双环[3.3.0]辛烷中亚甲基上氢被—CF₃、

—CH₃、—NH₂、—NF₂、—OH 和—NO₂ 等基团取代所得系列衍生物的电子结构。由该表可见,随两侧取代基的改变,前线轨道能隙 ΔE 和键集居数 P_{A-B} 的变化不具明显规律性,且 ΔE 变化值也较小。但若细微考察,如果与其他键相比,多数化合物仍以 N—NO₂ 键的电子集居数最小,其中又以分子中含强吸电子基团较多时更小,如化合物 II-5(0.1420)。特别值得注意的是,两侧取代基为偕二氟氨基—C(NF₂)₂ 即分子 V,其侧链 C—NF₂ 键上的电子集居数最小(0.0726),其次是 NF₂ 中的 N—F 键(0.0895)。这表明二氟胺基是很不稳定的致爆基团,在受热或撞击时易在 C—NF₂ 或 N—F 键处优先断裂,引发热解或爆炸。这与前人的研究结论相符[19]。此外,当分子中具偕二硝基时(即分子 VII),由于取代基之间的相互作用极大,导致 C—NO₂ 键的电子集居数(0.1239)比 N—NO₂ 键的(0.1384)还小。这表示化合物 VII 在受热或撞击时,C—NO₂ 键也可能成为热解或爆炸引发键。

表 14.3　2,4,6,8-四硝基四氮杂双环[3.3.0]辛烷衍生物的前线轨道能级和各键型的平均 Mülliken 集居数

化合物	$E_{HOMO}/$ Hartree	$E_{LUMO}/$ Hartree	$\Delta E/$ Hartree	P_{C-C}	P_{C-N}	P_{N-NO_2}	$P_{C-X}*$
I-5	−0.3169	−0.0953	0.2216	0.2747	0.2164	0.1679	0.3832
II-5	−0.3298	−0.1056	0.2242	0.3052	0.1684	0.1420	0.2109
III	−0.3005	−0.0906	0.2099	0.2891	0.2116	0.1718	0.3832
IV	−0.2859	−0.0955	0.1903	0.2797	0.1851	0.1697	0.3641
V	−0.3245	−0.1181	0.2064	0.2819	0.1933	0.1411	0.0726(0.0895)**
VI	−0.3113	−0.1050	0.2062	0.2780	0.1889	0.1689	0.2734
VII	−0.3381	−0.1384	0.1998	0.3054	0.1909	0.1384	0.1239

* 侧链 C 原子与—CF₃ 等基团相连的键的集居数;

** 括号中为 NF₂ 中的 N—F 键集居数。

表 14.4 列出 2,4,6,8-四氮杂双环[3.3.0]辛烷中 N—H 基团被 N—NO₂、N—CN、N—NC、N—NF₂ 和 N—ONO₂ 基团取代的系列衍生物的计算结果。由该表可见,相对于其他衍生物,化合物 XI(2,4,6,8-四硝酸酯基-2,4,6,8-四氮杂双环[3.3.0]辛烷)的前线轨道能隙 ΔE 最小(0.1903),表明其稳定性可能最差。由键集居数可见,化合物 VIII、IX 分子中以 N—CN 和 N—NC 键的电子集居数最小,化合物 X、XI 分子中分别以 N—NF₂、N—F 键以及 N—ONO₂、NO—NO₂ 键的电子集居数很小,其值均小于 0.1,表示热解和起爆将始于这些键的断裂,与以前某些研究结果相符[15,16]。由此可见,引入—NF₂ 和—ONO₂ 基团很大地削弱了分子稳定性,不利于实际应用。

表 14.4　2,4,6,8-四硝基-2,4,6,8-四氮杂双环[3.3.0]辛烷及其衍生物
的前线轨道能级和各键型的平均 Mülliken 集居数

化合物	E_{HOMO}/Hartree	E_{LUMO}/Hartree	ΔE/Hartree	P_{C-C}	P_{C-N}	P_{N-NO_2}
I-5	−0.3169	−0.0953	0.2216	0.2747	0.2164	0.1679
VIII	−0.2950	−0.0271	0.2679	0.3674	0.2859	0.2746[a]
IX	−0.2843	−0.0128	0.2715	0.2809	0.2612	0.1218[b]
X	−0.2760	0.0003	0.2763	0.2517	0.2130	0.0821[c] (0.0728)[d]
XI	−0.2753	−0.0850	0.1903	0.2538	0.2511	0.0899[e] (0.0768)[f]

a N—CN 键电子集居数;

b N—NC 键电子集居数;

c N—NF$_2$ 键电子集居数;

d —NF$_2$ 中 N—F 键集居数;

e N—ONO$_2$ 键电子集居数;

f NO—NO$_2$ 键电子集居数。

14.2　IR　谱

　　在双环-HMX 及其衍生物中至今仅见 3,3,7,7-四(三氟甲基)-2,4,6,8-四氮杂双环[3.3.0]辛烷的多硝基衍生物(化合物 II-3～II-5)的 IR 光谱报道[2,3]。本节给出标题物 IR 光谱的 DFT-B3LYP/6-31G** 系统计算结果,如图 14.2 所示。

　　由图 14.2 可见,与上一章类似,标题物的 IR 谱也主要有 4 个特征区。氢原子质量最小,相关伸缩振动频率均出现在高频区(>2900cm^{-1}),其中 2900～3100cm^{-1} 对应于 C—H 键的对称和不对称伸缩振动,3300～3700cm^{-1} 对应于 N—H 和 O—H 键的对称和不对称伸缩振动。因 O—H 键、N—H 键和 C—H 键的极性依次减小,故它们的伸缩振动强度依次减弱。比较图 14.2 中 I-1～II-5 的 IR 谱,可见分子中—NO$_2$ 基数对 N—H 和 C—H 的伸缩频率影响较大。当—NO$_2$ 基从 0 依次增加到 4 时,N—H 和 C—H 键的伸缩振动频率总体上递增。这是因为硝基的诱导效应增强,用于形成环外 N—H(C—H)键的氮(碳)轨道中平均 s 成分增加,使 N—H 和 C—H 键相应增强,均产生蓝移。所不同的是,随分子中硝基数增加,N—H 键的平均振动强度递增,而 C—H 键的平均振动强度却递减。

　　图 14.2 中最强的吸收峰均对应于分子中含 N 取代基的伸缩振动。如对于分子中含硝基的化合物(I-2～I-5,II2～II-5 和 III～VII),1578～1706cm^{-1} 波段的强吸收峰归属于—NO$_2$ 中 N＝O 的不对称伸缩振动。在此特征区内,谐振模式的数目等于硝基的数目。随分子中硝基数增加,—NO$_2$ 的不对称伸缩振动频率增大,发生蓝移。

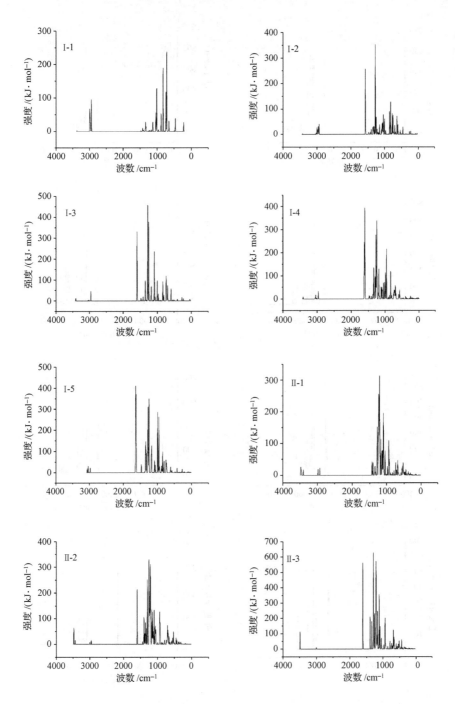

图 14.2   标题物的 B3LYP/6-31G** 计算 IR 光谱

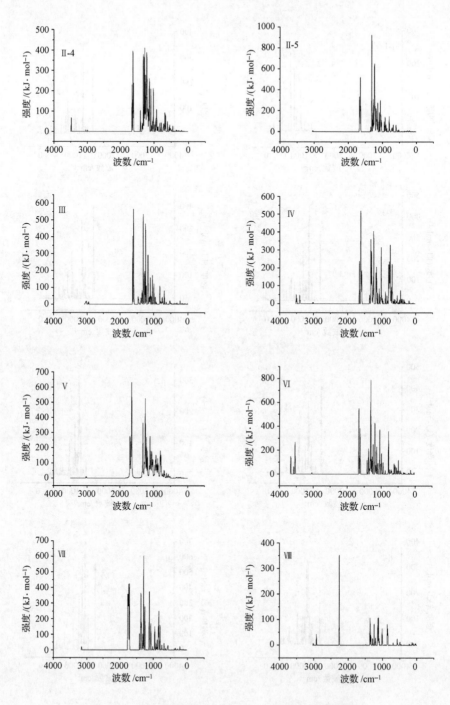

图 14.2 标题物的 B3LYP/6-31G** 计算 IR 光谱(续)

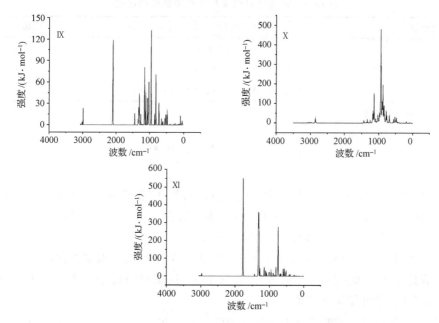

图 14.2　标题物的 B3LYP/6-31G** 计算 IR 光谱(续)

图中另一个很强的吸收峰出现在 1238~1350cm^{-1} 范围,归属于—NO$_2$ 中 N=O 的对称伸缩振动,但在此范围内的振动频率随硝基数增多而减小。

分子 Ⅷ、Ⅹ 和 Ⅺ 中最强的吸收峰分别对应于环外—C≡N(2257~2265cm^{-1})、—NF$_2$ 中 N=F(939~973cm^{-1})和—ONO$_2$ 中 N=O(1770~1780cm^{-1})的伸缩振动。其中有一例外是分子Ⅸ中最强吸收峰位于 961cm^{-1} 处,对应于 C—H 键的摇摆振动及其引起的环骨架振动,而—N≡C 伸缩振动的强度较之稍弱,位于 2096~2106cm^{-1} 处。

图 14.2 IR 谱图中较低的波段(0~1150cm^{-1})是指纹区,可借以鉴定和区分同分异构体。该区内较强的吸收峰主要对应于 C—H、N—H 和—NO$_2$ 的弯曲振动以及环骨架的变形振动。小于 250cm^{-1} 对应于硝基的扭曲和摇摆振动以及分子骨架的变形振动;约 250~600cm^{-1} 对应于—NO$_2$、—NH$_2$、—NF$_2$ 和 C—NO$_2$ 的变形以及—NH$_2$ 的摇摆振动;600~1150cm^{-1} 则主要归属于环上和环外原子的弯曲振动及其引起的环骨架振动。

为检验理论计算结果的可靠性,将其与已有实验值[2,3]进行比较。从表 14.5 可见,B3LYP/6-31G** 计算的谐振频率与实验值很接近,总体符合较好。其中一些较小的差异,主要是由于气相理论计算未考虑实际存在的分子间相互作用。

表 14.5　理论计算频率与已有实验值的比较*

化合物	波数/cm^{-1}	归属
II-3	1615(1585)	$v_{as}(-NO_2)$
II-4	1660(1650),1619(1595)	$v_{as}(-NO_2)$
II-5	1671(1662),1662(1653),1646(1626),1638(1612)	$v_{as}(-NO_2)$

* 括号中是实验值。

14.3　热力学性质

表 14.6 列出基于统计热力学原理和校正后频率(校正因子取 0.96)以自编程序求得的双环-HMX 及其同系物的 200~800 K 热力学性质:标准恒压摩尔热容($C_{p,m}^{\ominus}$)、标准摩尔熵($S_m^{\ominus}$)和标准摩尔焓($H_m^{\ominus}$)。

通过拟合求得各标题物在 200~800 K 的热力学性质与温度之间的关系。它们均满足二次函数方程($a_0+a_1 \times T+a_2 \times T^2$)。因篇幅限制,这里仅以双环-HMX(I-5)为例,给出其如下关系式。

$$C_{p,m}^{\ominus} = 16.1765 + 0.9809T - 4.9137 \times 10^{-4} T^2, \quad R^2 = 0.9999, \quad SD = 1.3235$$
$$S_m^{\ominus} = 286.8925 + 1.0594T - 2.8756 \times 10^{-4} T^2, \quad R^2 = 1.0, \quad SD = 0.3031$$
$$H_m^{\ominus} = -12.0604 + 0.1271T + 2.4476 \times 10^{-4} T^2, \quad R^2 = 0.9998, \quad SD = 1.3603$$

由这些关系式可见,$C_{p,m}^{\ominus}$ 和 $S_m^{\ominus}$ 的增幅随温度升高逐渐减小,而 $H_m^{\ominus}$ 的增幅则随温度升高而逐渐增大;由于各曲线的二次方项的系数很小,故均近似为直线,即 3 种热力学函数随温度升高大体呈线性递增。对于其他标题物,它们的热力学性质与温度之间也存在类似线性关系。

表 14.6　标题物在不同温度下的热力学性质*

化合物	函数	T					
		200.0K	273.15K	298.15K	400.0K	600.0K	800.0K
I-1	$C_{p,m}^{\ominus}$	78.75	110.88	122.74	169.62	240.15	286.30
	$S_m^{\ominus}$	304.96	334.10	344.32	387.05	470.19	546.02
	$H_m^{\ominus}$	10.45	17.35	20.27	35.20	76.69	129.63
I-2	$C_{p,m}^{\ominus}$	108.01	144.84	158.07	209.73	286.62	335.99
	$S_m^{\ominus}$	350.57	389.55	402.81	456.62	557.35	647.05
	$H_m^{\ominus}$	13.87	23.09	26.87	45.65	95.86	158.46
I-3	$C_{p,m}^{\ominus}$	136.51	178.23	192.89	249.55	332.97	385.64
	$S_m^{\ominus}$	394.72	443.35	459.59	524.37	642.60	746.15
	$H_m^{\ominus}$	17.22	28.71	33.35	55.95	114.83	187.08

化合物	函数	T					
		200.0K	273.15K	298.15K	400.0K	600.0K	800.0K
I-4	$C_{p,m}^{\ominus}$	165.24	212.24	228.47	290.37	380.20	435.98
	$S_m^{\ominus}$	450.94	509.33	528.62	604.63	740.77	858.40
	$H_m^{\ominus}$	20.88	34.67	40.18	66.68	134.44	216.48
I-5	$C_{p,m}^{\ominus}$	193.67	246.22	264.06	331.31	427.55	486.41
	$S_m^{\ominus}$	486.96	555.06	577.40	664.65	818.76	950.48
	$H_m^{\ominus}$	24.31	40.39	46.77	77.18	153.85	245.71
II-1	$C_{p,m}^{\ominus}$	252.66	322.15	344.13	422.82	527.18	586.88
	$S_m^{\ominus}$	531.76	620.97	650.14	762.71	955.88	1116.46
	$H_m^{\ominus}$	29.08	50.15	58.48	97.70	193.69	305.61
II-2	$C_{p,m}^{\ominus}$	281.71	355.74	379.13	462.82	573.79	636.84
	$S_m^{\ominus}$	576.15	675.10	707.27	830.85	1041.62	1216.13
	$H_m^{\ominus}$	32.76	56.12	65.31	108.35	213.07	334.69
II-3	$C_{p,m}^{\ominus}$	310.53	389.62	414.50	503.27	620.67	686.95
	$S_m^{\ominus}$	592.71	701.43	736.63	871.35	1099.87	1288.37
	$H_m^{\ominus}$	35.65	61.31	71.37	118.28	231.80	363.16
II-4	$C_{p,m}^{\ominus}$	339.31	423.33	449.72	543.71	667.66	737.19
	$S_m^{\ominus}$	626.56	745.00	783.22	929.05	1175.35	1377.87
	$H_m^{\ominus}$	38.96	66.92	77.83	128.61	250.94	392.07
II-5	$C_{p,m}^{\ominus}$	368.83	457.89	485.77	584.82	715.01	787.63
	$S_m^{\ominus}$	657.69	786.10	827.41	984.59	1248.87	1465.50
	$H_m^{\ominus}$	42.21	72.52	84.32	139.04	270.28	421.23
III	$C_{p,m}^{\ominus}$	270.05	343.04	367.37	459.57	595.67	683.51
	$S_m^{\ominus}$	547.07	642.09	673.18	794.35	1008.42	1192.69
	$H_m^{\ominus}$	31.22	53.66	62.54	104.76	211.28	339.81
IV	$C_{p,m}^{\ominus}$	261.80	336.17	359.87	445.30	562.16	632.97
	$S_m^{\ominus}$	526.67	619.44	649.91	768.05	972.73	1144.93
	$H_m^{\ominus}$	29.69	51.60	60.30	101.46	203.22	323.28
V	$C_{p,m}^{\ominus}$	334.42	414.59	439.98	528.55	641.84	703.98
	$S_m^{\ominus}$	498.48	614.58	652.23	794.47	1032.52	1226.53
	$H_m^{\ominus}$	39.11	66.50	77.25	126.77	244.96	380.13
VI	$C_{p,m}^{\ominus}$	250.16	317.32	338.76	415.85	519.65	580.26

续表

化合物	函数	T					
		200.0K	273.15K	298.15K	400.0K	600.0K	800.0K
	$S_{\mathrm{m}}^{\ominus}$	522.50	610.55	639.27	750.01	940.16	1098.68
	$H_{\mathrm{m}}^{\ominus}$	29.17	49.96	58.16	96.73	191.23	301.73
VII	$C_{p,\mathrm{m}}^{\ominus}$	325.67	400.02	423.62	508.56	624.11	691.40
	$S_{\mathrm{m}}^{\ominus}$	628.36	741.05	777.11	913.92	1144.04	1333.65
	$H_{\mathrm{m}}^{\ominus}$	38.82	65.41	75.71	123.34	237.63	369.77
VIII	$C_{p,\mathrm{m}}^{\ominus}$	167.49	208.90	222.51	273.25	347.32	395.79
	$S_{\mathrm{m}}^{\ominus}$	450.04	508.41	527.29	599.98	725.85	832.87
	$H_{\mathrm{m}}^{\ominus}$	21.32	35.10	40.50	65.81	128.40	203.04
IX	$C_{p,\mathrm{m}}^{\ominus}$	175.21	216.96	230.61	281.22	354.17	401.20
	$S_{\mathrm{m}}^{\ominus}$	438.20	499.04	518.63	593.69	722.60	831.40
	$H_{\mathrm{m}}^{\ominus}$	21.63	35.98	41.58	67.72	131.80	207.67
X	$C_{p,\mathrm{m}}^{\ominus}$	210.74	268.63	287.84	357.01	448.47	500.98
	$S_{\mathrm{m}}^{\ominus}$	368.48	442.63	467.14	561.77	725.58	862.43
	$H_{\mathrm{m}}^{\ominus}$	25.39	42.90	49.90	82.87	164.29	259.68
XI	$C_{p,\mathrm{m}}^{\ominus}$	254.12	317.30	337.98	413.44	517.24	579.59
	$S_{\mathrm{m}}^{\ominus}$	604.44	693.05	721.73	831.97	1021.04	1179.10
	$H_{\mathrm{m}}^{\ominus}$	32.62	53.54	61.73	100.13	194.09	304.28

* 单位:T 的为 K;$C_{p,\mathrm{m}}^{\ominus}$ 的为 $(\mathrm{J} \cdot \mathrm{mol}^{-1} \cdot \mathrm{K}^{-1})$;$S_{\mathrm{m}}^{\ominus}$ 的为 $(\mathrm{J} \cdot \mathrm{mol}^{-1} \cdot \mathrm{K}^{-1})$;$H_{\mathrm{m}}^{\ominus}$ 的为 $(\mathrm{kJ} \cdot \mathrm{mol}^{-1})$。

考察表 14.6(化合物 I-1~I-5 和 II-1~II-5)可见,各热力学函数均随环上硝基数 (n)增加而增加。图 14.3 分别示出 298.15 K 2,4,6,8-四氮杂双环[3.3.0]辛烷和 3, 3,7,7-四(三氟甲基)-2,4,6,8-四氮杂双环[3.3.0]辛烷衍生物的热力学量随分子中

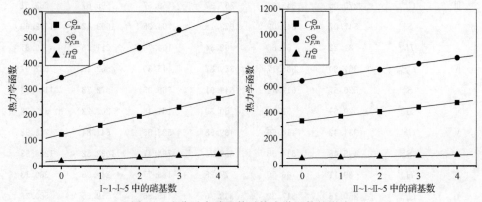

图 14.3　分子中硝基数对热力学函数的影响

硝基数增多的递变规律。当硝基数从 0 增加到 4 时,该两类化合物的 3 种热力学函数均线性地增大,符合基团加和性。对前者(I-1～I-5)的 $C_{p,m}^{\ominus}$、$S_m^{\ominus}$ 和 $H_m^{\ominus}$,线性相关系数分别为 0.99999、0.99902 和 0.99997,每个硝基的平均贡献值分别约为 35.30 J·mol^{-1}·K^{-1}、59.20 J·mol^{-1}·K^{-1} 和 6.63 kJ·mol^{-1};而对后者(II-1～II-5)的 $C_{p,m}^{\ominus}$、$S_m^{\ominus}$ 和 $H_m^{\ominus}$,线性相关系数分别为 0.99999、0.99653 和 0.99987,每个硝基的平均贡献值分别约为 35.39 J·mol^{-1}·K^{-1}、43.05 J·mol^{-1}·K^{-1} 和 6.42 kJ·mol^{-1}。

14.4　爆　炸　性　能

表 14.7 列出标题物基于 B3LYP/6-31G** 计算的分子体积(V)和理论密度(ρ)以及由 K-J 方程[20] 及其修正公式[21] 估算的爆热(Q)、爆速(D)和爆压(p),这些参数是衡量炸药能量和爆炸特性以及判别 HEDC 的重要指标。表中还给出了化合物的氧平衡指数(OB$_{100}$)和生成热(HOF)。将表中结果按分子结构分为 4 类进行比较分析、寻求规律。

表 14.7　标题物的密度、爆速和爆压等性能预测值*

化合物	OB$_{100}$	HOF	Q	V	ρ	D	p
I-1	−15.77	66.21	138.61	87.36	1.31	4.07	5.94
I-2	−9.42	96.42	871.09	102.97	1.55	6.92	19.35
I-3	−3.92	132.85	1287.94	122.63	1.66	7.69	24.94
I-4	−1.20	189.06	1465.08	140.72	1.77	8.49	31.63
I-5	0.68	247.65	1589.94	156.86	1.88	9.16	38.22
II-1	−4.14	−2573.59	170.03	168.49	2.29	5.82	17.16
II-2	−2.78	−2503.47	421.90	184.28	2.34	7.52	28.92
II-3	−1.68	−2421.24	632.22	201.56	2.36	8.45	36.71
II-4	−0.77	−2321.51	814.04	217.50	2.40	9.20	43.88
II-5	0	−2228.09	964.44	232.22	2.44	9.76	49.81
III	−4.00	162.31	1400.84	206.05	1.70	7.83	26.30
IV	−0.79	264.71	1392.67	191.44	1.85	8.90	35.73
V	1.61	294.59	1829.25	219.03	2.27	11.23	63.58
VI	2.79	−590.04	1140.75	175.32	2.04	9.07	39.23
VII	4.64	341.80	1087.55	224.11	2.12	9.11	40.40
VIII	−10.27	788.26	879.49	146.67	1.46	5.84	13.22
IX	−10.27	1587.18	1770.88	148.08	1.45	6.93	18.51
X	−2.51	281.16	1603.73	150.29	2.12	10.10	49.64
XI	2.79	240.72	1695.10	188.65	1.90	9.52	41.51

* 单位:HOF 的为(kJ·mol^{-1});Q 的为(J·g^{-1});V 的为(cm^3·mol^{-1});ρ 的为(g·cm^{-3});D 的为(km·s^{-1});p 的为 GPa。

由表 14.7 可见,对已有环状硝胺母体分子进行结构改性的基础上,引入新的 —NF$_2$ 或—CF$_3$ 基团代替—H、—CH$_3$、—NH$_2$、—NO$_2$、—OH、—CN、—NC 或—ONO$_2$ 等基团,均能显著提高该化合物的密度,如化合物Ⅱ-1～Ⅱ-5、Ⅴ 和 Ⅹ,有望对能量输出产生极为重要的贡献。

第 1 类化合物,硝基取代 2,4,6,8-四氮杂双环[3.3.0]辛烷即图 14.1 中 Ⅰ-1～Ⅰ-5,其 OB$_{100}$、HOF、Q、ρ 以及 D 和 p 均随分子中硝基数(n)增多而逐渐增大,较好地体现了基团加和性。其中 OB$_{100}$、HOF 和 Q 与 n 成二次方函数关系($a_0 + a_1 \times n + a_2 \times n^2$),而 V、ρ 以及 D 和 p 则随 n 增多而线性递增($a_0 + a_1 \times n$)。近似的定量关系式为

$$\text{OB}_{100} = -15.82 + 7.46 \times n - 0.84 \times n^2, \quad R^2 = 0.9988, \quad SD = 0.3271$$

$$\text{HOF} = 66.27 + 23.68 \times n + 5.47 \times n^2, \quad R^2 = 0.9993, \quad SD = 2.7539$$

$$Q = 163.35 + 765.36 \times n - 103.92 \times n^2, \quad R^2 = 0.9949, \quad SD = 59.64$$

$$V = 86.76 + 17.68 \times n, \quad R = 0.9994, \quad SD = 1.1563$$

$$\rho = 1.36 + 0.14 \times n, \quad R = 0.9822, \quad SD = 0.04747$$

$$D = 4.92 + 1.18 \times n, \quad R = 0.9408, \quad SD = 0.7731$$

$$p = 8.65 + 7.68 \times n, \quad R = 0.9846, \quad SD = 2.4937$$

当分子中硝基数达到 4 即为双环-HMX 时,密度和爆轰性能达到最高($\rho = 1.88$ g·cm^{-3},$D = 9.16$ km·s^{-1},$p = 38.22$ GPa),与 HMX($\rho = 1.90$ g·cm^{-3},$D = 9.10$ km·s^{-1},$p = 39.00$ GPa)相近,有望成为潜在 HEDC。

第 2 类化合物,硝基取代 3,3,7,7-四(三氟甲基)-2,4,6,8-四氮杂双环[3.3.0]辛烷即Ⅱ-1～Ⅱ-5,其 OB$_{100}$、HOF 和 ρ 以及 D 和 p 值亦均随环上硝基数增多而逐渐增大。当分子中硝基数为 2 时,其爆轰性能已接近 RDX($\rho = 1.81$ g·cm^{-3},$D = 8.75$ km·s^{-1},$p = 34.70$ GPa);当硝基数 $n \geqslant 3$ 时,其爆轰性能已超过 HMX,完全符合品优 HEDC 的定量标准($\rho \approx 1.9$ g·cm^{-3},$D \approx 9$ km·s^{-1} 和 $p \approx 40$ GPa)。因该类含氟炸药的 HOF 均较低且为负值,故爆热 Q 均相对较低;但它们的密度均较高($\rho > 2.2$ g·cm^{-3}),故 D 和 p 值也相应较高,超过相应的第 1 类化合物。第 2 类化合物的 OB$_{100}$、HOF、Q、ρ 以及 D 和 p 值亦均随分子中硝基(n)增多而逐渐增大,符合基团加和性,且其中 OB$_{100}$、HOF 和 Q 值均与 n 成二次方函数关系($a_0 + a_1 \times n + a_2 \times n^2$),而 V、ρ 以及 D 和 p 值则随 n 增多而线性递增($a_0 + a_1 \times n$)。类似的定量关系可表示为

$$\text{OB}_{100} = -4.13 + 1.42 \times n - 0.098 \times n^2, \quad R^2 = 0.9999, \quad SD = 0.02689$$

$$\text{HOF} = -2575.01 + 68.98 \times n + 4.58 \times n^2, \quad R^2 = 0.9994, \quad SD = 4.8016$$

$$Q = 171.27 + 264.22 \times n - 16.53 \times n^2, \quad R^2 = 1.0, \quad SD = 2.6368$$

$$V = 168.67 + 16.07 \times n, \quad R = 0.9997, \quad SD = 0.7580$$

$$\rho = 2.29 + 0.04 \times n, \quad R = 0.9939, \quad SD = 0.0073$$

$$D = 6.24 + 0.96 \times n, \qquad R = 0.9752, \quad \text{SD} = 0.3962$$
$$p = 19.24 + 8.03 \times n, \qquad R = 0.9910, \quad \text{SD} = 1.9784$$

第 3 类化合物（Ⅱ-5 和Ⅲ～Ⅶ），即 2,4,6,8-四硝基-2,4,6,8-四氮杂双环
[3.3.0]辛烷亚甲基上氢被—CF₃、—CH₃、—NH₂、—OH、—NF₂ 和—NO₂ 等基团
取代所得衍生物。它们的能量和爆炸性能随分子中氮含量增加而增大，随氢含量
增加而减小。总体上均随氧平衡指数 OB_{100} 增加而增大，仅当分子中取代基为
—NH₂、—NF₂、—OH 和—NO₂ 时其能量特性才接近或超过双环-HMX 和 RDX，
有望成为 HEDC。

第 4 类化合物是 2,4,6,8-四氮杂双环[3.3.0]辛烷环上 N—H 基被 N—NO₂、
N—CN、N—NC、N—NF₂ 和 N—ONO₂ 基团取代后所得衍生物（Ⅰ-5、Ⅷ～Ⅺ）。
它们的能量和爆炸性能随分子中 OB_{100} 升高而增大。当取代基为 N—NF₂ 和 N—
ONO₂（即Ⅹ和Ⅺ）时，其 ρ、D 和 p 值均很高，远超过 HMX，达到 HEDC 的高能量
标准，值得进一步关注。

综上所述，标题物Ⅰ-5、Ⅱ-3～Ⅱ-5、Ⅳ～Ⅶ、Ⅹ和Ⅺ满足 HEDC 的密度和爆轰
性能定量要求，需要继续考察其稳定性。

14.5　热 解 机 理

揭示热解（引发）机理有助于判别上述候选 HEDC（Ⅰ-5、Ⅱ-3～Ⅱ-5、Ⅳ～Ⅶ、
Ⅹ和Ⅺ）的感度大小和相对稳定性。考虑标题物可能的热解引发步骤：①均裂环骨
架 C—C 键；②均裂环骨架 C—N 键；③均裂环外 N—NO₂ 键或 N—NF₂ 键（Ⅹ）或
N—ONO₂ 和 NO—NO₂ 键（Ⅺ）；④均裂侧链 C—X 键，包括 C—NH₂（Ⅳ）、C—
NF₂（Ⅴ）、C—OH（Ⅵ）和 C—NO₂（Ⅶ）键。以同类键中 B3LYP/6-31G** Mülliken
集居数最小者进行均裂活化能和键离解能计算。

表 14.8 给出标题物的 UHF-PM3 计算可能热解引发反应的反应物（R）和过
渡态（TS）（经零点能校正的）生成热（HOF）以及相应反应的活化能（E_a）。表中列
出 RDX 和 HMX 的相应计算结果以便比较。过渡态均经振动分析由唯一虚频所
证实，且分别对应于各均裂键的伸缩振动，又经 IRC 分析确认连接反应物和产物。
在过渡态附近相关分子几何和原子电荷均发生了突变。

通常断裂某键所需活化能（E_a）越小，该键就越易成为热解引发键，相应化合
物就越不稳定。据此，由表 14.8 可见，对化合物Ⅰ-5、Ⅱ-3～Ⅱ-5、Ⅳ～Ⅵ、Ⅹ、
RDX 和 HMX，均裂 N—NO₂ 键（Ⅹ中为 N—NF₂ 键）所需活化能均小于均裂其他
键所需活化能，表明它们的热解引发反应均为 N—NO₂（Ⅹ中为 N—NF₂ 键）的断
裂，与通常硝胺（二氟胺）类爆炸物遵循类似的热解机理。化合物Ⅶ中以均裂侧链
（偕二硝基）C—NO₂ 键所需活化能（78.78 kJ·mol⁻¹）最小，其次才是环外 N—
NO₂ 键的断裂（95.76 kJ·mol⁻¹）；化合物Ⅺ中以均裂 NO—NO₂ 键的活化能

（117.29 kJ·mol^{-1}）最小，其次才是 N—ONO$_2$ 键的断裂（139.73 kJ·mol^{-1}），这与通常硝酸酯类化合物（RCH$_2$ONO$_2$）热解始于 O—NO$_2$ 键断裂的机理相一致[15,16,22~25]。总之，这里的动态计算结果与上述由 Mülliken 集居静态分析推出的结论相一致。

表 14.8　标题物气相热解反应的 UHF-PM3 计算反应物（R）和过渡态（TS）的生成热（HOF）以及均裂 C—C，C—N，C—X 和 N—NO$_2$ 键的反应活化能（E_a）^{a}

化合物	HOF /(kJ·mol^{-1})					E_a/ (kJ·mol^{-1})			
	R	TS				C—C	C—N	C—X^b	N—NO$_2$
		C—C	C—N	C—X^b	N—NO$_2$				
Ⅰ-5	664.38	860.42	881.94		733.76	196.04	217.56		69.38
Ⅱ-3	−1941.15	−1683.20	−1721.17	−1806.78	−1854.13	257.95	219.98	134.37	87.02
Ⅱ-4	−1838.66	−1577.47	−1610.52	−1697.58	−1725.46	261.19	228.14	141.08	113.20
Ⅱ-5	−1741.04	−1487.98	−1497.45	−1599.94	−1633.17	253.06	243.59	141.11	107.87
Ⅳ	861.23	1119.33	960.82	1061.19	952.31	258.10	99.59	199.96	91.08
Ⅴ	710.46	975.58	926.67	850.88 (947.64)	823.63	265.12	216.21	140.42^c (237.18)^d	113.17
Ⅵ	−120.04	108.91	31.78	91.05	−25.81	228.95	151.82	211.09	94.23
Ⅶ	789.88	1053.60	993.79	868.66	885.64	263.72	203.91	78.78	95.76
Ⅹ	671.71	874.82	865.02		781.72 (889.17)	203.11	193.31		110.01^e (217.46)^f
Ⅺ	690.04	877.17	879.12		829.77 (707.33)	187.13	189.07		139.73^g (17.29)^h
RDX	520.90		757.68		599.12		236.78		78.22
HMX	739.34		910.36		806.36		171.02		67.02

a　所有生成热均经零点能校正；
b　均裂侧链 C—X 键；
c　均裂 C—NF$_2$ 键；
d　均裂 C—NF$_2$ 中 N—F 键；
e　均裂 N—NF$_2$ 键；
f　均裂 N—NF$_2$ 中 N—F 键；
g　均裂 N—ONO$_2$ 键；
h　均裂 NO—NO$_2$ 键。

　　与常用硝胺炸药 RDX 和 HMX 的热解引发反应活化能（78.22 和 67.02 kJ·mol^{-1}）进行比较，发现多数标题物的 E_a 均较大，表明它们的稳定性均较高，可以稳定存在或可能成为实用高能材料。当然这里仅是由半经验 MO 计算导致的结果和结论。

对化合物的键离解能(BDE)进行较精确的从头计算和比较,有利于较准确地判断化合物的热解机理和相对稳定性[10,26~29]。将标题物中各类键的均裂 BDE 的 UB3LYP/6-31G** 计算结果列于表 14.9。

表 14.9 UB3LYP/6-31G** 计算的标题物中各种化学键的离解能(单位:kJ·mol⁻¹)[a]

化合物	BDE⁰				BDE			
	C—C	C—N	C—X[b]	N—NO₂	C—C	C—N	C—X[b]	N—NO₂
I-5	261.96	285.02		158.94	245.20	266.62		139.20
II-3	361.32	308.34	321.54	155.84	340.71	294.66	308.00	137.29
II-4	354.46	273.49	314.99	133.19	334.55	259.69	300.66	115.00
II-5	346.63	278.73	316.06	127.16	326.67	264.54	302.41	109.05
IV	332.16	241.80	307.19	134.58	314.31	230.45	277.48	116.83
V	360.41	304.21	159.64 (239.32)	113.62	344.11	288.91	143.97[c] (230.26)[d]	96.44
VI	295.66	308.76	423.49	148.39	278.66	293.49	398.14	132.36
VII	343.58	277.86	171.88	129.44	328.11	259.40	156.91	109.59
X	198.78	178.09		157.30 (216.59)	184.85	162.15		140.40[e] (207.63)[f]
XI	199.57	229.26		183.06[c] (41.71)[d]	181.76	214.83		161.03[g] (28.71)[h]
RDX		309.57		175.14		287.27		153.80 (152.09)[27]
HMX		296.77		185.90		274.43		166.48

a BDE⁰ 和 BDE 分别表示经零点能校正前后的键离解能;

b 均裂侧链 C—X 键;

c 均裂 C—NF₂ 键;

d 均裂 C—NF₂ 中 N—F 键;

e 均裂 N—NF₂ 键;

f 均裂 N—NF₂ 中 N—F 键;

g 均裂 N—ONO₂ 键;

h 均裂 NO—NO₂ 键。

由表 14.9 可见,对每个化合物 I-5、II-3~II-5、IV~VI 和 X 以及 RDX 和 HMX 而言,均裂其 N—NO₂ 键(X 中为 N—NF₂ 键)所需能量均小于均裂各化合物其他键所需能量,而化合物 XI 中均裂 NO—NO₂ 键所需能量远小于均裂 XI 中其他键所需能量。由此表明,化合物 I-5、II-3~II-5 和 IV~VI 以及 RDX 和 HMX 的热解引发反应均始于 N—NO₂ 键均裂,化合物 X 和 XI 的热解引发反应分别始于 N—NF₂ 键和 NO—NO₂ 键均裂。这与通常硝胺、二氟胺和硝酸酯类化合物的热解机理相符,也与上述由 PM3 计算活化能(E_a)以及由键集居分析所得出的结论相一致。然而,当用各计算物理量判断它们的相对稳定性时,发现根据 B3LYP/6-31G** 计算热解引发键离解能(BDE)和静态键集居数(P_{A-B})得到较一致结论,而与由 PM3 半经验计算结果(E_a)推断的分子稳定性排序偏差较大。这表明半经验 MO 方法只能定性给出该类化合物的热解引发机理,而不能定量判别它们的稳定性大小。

最后,根据标题物热解引发键的 BDE 大小判别它们是否稳定,能否成为实用 HEDC。结果表明,化合物I-5、II-3～II-5、IV～VII 以及 RDX 和 HMX 的引发键 N—NO_2 键 BDE 均大于 84 kJ·mol^{-1},化合物 X 中 N—NF_2 键 BDE(140.40 kJ·mol^{-1})也较大,但化合物XI的 NO—NO_2 键 BDE 很小(仅 28.71 kJ·mol^{-1})。因此,在上述满足 HEDC 能量(ρ、D、p)标准的候选物中,推断前 9 个化合物均可稳定存在,而四硝酸酯四氮杂双环辛烷(XI)则极不稳定,在受热或撞击下容易分解和爆炸。总之,研究表明,标题物 I-5、II-3～II-5、IV～VII 和 X 符合 HEDC 的能量标准和稳定性要求,有望成为潜在品优 HEDC,予以推荐。

参 考 文 献

[1] Eck G, Piteau M et al. Preparation of 2,4,6,8-tetranitro-2,4,6,8-tetraazabicyclo [3.3.0] octane. Brit. UK Pat. Appl. GB 2303849 A1, 5 Mar 1997, 9

[2] Brill T B, Oyumi Y. Thermal decomposition of energetic materials. 9. A relationship of molecular structure and vibrations to decomposition: polynitro-3,3,7,7-tetrakis(trifluoromethyl)-2,4,6,8-tetraazabicyclo[3.3.0]octanes. J Phys Chem, 1986, 90: 2679～2682

[3] Koppes W M, Chaykovsky M, Adolph H G et al. Synthesis and structure of some peri-substituted 2,4,6,8-tetraazabicyclo[3.3.0]octanes. J Org Chem, 1987, 52: 1113～1119

[4] Nielsen A T, Nissan R A, Chafin A P et al. Polyazapolycyclics by condensation of aldehydes with amines. 3. formation of 2,4,6,8-tetrabenzyl-2,4,6,8-tetraazabicyclo[3.3.0]octanes from formaldehyde, glyoxal, and benzylamines. J Org Chem, 1992, 57: 6756～6759

[5] Brill T B, Oyumi Y. Thermal decomposition of energetic materials. 18. Relationship of molecular composition to nitrous acid formation: bicyclo and spiro tetranitramines. J Phys Chem, 1986, 90(26): 6848～6853

[6] Oyumi Y, Brill T B. Thermal decomposition of energetic materials. 22. The contrasting effects of pressure on the high-rate thermolysis of 34 energetic compounds. Combust Flame, 1987, 68(2): 209～216

[7] Skare D. Tendencies in development of new explosives. Heterocyclic, benzenoid-aromatic and alicyclic compounds. Kem Ind, 1999, 48(3): 97～102

[8] Gilardi R, Flippen-Anderson J L, Evans R. *cis*-2,4,6,8-Tetranitro-1H,5H-2,4,6,8-tetraazabicyclo [3.3.0] octane, the energetic compound 'bicyclo-HMX'. Acta Crystal E, 2002, 58(9): 972～974

[9] Sinditskii V P, Egorshev V Y, Berezin M V. Combustion of high-energy cyclic nitramines.

Khimicheskaya Fizika, 2003, 22(4): 56~63

[10] 邱玲. 氮杂环硝胺类高能量密度材料(HEDM)的分子设计. 南京理工大学博士研究生学位论文, 2007

[11] Qiu L, Zhu W H, Xiao J J et al. Theoretical studies of solid bicyclo-HMX: Effects of hydrostatic pressure and temperature. J Phys Chem B 2008, 112: 3882~3893

[12] Qiu L, Ju X H, Xiao H M. Density functional theory study of solvent effects on the structure and vibrational frequencies of tetranitrotetraazabicyclooctane "bicyclo-HMX". J Chin Chem Soc, 2005, 52: 405~413

[13] 邱玲, 肖鹤鸣, 居学海等. 双环-HMX 结构和性质的理论研究. 化学学报, 2005, 63(5): 377~384

[14] 邱玲, 肖鹤鸣, 居学海等. 四硝基四氮杂双环辛烷气相热解引发机理. 含能材料, 2005, 13(2): 74~78

[15] 肖鹤鸣. 高能化合物的结构和性质. 北京: 国防工业出版社, 2004

[16] 肖鹤鸣. 硝基化合物的分子轨道理论. 北京: 国防工业出版社, 1993

[17] Oxley J C, Kooh A B, Szekeres R et al. Mechanisms of nitramine thermolysis. J Phys Chem, 1994, 98: 7004~7008

[18] Kohno Y, Ueda K, Imamura A. Molecular dynamics simulations of initial decomposition processes on the unique N—N bond in nitramines in the crystalline state. J Phys Chem, 1996, 100: 4701~4712

[19] 冯增国. 重新唤起人们兴趣的二氟氨基及其化合物. 化学进展, 2000, 12(2): 171~178

[20] Kamlet M J, Jacobs S J. Chemistry of detonations. I. Simple method for calculating detonation properties of C—H—N—O explosives. J Chem Phys, 1968, 48: 23~35

[21] 孙业斌, 惠君明, 曹欣茂. 军用混合炸药. 北京: 兵器工业出版社, 1995

[22] 肖鹤鸣, 王大喜. 硝化甘油的热解机理. 兵工学报, 1992, 1: 41

[23] 贡雪东, 肖鹤鸣, 高贫. 季戊四醇四硝酸酯的分子结构和热解机理. 有机化学, 1997, 17: 513~519

[24] 贡雪东, 肖鹤鸣. 一元硝酸酯热解反应的理论研究. 物理化学学报, 1997, 13: 36~41

[25] 贡雪东, 肖鹤鸣. 多元硝酸酯热解反应的理论研究. 物理化学学报, 1998, 14: 33~38

[26] Politzer P, Lane P. Comparison of density functional calculations of C—NO₂, N—NO₂ and C—NF₂ dissociation energies. J Mol Struct (Theochem), 1996, 388: 51~55

[27] Harris N J, Lammertsma K. *Ab initio* density functional computations of conformations and bond dissociation energies for hexahydro-1, 3, 5-trinitro-1, 3, 5-triazine. J Am Chem Soc, 1997, 119: 6583~6589

[28] Qiu L, Xiao H M, Gong X D et al. Theoretical studies on the structures, Ttermodynamic properties, detonation properties, and pyrolysis mechanisms of spiro nitramines. J Phys Chem A, 2006, 110: 3797~3807

[29] Xu X J, Xiao H M, Ju X H et al. Computational studies on polynitrohexaazaadmantanes as potential high energy density materials (HEDMs). J Phys Chem A, 2006, 110: 5929~5933

第15章 TNAD及其同分异构体

反式-1,4,5,8-四硝基四氮杂双环[4.4.0]癸烷也是典型的双环硝胺,简称TNAD(*trans*-1,4,5,8-tetranitrotetraazadecalin)[1],由两个六元氮杂环硝胺稠合而成,如图15.1中1A所示。由于其能量密度较高,热稳定性很好(熔点为232～234 ℃,受热至220 ℃以上才分解),撞击感度比RDX和HMX低(3者的特性落高$h_{50\%}$依次为35 cm,25～28 cm和18～26 cm),故潜在应用价值较大,有望成为硝胺类HEDC的典型[2]。自其合成问世以来,一直是国内外含能材料研究领域关注的焦点。迄今为止,有关其合成制备、结构、IR谱以及其他物理、化学和爆炸性质的研究已有许多报道和总结[3~16]。其中关于TNAD同分异构体的实验研究[3~6],有1,3,5,7-四硝基四氮杂双环[4.4.0]癸烷的顺反异构体(图15.1中2A和2B)、(R^*,R^*)-和(R^*,S^*)-1,1′,3,3′-四硝基-4,4′-二咪唑烷(图15.1中5A和5B)和1,3,7,9-四硝基四氮杂螺[4.5]癸烷(图15.1中6A)等。近期Liu等[17]通过理论计算预测了TNAD及其一些未知衍生物的爆轰性能。但总体而言,至今缺乏系统深入的研究。

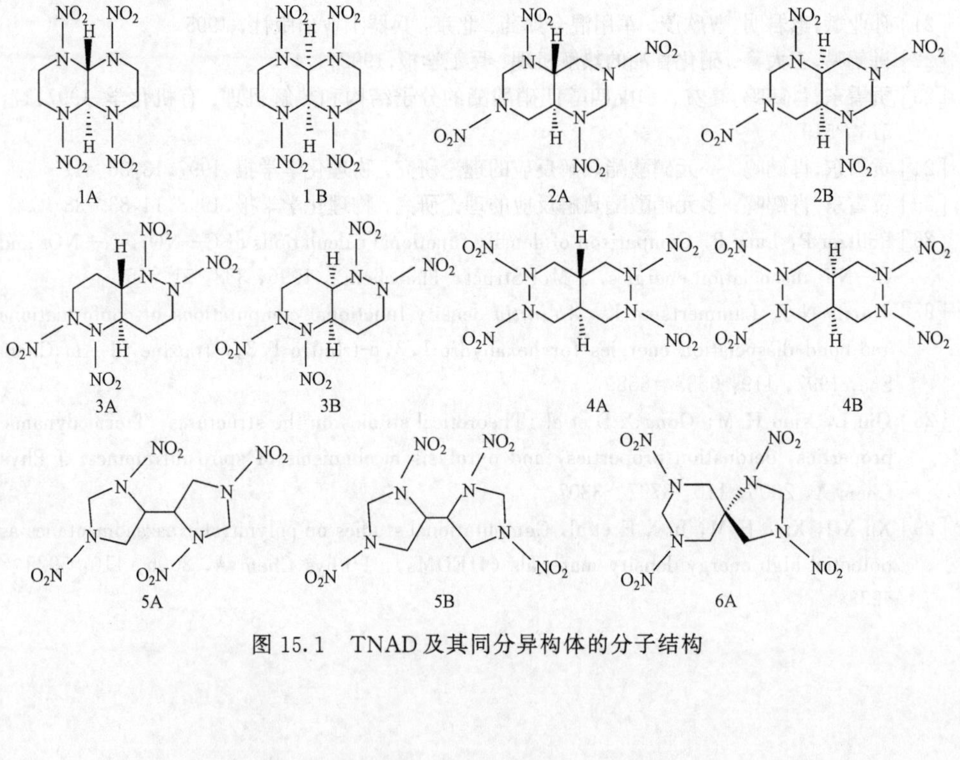

图15.1 TNAD及其同分异构体的分子结构

本章在已有实验和理论工作的基础上,设计 TNAD 的多种环杂硝胺同分异构体(参见图 15.1)。通过量子化学理论计算,对它们全优化分子几何下的电子结构、IR 光谱、热力学性质、爆轰性能和热解机理,进行较系统的计算和比较研究,提供丰富的基础数据,揭示结构与性能之间的关系,筛选具有开发价值的 TNAD 异构体[18~20]。

15.1　电 子 结 构

表 15.1 给出标题物分别在 B3LYP/6-31G**、HF/6-31G** 和 MP2/6-31G** 水平的分子总能量(E)、零点振动能(ZPE)和经 ZPE 校正后的相对于化合物 1A (TNAD)的能量差($\Delta E_{\text{rel,ZPE}}$)。比较 11 种同分异构体的分子总能量或相对能,发现在 B3LYP 和 MP2 水平得到完全一致的大小排序 5B<2B<5A<2A<1B< 1A<6A<4A<4B<3A<3B,但在 HF 水平的计算排序(5A<5B< 2B<2A<1B <6A<1A<4A<4B<3A<3B)略有不同,表明电子相关校正对获得较精确的总能量极为必要。由此预测标题物在常温气相下的热力学稳定性排序为:5B>2B> 5A>2A>1B>1A>6A>4A>4B>3A>3B。可见总体上以 N—NO$_2$ 基处于间位如分子 5B、5A、2B 和 2A 较稳定,其次是对位异构体 1A 和 1B,而邻位异构体如分子 3A、3B、4A 和 4B 的稳定性较差。

由于标题物中孤对电子较多、电子相关效应强烈,故 HF/6-31G** 计算能量偏高。DFT-B3LYP 方法既考虑了电子相关效应,又较为节省运行时间,且精度与 MP2 相当,故以下主要在 B3LYP/6-31G** 水平进行计算研究。

表 15.2 给出各异构体的前线轨道能级(E_{HOMO} 和 E_{LUMO})及其差值 ΔE,以及分子中各化学键的最小 Mülliken 键集居数。从该表可见,11 个化合物均具较低前线轨道能量,具有较高的能隙(ΔE>0.2 Hartree),表明发生电子转移和跃迁比较困难,表示它们比较钝感。由 ΔE 排序 5A>2A>2B>5B>1B>1A>6A>4A> 4B>3B>3A 可判别稳定性。尽管与从总能量给出的排序不完全相同,但基本上保持一致,均表明间位取代异构体的稳定性大于对位,而以邻位异构体稳定性最差。这对至今未能合成 3A、3B、4A 和 4B 的事实[1~3]给出了解释。

由表 15.2 Mülliken 键集居数可见,分子中均以 C—H 键的最大(> 0.36),其次是硝基中 N—O 键(0.29~0.33)和环 C—C 键(0.27~0.34),以环外 N—NO$_2$ 键最小(0.12~0.18),与环氮相连的 N—N 和 N—C 键也较小,分别约为 0.17~ 0.19 和 0.18~0.25。由此表明,N—NO$_2$ 键上电子集居最少,该键相对最弱,可能是标题物的热解或起爆引发键。比较考察各异构体 N—NO$_2$ 键的电子集居数大小,发现随取代基之间的距离减小而总体上变小,其中以邻位取代异构体(3A、3B、4A、4B)的 N—NO$_2$ 键电子集居数最小。根据判别同系爆炸物感度大小的“最小键级原理”(PSBO)[20~27],预测邻位异构体感度大、稳定性差,可能主要由硝基的强吸电子诱导效应和空间排斥作用所致。

表 15.1　标题物的分子总能量(E)、零点振动能(ZPE)和相对能量差($\Delta E_{rel,ZPE}$)[a]

化合物	B3LYP/6-31G**			HF/6-31G**			MP2/6-31G**[b]		
	E/Hartree	ZPE/ (kJ·mol^{-1})	$\Delta E_{rel,ZPE}$/ (kJ·mol^{-1})	E/Hartree	ZPE/ (kJ·mol^{-1})	$\Delta E_{rel,ZPE}$/ (kJ·mol^{-1})	E/Hartree	ZPE/ (kJ·mol^{-1})	$\Delta E_{rel,ZPE}$/ (kJ·mol^{-1})
1A	−1273.9729	599.4701	0	−1266.9184	656.4999	0	−1270.5879	656.4999	0
1B	−1273.9813	597.6338	−23.8905	−1266.9302	655.4256	−32.0552	−1270.5931	655.4256	−14.7829
2A	−1273.9822	599.0060	−24.8812	−1266.9335	658.6255	−37.5195	−1270.5946	658.6255	−15.5913
2B	−1273.9837	597.5491	−30.2764	−1266.9359	657.0928	−45.3533	−1270.5965	657.0928	−22.0867
3A	−1273.9230	592.9046	124.4469	−1266.8628	652.5174	141.9953	−1270.5396	652.5174	122.8717
3B	−1273.9218	591.9345	126.6274	−1266.8612	652.1233	145.8020	−1270.5357	652.1233	132.6777
4A	−1273.9342	592.2468	94.3836	−1266.8750	650.7703	108.2171	−1270.5404	650.7703	118.9874
4B	−1273.9278	592.7190	111.6590	−1266.8717	652.9706	119.0816	−1270.5401	652.9706	122.0279
5A	−1273.9830	595.8434	−30.1442	−1266.9450	653.7178	−72.6204	−1270.5934	653.7178	−17.3321
5B	−1273.9842	596.7221	−32.4162	−1266.9425	654.2653	−65.5092	−1270.5971	654.2653	−26.4125
6A	−1273.9696	596.6802	5.8743	−1266.9245	654.4911	−18.0244	−1270.5820	654.4911	13.5467

a $\Delta E_{rel,ZPE}$表示相对于化合物 A 的能量差,已经 ZPE 校正;

b 因 MP2/6-31G** 计算振动频率所需机时和耗空间相对能量采用了 HF/6-31G** ZPE 进行校正。

表 15.2　标题物的 B3LYP/6-31G 计算前线轨道能级(E_{HOMO}、E_{LUMO})及其差值(ΔE)以及各化学键的最小 Mülliken 键集居数** [a]

化合物	E_{HOMO}/Hartree	E_{LUMO}/Hartree	ΔE/Hartree	$P_{\text{C—C}}$	$P_{\text{C—N}}$	$P_{\text{C—H}}$	$P_{\text{N—N}}$	$P_{\text{N—O}}$
1A	−0.2961	−0.0867	0.2094	0.2690	0.1810	0.3759	0.1790	0.2986
1B	−0.2962	−0.0813	0.2149	0.2937	0.1840	0.3783	0.1703	0.3232
2A	−0.3030	−0.0839	0.2191	0.2968	0.1912	0.3712	0.1640	0.3065
2B	−0.2979	−0.0807	0.2172	0.2991	0.1923	0.3703	0.1689	0.3229
3A	−0.2930	−0.0993	0.1937	0.3144	0.2128	0.3711	0.1195(0.1717)	0.2897
3B	−0.2923	−0.0896	0.2027	0.3168	0.2065	0.3654	0.1174(0.1739)	0.2944
4A	−0.2953	−0.0914	0.2039	0.3359	0.2542	0.3731	0.1414(0.1937)	0.3272
4B	−0.2970	−0.0939	0.2031	0.3134	0.2294	0.3766	0.1315(0.1938)	0.3170
5A	−0.3056	−0.0847	0.2209	0.3157	0.2037	0.3707	0.1750	0.3224
5B	−0.2980	−0.0827	0.2153	0.2977	0.2007	0.3684	0.1723	0.3020
6A	−0.3011	−0.0948	0.2063	0.2943	0.1787	0.3696	0.1734	0.2927

a 括号中是环 N—N 键集居数。

15.2　IR　谱

图 15.2 给出标题物 B3LYP/6-31G** 水平经简谐振动分析所得 IR 谱(频率均经 0.96 校正[28])。为方便比较,图中包括了 TNAD(1A)的实验光谱[10]。

比较图 15.2 中 1A 的 B3LYP/6-31G** 计算和实验 IR 谱,二者非常接近。如几个主要的很强振动模式:在 1600~1615 cm⁻¹ 处对应于 N—NO₂ 基中 N=O 键的反对称伸缩振动,在 1270~1294 cm⁻¹ 处的 N—NO₂ 基中 N=O 键的对称伸缩振动;在 2971~3061 cm⁻¹ 处有一些较弱的基频,分别归于 C—H 键对称和反对称伸缩振动;其他振动方式如小于 1200 cm⁻¹ 波数的指纹区等,计算结果与实验值之间的误差均很小。由此表明,B3LYP/6-31G** 计算能较好地重现主要实验结果。

因基频振动模式数等于 3N-6(N 为分子中原子数),故标题物共有 90 个谐振频率。除 1A 外尚无其他标题物的实验 IR 谱报道,这里仅给出它们的主要振动模式归属。与 1A 类似,各标题物在 3000 cm⁻¹ 左右也均有归属于 C—H 键对称和反对称伸缩振动的 10 个较弱的基频,在 1600 和 1280 cm⁻¹ 处分别对应有 N—NO₂ 中 N=O 键很强的反对称和对称伸缩振动模式,小于 1200 cm⁻¹ 波段的指纹区主要对应于 C—H 弯曲和摇摆振动、—NO₂ 的弯曲振动以及环骨架的变形。值得注意的是,随 N—NO₂ 基之间的距离缩短,N—NO₂ 中 N=O 键反对称伸缩振动的频率发生蓝移;而 N=O 键对称伸缩振动则发生红移。这种相反的变化趋势主要是由于硝基较强的吸电子诱导效应。此外,除标题物 5B 和 6A 最强的振动模式对

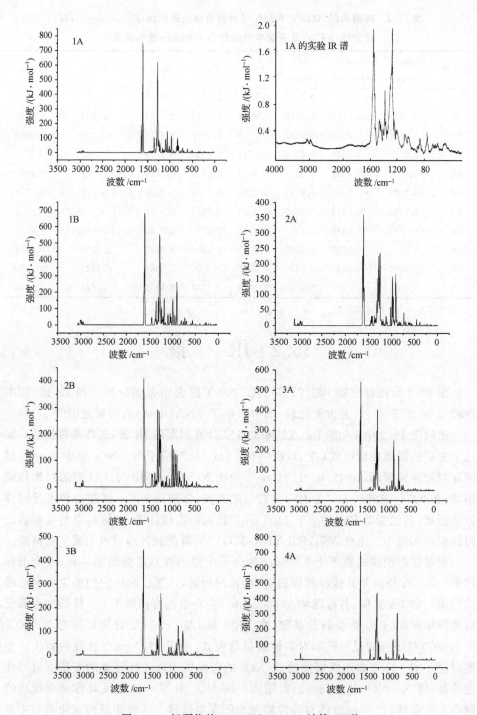

图 15.2　标题物的 B3LYP/6-31G** 计算 IR 谱

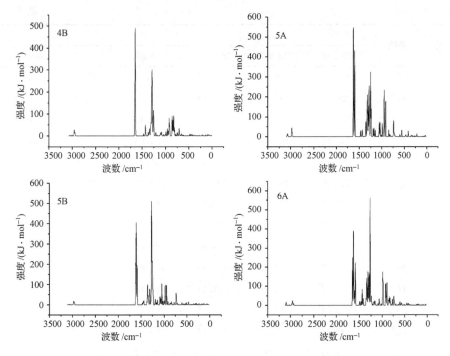

图 15.2　标题物的 B3LYP/6-31G^{* *} 计算 IR 谱（续）

应于 N—NO$_2$ 中 N══O 键的对称伸缩振动外，其他标题物最强的振动模式均对应于 N—NO$_2$ 中 N══O 键的反对称伸缩振动，其次是 N—NO$_2$ 中 N══O 键的对称伸缩振动。

15.3　热力学性质

根据统计热力学和校正后频率，用自编程序计算了标题物在 200～800 K 温度范围的热力学性质，包括标准恒压摩尔热容（$C_{p,m}^{\ominus}$）、标准摩尔熵（$S_m^{\ominus}$）和标准摩尔焓（$H_m^{\ominus}$），如表 15.3 所示。

表 15.3　标题物在不同温度下的 B3LYP/6-31G^{* *} 计算热力学性质[a]

化合物	函数	T					
		200.0K	273.15K	298.15K	400.0K	600.0K	800.0K
1A	$C_{p,m}^{\ominus}$	218.40	281.50	302.93	384.54	504.40	580.21
	$S_m^{\ominus}$	494.62	572.00	597.58	698.28	878.68	1034.98
	$H_m^{\ominus}$	26.18	44.46	51.77	86.87	176.67	285.69
1B	$C_{p,m}^{\ominus}$	221.14	282.80	303.89	384.77	504.43	580.38

化合物	函数	T					
		200.0K	273.15K	298.15K	400.0K	600.0K	800.0K
	$S_m^{\ominus}$	498.41	576.42	602.09	702.96	883.39	1039.70
	$H_m^{\ominus}$	26.59	45.01	52.34	87.51	177.32	286.35
2A	$C_{p,m}^{\ominus}$	217.65	281.09	302.60	384.45	504.56	580.43
	$S_m^{\ominus}$	500.69	577.89	603.44	704.08	884.50	1040.85
	$H_m^{\ominus}$	26.19	44.43	51.73	86.81	176.62	285.68
2B	$C_{p,m}^{\ominus}$	220.10	282.32	303.55	384.76	504.55	580.43
	$S_m^{\ominus}$	522.65	600.41	626.06	726.87	907.34	1063.68
	$H_m^{\ominus}$	27.03	45.40	52.73	87.87	177.70	286.76
3A	$C_{p,m}^{\ominus}$	224.01	287.49	308.86	389.81	508.01	582.75
	$S_m^{\ominus}$	496.37	575.58	601.68	704.04	886.25	1043.43
	$H_m^{\ominus}$	26.56	45.27	52.73	88.41	179.09	288.71
3B	$C_{p,m}^{\ominus}$	223.72	287.67	309.18	390.43	508.65	583.25
	$S_m^{\ominus}$	498.31	577.50	603.62	706.14	888.62	1045.95
	$H_m^{\ominus}$	26.63	45.34	52.80	88.53	179.35	289.09
4A	$C_{p,m}^{\ominus}$	222.47	285.81	307.22	388.39	507.16	582.36
	$S_m^{\ominus}$	525.03	603.72	629.68	731.59	913.34	1070.33
	$H_m^{\ominus}$	27.45	46.04	53.46	88.98	179.43	288.94
4B	$C_{p,m}^{\ominus}$	222.41	285.58	307.00	388.26	507.09	582.25
	$S_m^{\ominus}$	522.58	601.21	627.15	729.01	910.72	1067.68
	$H_m^{\ominus}$	27.49	46.07	53.47	88.98	179.42	288.90
5A	$C_{p,m}^{\ominus}$	220.28	282.28	303.61	385.38	505.52	581.23
	$S_m^{\ominus}$	529.13	606.89	632.53	733.44	914.26	1070.86
	$H_m^{\ominus}$	27.57	45.94	53.26	88.44	178.45	287.68
5B	$C_{p,m}^{\ominus}$	220.77	282.18	303.38	384.85	505.05	580.92
	$S_m^{\ominus}$	509.26	587.08	612.71	713.51	894.10	1050.60
	$H_m^{\ominus}$	27.08	45.46	52.78	87.92	177.81	286.97
6A	$C_{p,m}^{\ominus}$	218.81	283.12	304.83	386.99	506.53	581.76
	$S_m^{\ominus}$	498.26	575.95	601.69	703.05	884.41	1041.23
	$H_m^{\ominus}$	26.14	44.50	51.85	87.19	177.46	286.84

* 单位：T 的为 K；$C_{p,m}^{\ominus}$ 的为 $J \cdot mol^{-1} \cdot K^{-1}$；$S_m^{\ominus}$ 的为 $J \cdot mol^{-1} \cdot K^{-1}$；$H_m^{\ominus}$ 的为 $kJ \cdot mol^{-1}$。

由表 15.3 可见，所有标题物的热力学函数均随温度升高而递增。通过拟合求得各标题物在 200～800 K 范围的热容、熵、焓与温度的函数关系($a_0 + a_1 \times T + a_2 \times T^2$)。这里仅以 TNAD 为例,列出其定量关系式

$$C_{p,\mathrm{m}}^{\ominus} = 5.7806 + 1.1687T - 5.6311 \times 10^{-4} T^2,\ R^2 = 0.9999,\ \mathrm{SD} = 1.6003$$

$$S_{\mathrm{m}}^{\ominus} = 267.1380 + 1.1966T - 2.9595 \times 10^{-4} T^2,\ R^2 = 1.0,\ \mathrm{SD} = 0.1241$$

$$H_{\mathrm{m}}^{\ominus} = -13.7655 + 0.1325T + 3.0327 \times 10^{-4} T^2,\ R^2 = 0.9999,\ \mathrm{SD} = 1.5522$$

由这些关系式可见,$C_{p,\mathrm{m}}^{\ominus}$ 和 $S_{\mathrm{m}}^{\ominus}$ 的增幅随温度的升高逐渐减小,而 $H_{\mathrm{m}}^{\ominus}$ 的增幅则随温度的升高而逐渐增大;由于二次方项系数均很小,故 3 个热力学函数随温度升高基本呈线性递增。TNAD 各异构体的热力学性质与温度之间的关系与此类似。

仔细比较表 15.3 中数据,发现在同一温度下各不同异构体的 $C_{p,\mathrm{m}}^{\ominus}$、$S_{\mathrm{m}}^{\ominus}$ 和 $H_{\mathrm{m}}^{\ominus}$ 均对应地很接近。说明分子中—NO_2 或—H 的位置和空间取向虽不同,但并不影响它们的热力学性质。

15.4　爆 炸 性 能

表 15.4 列出 TNAD 及其同分异构体的理论计算分子体积(V)、密度(ρ)、爆速(D)、爆压(p)以及生成热(HOF)和爆热(Q)等性能。

表 15.4　标题物密度(ρ)、爆速(D)和爆压(p)等性能的预测值*

化合物	HOF/(kJ·mol⁻¹)	Q/(J·g⁻¹)	V/(cm³·mol⁻¹)	ρ/(g·cm⁻³)	D/(km·s⁻¹)	p/GPa
1A	300.56	1557.66	179.87	1.79 (1.80)	8.57 (8.36)	32.45 (31.00)
1B	247.67	1518.43	178.08	1.81	8.58	32.77
2A	254.42	1523.44	181.41	1.78 (1.75)	8.49	31.74
2B	246.87	1517.84	179.57	1.79 (1.78)	8.51	32.00
3A	398.98	1630.66	179.67	1.79	8.67	33.20
3B	431.39	1654.70	180.46	1.79	8.70	33.45
4A	350.97	1595.05	182.88	1.76	8.52	31.76
4B	367.01	1606.95	182.00	1.77	8.57	32.21
5A	212.71	1492.50	184.02	1.75(1.71)	8.34	30.35
5B	207.71	1488.79	181.92	1.77	8.40	30.99
6A	231.27	1506.26	178.98	1.80(1.71)	8.53	32.26

* 括号中数据为实验值[2,3]。

由表 15.4 可见,理论计算(ρ、D 和 p)值与已有实验值相吻合,表明基于 B3LYP/6-31G** 计算分子体积、预测晶体密度进而预测爆轰性能是可信可靠的[18~20,22~27]。由表 15.4 和图 15.3 均可见,同分异构体之间的爆轰性能(D 和 p)相差较小,主要由于它们的密度(ρ)很接近,而 ρ 是影响 D 和 p 的关键因素。以前

也曾指出过异构体之间的密度变化很小[18,29]。表中显示 p 比 D 改变大,主要由于 p 与 ρ 的二次方成正比,而 D 仅与 ρ 的一次方成正比[30]。同分异构体的 HOF 和 Q 差别较大(邻位＞对位＞间位),且均与分子总能量变化顺序一致,即随分子中 N—NO$_2$ 位置而异,主要是因为硝基间的静电排斥作用。

与常用硝胺类炸药 RDX 和 HMX 作比较,从表 15.4 可见,TNAD 及其同分异构体的能量性质均小于 HMX($\rho=1.90$ g·cm^{-3},$D=9.10$ km·s^{-1},$p=39.00$ GPa),接近于 RDX($\rho=1.81$ g·cm^{-3},$D=8.75$ km·s^{-1},$p=34.70$ GPa),均达不到品优 HEDC 的定量标准($\rho\approx1.9$ g·cm^{-3},$D\approx9.0$ km·s^{-1},$p\approx40.0$ GPa)。但与最通用硝基芳烃类"黄色炸药"TNT($\rho=1.64$ g·cm^{-3},$D=6.95$ km·s^{-1},$p=19.0$ GPa)相比,它们的 ρ、D、p 值高得多,即尚有可能从中找到潜在高能材料。

15.5　热解机理

考虑 4 种可能的热解引发步骤:①均裂环骨架 C—C 键;②均裂环骨架 C—N 键;③均裂环 N—N 键;④均裂侧链 N—NO$_2$ 键。表 15.5 列出标题物 BDE 的 UB3LYP/6-31G** 计算结果。

表 15.5　标题物中各种化学键的 UB3LYP/6-31G 计算离解能(单位:kJ·mol^{-1})^a**

化合物	BDE^0				BDE			
	C—C	C—N	N—N	N—NO$_2$	C—C	C—N	N—N	N—NO$_2$
1A	207.56	252.54		158.97	185.56	233.65		137.69
1B	284.30	254.68		167.07	264.26	236.35		146.06
2A	284.05	311.62		177.82	263.55	289.57		155.31
2B	278.28	326.06		179.12	261.88	305.35		158.74
3A	324.18	271.88	227.69	102.63	296.39	253.13	210.20	85.06
3B	262.34	279.32	212.59	73.81	242.71	262.17	195.56	57.07
4A	324.68	302.84	244.72	114.60	298.90	282.34	229.07	97.28
4B	304.51	279.11	238.07	112.55	278.45	256.59	221.38	95.14
5A	292.50	301.08		160.25	269.70	282.84		139.62
5B	287.15	299.53		154.52	266.35	277.48		133.22
6A	261.04	258.49		113.39	240.08	242.34		92.97

a BDE^0 和 BDE 分别代表经零点能校正前后的键离解能。

比较表中 BDE 和 BDE^0 可见,经 ZPE 校正使 BDE 减小 16～28 kJ·mol^{-1}。比较标题物中各化学键的 BDE,发现每个标题物均以 N—NO$_2$ 的 BDE 最小,说明该键可能是热解和起爆的引发键,与实验事实相符[4,5,10,11,15],也验证了上述由 Mülliken 键集居分析所推出的结论。根据引发键 N—NO$_2$ 键的 BDE,判别标题物的稳定性排序为 2B > 2A > 1B > 5A > 1A > 5B > 4A > 4B > 6A > 3A > 3B,与按分子总能量、前线轨道能隙和"最小键级原理"给出的排序总体上一致。这些均表明 N—NO$_2$ 基间位取代异构体(2A 和 2B)的稳定性大于对位取代异构体(1A 和 1B),而邻位取代异构体(3A、3B、4A 和 4B)的稳定性最差。

与 RDX 和 HMX 中 N—NO$_2$ 键 BDE(153.80 和 166.48 kJ・mol^{-1})相比,由表 15.5 可见,标题物仅 2A 和 2B 的稳定性可与之媲美。但若以 BDE 大于 80 kJ・mol^{-1} 作为稳定存在的标准,则除 3B 外所有标题物均可能成为潜在高能材料。

对标题物各化学键的均裂反应作 UHF-PM3 计算,结果列于表 15.6。由表 15.6 可见,比较各化学键均裂反应的活化能(E_a),每个标题物均以均裂其 N—NO$_2$ 键的 E_a 最小,表明 N—NO$_2$ 键均裂是标题物的热解引发反应,与由 UB3LYP/6-31G** 计算 BDE 得出的结论相一致。比较引发反应 E_a 的相对大小,也能给出如 BDE 得出的标题物的相对稳定性排序,均表明间位异构体稳定性较好,邻位异构体稳定性较差。

表 15.6　标题物气相均裂反应的 UHF-PM3 计算反应物(R)、
过渡态(TS)生成热(HOF)和活化能(E_a)*

| 化合物 | R | HOF /(kJ・mol^{-1}) | | | | E_a/ (kJ・mol^{-1}) | | | |
| | | TS | | | | | | | |
		C—C	C—N	N—N	N—NO$_2$	C—C	C—N	N—N	N—NO$_2$
1A	833.56	982.29	1002.98		896.64	148.73	169.42		63.08
1B	826.92	1002.02	997.65		896.86	175.76	170.74		69.94
2A	818.84	977.79	1019.43		898.22	159.95	200.59		79.38
2B	811.89	986.29	1011.30		891.57	174.40	199.41		79.68
3A	963.49	1136.78	1188.31	1128.95	1016.93	173.29	224.82	165.46	53.44
3B	997.76	1151.44	1168.34	1137.07	1021.05	153.67	170.58	139.31	23.29
4A	916.36	1125.38	1134.17	1092.90	970.82	209.02	218.37	176.54	54.46
4B	931.60	1146.04	1151.98	1111.27	980.11	214.44	220.38	179.67	48.51
5A	773.44	973.19	990.64		840.52	199.75	217.20		67.08
5B	769.68	973.43	1010.34		840.01	203.75	240.66		70.33
6A	792.29	990.63	994.78		863.53	198.34	202.49		71.24

* 所有生成热均经零点能校正。

与 RDX 和 HMX 热解引发反应活化能 78.22 和 67.02 kJ・mol^{-1} 作比较,发现也只有标题物 2A 和 2B 的稳定性与 RDX 和 HMX 相当。

　　图 15.3 给出各标题物引发键 N—NO₂ 键的集居数和均裂该键的(由 B3LYP/6-31G** 计算所得)BDE 以及由 PM3 计算所得活化能 E_a,可见动态计算(BDE 和 E_a)结果递变规律更明显更一致,表明热解引发机理和判别稳定性较静态(键集居数)结果更为有效。

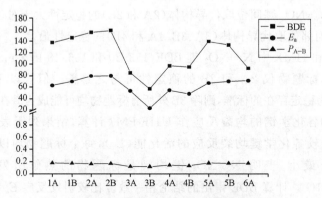

图 15.3　标题物热解引发反应的键离解能(BDE)
和活化能(E_a)及其键集居数(P_{A-B})

参 考 文 献

[1] Willer R L. Synthesis of a new explosive compound, *trans*-1,4,5,8-tetranitro-1,4,5,8- tetraazadecalin. AD-A116666, 1982,16

[2] Willer R L. Synthesis and characterization of high-energy compounds. I. *Trans*-1,4,5,8-tetranitro-1,4,5,8-tetraazadecalin (TNAD). Propellants Explos Pyrotech, 1983, 8(3): 65~69

[3] Willer R L. Synthesis of *cis*- and *trans*-1,3,5,7-tetranitro-1,3,5,7-tetraazadecalin. J Org Chem, 1984, 49(26): 5150~5154

[4] Brill T B, Oyumi Y. Thermal decomposition of energetic materials. 18. Relationship of molecular composition to nitrous acid formation: bicyclo and spiro tetranitramines. J Phys Chem, 1986, 90(26): 6848~6853

[5] Oyumi Y, Brill T B. Thermal decomposition of energetic materials. 22. The contrasting effects of pressure on the high-rate thermolysis of 34 energetic compounds. Combust Flame, 1987, 68(2): 209~216

[6] Skare, D. Tendencies in development of new explosives. Heterocyclic, benzenoid-aromatic and alicyclic compounds. Kem Ind, 1999, 48(3): 97~102

[7] Sinditskii V P, Egorshev V Y, Berezin M V. Combustion of high-energy cyclic nitramines. Khimicheskaya Fizika, 2003, 22(4): 56~63

[8] (a)Lowe-Ma C K. Structure of 2,4,8,10-tetranitro-2,4,8,10-tetraazaspiro[5.5]undecane

(TNSU), and energetic spiro bicyclic nitramine. Acta Crystallogr C, 1990, 46: 1029～1033; (b)Lowe-Ma C K, Willer R L. Private Communication. 1990

[9] Politzer P, Murray J S, Lane P et al. Shock-sensitivity relationships for nitramines and nitroaliphatics. Chem Phys Lett, 1991, 181(1): 7882

[10] Prabhakaran K V, Bhide N M, Kurian E M. Spectroscopic and thermal studies on 1,4,5,8-tetranitrotetraazadecalin (TNAD). Thermochim Acta, 1995, 249: 249～258

[11] Zeman S, Dimun M, Truchlik S. The relationship between kinetic data of the low-temperature thermolysis and the heats of explosion of organic polynitro compounds. Thermochim Acta, 1984, 78: 181～209

[12] Zeman S. Thermogravimetric analysis of some nitramines, nitrosamines and nitroesters. Thermochim Acta, 1993, 230: 191～206

[13] Prabhakaran K V, Bhide N M, Kurian E M. XRD, spectroscopic and thermal analysis studies on trans-1,4,5,8-tetranitrosotetraazadecalin (TNSTAD). Thermochim Acta, 1993, 220: 169～183

[14] Zeman S. Kinetic compensation effect and thermolysis mechanisms of organic polynitroso and polynitro compounds. Thermochim Acta, 1997, 290: 199～217

[15] Zeman V, Koci J, Zeman S. Electric spark sensitivity of polynitro compounds: part II. A correlation with detonation velocities of some nitramines. Energ Mater, 1999, 7(4): 172～175

[16] Zeman S. New aspects of the impact reactivity of nitramines. Propellants Explos Pyrotech, 2000, 25: 66～74

[17] Liu M H, Chen C, Hong Y S. Theoretical study on the detonation properties of energetic TNAD molecular derivatives. J Mol Struct (THEOCHEM), 2004, 710: 207～214

[18] Qiu L, Xiao H M, Ju X H et al. Theoretical study on the structures and properties of cyclic nitramines: tetranitrotetraazadecalin (TNAD) and its isomers. Int J Quant Chem, 2005, 105: 48～56

[19] Qiu L, Xiao H M, Gong X D et al. Theoretical studies on the thermodynamic properties and detonation properties of bicyclic nitramines: TNAD Isomers. Chin J Struct Chem, 2006, 25(11): 1309～1320

[20] 邱玲. 氮杂环硝胺类高能量密度材料(HEDM)的分子设计. 南京理工大学博士研究生学位论文, 2007

[21] 肖鹤鸣. 硝基化合物的分子轨道理论. 北京: 国防工业出版社, 1993

[22] 张骥. 多硝基立方烷等有机笼状高能化合物结构和性能的量子化学研究. 南京理工大学博士研究生学位论文, 2003

[23] 肖鹤鸣. 高能化合物的结构和性质. 北京: 国防工业出版社, 2004

[24] Xu X J, Xiao H M, Gong X D et al. Theoretical studies on the vibrational spectra, thermodynamic properties, detonation properties and pyrolysis mechanisms for polynitroadamantanes. J Phys Chem A, 2005, 109: 11268～11274

[25] Xu X J, Xiao H M, Ju X H et al. Computational studies on polynitrohexaazaadmantanes as potential high energy density materials (HEDMs). J Phys Chem A, 2006, 110: 5929~5933

[26] Qiu L, Xiao H M, Gong X D et al. Theoretical studies on the structures, thermodynamic properties, detonation properties, and pyrolysis mechanisms of spiro nitramines. J Phys Chem A, 2006, 110: 3797~3807

[27] 许晓娟. 有机笼状高能量密度材料(HEDM)的分子设计和配方设计. 南京理工大学博士研究生学位论文, 2007

[28] Scott A P, Radom L. Harmonic vibrational frequencies: An evaluation of hartree-fock, mäller-plesset, quadratic configuration interaction, density functional theory, and semiempirical scale factors. J Phys Chem, 1996, 100: 16502~16513

[29] Dzyabchenko A V, Pivina T S, Arnautova E A. Prediction of structure and density for organic nitramines. J Mol Struct, 1996, 378: 67~82

[30] Kamlet M J, Jacobs S J. Chemistry of detonations. I. Simple method for calculating detonation properties of C-H-N-O explosives. J Chem Phys, 1968, 48: 23~35

第16章　三环硝胺衍生物

从前两章的研究已知,双环-HMX 和 TNAD 等双环硝胺的稳定性较好,能量密度和爆轰性能较高,备受多方关注。既然双环硝胺具有非常适用于炸药的结构和性能,那么多环硝胺(如三环、四环甚至笼形硝胺)是否也符合 HEDC 的定量要求,能否从中找到新型品优 HEDC 呢?顺此思路,人们近年来对典型的多环笼形硝胺如 CL-20(六硝基六氮杂异伍兹烷)和 HAHAA(六硝基六氮杂金刚烷)等进行了大量实验和理论研究[1~18],证明它们确是具有应用或潜在应用价值的HEDC。

作为上述研究内容的完善和发展,本章基于已有实验设计了一系列三环硝胺化合物(图 16.1),包括四硝基四氮杂三环十烷(TNTriCB)[19]、四硝基四氮杂三环十烷二酮(TNCB)[6]、六硝基六氮杂三环十二烷(HHTD)[20]、六硝基六氮杂三环

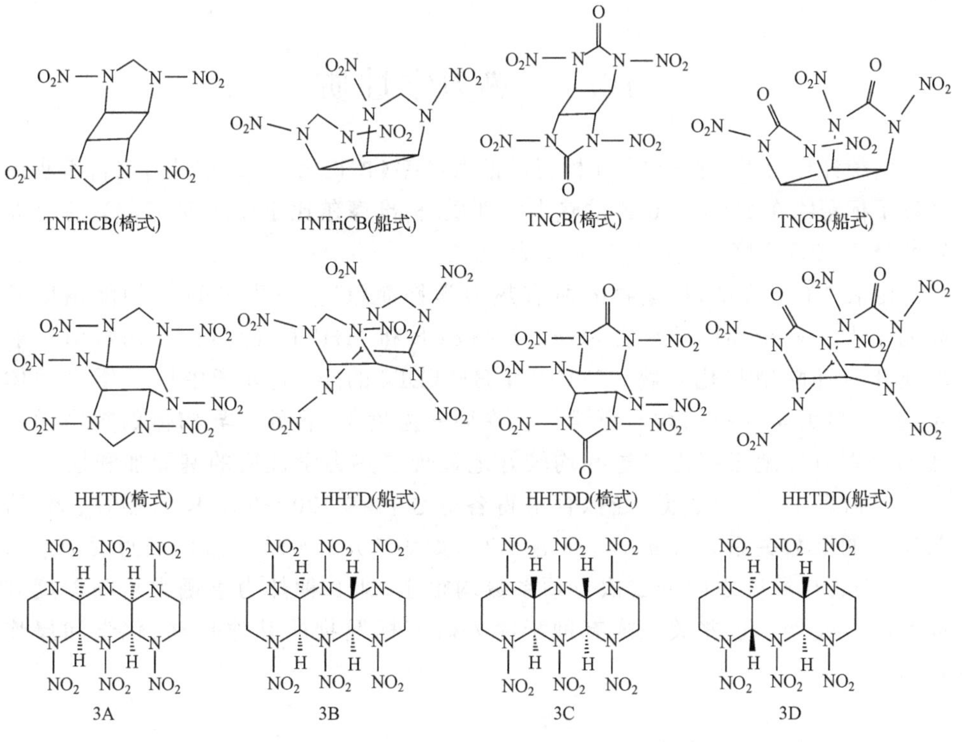

图 16.1　系列三环硝胺衍生物的分子结构

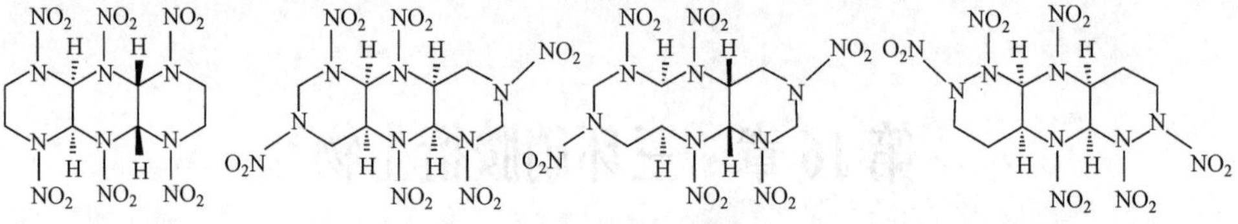

3E 3F 3G 3H

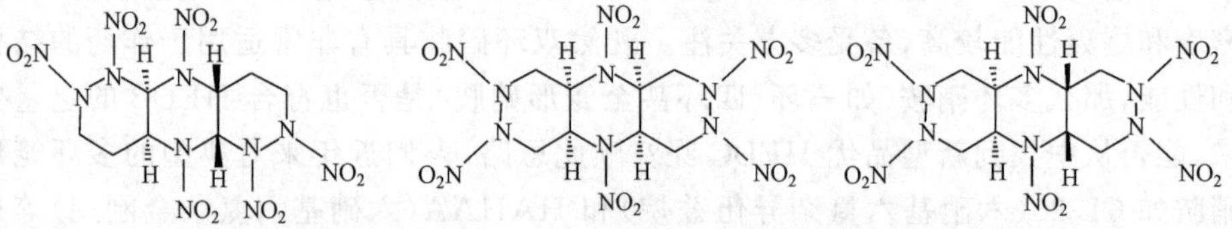

3I 3J 3K

图 16.1 系列三环硝胺衍生物的分子结构(续)

十二烷二酮(HHTDD)[21]和六硝基六氮杂三环十四烷(3A-3K)等。在 B3LYP/6-31G** 水平上,对它们的结构和性能及其间的关系进行了系统的计算研究;在此基础上,通过比较异同和优劣,为寻求新型三环硝胺 HEDC 提供了信息和指导[22~24]。

16.1 热力学性质

由统计热力学方法[25~27]和校正后谐振频率(校正因子 0.96)[28],用自编程序计算了标题物在 200~800 K 的热力学性质:标准摩尔比定压热容($C_{p,m}^{\ominus}$)、标准摩尔熵($S_m^{\ominus}$)和标准摩尔焓($H_m^{\ominus}$),列于表 16.1。

由表 16.1 可见,标题物的所有热力学性质($C_{p,m}^{\ominus}$、$S_m^{\ominus}$ 和 $H_m^{\ominus}$)均随温度升高而增大。氮杂环硝胺化合物(如 TNTriCB 和 HHTD)的热力学函数值一般均比相应环脲硝胺化合物(TNCB 和 HHTDD)的小;随分子中原子增多即体系变大,热力学函数值均有所增大。在同一温度下,各同分异构体的热力学函数均分别对应地很接近。这些均较好地显现了热力学性质的基团加和性。

根据表 16.1 中数据,经拟合求得各标题物在 200~800 K 的热容、熵、焓与温度的函数关系 $a_0 + a_1 \times T + a_2 \times T^2$,如表 16.2 所示。由该表可见,$C_{p,m}^{\ominus}$、$S_m^{\ominus}$ 和 $H_m^{\ominus}$ 与温度之间的二次方项系数均很小,即 3 种热力学函数均随温度升高而线性递增。这些关系式有助于深入研究标题物的其他物理、化学和爆炸性质。

表 16.1　标题物在不同温度下的热力学性质[*]

化合物	函数	T					
		200.0K	273.15K	298.15K	400.0K	600.0K	800.0K
TNTriCB(椅式)	$C_{p,m}^{\ominus}$	212.05	271.28	291.83	370.48	484.41	554.54
	$S_m^{\ominus}$	513.56	588.32	612.97	709.99	883.58	1033.32
	$H_m^{\ominus}$	26.40	44.06	51.10	84.92	171.32	275.76
TNTriCB(船式)	$C_{p,m}^{\ominus}$	211.66	270.45	290.88	369.25	483.30	553.77
	$S_m^{\ominus}$	500.88	575.45	600.01	696.71	869.80	1019.28
	$H_m^{\ominus}$	26.16	43.78	50.79	84.50	170.66	274.91
TNCB(椅式)	$C_{p,m}^{\ominus}$	228.83	286.72	306.22	378.23	479.13	539.46
	$S_m^{\ominus}$	420.75	500.49	526.61	626.98	801.14	947.95
	$H_m^{\ominus}$	28.88	47.70	55.16	90.12	176.71	279.08
TNCB(船式)	$C_{p,m}^{\ominus}$	230.11	289.27	308.95	381.68	483.01	543.46
	$S_m^{\ominus}$	537.80	618.28	644.47	745.75	921.42	1069.37
	$H_m^{\ominus}$	29.01	48.01	55.49	90.78	178.11	281.26
HHTD(椅式)	$C_{p,m}^{\ominus}$	293.29	371.30	397.47	495.77	636.61	722.82
	$S_m^{\ominus}$	597.79	700.74	734.39	865.32	1095.25	1291.19
	$H_m^{\ominus}$	35.15	59.46	69.07	114.70	229.07	365.70
HHTD(船式)	$C_{p,m}^{\ominus}$	291.59	369.60	395.94	495.01	636.53	722.66
	$S_m^{\ominus}$	619.59	721.99	755.50	886.09	1115.88	1311.79
	$H_m^{\ominus}$	35.72	59.90	69.47	114.98	229.29	365.90
HHTDD(椅式)	$C_{p,m}^{\ominus}$	312.29	390.19	415.58	508.35	636.61	712.66
	$S_m^{\ominus}$	632.10	741.06	776.33	911.87	1144.47	1338.95
	$H_m^{\ominus}$	37.87	63.59	73.67	120.87	236.48	372.05
HHTDD(船式)	$C_{p,m}^{\ominus}$	312.79	389.81	415.04	507.56	635.94	712.15
	$S_m^{\ominus}$	654.28	763.24	798.47	933.80	1166.10	1360.41
	$H_m^{\ominus}$	38.97	64.69	74.75	121.89	237.34	372.80
3A	$C_{p,m}^{\ominus}$	317.96	406.17	435.95	548.92	713.74	816.92
	$S_m^{\ominus}$	620.42	732.56	769.42	913.72	1170.00	1390.59
	$H_m^{\ominus}$	37.40	63.88	74.41	124.71	252.24	406.09
3B	$C_{p,m}^{\ominus}$	314.95	405.40	435.74	550.02	715.09	817.79
	$S_m^{\ominus}$	617.60	729.15	765.97	910.42	1167.25	1388.16
	$H_m^{\ominus}$	36.92	63.27	73.79	124.14	251.94	406.01
3C	$C_{p,m}^{\ominus}$	318.34	405.79	435.42	548.04	712.83	816.11

续表

化合物	函数	T					
		200.0K	273.15K	298.15K	400.0K	600.0K	800.0K
3D	$S_m^{\ominus}$	624.00	736.13	772.95	917.04	1172.94	1393.28
	$H_m^{\ominus}$	37.80	64.28	74.79	125.01	252.36	406.04
	$C_{p,m}^{\ominus}$	318.41	406.16	435.90	548.91	713.86	816.94
3E	$S_m^{\ominus}$	619.03	731.23	768.08	912.37	1168.68	1389.29
	$H_m^{\ominus}$	37.59	64.09	74.61	124.90	252.45	406.32
	$C_{p,m}^{\ominus}$	316.57	405.63	435.66	549.32	714.42	817.35
3F	$S_m^{\ominus}$	618.94	730.77	767.59	911.92	1168.45	1389.20
	$H_m^{\ominus}$	37.27	63.69	74.20	124.51	252.16	406.13
	$C_{p,m}^{\ominus}$	318.70	405.00	434.48	547.15	712.63	816.35
3G	$S_m^{\ominus}$	642.77	754.81	791.56	935.35	1191.03	1411.38
	$H_m^{\ominus}$	38.57	65.02	75.52	125.64	252.88	406.56
	$C_{p,m}^{\ominus}$	313.97	404.06	434.37	548.80	714.42	817.42
3H	$S_m^{\ominus}$	624.17	735.36	772.05	916.12	1172.57	1393.33
	$H_m^{\ominus}$	37.10	63.37	73.85	124.06	251.68	405.66
	$C_{p,m}^{\ominus}$	318.41	410.02	440.54	554.76	718.53	820.10
3I	$S_m^{\ominus}$	612.14	724.97	762.20	908.08	1166.60	1388.33
	$H_m^{\ominus}$	37.07	63.72	74.36	125.20	253.83	408.47
	$C_{p,m}^{\ominus}$	318.32	409.64	440.08	554.13	717.94	819.72
3J	$S_m^{\ominus}$	607.55	720.30	757.49	903.21	1161.47	1383.06
	$H_m^{\ominus}$	36.82	63.46	74.08	124.87	253.37	407.91
	$C_{p,m}^{\ominus}$	321.18	409.74	439.63	552.62	716.56	818.79
3K	$S_m^{\ominus}$	652.01	765.20	802.38	947.77	1205.41	1426.67
	$H_m^{\ominus}$	38.76	65.49	76.11	126.78	254.98	409.29
	$C_{p,m}^{\ominus}$	320.78	410.21	440.25	553.42	717.12	819.18
	$S_m^{\ominus}$	650.40	763.62	800.84	946.46	1204.38	1425.77
	$H_m^{\ominus}$	38.39	65.13	75.76	126.51	254.85	409.25

* 单位：T 的为 K；$C_{p,m}^{\ominus}$ 的为 $J \cdot mol^{-1} \cdot K^{-1}$；$S_m^{\ominus}$ 的为 $J \cdot mol^{-1} \cdot K^{-1}$；$H_m^{\ominus}$ 的为 $kJ \cdot mol^{-1}$。

表 16.2　标题物的热力学性质-温度关系 $(a_0 + a_1 \times T + a_2 \times T^2)$

函数	系数	TNTriCB（椅式）	TNTriCB（船式）	TNCB（椅式）	TNCB（船式）	HHTD（椅式）	HHTD（船式）	HHTDD（椅式）
$C_{p,m}^{\ominus}$	a_0	7.1305	7.9266	35.8023	34.4979	32.7361	29.1876	59.9556
	a_1	1.1245	1.1167	1.0743	1.0912	1.4429	1.4522	1.4154
	$a_2 \times 10^4$	−5.4986	−5.4240	−5.5630	−5.6929	−7.2560	−7.3176	−7.5065
$S_m^{\ominus}$	a_0	293.6364	281.7951	186.6734	301.7007	296.0585	319.10	313.2438
	a_1	1.1581	1.1536	1.2489	1.2597	1.6020	1.5939	1.7089
	$a_2 \times 10^4$	−2.9177	−2.8967	−3.7222	−3.7572	−4.4807	−4.4170	−5.3444
$H_m^{\ominus}$	a_0	−12.5456	−12.5651	−15.1751	−15.5020	−20.2444	−19.3065	−23.3271
	a_1	0.1306	0.1296	0.1620	0.1639	0.1968	0.1945	0.2311
	$a_2 \times 10^4$	2.8820	2.8812	2.5825	2.5987	3.5833	3.6003	3.3019

函数	系数	HHTDD（船式）	3A	3B	3C	3D	3E	3F
$C_{p,m}^{\ominus}$	a_0	61.8850	21.9008	13.6486	23.7786	22.5908	18.0189	25.2462
	a_1	1.4050	1.6314	1.6658	1.6212	1.6287	1.6470	1.6111
	$a_2 \times 10^4$	−7.4133	−7.9687	−8.2602	−7.8820	−7.9443	−8.0973	−7.7717
$S_m^{\ominus}$	a_0	335.8256	291.5404	289.0172	295.5092	290.1279	290.3320	315.0409
	a_1	1.7071	1.7375	1.7335	1.7358	1.7377	1.7348	1.7317
	$a_2 \times 10^4$	−5.3400	−4.5476	−4.4950	−4.5475	−4.5490	−4.5163	−4.5187
$H_m^{\ominus}$	a_0	−22.1101	−21.4666	−21.8648	−20.9567	−21.2593	−21.50	−19.9343
	a_1	0.2307	0.2015	0.2003	0.2012	0.2014	0.2006	0.1998
	$a_2 \times 10^4$	3.30	4.1760	4.1960	4.1714	4.1772	4.1882	4.1799

函数	系数	3G	3H	3I	3J	3K
$C_{p,m}^{\ominus}$	a_0	12.7370	15.7364	16.4167	24.3410	22.6980
	a_1	1.6638	1.6783	1.6732	1.6379	1.6473
	$a_2 \times 10^4$	−8.2245	−8.4157	−8.3682	−8.0597	−8.1482
$S_m^{\ominus}$	a_0	296.7445	279.4431	275.2499	319.9176	317.8277
	a_1	1.7267	1.7572	1.7551	1.7560	1.7584
	$a_2 \times 10^4$	−4.4497	−4.6391	−4.6306	−4.66	−4.67
$H_m^{\ominus}$	a_0	−21.3213	−22.8779	−23.0257	−21.0036	−21.5215
	a_1	0.1984	0.2064	0.2059	0.2062	0.2068
	$a_2 \times 10^4$	4.2065	4.1751	4.1738	4.1606	4.1602

16.2　爆炸性能

表 16.3 给出系列三环硝胺的诸多计算性能参数,包括生成热(HOF)、爆热(Q)、分子体积(V)、密度(ρ)、爆速(D)和爆压(p)以及氧平衡指数(OB_{100})。

表 16.3　标题物的密度、爆速和爆压等性能的预测值*

化合物	OB_{100}	HOF /(kJ·mol^{-1})	Q /(J·g^{-1})	V /(cm^3·mol^{-1})	ρ /(g·cm^{-3})	D /(km·s^{-1})	p /GPa
TNTriCB(椅式)	−1.25	293.66	1528.67	175.60	1.823(1.83)	8.590	32.982
TNTriCB(船式)	−1.25	298.02	1531.92	176.18	1.818	8.574	32.802
TNCB(椅式)	1.15	4.01	1415.28	178.46	1.951(1.99)	8.857	36.472
TNCB(船式)	1.15	10.58	1419.77	178.74	1.948	8.855	36.419
HHTD(椅式)	0.91	530.82	1667.86	231.11	1.905	9.342	40.025
HHTD(船式)	0.91	421.00	1608.24	224.26	1.963	9.459	41.737
HHTDD(椅式)	2.56	156.48	1532.00	228.10	2.053(2.07)	9.642	44.456
HHTDD(船式)	2.56	123.59	1515.21	226.15	2.070	9.671	44.929
3A	−0.85	490.01	1593.14	246.79	1.898	9.045	37.436
3B	−0.85	485.32	1590.56	249.92	1.874	8.956	36.440
3C	−0.85	482.38	1589.25	246.96	1.896	9.031	37.301
3D	−0.85	464.04	1579.89	250.79	1.867	8.919	36.060
3E	−0.85	471.05	1583.47	243.85	1.920	9.105	38.194
3F	−0.85	480.40	1588.24	248.12	1.887	9.001	36.948
3G	−0.85	449.72	1572.58	245.10	1.911	9.055	37.666
3H	−0.85	584.62	1641.43	248.92	1.881	9.054	37.319
3I	−0.85	589.03	1643.68	250.19	1.872	9.023	36.963
3J	−0.85	563.19	1630.49	249.68	1.876	9.024	37.012
3K	−0.85	602.43	1650.52	249.06	1.880	9.064	37.390

*　括号中为实验值[6,19,21]。

由该表可见,同一化合物的不同构象具有很接近的密度,最大仅相差 0.06 g·cm^{-3}。由 K-J 方程可知,它们的 D 和 p 值必然也很相近。

与典型双环硝胺如双环-HMX 和 TNAD 的相关性能作比较,发现增多稠合环数不一定能增大密度和爆轰性能,亦即不能如所预期地达到 HEDC 的定量要求

（$\rho \approx 1.9 \text{ g} \cdot \text{cm}^{-3}$，$D \approx 9.0 \text{ km} \cdot \text{s}^{-1}$，$p \approx 40 \text{ GPa}$）。在双环-HMX两个稠合的五元环中间插入一个环丁烷即得TNTriCB，因其氧平衡指数OB_{100}下降（-1.25），与双环-HMX的能量特性（$Q = 1589.94 \text{ J} \cdot \text{g}^{-1}$，$\rho = 1.88 \text{ g} \cdot \text{cm}^{-3}$，$D = 9.16 \text{ km} \cdot \text{s}^{-1}$和$p = 38.22 \text{ GPa}$）相比，反而导致其$Q$（1530 $\text{J} \cdot \text{g}^{-1}$）、$\rho$（1.8 $\text{g} \cdot \text{cm}^{-3}$）、$D$（8.6 $\text{km} \cdot \text{s}^{-1}$）和$p$（32.9 GPa）大幅度下降。当由TNTriCB变为相应的环脲硝胺TNCB后，其氧平衡得到改善（1.15），密度增大（1.95 $\text{g} \cdot \text{cm}^{-3}$），故$D$（8.9 $\text{km} \cdot \text{s}^{-1}$）和$p$（36.4 GPa）值大增，虽仍未赶上双环-HMX、达到HEDC的标准，但已明显超过RDX（$\rho = 1.81 \text{ g} \cdot \text{cm}^{-3}$，$D = 8.75 \text{ km} \cdot \text{s}^{-1}$，$p = 34.70 \text{ GPa}$）。

若在双环-HMX两个稠合五元环中间插入一个对二硝基哌嗪（即得HHTD），则其ρ、D和p值均明显高于双环-HMX，且已达到HEDC的定量标准。当由HHTD变为相应的环脲硝胺HHTDD，则其能量特性增大更多，其$\rho > 2.0 \text{ g} \cdot \text{cm}^{-3}$，$D > 9.6 \text{ km} \cdot \text{s}^{-1}$，$p > 44.5 \text{ GPa}$，成为HEDC中的佼佼者。

当在TNAD两个稠合的六元环中间插入一个对二硝基哌嗪（即得3A～3K）时，其ρ、D、p等性能参数值明显大于TNAD（$\rho = 1.79 \text{ g} \cdot \text{cm}^{-3}$，$D = 8.57 \text{ km} \cdot \text{s}^{-1}$和$p = 32.45 \text{ GPa}$），超过RDX，但并未达到HEDC的定量标准。

16.3 热力学稳定性

表16.4给出标题物的B3LYP/6-31G**计算前线轨道能级E_{LUMO}和E_{HOMO}及其能级差ΔE。通常E_{HOMO}越高、ΔE越小，则分子的反应活性越大、稳定性越差。由表16.4中ΔE值可判定标题物TNTriCB、TNCB、HHTD和HHTDD船式构象的稳定性均大于椅式构象，而同分异构体3A～3K的稳定性则随分子中N—NO$_2$基之间的距离减小而减小。与双环-HMX（$\Delta E = 0.2216$）和TNAD（$\Delta E = 0.2094$）相比，发现三环硝胺的稳定性均有所下降。当然，这里的稳定性主要只关联在化学或光化学过程中电子转移或跃迁的难易程度。通常高能体系的能量特性与其稳定性相互制约，随体系能量密度提高，其感度往往随之增大，稳定性有所下降。为此，HEDC的优选应兼顾能量和稳定性要求。

从表16.4 Mülliken键集居数可见，在系列19种三环硝胺分子中，除3E和3K分别以环C—N和环N—N键最小外（可能是由于硝基的吸电子诱导效应和空间位阻作用），其他标题物则均以N—NO$_2$键上电子集居数最少，其次是环C—N键。这表明分子中N—NO$_2$键强度较弱，在热解或撞击下可能优先断裂。此外，环脲硝胺中N—NO$_2$键上电子集居数明显较相应硝胺化合物中N—NO$_2$键小，表明前者稳定性小于后者。在六硝基六氮杂三环十四烷的11种同分异构体（3A～3K）中，N—NO$_2$键集居数随N—NO$_2$基之间的距离减小而降低，表明稳定性亦随之而下降。

表 16.4　标题物的前线轨道能级(E_{HOMO}、E_{LUMO})及其差值(ΔE)和分子中各化学键的最小键集居数

化合物	$E_{HOMO}/$ Hartree	$E_{LUMO}/$ Hartree	$\Delta E/$ Hartree	P_{C-C}	P_{C-N}	P_{C-H}*	P_{N-NO_2}**	P_{N-O}
TNTriCB(椅式)	−0.2999	−0.0872	0.2127	0.2690	0.1974	0.3731	0.1712	0.3234
TNTriCB(船式)	−0.2983	−0.0844	0.2140	0.2740	0.2089	0.3763	0.1730	0.3225
TNCB(椅式)	−0.3228	−0.1130	0.2097	0.2857	0.1978	0.3755 (0.6175)	0.1386	0.3346
TNCB(船式)	−0.3235	−0.1108	0.2126	0.2972	0.1960	0.3819 (0.6159)	0.1368	0.3290
HHTD(椅式)	−0.3199	−0.1086	0.2112	0.2481	0.1607	0.3664	0.1546	0.2568
HHTD(船式)	−0.3239	−0.1019	0.2220	0.2955	0.1740	0.3797	0.1619	0.3219
HHTDD(椅式)	−0.3258	−0.1216	0.2041	0.2887	0.1510	0.3830 (0.6209)	0.1336	0.3169
HHTDD(船式)	−0.3323	−0.1225	0.2098	0.2803	0.1545	0.3845 (0.6183)	0.1241	0.3263
3A	−0.2971	−0.0987	0.1984	0.2628	0.1662	0.3687	0.1640	0.2854
3B	−0.2960	−0.1024	0.1936	0.2350	0.1546	0.3763	0.1465	0.2877
3C	−0.3063	−0.1009	0.2054	0.2319	0.1736	0.3797	0.1651	0.2946
3D	−0.3058	−0.0962	0.2096	0.3062	0.1818	0.3779	0.1650	0.3006
3E	−0.2997	−0.0935	0.2062	0.2798	0.1504	0.3779	0.1609	0.3030
3F	−0.3054	−0.0921	0.2099	0.2964	0.1777	0.3688	0.1735	0.3152
3G	−0.3020	−0.1004	0.2050	0.2962	0.1640	0.3732	0.1649	0.3103
3H	−0.2981	−0.1006	0.1975	0.2970	0.1378	0.3725	0.1215 (0.1825)	0.2916
3I	−0.2959	−0.0984	0.1975	0.2877	0.1372	0.3702	0.1223 (0.1640)	0.2964
3J	−0.3055	−0.1019	0.2036	0.2992	0.1963	0.3758	0.1276 (0.1773)	0.3136
3K	−0.2930	−0.0985	0.1945	0.2964	0.1857	0.3591	0.1283 (0.0233)	0.2987

* 括号中数据为 C=O 键电子集居数;

** 括号中数据为环 N—N 键电子集居数。

参 考 文 献

[1] Gilbert P S, Jack A. Research towards novel energetic materials. J Energ Mater, 1986, 45:

5～28

[2] Iyer S, Damavarapu R, Strauss B et al. III. New high density materials for propellant application. J Ballistics, 1992, 11: 72～79

[3] 施明达. 高能量密度材料合成的研究进展. 火炸药学报，1992，1: 19～25

[4] Agrawal P J. Recent trends in high-energy materials. Prog Energy Combust Sci, 1998, 24: 1～30

[5] 肖鹤鸣. 高能化合物的结构和性质. 北京:国防工业出版社，2004

[6] 欧育湘，陈进全. 高能量密度化合物. 北京:国防工业出版社，2005

[7] Nielsen A T, Chafin A P, Christian S L et al. Synthesis of polyazapolycyclic caged polynitramines. Tetrahedron, 1998, 54: 11793～11812

[8] Marchand A P. Synthesis and chemistry of novel polynitropolycyclic cage molecules. Tetrahedron, 1988, 44: 2377～2395

[9] Xu X J, Xiao H M, Gong X D et al. Theoretical studies on the vibrational spectra, thermodynamic properties, detonation properties and pyrolysis mechanisms for polynitroadamantanes. J Phys Chem A, 2005, 109: 11268～11274

[10] Xu X J, Xiao H M, Ju X H et al. Computational studies on polynitrohexaazaadmantanes as potential high energy density materials (HEDMs). J Phys Chem A, 2006, 110: 5929～5933

[11] Xu X J, Xiao H M, Ma X F et al. Looking for high energy density compounds among hexaazaadamantane derivatives with —CN, —NC, and —ONO_2 groups. Inter J Quantum Chem, 2006, 106(7): 1561～1568

[12] Xu X J, Xiao J J, Zhu W et al. Molecular dynamics simulations for pure ε-CL-20 and ε-CL-20-Based PBXs. J Phys Chem B, 2006, 110: 7203～7207

[13] Simpson R L, Urtuew P A, Omellas D L. CL-20 performance exceeds that of HMX and its sensitivity is moderate. Propell Explos Pyrotech, 1997, 22: 249～255

[14] Bircher H R, Mäder P, Mathieu J. Properties of CL-20 based high explosives. 29th Int Annu Conf ICT Karlsruke Germany, 1998, 94:1～14

[15] 周明川，曹一林. HNIW 在固体推进剂中应用的探索. 高能推进剂及新材料研讨会论文集，1998，15～19

[16] Pivina T S, Shcherbukhin V V, Molchanova M S et al. Computer generation of caged frameworks which can be used as synthons for creating high-energetic materials. Propellants Explosives Pyrotechnics, 1994, 19: 286～289

[17] Pivina T S, Shcherbukhin V V, Molchanova M S et al. Computer-assisted prediction of novel target high-energy compounds. Propellants Explosives Pyrotechnics, 1995, 20: 144～146

[18] Dzyabchenko A V, Pivina T S, Arnautova E A. Prediction of structure and density for organic nitramines. J Mol Struct, 1996, 378: 67～82

[19] Fischer J W, Hollins R A, Lowe-Ma C K et al. Synthesis and characterization of 1,2,3,4-

cyclobutanetetranitramine derivatives. J Org Chem，1996，61：9340～9343

［20］Afanas′ev G T，Pivina T S，Sukhachev D V. Comparative characteristics of some experimental and computational methods of estimating impact sensitivity parameters of explosives. Propellants Explos Pyrotech，1993，18(6)：309～316

［21］鲁鸣久. 一种新颖的高能炸药：六硝基六氮杂三环十二烷二酮. 火炸药学报，2000，1：23～24

［22］居学海，肖继军，李酽等. 六硝基六氮杂三环十二烷二酮的密度泛函理论研究. 结构化学，2003，22(2)：223～227

［23］邱玲，肖鹤鸣，居学海等. 六硝基六氮杂三环十二烷的结构和性能——HEDM 分子设计. 化学物理学报，2005，18：541～546

［24］邱玲. 氮杂环硝胺类高能量密度材料（HEDM）的分子设计. 南京理工大学博士研究生学位论文，2007

［25］克莱兰 B J. Statistical Ther modyn mics. 1973. 龚少明译. 上海：上海科技出版社，1980

［26］Hill T L. An Intrduction to Statistical Thermodynamics. New York：Addision-Wesley Publishing Company INC，1964

［27］傅献彩，沈文霞，姚天扬. 物理化学. 第四版. 高等教育出版社，1990

［28］Scott A P，Radom L. Harmonic vibrational frequencies：An evaluation of hartree-fock，möller-plesset，quadratic configuration interaction，density functional theory，and semiempirical scale Factors. J Phys Chem，1996，100：16502～16513

第17章 螺环硝胺

作为双环-HMX 和 TNAD 的同系物,螺环硝胺一直受到人们关注。前人曾对 TNSU(四硝基四氮杂螺十一烷)和 TNSD(四硝基四氮杂螺癸烷)作过一些实验研究[1~9]。如 Willer 等[1~3]测定了 TNSD 的密度(1.70 g·cm⁻³);Lowe-Ma 等[4,5]测定了 TNSD 和 TNSU 的晶体结构、密度和感度,与 RDX 和 HMX 比较,它们的密度虽较低,但稳定性较高,有望成为高能钝感炸药;Brill 等[6,7]实测和研究过它们的热解机理。迄今为止,未见任何关于螺环硝胺的理论研究工作报道。

为系统深入地研究该类化合物的结构-性能关系,从中寻求新型 HEDC,本章参照 TNSD 和 TNSU 的实验构型,设计了一系列螺环硝胺化合物(图 17.1)。为简洁起见,按照 TNSD 和 TNSU 的命名规则给予类似的缩写:① NSP(1-硝基氮杂螺戊烷);② m-DNSP(间二硝基二氮杂螺戊烷);③ o-DNSP(邻二硝基二氮杂螺戊烷);④ TriNSP(三硝基三氮杂螺戊烷);⑤ TeNSP(四硝基四氮杂螺戊烷);

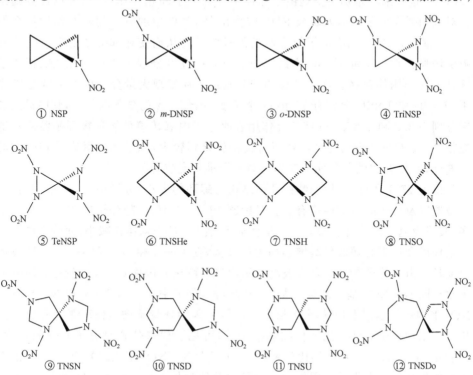

图 17.1 12 种螺环硝胺的分子结构

⑥ TNSHe(四硝基四氮杂螺己烷);⑦ TNSH(四硝基四氮杂螺庚烷);⑧ TNSO(四硝基四氮杂螺辛烷);⑨ TNSN(四硝基四氮杂螺壬烷);⑩ TNSD(四硝基四氮杂螺癸烷);⑪ TNSU(四硝基四氮杂螺十一烷);⑫ TNSDo(四硝基四氮杂螺十二烷)。

本章在 DFT-B3LYP/6-31G** 水平求得该类化合物的全优化分子几何、电子结构、IR 谱和热力学性质;在全优化构型下估算它们的晶体密度、爆速和爆压;分别采用 UB3LYP/6-31G** 和 UHF-PM3 方法探讨它们的热解引发反应机理。通过比较它们结构和性质的异同,求得与已有实验事实相符的递变规律,为寻求新型螺环硝胺类 HEDC 和 HEDM 提供了信息、规律和指导[10~12]。

17.1　分子几何

为节省篇幅,表 17.1 仅给出标题物的 B3LYP/6-31G** 优化几何对称性(分子所属点群)和数值范围。表中还给出已有实验数据[5]以便比较。理论计算结果与实验构型总体上较一致,理论键长略大于实验值。如实测 TNSD 和 TNSU 的 N—NO$_2$ 键长比计算值稍短 0.02～0.1Å,N—O 键也相应地比理论键长短 0.01Å。这些细小差别主要是由于晶体中存在分子间相互作用,而理论计算则是针对气相孤立分子。前人研究 RDX 曾指出[13],晶体中的分子间相互作用将会使 N—N 键变短;硝基的吸电子效应使晶体极性升高从而使相邻分子的硝基间静电吸引增强。TNSD 和 TNSU 中最短分子间 N⋯O 键分别为 3.0 和 3.3Å,证明了这种相互作用的存在。理论计算和实验测定中还发现大量分子内 O⋯H 氢键作用,TNSD 和 TNSU 分别有 14 和 11 个长度小于 3.0Å 的分子内氢键,其中最强氢键分别为 2.3 和 2.2Å。这些相互作用表明分子内氢转移可能是螺环硝胺的热解途径之一。C—H 键的理论计算值与实验值差别较大,除晶体的固态堆积效应的影响外,也与 X 射线衍射实验难以对氢原子准确定位有关。

由表 17.1 还可见,标题物的几何结构与螺环的大小、分子中 N—NO$_2$ 基数目和位置以及分子的对称性均有关。对标题物①～⑤而言,随分子中 N—NO$_2$ 基增多,其强吸电子性使环骨架 C—C 键增强,致使 C—C 平均键长减小;而分子内静电相互作用和环张力随取代基增多而逐渐增大,使 C—N 和 N—N/N—NO$_2$ 键总体上变长。由于分子③和⑤具有较高对称性(D_2 和 S_4),因而 C—N 键较短。对分子中含相同 N—NO$_2$ 基数的标题物⑤～⑫而言,分子中 C—C,C—N 和 N—N/N—NO$_2$ 平均键长基本上均随环骨架增大而减小,因为环骨架增大使环张力和分子内相互作用均有所降低。比较标题物②和③,可见取代基位置对分子几何的影响。前者 C—C 和 N—NO$_2$ 键均比后者短,由于后者 N—NO$_2$ 基之间的距离较小,因而空间位阻和分子内排斥作用较大。分子中其他键如 N—O 和 C—H 键等,随螺环骨架尺寸和取代基数目及位置的变化改变很小。

表 17.1　标题物的 B3LYP/6-31G 优化几何参数（键长，键角/二面角）[a]**

参数	化合物	① NSP	② m-DNSP	③ o-DNSP	④ TriNSP	⑤ TeNSP	⑥ TNSHe
	对称性	C_1	C_2	D_2	C_1	S_4	C_2
键长/Å	C—C	1.475~1.534	1.471,1.472	1.472,1.541	1.467	1.414	1.432~1.481
	C—N	1.450,1.482	1.433~1.488	1.435	1.420~1.492		1.441
	N—N	1.437		1.457	1.458	1.461	
	N—NO$_2$		1.448,1.455	1.494	1.469~1.523	1.541	1.422,1.528
	N—O	1.222,1.223	1.216~1.220	1.207,1.216	1.203,1.215	1.201,1.206	1.201~1.220
	C—H	1.085~1.087	1.086,1.087	1.085,1.086	1.086,1.087		1.090
键角/(°)	H—C—H	115.1~115.5	116.5	115.6	117.1		112.3
	N—C—N	60.4	130.1	61.0	61.6,131.6	62.2,137.1	60.4,87.1,126.7
	C—N—C		60.5		60.4	58.9	91.7
	C—N—N	115.1,115.3	115.3~115.9	59.5	59.2,116.1		59.8,116.0~122.0
	C—N—O	115.3,117.2	114.5~116.7	113.2,116.7	112.1~116.3	112.1,115.5	112.4~115.6
	O—N—O	127.3	128.3,128.7	129.9	129.6~131.4	132.3	129.3,131.8
二面角/(°)	N—N—O—O	175.4	175.3,176.0	175.2	174.8~176.5	176.1	175.7,176.4

参数	化合物	⑦ TNSH	⑧ TNSO	⑨ TNSN	⑩ TNSD	⑪ TNSU	⑫ TNSDo
	对称性		T_d	C_1	C_1	C_1	C_1
键长/Å	C—C		1.547	1.555,1.564	1.545~1.565 (1.526~1.557)	1.541~1.553 (1.514~1.557)	1.539~1.556
	C—N	1.462,1.475	1.457~1.484	1.454~1.479	1.452~1.498 (1.432~1.469)	1.455~1.463 (1.438~1.478)	1.442~1.476
	N—NO$_2$	1.407	1.387~1.437	1.374~1.437	1.383~1.481 (1.347~1.385)	1.402~1.408 (1.377~1.388)	1.389~1.410
	N—O	1.220	1.219~1.228	1.220~1.234	1.213~1.230 (1.209~1.229)	1.223~1.229 (1.211~1.230)	1.223~1.232
	C—H	1.091	1.087~1.092	1.086~1.094	1.084~1.097 (0.960)	1.084~1.104 (1.140)	1.084~1.102

续表

参数	化合物	⑦ TNSH	⑧ TNSO	⑨ TNSN	⑩ TNSD	⑪ TNSU	⑫ TNSDo
	对称性		T_d	C_1	C_1	C_1	C_1
		C_1	C_1	C_1	C_1	C_1	C_1
键角/(°)	H—C—H	112.5	110.3~112.1	108.8~111.0	107.4~110.2 (109.5)	107.6~110.1 (109.0~109.7)	106.1~109.8
	N—C—N	86.4,121.5	85.7,102.7~120.5	101.6~116.8	102.7,111.9 (99.1,107.7)	106.4,111.8 (108.3)	108.7,109.7
	C—N—C	93.1	93.2,108.3	107.3~115.3	104.7~117.4 (114.9,115.9)	116.0~117.6 (114.8~115.6)	116.3~122.6
	C—N—N	122.3	115.1~123.9	114.4~122.6	106.5~118.7 (116.6~125.4)	114.9~118.8 (113.4~119.2)	114.6~118.7
	N—N—O	115.5	115.5~117.0	116.0~117.0	113.7~119.2 (116.6~118.0)	116.6~116.8 (115.6~118.9)	115.7~118.0
	O—N—O	128.9	127.5~128.2	126.8,127.3	126.5~127.1 (125.0~126.2)	126.4~126.7 (124.6~125.4)	126.0~126.4
二面角/(°)	N—N—O—O	176.5~176.8	174.5~178.5	175.4~178.6	175.9~180.0 (174.9~179.6)	176.7~178.4 (175.0~178.0)	176.6~178.6

a 括号中数据为实验值[5]。

　　由表 17.1 中键角可见,所有标题物分子中的 H—C—H 和 N—C—N 角都偏离 C 经 sp³ 杂化形成的标准键角 109.5°,尤以 N—C—N 角偏离较大。类似地,分子中 C—N—C 和 C—N—N 角也均较大地偏离 N 经 sp² 杂化形成的标准键角 120.0°。这些均使螺环硝胺分子具有很大张力。随分子环骨架增大,这些键角偏离标准键角的程度趋减,表明分子内张力递降。

　　因硝基中 N 取 sp² 杂化,故 O—N—O 和 N—N—O 角均接近120°。但两个 O 原子孤对电子之间较强的静电排斥使 O—N—O 角大于 120°、N—N—O 角小于 120°。N—N—O—O 二面角均接近180°,表明 4 个原子近似共面。

17.2　电子结构

　　表 17.2 列出标题物的 B3LYP/6-31G** 计算分子总能量(E)、零点振动能(ZPE)、前线轨道能级(E_{HOMO} 和 E_{LUMO})及其能级差 ΔE。从标题物①至⑤,分子中每增加一个 N—NO$_2$ 基,E 平均降低 220.5 Hartree,ZPE 平均约降低 30 kJ·mol^{-1}。从标题物⑤至⑫,随环骨架增大,E 平均降低 39.3 Hartree,而 ZPE 却从 192 kJ·mol^{-1} 约升至 750 kJ·mol^{-1},即每增加一个化学键 ZPE 约升高 80 kJ·mol^{-1}。同分异构体②和③的差别较小,前者分子总能量较低表明它比后者稳定。

表 17.2　分子总能量(E)、零点振动能(ZPE)、

前线轨道能级(E_{HOMO}、E_{LUMO})及其能级差(ΔE)

化合物	E/Hartree	ZPE/ (kJ·mol^{-1})	E_{HOMO}/ Hartree	E_{LUMO}/ Hartree	ΔE/ Hartree
NSP	−415.7904463	278.2232	−0.2781	−0.0607	0.2174
m-DNSP	−636.2873279	252.5595	−0.3138	−0.0875	0.2263
o-DNSP	−636.2677413	249.2046	−0.3057	−0.0852	0.2205
TriNSP	−856.7572886	222.5221	−0.3298	−0.1070	0.2228
TeNSP	−1077.222299	191.6895	−0.3428	−0.1157	0.2271
TNSHe	−1116.5969935	275.4041	−0.3271	−0.1077	0.2194
TNSH	−1155.9684531	358.8525	−0.3278	−0.0980	0.2298
TNSO	−1195.3183525	439.5664	−0.3081	−0.0959	0.2122
TNSN	−1234.6635594	519.3156	−0.2999	−0.0935	0.2064
TNSD	−1273.9695757	596.6615	−0.3011	−0.0948	0.2063
TNSU	−1313.3033257	672.4018	−0.2978	−0.0816	0.2163
TNSDo	−1352.6222885	750.0896	−0.2901	−0.0762	0.2140

从前线轨道能级差 ΔE 可初步比较标题物的光稳定性和电子转移的难易。由表 17.2 给出排序为化合物⑦＞⑤＞②＞④＞③＞⑥＞①＞⑪＞⑫＞⑧＞⑨＞⑩。一般而言，E_{HOMO} 越高、ΔE 越小，则分子的稳定性越差、反应活性越大。

表 17.3 列出标题物中各化学键的 Mülliken 键集居数。比较表 17.3 和表 17.1 可见，键集居数与键长的变化规律基本相同，二者均受螺环大小、分子中 N—NO₂ 基数和位置以及分子对称性的影响。对于较小的 5 个标题物①～⑤，C—C、C—N 和 N—N/N—NO₂ 键的电子集居数随分子中 N—NO₂ 基增多而减小，N—O 和 C—H 键集居数变化较小。前已指出，热解引发键集居数越小，该键越易断裂，相应化合物则越不稳定。据此可推断标题物①～⑤的稳定性随分子中硝基增多而下降，是因为环张力和硝基间相互作用的增大而致。从表 17.3 可见，标题物①～⑤的环 C—N 键集居数（0.04～0.17）一般均小于侧链 N—NO₂ 键集居数（0.11～0.19），其中③～⑤的环 N—N 键集居数最小、甚至为负数（－0.0409～0.0035），表明 N—N 原子间存在很强的静电排斥作用。由此可推测标题物③～⑤中环 N—N 键可能是热解或起爆的引发键。

表 17.3　标题物中各化学键的 Mülliken 键集居数

化合物	C—C	C—N	N—N	N—NO₂	N—O	C—H
NSP	0.2274～0.3178	0.1392,0.1614		0.1854	0.3016,0.3066	0.3732～0.3863
m-DNSP	0.2474,0.2748	0.1182～0.1680		0.1692,0.1789	0.3010～0.3138	0.3684～0.3844
o-DNSP	0.1965,0.3151	0.0955	0.0035	0.1211	0.2930～0.3201	0.3821,0.3857
TriNSP	0.2831	0.0407～0.1524	−0.0180	0.1119～0.1644	0.2920～0.3229	0.3696,0.3789
TeNSP		0.0885	−0.0409	0.1062	0.2978～0.3215	
TNSHe		0.0639～0.2144	−0.0346	0.0976,0.1488	0.2960～0.3270	0.3835
TNSH		0.1807～0.2128		0.1499～0.1501	0.3147～0.3350	0.3838
TNSO	0.3167	0.1686～0.2433		0.1523～0.1682	0.2964～0.3404	0.3667～0.3918
TNSN	0.3176,0.3193	0.1941～0.2408		0.1637～0.1839	0.3123～0.3336	0.3714～0.3903
TNSD	0.2943～0.3234	0.1787～0.2535		0.1734～0.1808	0.2927～0.3326	0.3696～0.3980
TNSU	0.3113～0.3385	0.2224～0.2518		0.1730～0.1843	0.3116～0.3360	0.3701～0.3979
TNSDo	0.3273～0.3574	0.2069～0.2577		0.1737～0.1899	0.3087～0.3368	0.3653～0.3897

对于含 4 个 N—NO₂ 基的标题物⑤～⑫，其 C—C、C—N 和 N—NO₂ 键集居数随环骨架增大总体上呈上升趋势，而 N—O 和 C—H 键集居数变化很小。比较各化学键集居数，发现标题物⑦～⑫中以 N—NO₂ 键最小，预测该键强度相对最弱，可能是热解或起爆引发键，与通常硝胺类化合物的热解机理相符。但因标题物⑥（TNSHe）与⑤（TeNSP）类似，分子中含环 N—N 键、且 N—N 键集居数为负值，故在热解或起爆中可能首先断裂该环 N—N 键，其次是 C—N 或 N—NO₂ 键。

　　此外,对同分异构体如 *m*-DNSP 和 *o*-DNSP,键集居数随取代基位置而异,C—C、C—N 和 N—NO$_2$ 键集居数均以前者较大,是因为前者中硝基之间距离较大,吸电子诱导效应和空间排斥作用较小。

17.3　IR　　谱

　　图 17.2 给出标题物的 B3LYP/6-31G**谐振 IR 光谱,频率均经 0.96 因子[14]校正。这里仅对主要特征峰进行归属。

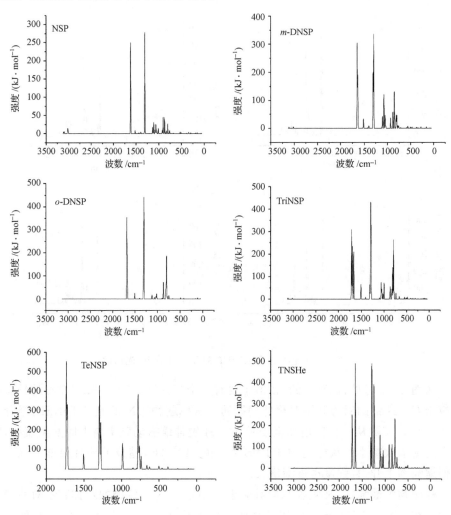

图 17.2　标题物的 B3LYP/6-31G**计算 IR 光谱

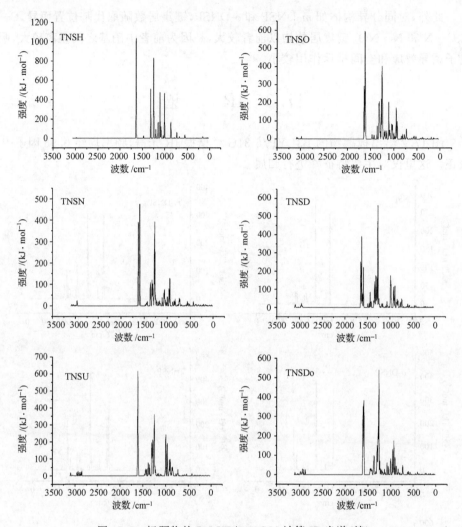

图 17.2 标题物的 B3LYP/6-31G** 计算 IR 光谱(续)

从图 17.2 可见,标题物的 IR 谱主要有 4 个特征区。3000 cm^{-1} 左右的较弱峰对应于 C—H 键的对称和不对称伸缩振动。从标题物①NSP 至⑤TeNSP,当分子中 N—NO$_2$ 基数从 0 依次增加至 4 时,C—H 键伸缩振动频率增大即发生蓝移,吸收强度则依次减小。从标题物⑥TNSHe 至⑫ TNSDo,随分子环骨架增大,C—H 键伸缩频率上升,且强度也逐渐增大。

标题物中最强的 IR 吸收峰均对应于—NO$_2$ 中 N ═O 键的对称和不对称伸缩振动。在 1587~1732 cm^{-1} 波段的强吸收峰对应于—NO$_2$ 中 N ═O 不对称伸缩振动,在此特征区内,振动模式数等于分子中 N—NO$_2$ 基数。从①NSP 至⑤TeNSP,随分子中 N—NO$_2$ 基增加,N ═O 不对称伸缩振动频率增大即发生蓝移;

而从⑥至⑫,随环骨架增大,N═O 不对称伸缩振动频率递减即发生红移。出现在 $1244\sim1327$ cm^{-1} 范围的很强吸收峰,归属于—NO$_2$ 中 N═O 对称伸缩振动,振动频率随分子中硝基数增多和环骨架增大均略有减小。

指纹区(< 1200 cm^{-1})主要对应于 C—H 键弯曲和摇摆振动、—NO$_2$ 弯曲振动和环骨架的变形等,可用于区分同分异构体。

至今尚无螺环硝胺的 IR 谱实验值报道,这里的理论计算结果可用于预测。

17.4　热力学性质

根据统计热力学和 IR 频率,用自编程序计算了标题物在 $200\sim800$ K 的热力学性质:标准恒压摩尔热容($C_{p,m}^{\ominus}$)、标准摩尔焓($S_m^{\ominus}$)和标准摩尔熵($H_m^{\ominus}$),列于表 17.4。

表 17.4　标题物在不同温度下的热力学性质*

化合物	函数	T					
		200.0K	273.15K	298.15K	400.0K	600.0K	800.0K
NSP	$C_{p,m}^{\ominus}$	86.32	112.03	121.08	155.73	205.95	237.95
	$S_m^{\ominus}$	311.49	342.13	352.33	392.87	466.29	530.24
	$H_m^{\ominus}$	11.41	18.65	21.57	35.70	72.26	116.87
m-DNSP	$C_{p,m}^{\ominus}$	112.84	142.82	152.90	190.27	242.52	274.40
	$S_m^{\ominus}$	359.84	399.44	412.38	462.70	550.61	625.10
	$H_m^{\ominus}$	14.79	24.14	27.84	45.37	89.09	141.03
o-DNSP	$C_{p,m}^{\ominus}$	116.97	146.85	156.86	193.71	244.73	275.80
	$S_m^{\ominus}$	362.73	403.60	416.89	468.31	557.37	632.37
	$H_m^{\ominus}$	15.24	24.89	28.68	46.60	90.88	143.17
TriNSP	$C_{p,m}^{\ominus}$	144.61	178.59	189.55	228.86	281.56	312.40
	$S_m^{\ominus}$	414.48	464.62	480.74	542.15	645.88	731.47
	$H_m^{\ominus}$	19.01	30.84	35.44	56.83	108.35	168.01
TeNSP	$C_{p,m}^{\ominus}$	177.78	215.57	227.35	268.24	320.92	350.51
	$S_m^{\ominus}$	473.22	534.33	553.72	626.51	746.27	843.03
	$H_m^{\ominus}$	23.60	38.01	43.55	68.88	128.31	195.73
TNSHe	$C_{p,m}^{\ominus}$	183.81	225.72	239.34	288.76	356.18	395.70
	$S_m^{\ominus}$	468.79	532.33	552.69	630.18	761.21	869.58
	$H_m^{\ominus}$	23.70	38.69	44.50	71.49	136.58	212.11
TNSH	$C_{p,m}^{\ominus}$	190.91	236.50	251.81	309.30	391.17	440.64

化合物	函数	T					
		200.0K	273.15K	298.15K	400.0K	600.0K	800.0K
TNSO	$S_m^{\ominus}$	476.57	542.81	564.19	646.45	788.69	908.58
	$H_m^{\ominus}$	24.30	39.94	46.04	74.70	145.42	229.00
	$C_{p,m}^{\ominus}$	199.13	251.15	268.64	334.52	429.23	487.41
TNSN	$S_m^{\ominus}$	469.78	539.54	562.29	650.69	805.76	937.87
	$H_m^{\ominus}$	24.29	40.76	47.26	78.06	155.20	247.32
	$C_{p,m}^{\ominus}$	209.02	266.27	285.68	359.41	466.79	533.81
TNSD	$S_m^{\ominus}$	492.73	566.32	590.48	685.00	852.70	996.90
	$H_m^{\ominus}$	25.54	42.92	49.82	82.76	166.21	266.78
	$C_{p,m}^{\ominus}$	218.81	283.12	304.83	386.99	506.53	581.76
TNSU	$S_m^{\ominus}$	498.26	575.95	601.69	703.05	884.41	1041.23
	$H_m^{\ominus}$	26.14	44.50	51.85	87.19	177.46	286.84
	$C_{p,m}^{\ominus}$	235.67	302.42	325.30	413.28	544.37	628.46
TNSDo	$S_m^{\ominus}$	528.30	611.58	639.05	747.21	941.49	1110.47
	$H_m^{\ominus}$	28.58	48.25	56.10	93.81	190.53	308.41
	$C_{p,m}^{\ominus}$	247.65	320.08	344.89	440.43	583.45	675.88
	$S_m^{\ominus}$	539.28	627.13	656.24	771.23	978.91	1160.35
	$H_m^{\ominus}$	29.58	50.33	58.65	98.74	202.15	328.74

* 单位:T 的为 K;$C_{p,m}^{\ominus}/$J·mol^{-1}·K^{-1};$S_m^{\ominus}$ 的为 J·mol^{-1}·K^{-1};$H_m^{\ominus}$ 的为 kJ·mol^{-1}。

　　由表 17.4 可见,标题物的热力学函数均随温度升高而增大。通过拟合求得各标题物在 200~800 K 的热容、熵、焓与温度的函数关系($a_0+a_1×T+a_2×T^2$),这些关系式有助于进一步研究该系列化合物的其他物理、化学和爆炸性质。为节省篇幅,这里仅以标题物⑪(TNSU)为例,求得其热力学性质与温度之间的关系式如图 17.3(a)所示。由该图可见,$C_{p,m}^{\ominus}$ 和 $S_m^{\ominus}$ 的增幅随温度升高而逐渐减小,而 $H_m^{\ominus}$ 的增幅则随温度升高而逐渐增大;由于二次方项系数均很小,故三者均随温度升高近似呈线性递增。对于其他标题物,热力学性质与温度之间也存在类似的关系。

　　由表 17.4 可见,标题物的热力学性质随分子中硝基数(n)增多和环骨架增大而逐渐增大。图 17.3(b)表明标题物①~⑤在 298.15 K 时的热力学性质随分子中 N—NO$_2$ 基增多的线性递增关系。每增加一个硝基对 $C_{p,m}^{\ominus}$、$S_m^{\ominus}$ 和 $H_m^{\ominus}$ 的平均贡献分别约为 35.4 J·mol⁻¹·K⁻¹、67.2 J·mol⁻¹·K⁻¹和 7.3 kJ·mol⁻¹，较好地体现了基团加和性。

分子中取代基的相对位置对标题物的热力学性质也具有较大影响。如在每种温度下，m-DNSP 的 3 种热力学函数均比 o-DNSP 的相应值小，可能主要是由于后者具有较强的分子内相互作用。

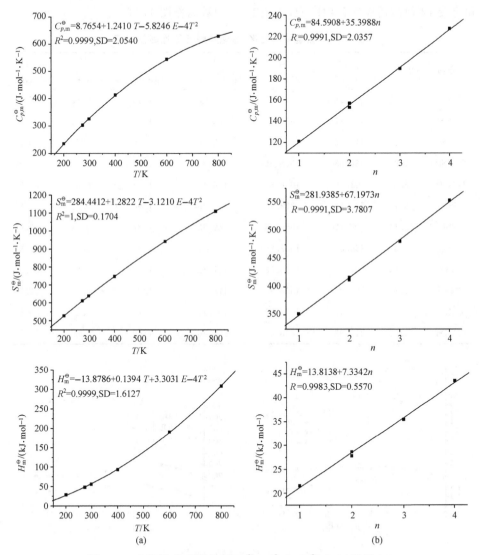

图 17.3 标题物热力学性质($C_{p,m}^{\ominus}$、$S_m^{\ominus}$ 和 $H_m^{\ominus}$)与(a)温度(T)和(b)N—NO₂ 基数(n)之间的关系

17.5　爆炸性能

表 17.5 列出系列螺环硝胺的理论计算分子体积(V)、密度(ρ)、爆速(D)和爆压(p)以及氧平衡指数(OB_{100})、生成热(HOF)和爆热(Q)等性能。为了清晰展示和比较 12 种标题物的各项性能,由表 17.5 中数据作图 17.4。

表 17.5　标题物的密度、爆速和爆压等性能预测值

化合物	OB_{100}	HOF /(kJ·mol^{-1})	Q /(J·g^{-1})	V /(cm^3·mol^{-1})	ρ /(g·cm^{-3})	D /(km·s^{-1})	p /GPa
NSP	−8.76	265.98	1570.17	78.95	1.45	6.92	18.47
m-DNSP	−1.25	367.27	1857.74	97.32	1.65	8.42	29.78
o-DNSP	−1.25	418.96	1934.90	96.39	1.66	8.53	30.74
TriNSP	2.91	530.53	1808.36	109.84	1.88	9.56	41.57
TeNSP	5.55	701.66	1038.31	128.12	1.97	8.62	34.71
TNSHe	3.76	500.23	1373.29	135.98	1.96	9.22	39.62
TNSH	2.14	306.12	1680.98	149.68	1.87	9.39	40.04
TNSO	0.68	264.80	1603.89	155.51	1.89	9.22	38.97
TNSN	−0.65	227.05	1536.58	167.82	1.84	8.82	34.97
TNSD	−1.86	231.27	1506.26	178.98	1.80	8.53	32.26
TNSU	−2.97	229.47	1474.20	191.11	1.76	8.24	29.68
TNSDo	−4.00	217.86	1438.01	207.46	1.69	7.86	26.34

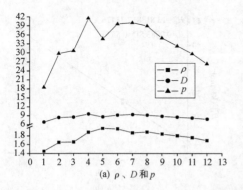
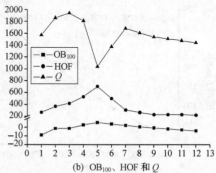

图 17.4　12 种标题物的性能变化

由表 17.5 或图 17.4 可见,从一硝基氮杂螺戊烷①到四硝基氮杂螺戊烷⑤,除⑤TeNSP 外,随分子中 N—NO$_2$ 基增多,ρ、D、p 以及 OB_{100} 和 HOF 值均逐渐升高,符合基团加和性,支持了前人在化合物中引进—NO$_2$基或适当地提高氧平衡利于改善爆轰性能的论断[15~17]。TeNSP 的特殊在于其虽然具有很高的 OB$_{100}$、HOF 和 ρ 值,但 D 和 p 值却较低。这是由于 TeNSP 的氧平衡指数 OB$_{100}$过高,偏离零氧平衡过远,使得该化合物爆炸或燃烧时将有多余 O$_2$ 生成并带走能量,导致 Q、D 和 p 值相应下降。⑥TNSHe 由于类似原因也出现反常状况,即 OB$_{100}$、HOF 和 ρ 值均较高,但 Q、D 和 p 值却偏低。

对于含 4 个硝基的标题物⑤~⑫,OB$_{100}$、HOF、ρ、D 和 p 等参量均随分子环骨架增大而递减,可能主要是因为分子体积(V)的递增和分子中环张力的递减所致。此外,标题物的能量特性也受分子中 N—NO$_2$ 基相对位置的影响。如③o-DNSP 分子体积较②m-DNSP 小,环张力又较大,故其 HOF、Q、ρ、D 和 p 值均比后者大。

按上述 HEDC 能量特性的定量标准($\rho \approx 1.9$ g·cm^{-3},$D \approx 9$ km·s^{-1}和 $p \approx$ 40 GPa)加以判别和筛选,由表 17.5 可见,仅 4 种标题物④TriNSP、⑥TNSHe、⑦TNSH 和⑧TNSO 符合条件。若与 TNT($\rho = 1.64$ g·cm^{-3}, $D = 6.95$ km·s^{-1}, $p = 19.0$ GPa)相比,则除①NSP 外,所有螺环硝胺的密度和爆炸性能均较适宜。因此,若标题物能成功合成并具有良好的稳定性,则它们应具有一定应用开发价值。

17.6　热 解 机 理

为深入研究标题物的稳定性高低和感度大小,考虑以下 4 种可能的键均裂热解反应。①均裂环骨架 C—C 键;② 均裂环骨架 C—N 键;③ 均裂环骨架 N—N 键;④ 均裂侧链 N—NO$_2$ 键。对每种键均选择 Mülliken 键集居数最小者分别以 UB3LYP/6-31G**和 UHF-PM3 方法求得均裂键离解能(BDE)和活化能(E_a),列于表 17.6 和表 17.7。

表 17.6　标题物的 UB3LYP/6-31G**计算键离解能(单位:kJ·mol^{-1})^a

化合物	BDE^0				BDE			
	C—C	C—N	N—N	N—NO$_2$	C—C	C—N	N—N	N—NO$_2$
NSP	210.62	162.59		153.93	191.79	147.57		134.35
m-DNSP	200.92	195.85		147.82	187.57	186.56		128.83
o-DNSP	198.03	185.02	89.54	114.77	178.49	177.11	81.80	97.78
TriNSP	196.15	173.01	79.24	102.72	181.96	168.11	71.76	85.60
TeNSP		159.16	94.77	115.73		153.80	86.36	103.72
TNSHe		125.81	100.21	110.71		121.59	92.59	97.32

续表

化合物	BDE⁰				BDE			
	C—C	C—N	N—N	N—NO₂	C—C	C—N	N—N	N—NO₂
TNSH		209.79		158.66		197.65		140.71
TNSO	276.35	209.66		162.26	256.77	195.64		142.76
TNSN	283.88	289.03		152.59	262.80	271.29		132.59
TNSD	261.04	258.49		113.39	240.08	242.34		92.97
TNSU	293.97	306.56		182.00	275.18	285.31		160.67
TNSDo	326.39	341.04		180.29	304.85	317.57		158.41

a BDE⁰ 和 BDE 分别代表经零点能校正前后的键离解能。

表 17.7 标题物 UHF-PM3 计算均裂反应的反应物（R）、
过渡态（TS）的生成热（HOF）和活化能（E_a）*

化合物	HOF /(kJ·mol⁻¹)					E_a/ (kJ·mol⁻¹)			
	R	TS				C—C	C—N	N—N	N—NO₂
		C—C	C—N	N—N	N—NO₂				
NSP	541.87	650.47	642.76		647.49	108.60	100.89		105.62
m-DNSP	614.50	747.02	727.24		722.22	132.52	112.74		107.72
o-DNSP	666.60	773.39	795.65	715.82	769.45	106.79	129.05	49.22	102.85
TriNSP	749.38	873.83	880.55	797.70	850.49	124.45	131.17	48.32	101.11
TeNSP	892.63		1019.48	941.07	1071.46		126.85	48.44	178.83
TNSHe	766.71		852.52	825.66	884.82		85.81	58.95	118.11
TNSH	648.14		794.78		759.17		146.64		111.03
TNSO	680.71	884.43	856.13		785.40	203.72	175.42		104.69
TNSN	715.22	895.64	912.30		794.68	180.42	197.08		79.46
TNSD	792.29	990.63	994.78		863.53	198.34	202.49		71.24
TNSU	865.43	1034.59	997.66		936.79	169.16	132.23		71.36
TNSDo	929.66	1097.77	1058.72		1003.04	168.11	129.06		73.38

* 所有生成热均经零点能校正。

　　比较表 17.6 中 BDE 和 BDE⁰ 可见，零点振动能（ZPE）校正仅使键离解能平行地略有下降，并不影响键均裂机理的研究。比较每个化合物不同键的 BDE，对于分子中含环骨架 N—N 键的化合物③～⑥，以均裂环 N—N 键的 BDE 最小，表明环 N—N 键可能是热解和起爆的引发键；而对于分子中不含环 N—N 键的其他化合物，则以均裂侧链 N—NO₂ 键的 BDE 最小，表明 N—NO₂ 键可能是热解和起爆的引发键。这些均与上述由标题物 Mülliken 键集居数得出的结论相一致。

　　按热解引发键 N—N 或 N—NO₂ 的 BDE 大小，给出标题物相对稳定性排序为 TNSU ＞ TNSDo ＞ TNSO ＞ TNSH ＞ NSP ＞ TNSN ＞ m-DNSP ＞

TNSD ＞ TNSHe ＞ TeNSP ＞ o-DNSP ＞ TriNSP。总体而言,随分子中硝基增多,稳定性下降;随环骨架增大,稳定性上升;具环 N—N 键稳定性相对较低。取代基之间相对位置对 BDE 也有一定影响,如 m-DNSP 中所有化学键的 BDE 均大于 o-DNSP 的相应值,表明前者比后者稳定,与前者总能量(表 17.2)较后者低相一致。分子结构的对称性对 BDE 和稳定性具有重要影响,如标题物③～⑤的引发键 N—N 键 BDE(86.36 ＞ 81.80 ＞ 71.76 kJ·mol^{-1}),决定其稳定性排序为⑤＞③＞④,与它们的分子对称性高低排序(S_4＞D_2＞C_1)相一致,即分子对称性越高则越稳定;虽然标题物⑤中硝基数比③和④中分别多 2 和 1 个,但仍然较稳定。

与 RDX 和 HMX 中 N—NO$_2$ 键的 BDE(分别为 153.80 和 166.48 kJ·mol^{-1})相比,仅⑪ TNSU 和⑫ TNSDo 的相应值(分别为 160.67 和 158.41 kJ·mol^{-1})与之相近,表明稳定性相当。其他标题物的 BDE 较小,表明稳定性相对较低。若根据引发键 BDE ＞ 80 kJ·mol^{-1} 的标准判别稳定性,则除 o-DNSP 和 TriNSP 外,所有标题物均应能稳定存在。综合考虑能量特性(表 17.5)和稳定性,推荐 TNSHe、TNSH 和 TNSO 作为螺环硝胺中 HEDC 候选物,它们可能有一定的应用和开发价值。

由表 17.7 可见,比较标题物的 UHF-PM3 计算气相热解均裂反应活化能(E_a),也能揭示出类似的机理。对含环骨架 N—N 键的标题物③～⑥,断裂环 N—N 键所需 E_a 最小,即均裂环 N—N 键为热解引发反应;而其他标题物均裂侧链 N—NO$_2$ 键的 E_a 最小,故引发反应为 N—NO$_2$ 键均裂。由热解引发反应 E_a 大小给出的标题物稳定性排序,与上述由 UB3LYP/6-31G** 计算热解引发键集居数(P_{A-B})和键离解能(BDE)给出的排序虽略有不同,但总体上还是一致的(见图 17.5)。这表明半经验 MO 计算在快速定性阐明热解引发机理的同时,还能定量判别稳定性高低。

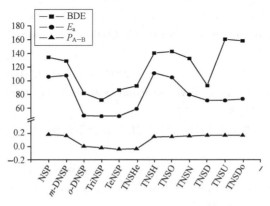

图 17.5　标题物热解引发键离解能(BDE)、活化能(E_a)和键集居数(P_{A-B})之间的相关性

参 考 文 献

[1] Willer R L. Synthesis and characterization of high-energy compounds. I. Trans-1,4,5,8-tetranitro-1,4,5,8-tetraazadecalin (TNAD). Propellants Explos Pyrotech, 1983, 8(3): 65~69

[2] Willer R L. Synthesis and characterization of a new insensitive high energy polynitramine compound, 2,4,8,10-tetranitro-2,4,8,10-tetraazaspiro[5.5]undecane (TNSU). NWC-TP-6353. Naval weapons center, China Lake, CA, USA, 1982

[3] Willer R L, Atkins R L. An alternative synthesis of cyclic 1,3-dinitramines. J. Org. Chem, 1984, 49: 5147~5150

[4] Lowe-Ma C K. X-ray crystal structures of four energetic isomeric cyclic nitramines. NWC-TP-6681. Research department, Naval weapons center, China Lake, CA, USA, 1987

[5] Lowe-Ma C K. Structure of 2,4,8,10-tetranitro-2,4,8,10-tetraazaspiro[5.5]undecane (TNSU), and energetic spiro bicyclic nitramine. Acta Crystallogr C, 1990, 46: 1029~1033

[6] Brill T B, Oyumi Y. Thermal decomposition of energetic materials. 18. Relationship of molecular composition to nitrous acid formation: bicyclo and spiro tetranitramines. J Phys Chem, 1986, 90(26): 6848~6853

[7] Oyumi Y, Brill T B. Thermal decomposition of energetic materials. 22. The contrasting effects of pressure on the high-rate thermolysis of 34 energetic compounds. Combust Flame, 1987, 68(2): 209~216

[8] Pagoria P F, Mitchell A R, Schmidt R D et al. New nitration and nitrolysis procedures in the synthesis of energetic materials. ACS Symp Ser 1996, 623(Nitration):151~164

[9] Skare D. Tendencies in development of new explosives. Heterocyclic, benzenoid-aromatic and alicyclic compounds. Kem Ind, 1999, 48(3): 97~102

[10] Qiu L, Xiao H M, Ju X H et al. Theoretical study on the structures and properties of cyclic nitramines: tetranitrotetraazadecalin (TNAD) and its isomers. Int J Quant Chem, 2005, 105: 48~56

[11] Qiu L, Xiao H M, Gong X D et al. Theoretical studies on the structures, thermodynamic properties, detonation properties, and pyrolysis mechanisms of spiro nitramines. J Phys Chem A, 2006, 110: 3797~3807

[12] 邱玲. 氮杂环硝胺类高能量密度材料(HEDM)的分子设计. 南京理工大学博士研究生学位论文, 2007

[13] Harris N J, Lammertsma K. Ab initio density functional computations of conformations and bond dissociation energies for hexahydro-1,3,5-trinitro-1,3,5-triazine. J Am Chem Soc, 1997, 119: 6583~6589

[14] Scott A P, Radom L. Harmonic vibrational frequencies: An evaluation of hartree-fock, möller-plesset, quadratic configuration interaction, density functional theory, and semiem-

pirical scale factors. J Phys Chem，1996，100：16502～16513

[15] 张熙和，云主惠. 爆炸化学. 北京：国防工业出版社，1989

[16] 惠君明，陈天云. 炸药爆炸理论. 南京：江苏科学技术出版社，1995

[17] 周霖. 爆炸化学基础. 北京：北京理工大学出版社，2005

第18章 呋咱稠环硝胺

呋咱五元环含两个氮和一个氧原子[图 18.1(a)],又称噁二唑环,是著名的高能基团,具有生成焓高、热稳定性好和环内存在活性氧的优点。氧化呋咱环[图 18.1(b)]含两个活性氧原子,含氧量和密度更高,因其可形成"潜硝基"内侧环结构,故很适合于作高能材料的结构单元。呋咱和氧化呋咱氮杂环类衍生物,与HEDC 和 HEDM 的研究开发密切相关。经氧化、酰化或叠氮化等反应,呋咱环和氧化呋咱环可连接硝基、硝酰氧基、偶氮基、氧化偶氮基和腈基等高能基团,进一步提高氮含量和能量密度。

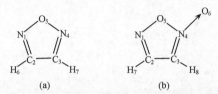

图 18.1 (a)呋咱环和(b)氧化呋咱环的分子结构

为合成能量密度超过 HMX 的新型 HEDC,国内外含能材料工作者在呋咱类衍生物研究领域倾注了大量心血[1~17]。俄罗斯 Zelinsky 有机化学研究所在呋咱类高能化合物的研究领域居国际领先地位,他们指出呋咱基团是设计 HEDC 的有效结构单元;以一个氧化呋咱基代替一个硝基,可提高密度 $0.06\sim0.08$ g·cm^{-3},提高爆速约 300 m·s^{-1}。Willer 等[2]报道的 1,4,5,8-四硝基-1,4,5,8-四氮杂氢化萘并双呋咱(图 18.2 中ⅢA 和ⅢB 所示)密度高达 1.987 g·cm^{-3},在单体高能材料中比较罕见。研究以 3,4-二氨基呋咱(DAF)为原料,合成含呋咱环的氮杂硝胺类化合物极为活跃;DAF 的相关研究被誉为火炸药发展史上的一个新起点。我国科技工作者亦对此作出重要贡献,如西安近代化学研究所早在 20 世纪 70 年代就曾由 DAF 合成出多种呋咱稠环硝胺。

通过增加炸药分子的环数和爆炸基团数,一般都能提高其能量和密度,但往往导致稳定性较差。如何寻求高能和钝感相统一的爆炸物,即在不降低能量特性的前提下尽可能保持其稳定性,是能源材料研究领域的关键课题。

尽管对呋咱稠环硝胺类高能材料的实验研究已相当多,但迄今缺乏系统的理论研究。本章根据已有实验,运用量子化学方法进行分子设计,对系列呋咱和氧化呋咱稠环硝胺的分子和电子结构、物理、化学和爆炸性质进行全面细致的探索研究,从理论上揭示其结构与性能之间的联系,为在该类化合物中寻求新型品优HEDC 提供原始数据和规律性指导[18,19]。

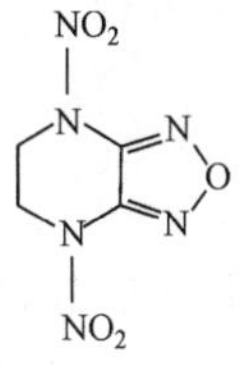
I

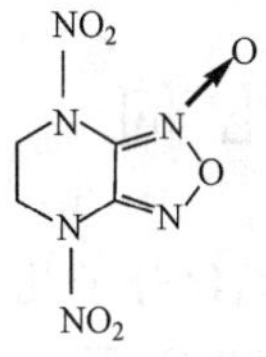
I-O

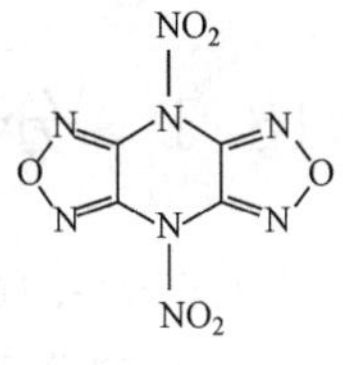
II

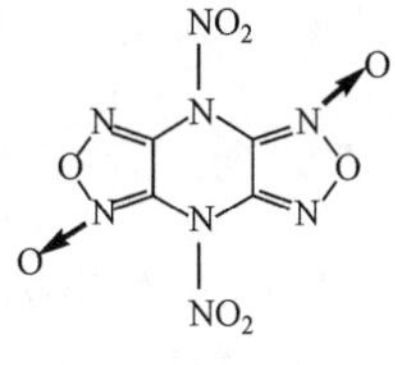
II-O

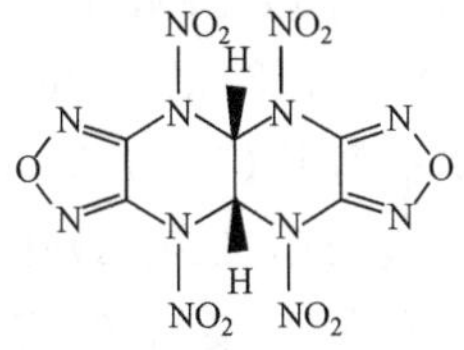
IIIA

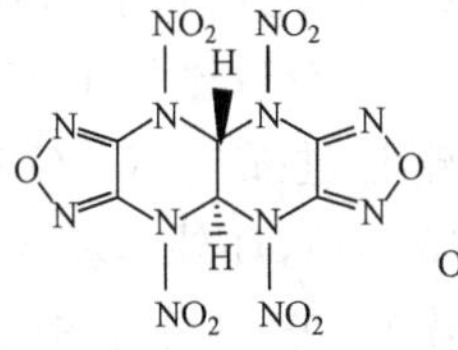
IIIB

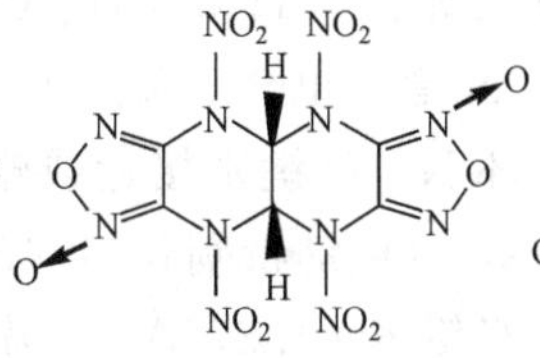
IIIA-O

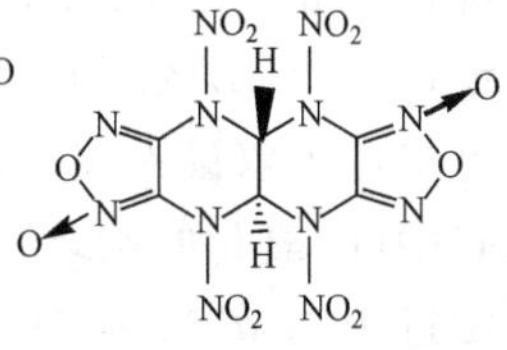
IIIB-O

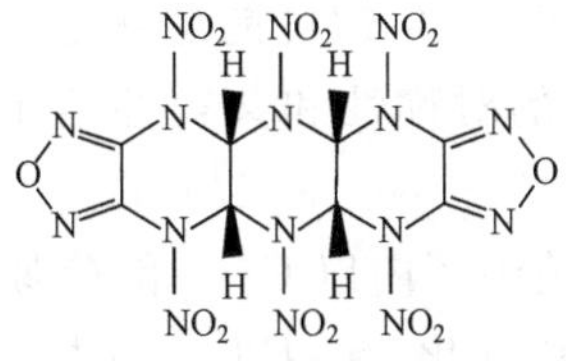
IVA

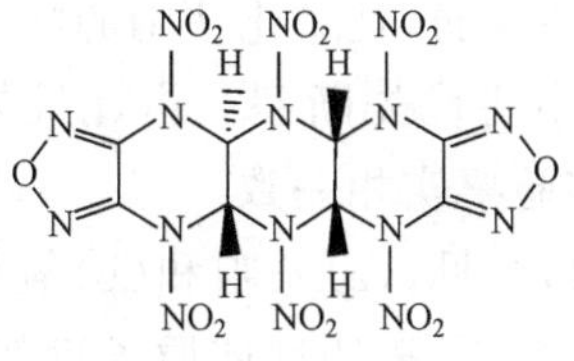
IVB

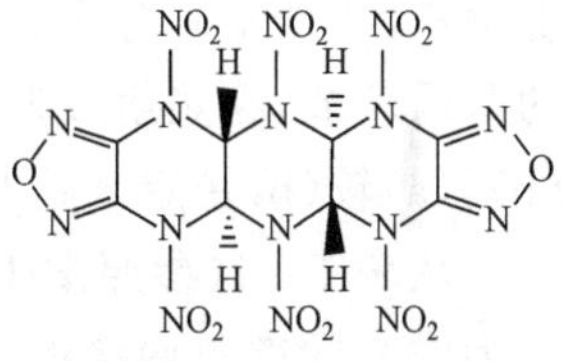
IVC

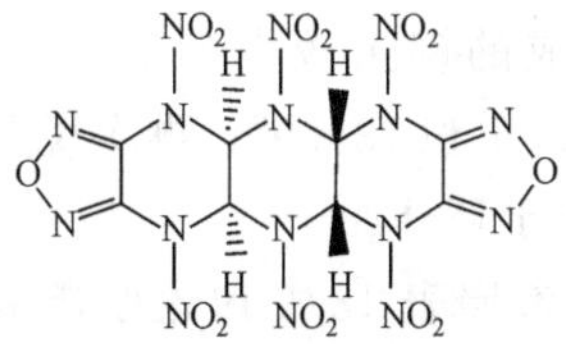
IVD

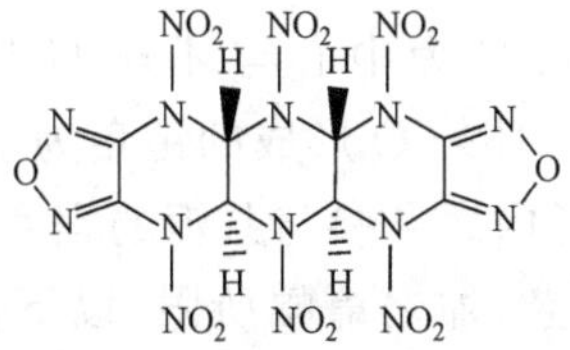
IVE

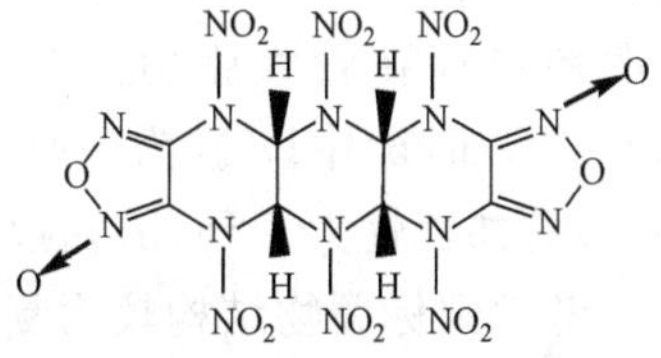
IVA-O

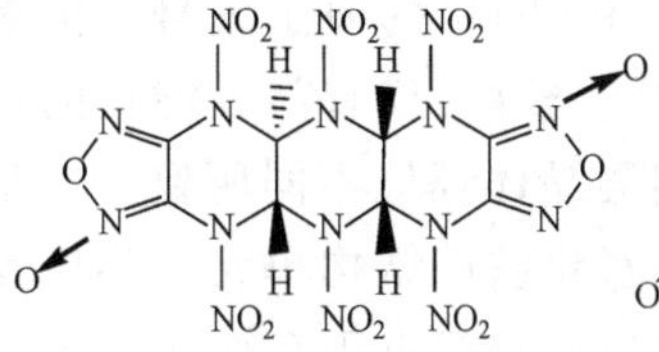
IVB-O

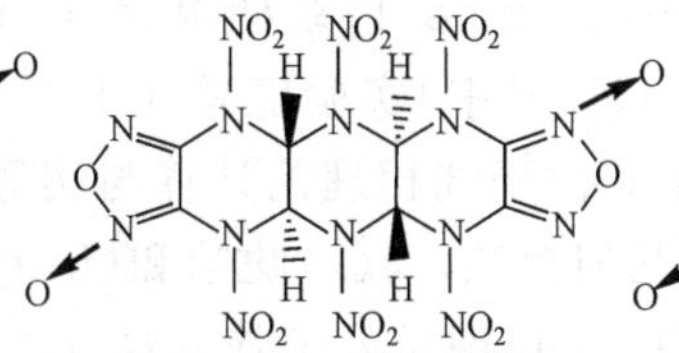
IVC-O

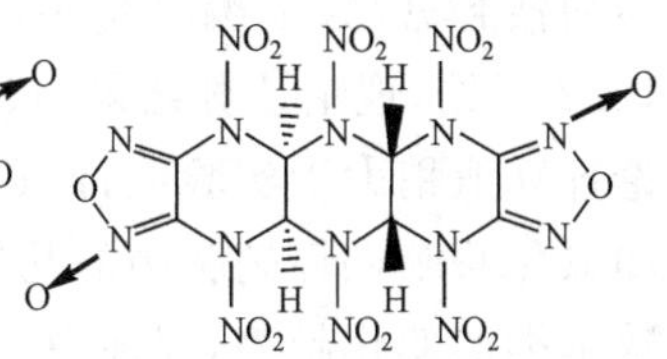
IVD-O

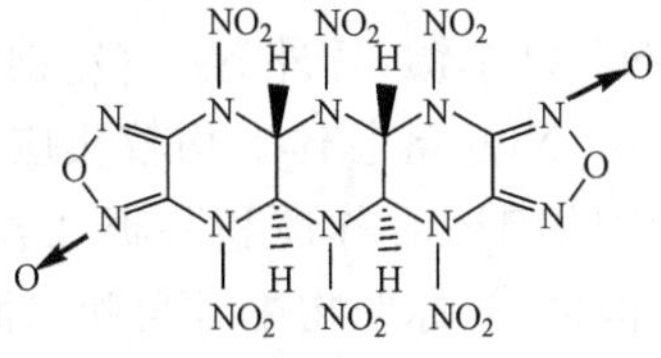
IVE-O

图 18.2　呋咱和氧化呋咱稠环硝胺的分子结构

（Ⅰ和Ⅰ-O 分别表示呋咱稠环硝胺和相应的氧化呋咱稠环硝胺，其余类推）

18.1　分　子　几　何

表 18.1 列出标题物的 B3LYP/6-31G** 全优化分子几何。由几何参数(参照图 18.1)确定(a)呋咱和(b)氧化呋咱分别属 D_2 和 C_s 群。与通常孤立 C—C 单双键长 1.54 Å 和 1.39 Å 相比,(a)和(b)的 C—C 键长介于单双键之间且接近于双键;(a)和(b)的环 C—N 键长也介于孤立 C—N 单双键长 1.47 Å 和 1.27 Å 之间,且接近于双键键长。环 N—O 键则接近或略超过孤立 N—O 单键键长(1.36 Å),其中(b)氧化呋咱环 N_4—O_5 键特别长(1.468 Å),环外 N_4—O_6 键长(1.217 Å)却接近于孤立 N═O 双键长(1.27 Å)。另外,它们分子中二面角均接近 0° 或 180.0°,故可推知它们具有平面共轭性。但因其环 N—O 键长接近或超过通常单键键长,故推知其分子共轭性较弱,且氧化呋咱的特长环 N_4—O_5 键可能是环稳定的薄弱环节,在热解或起爆中将优先断裂。由此推知(a)的对称性和共轭性高于(b),(a)较(b)稳定。这与实验事实相一致。

从表 18.1(参照图 18.1)可见,(a)呋咱和(b)氧化呋咱中环内以 C、N 和 O 原子为中心的键角均接近于 109.5°,表明这些原子近似取 sp^3 杂化;其中以 N 为中心的键角处于 105.3°~106.9°,更远偏离于 N 经 sp^2 杂化所形成的标准键角 120.0°,表明环内存在较大张力。但以 C 为中心与环外 H 形成的键角较大(120.3°~132.3°),而(b)中以 N 为中心与环外 O 形成的键角为 118.5° 和 135.9°。再次说明环(a)的共轭性大于环(b),且环内原子参与共轭的程度大于环外原子。

考虑到标题物结构较为复杂,加之篇幅所限,以下仅参照表 18.2 讨论呋咱和氧化呋咱结构单元在不同标题物中的变化,并关注分子中 N—NO_2 键长的变化。为简洁起见,原子编号仍沿用(图 18.1)结构单元(a)和(b)中的原子编号。由表 18.2 可见,理论计算结果与(括号中)实验值总体上符合较好,仅有部分键长的理论计算值稍大于实验值,这是由于气相理论计算与实测晶体环境不同所致。呋咱和氧化呋咱稠环硝胺中的几何参数,与(a)呋咱和(b)氧化呋咱结构单元中相应参数呈类似变化趋势,即环中 C—C 键长处于其单双键之间,更接近于双键;C—N 键长接近于其双键键长;环 N—O 键长均接近或超过其单键键长,而氧化呋咱环 N_4—O_5 键长远超过孤立的 N—O 单键,环外 N_4—O_6 键长更接近于孤立 N═O 双键。此外,呋咱稠环硝胺中 N—NO_2 键总体上均较相应氧化呋咱稠环硝胺中 N—NO_2 键短,可能是由于前者中呋咱环对称性和共轭性较高,预测前者比相应的后者稳定。相对于(a)和(b)结构单元,标题物中键角和二面角变化不大;随分子中环杂硝胺稠合数增多,键长和键角缺乏一定递变规律,可能还与分子对称性等多种因素相关。

表 18.1　呋咱和氧化呋咱的全优化分子几何参数(键长、键角/二面角)

(a) 呋咱

参数	化学键		化学键	
键长/Å	$C_2—C_3$	1.422		
	$N_1—C_2$	1.308		
	$C_3—N_4$	1.308		
	$N_1—O_5$	1.372		
	$N_4—O_5$	1.372		
	$C_2—H_6$	1.080		
	$C_3—H_7$	1.080		
二面角/(°)	$O_5—N_1—C_2—C_3$	0		
	$O_5—N_1—C_2—H_6$	−179.0		
	$C_2—N_1—O_5—N_4$	0		
	$N_1—C_2—C_3—N_4$	0		
	$N_4—C_2—C_3—H_7$	180.0		
	$H_6—C_2—C_3—N_4$	180.0		
	$H_6—C_2—C_3—H_7$	0.3		
	$C_2—C_3—N_4—O_5$	0		
	$H_7—C_3—N_4—O_5$	−179.0		
	$C_3—N_4—O_5—N_1$	0		
键角/(°)	$C_2—N_1—O_5$	105.3		
	$N_1—C_2—C_3$	108.9		
	$N_1—C_2—H_6$	121.1		
	$C_3—C_2—H_6$	130.0		
	$C_2—C_3—H_7$	108.9		
	$C_2—C_3—N_4$	130.0		
	$N_4—C_3—H_7$	121.1		
	$C_3—N_4—O_5$	105.3		
	$N_1—O_5—N_4$	111.6		

(b) 氧化呋咱

参数	化学键		化学键	
键长/Å	$C_2—C_3$	1.412	$C_3—N_4—O_5$	105.6
	$N_1—C_2$	1.309	$C_3—N_4—O_6$	135.9
	$C_3—N_4$	1.331	$O_5—N_4—O_6$	118.5
	$N_1—O_5$	1.365	$N_1—O_5—N_4$	108.3
	$N_4—O_5$	1.468	$O_5—N_1—C_2—C_3$	0
	$N_4—O_6$	1.217	$O_5—N_1—C_2—H_7$	−179.0
	$C_2—H_7$	1.081	$C_2—N_1—O_5—N_4$	0
	$C_3—H_8$	1.077	$N_1—C_2—C_3—N_4$	0
键角/(°)	$C_2—N_1—O_5$	106.9	$N_1—C_2—C_3—H_8$	179.7
	$N_1—C_2—C_3$	111.8	$H_7—C_2—C_3—N_4$	180.0
	$N_1—C_2—H_7$	120.4	$H_7—C_2—C_3—H_8$	0.3
	$C_3—C_2—H_7$	127.8	$C_2—C_3—N_4—O_5$	0
	$C_2—C_3—N_4$	107.4	$C_2—C_3—N_4—O_6$	−179.0
	$C_2—C_3—H_8$	132.3	$H_8—C_3—N_4—O_5$	180.0
	$N_4—C_3—H_8$	120.3	$H_8—C_3—N_4—O_6$	−0.3

注：二面角/(°)

表 18.2　标题物的优化几何参数(键长,键角/二面角)*

参数	化学键	I	I-O	II	II-O	III A	III B
	对称性	C_1	C_1	C_{2v}	C_i	C_2	C_2
键长 /Å	C_2—C_3	1.437(1.418)	1.423	1.434	1.429	1.425	1.434,1.436
	N_1—C_2	1.310(1.294)	1.312	1.304	1.306	1.305	1.305,1.307
	C_3—N_4	1.305(1.289)	1.334	1.304	1.333	1.308	1.305,1.307
	N_1—O_5	1.390(1.380)	1.386	1.374	1.370	1.371	1.373,1.374
	N_4—O_5	1.364(1.391)	1.454	1.374	1.470	1.381	1.373,1.374
	N_4—O_6		1.212		1.210		
	N—NO_2	1.410,1.439 (1.382,1.383)	1.410,1.459	1.489	1.601	1.439,1.456	1.472,1.476
键角 /(°)	N_1—C_2—C_3	109.2(109.6)	112.1	109.1	112.1	109.6	109.1,109.2
	N_1—O_5—N_4	113.0(112.3)	109.7	112.8	109.4	113.0	112.8,113.2
	C_2—C_3—N_4	109.2(110.4)	107.7	109.1	107.3	109.3	109.1,109.2
	C_2—N_1—O_5	103.9(104.1)	105.3	104.4	106.1	104.1	104.2,104.5
	C_3—N_4—O_5	104.8(103.5)	105.1	104.4	104.9	103.9	104.2,104.5
	C_3—N_4—O_6		135.2		135.6		
	O_5—N_4—O_6		119.7		119.5		
二面角 /(°)	N_1—C_2—C_3—N_4	0.3(1.5)	1.4	0	2.2	0	−1.7,0.4
	C_2—N_1—O_5—N_4	−1.4(0)	−3.0	2.4	−1.5	−2.5	−0.5,0
	C_2—C_3—N_4—O_5	−1.2(−1.4)	−3.0	1.4	−2.9	−1.5	−0.3,1.3
	C_2—C_3—N_4—O_6		179.5		179.3	1.4	
	O_5—N_1—C_2—C_3	0.6(−0.8)	1.0	−1.4	−0.3		−0.3,1.3

续表

参数	化学键	对称性	IIIA-O C₂	IIIB-O C₁	IVA C₂	IVB C₁	IVC C₁	IVD C₁
键长/Å	C₂—C₃		1.413	1.411,1.421	1.424	1.426,1.433	1.432	1.423
	N₁—C₂		1.307	1.304,1.305	1.303	1.303,1.306	1.304	1.305
	C₃—N₄		1.334	1.334	1.306	1.308,1.310	1.304	1.307
	N₁—O₅		1.372	1.381,1.368	1.373	1.359,1.371	1.379	1.359,1.376
	N₄—O₅		1.480	1.465,1.475	1.381	1.380,1.390	1.375	1.379,1.391
	N₄—O₆		1.206	1.208				
	N—NO₂		1.458,1.459	1.472~1.515	1.427~1.449	1.419~1.474	1.430~1.473	1.414~1.461
键角/(°)	N₁—C₂—C₃		112.6	112.6,112.7	109.6	109.4,109.7	109.5	109.2,109.7
	N₁—O₅—N₄		109.5	109.3,109.5	112.9	113.0,113.1	112.7	113.0
	C₂—C₃—N₄		108.1	107.4,107.8	109.3	108.8,109.3	109.0	109.4,109.5
	C₂—N₁—O₅		105.6	105.5,105.8	104.1	104.2,104.5	104.1	103.9,104.8
	C₃—N₄—O₅		104.0	104.6	104.0	103.9,104.0	104.3,104.6	103.6,103.9
	C₃—N₄—O₆		136.2	135.5,135.7				
	O₅—N₄—O₆		119.7	119.6,119.8				
二面角/(°)	N₁—C₂—C₃—N₄		−1.2,−1.3	−1.6,0.4	0	0,0.3	0,0.8	0,0.4
	C₂—N₁—O₅—N₄		4.4	0.8,3.7	−2.2	−2.6,2.0	−1.2,0	−2.5,1.3
	C₂—C₃—N₄—O₅		3.7	0.0,3.7	−1.2	−1.8,1.2	−0.7,−0.8	−1.7,0.3
	C₂—C₃—N₄—O₆		179.7	−179.0,177.5				
	O₅—N₁—C₂—C₃		−2.1	−1.4,−0.7	1.3	−1.2,1.4	−0.5,0.7	−1.0,1.3

续表

参数	化学键 对称性	ⅠVE C₁	ⅠVA-O C₂	ⅠVB-O C₁	ⅠVC-O C₁	ⅠVD-O C₁	ⅠVE-O C₁
键长/Å	C_2—C_3	1.432,1.439	1.413,1.414	1.412,1.417	1.414,1.415	1.413,1.414	1.414,1.421
	N_1—C_2	1.303,1.306	1.303,1.308	1.307,1.309	1.304,1.306	1.305,1.307	1.306,1.310
	C_3—N_4	1.305,1.312	1.332,1.333	1.335,1.336	1.331,1.335	1.330,1.333	1.334,1.335
	N_1—O_5	1.357,1.369	1.358,1.375	1.371,1.384	1.368,1.370	1.367,1.369	1.363,1.381
	N_4—O_5	1.374,1.392	1.471,1.508	1.454,1.476	1.467,1.484	1.476,1.494	1.460,1.497
	N_4—O_6		1.205,1.207	1.206,1.208	1.205,1.208	1.204,1.208	1.206,1.207
	N—NO_2	1.441~1.530	1.430~1.529	1.419~1.470	1.437~1.525	1.457~1.545	1.424~1.485
键角/(°)	N_1—C_2—C_3	108.8,109.7	112.3,113.1	112.5	112.2,112.4	112.6,112.7	111.9,112.8
	N_1—O_5—N_4	113.1	109.2,109.5	109.5,109.7	109.1,109.6	109.4,109.7	109.3,109.8
	C_2—C_3—N_4	108.5,109.4	108.0,108.1	107.5,108.0	107.6,108.5	107.7,108.6	108.0,108.1
	C_2—N_1—O_5	104.7	105.6,105.9	105.2,105.6	105.3,105.7	105.6,105.9	105.6,105.9
	C_3—N_4—O_5	104.0,104.1	103.4,104.2	104.1,104.9	103.1,104.6	103.3,104.5	103.6,104.4
	C_3—N_4—O_6		135.9,137.2	135.0,136.1	135.3,137.1	135.7,137.3	135.8,136.8
	O_5—N_4—O_6		119.3,119.8	119.7,112.0	119.5,119.8	119.4,119.7	119.4,119.7
二面角/(°)	N_1—C_2—C_3—N_4	0,0.3	1.3,1.4	0,1.0	0.2,0.6	0.4,0.7	0.5,1.2
	C_2—N_1—O_5—N_4	0,1.4	-4.5,-5.4	-2.9,-4.9	-2.1,0.5	-2.7,0.6	-5.2,-3.4
	C_2—C_3—N_4—O_6	-0.3,0.8	-3.8,-4.4	-3.8,-1.9	-2.1,-0.6	-2.0,-0.3	-4.2,-2.5
	C_2—C_3—N_4—O_6		-179.0,180.0	-178.8,-179.6	-179.9,177.1	-179.7,176.9	-179.0,179.7
	O_5—N_1—C_2—C_3	-0.8,0	2.1,2.7	1.8,2.5	-1.2,1.3	-0.8,1.5	1.8,2.7

* 括号中数据为实验值[3]。

18.2　电子结构

表 18.3 列出(a)呋咱和(b)氧化呋咱的 B3LYP/6-31G** 键集居数和原子上净电荷。由该表可见,与其他键集居数相比,二者皆以环 N—O 键的集居数最小(0.0877～0.1310),而环 C—C 和 C—N 键因共轭作用电子分布较密、键集居数较大。预测 N—O 键强度较弱,在热解或撞击下可能优先断裂。这与已有关于呋咱和氧化呋咱类化合物的热解机理和撞击感度的结论相符[1,3,12,15,18～20]。细致比较(a)和(b)中 N—O 键集居数,可进一步推断(a)的热解引发反应始于 N_1—O_5 或 N_4—O_5 均裂,而(b)则以 N_4—O_5 为引发键。由"最小键级原理"(PSBO)[15,18～27]可推得(b)的稳定性较(a)差,或(b)的感度较(a)高。从表 18.3 原子上净电荷可见,(a)电子分布的对称性明显比(b)高,与它们的几何参数相对应,也表明(a)比(b)稳定。

表 18.3　呋咱和氧化呋咱中 Mülliken 键集居数和原子上净电荷

(a) 呋咱				(b) 氧化呋咱			
化学键	集居数	原子	电荷	化学键	集居数	原子	电荷
C_2—C_3	0.4492	N_1	−0.1119	C_2—C_3	0.4152	N_1	−0.1195
N_1—C_2	0.4423	C_2	0.0672	N_1—C_2	0.4287	C_2	0.0715
N_3—C_4	0.4423	C_3	0.0672	N_3—C_4	0.3730	C_3	0.0798
N_1—O_5	0.1310	N_4	−0.1119	N_1—O_5	0.1227	N_4	0.3329
N_4—O_5	0.1310	O_5	−0.1980	N_4—O_5	0.0877	O_5	−0.2366
C_2—H_6	0.3809	H_6	0.1438	N_4—O_6	0.3076	O_6	−0.4386
C_3—H_7	0.3809	H_7	0.1438	C_2—H_7	0.3848	H_7	0.1475
				C_3—H_8	0.3844	H_8	0.1630

表 18.4 给出标题物中各化学键的 Mülliken 集居数,当同类键有多个值时取其最小值。由该表可见,标题物分子中电子集居情况与其中结构单元(a)或(b)相一致。亦以环 N—O 键集居数最小(< 0.1),其次是侧链 N—NO₂ 键(0.13～0.17 左右)和环 C—N 键(0.13～0.20 左右),C—C、C—H 和硝基中 N—O 键的电子集居较多。表明环 N—O 键较弱,是标题物的热解引发键。氧化呋咱稠环硝胺中环 N—O 键集居数小于相应呋咱稠环硝胺中环 N—O 键,表明后者的稳定性比前者高。

由于氧化呋咱稠环硝胺中存在环外 N→O 键,导致其环 C =N 键集居数(较相应呋咱稠环硝胺中 C =N 键)大为减少,并使邻近 C—N 和 N—O 键集居数略增,其他键集居数则无明显变化。随分子中氮杂环硝胺稠合数增多,环 C—C、

C—N键和侧链 N—NO$_2$ 键上电子分布总体呈下降趋势,但无明显递变规律。

表 18.4　标题物中各化学键的 Mülliken 集居数

化合物	P_{C-C}	$P_{C=N}$	P_{C-N}	P_{C-H}	P_{N-NO_2}	P_{N-O}	$P_{N \rightarrow O}$	$P_{N=O}$
I	0.3174	0.3520	0.1664	0.3781	0.1610	0.0810		0.3196
I-O	0.3157	0.2032	0.1660	0.3799	0.1648	0.0687	0.3239	0.3181
II	0.3756	0.3489	0.1808		0.1573	0.0985		0.3344
II-O	0.3044	0.1954	0.1801		0.1676	0.0820	0.3139	0.3066
III A	0.2882	0.3377	0.1585	0.3801	0.1594	0.0925		0.3146
III B	0.2183	0.3426	0.1696	0.3854	0.1665	0.0858		0.2906
III A-O	0.2765	0.1808	0.1588	0.3786	0.1622	0.0793	0.3242	0.3165
III B-O	0.2364	0.1753	0.1628	0.3787	0.1533	0.0801	0.3215	0.2930
IV A	0.2278	0.3432	0.1471	0.3797	0.1497	0.0911		0.2787
IV B	0.2761	0.3351	0.1525	0.3748	0.1571	0.0828		0.2940
IV C	0.2594	0.3463	0.1343	0.3796	0.1369	0.0850		0.2940
IV D	0.2591	0.3371	0.1529	0.3771	0.1489	0.0822		0.2877
IV E	0.2200	0.3329	0.1521	0.3800	0.1507	0.0743		0.2679
IV A-O	0.2937	0.1847	0.1505	0.3819	0.1575	0.0777	0.3207	0.2464
IV B-O	0.2520	0.1720	0.1452	0.3822	0.1479	0.0749	0.3231	0.2888
IV C-O	0.2368	0.1537	0.1540	0.3742	0.1364	0.0799	0.3218	0.2718
IV D-O	0.2871	0.1563	0.1532	0.3811	0.1485	0.0786	0.3213	0.2641
IV E-O	0.2810	0.1715	0.1487	0.3745	0.1572	0.0733	0.3220	0.2984

　　表 18.5 列出标题物的 B3LYP/6-31G** 分子总能量(E)、零点振动能(ZPE)、前线轨道能级(E_{LUMO} 和 E_{HOMO})及其差值 ΔE。随分子中氮杂环硝胺和呋咱(或氧化呋咱)环数增多,E 逐渐降低,ZPE 逐渐升高,同分异构体之间差别则很小。一个氧化呋咱环的总能量比一个呋咱环约低 75 Hartree,ZPE 约低 10 kJ·mol^{-1};当分子中含两个氧化呋咱环后,其总能量相应地比分子中含两个呋咱环约低 150 Hartree,而 ZPE 约降低 20 kJ·mol^{-1}。对于系列呋咱稠环硝胺化合物,每增加一个呋咱环,其总能量降低约 182 Hartree,ZPE 约降低 86 kJ·mol^{-1};每增加一个氮杂环硝胺,其总能量约降低 597 Hartree,ZPE 约升高 195 kJ·mol^{-1}。而对于系列氧化呋咱稠环硝胺化合物,每增加一个氧化呋咱环,其总能量降低约 257 Hartree,ZPE 约降低 76 kJ·mol^{-1};每增加一个环杂硝胺,则与呋咱稠环硝胺中类似,其总能量亦降低约 597 Hartree,ZPE 升高约 195 kJ·mol^{-1}。这里均较好地体现了基团加和性。

　　通常化合物的前线轨道能级差 ΔE 越小,其稳定性越差,反应活性越大。比较

表 18.5 中 ΔE 值可见,总体而言,氧化呋咱及其稠合硝胺的稳定性均低于呋咱及其相应的呋咱稠环硝胺,且随稠合环数增加,分子的稳定性递降。当然,这里的稳定性主要度量化合物在化学或光化学过程中电子转移或跃迁的难易程度。

**表 18.5　分子总能量(E)、零点振动能(ZPE)、前线轨道能级
(E_{HOMO} 和 E_{LUMO})及其差值(ΔE)**

化合物	E/Hartree	ZPE/ $(kJ \cdot mol^{-1})$	E_{HOMO}/ Hartree	E_{LUMO}/ Hartree	ΔE/ Hartree
呋咱	−262.0502099	120.3701	−0.3234	−0.0544	0.2690
氧化呋咱	−337.2092732	130.4612	−0.2554	−0.0633	0.1921
I	−859.116 511 1	315.8696	−0.2906	−0.0922	0.1984
I-O	−934.274 117 9	325.7232	−0.2684	−0.0944	0.1741
II	−1041.3021817	228.6151	−0.2992	−0.1172	0.1820
II-O	−1191.612963	246.7738	−0.2803	−0.1196	0.1608
IIIA	−1638.3642049	423.7886	−0.3163	−0.1164	0.1998
IIIB	−1638.339549	424.1092	−0.3099	−0.1212	0.1887
IIIA-O	−1788.6799897	442.9717	−0.2913	−0.1181	0.1732
IIIB-O	−1788.6542348	442.0253	−0.2885	−0.1248	0.1637
IVA	−2235.3903659	618.6959	−0.3080	−0.1228	0.1852
IVB	−2235.3967612	618.0199	−0.3187	−0.1220	0.1967
IVC	−2235.4006051	617.9925	−0.3054	−0.1226	0.1827
IVD	−2235.4120567	619.4467	−0.3149	−0.1208	0.1941
IVE	−2235.3712875	616.9825	−0.3154	−0.1274	0.1880
IVA-O	−2385.729 207 1	636.6938	−0.2892	−0.1335	0.1557
IVB-O	−2385.725501	637.9424	−0.2922	−0.1231	0.1692
IVC-O	−2385.7189357	636.7923	−0.2897	−0.1201	0.1696
IVD-O	−2385.6825193	631.9565	−0.2872	−0.1292	0.1580
IVE-O	−2385.7105005	637.9895	−0.2943	−0.1253	0.1690

18.3　IR　谱

图 18.3 给出标题物的 B3LYP/6-31G** 简谐振动 IR 谱,其中频率值均已经 0.96 因子[28]校正。

由图 18.3 可见,标题物的 IR 谱主要有如下几个特征区:3000 cm^{-1} 左右的较弱峰对应于 C—H 键对称和不对称伸缩振动;两个较强的吸收峰分别对应于

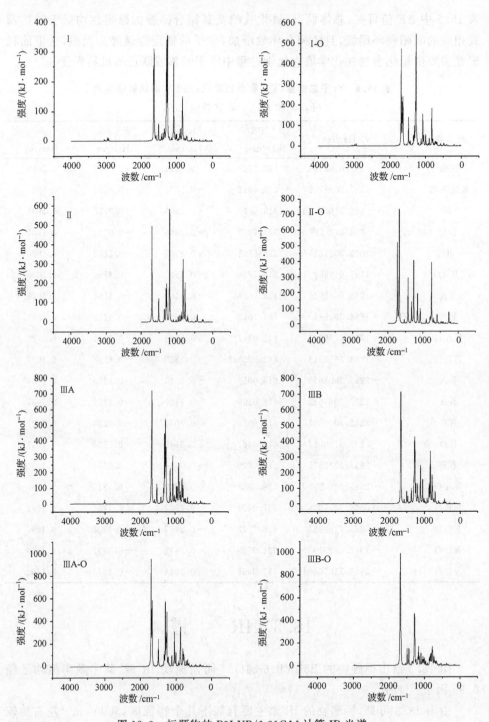

图 18.3　标题物的 B3LYP/6-31G** 计算 IR 光谱

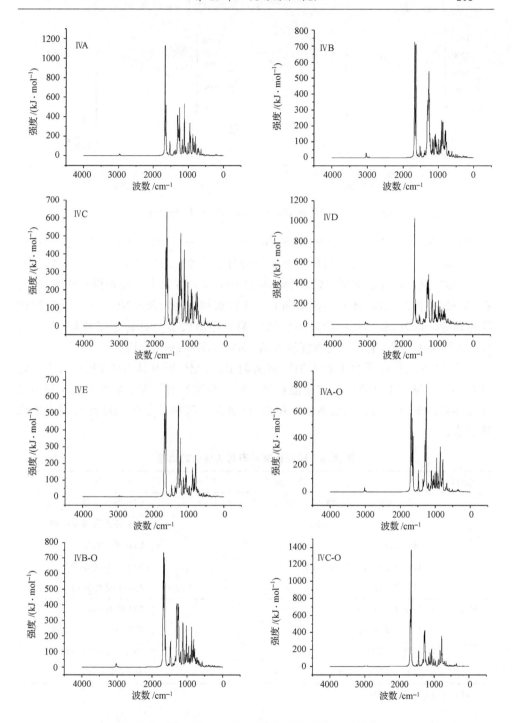

图 18.3　标题物的 B3LYP/6-31G** 计算 IR 光谱(续)

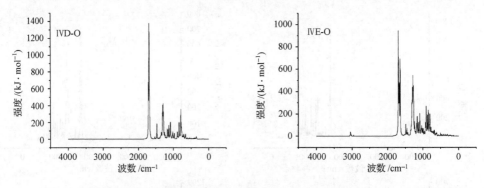

图 18.3　标题物的 B3LYP/6-31G** 计算 IR 光谱(续)

—NO$_2$ 中 N ═O 键不对称伸缩振动(1624～1733 cm^{-1})和对称伸缩振动(1245～1334 cm^{-1});呋咱和氧化呋咱环骨架的振动分别产生 1346～1591 cm^{-1} 和 1361～1543 cm^{-1} 强度中等的波段;较低频率(<1250 cm^{-1})区由多种振动模式构成,主要有 N—N 键伸缩振动、环骨架振动和 C—H 键摇摆振动以及—NO$_2$ 中 N ═O 键伸缩振动等。此外,氧化呋咱稠环硝胺比呋咱稠环硝胺多一种特征吸收峰,即环外 N—O 键伸缩振动,主要产生强度较大的 1680～1706 cm^{-1} 波段。

表 18.6 列出标题物 I 和 IV 的已有实验 IR 光谱[3,14] 及其 B3LYP/6-31G** 计算频率。可见理论计算值与实验值相当一致。细微差别可能主要是由于实测中存在晶体效应如分子间存在较强相互作用,而对孤立气相分子的理论计算则未考虑该因素。

表 18.6　理论计算频率与实验值的比较[a]

化合物	波数 /cm^{-1}	归属
I [3]	3045 (3061), 3030 (3039), 2980 (2972), 2956 (2939)	CH$_2$ 伸缩振动
	1628 (1648), 1591 (1635)	NO$_2$ 不对称伸缩振动
	1454 (1453)	CH$_2$ 剪切振动
	1278 (1281), 1272 (1260)	NO$_2$ 对称伸缩振动
	1176 (1147), 1122 (1080)	哌嗪环骨架振动
IV-O[14]	3998 (2903～3046)	CH 伸缩振动
	1580 (1626～1689)	NO$_2$ 不对称伸缩振动
	1270 (1252～1309)	NO$_2$ 对称伸缩振动
	1485 (1672), 1610 (1695), 1718 (1710)	N→O 伸缩振动

a 括号中是理论计算结果。

18.4 热力学性质

根据统计热力学,由校正后频率求得标题物及其结构单元[(a)呋咱和(b)氧化呋咱]在 200~800 K 的热力学性质:标准恒压摩尔热容($C_{p,m}^{\ominus}$)、标准摩尔熵($S_m^{\ominus}$)和标准摩尔焓($H_m^{\ominus}$),列于表 18.7。

表 18.7 标题物在不同温度下的热力学性质[a]

化合物	函数	T					
		200.0K	273.15K	298.15K	400.0K	600.0K	800.0K
a	$C_{p,m}^{\ominus}$	41.13	53.55	58.24	76.46	102.26	117.69
	$S_m^{\ominus}$	250.37	264.94	269.83	289.55	325.88	357.59
	$H_m^{\ominus}$	6.94	10.39	11.79	18.67	36.76	58.88
b	$C_{p,m}^{\ominus}$	54.23	70.72	76.23	96.36	123.76	140.16
	$S_m^{\ominus}$	265.51	284.84	291.27	316.58	361.32	399.36
	$H_m^{\ominus}$	7.85	12.41	14.25	23.08	45.33	71.85
I	$C_{p,m}^{\ominus}$	136.76	175.82	188.89	237.34	306.63	349.21
	$S_m^{\ominus}$	276.38	324.71	340.78	403.25	513.70	608.23
	$H_m^{\ominus}$	16.77	28.19	32.78	54.55	109.50	175.42
I-O	$C_{p,m}^{\ominus}$	150.86	192.98	206.72	256.88	327.90	371.56
	$S_m^{\ominus}$	284.37	337.60	355.20	423.18	541.92	642.72
	$H_m^{\ominus}$	17.99	30.56	35.58	59.27	118.32	188.61
II	$C_{p,m}^{\ominus}$	154.46	196.92	210.48	258.50	322.59	358.98
	$S_m^{\ominus}$	308.10	362.52	380.46	449.30	567.43	665.70
	$H_m^{\ominus}$	18.86	31.71	36.84	60.81	119.52	188.01
II-O	$C_{p,m}^{\ominus}$	185.41	233.79	248.56	299.36	366.06	404.20
	$S_m^{\ominus}$	319.43	384.47	405.72	486.19	621.43	732.46
	$H_m^{\ominus}$	21.53	36.88	42.94	70.96	138.12	215.50
IIIA	$C_{p,m}^{\ominus}$	251.37	319.80	342.10	422.48	532.10	595.70
	$S_m^{\ominus}$	420.26	508.68	537.83	650.01	844.01	1006.60
	$H_m^{\ominus}$	29.89	50.76	59.09	98.17	194.60	307.95
IIIB	$C_{p,m}^{\ominus}$	249.74	319.21	341.72	422.52	532.27	595.88
	$S_m^{\ominus}$	410.19	498.27	527.39	639.52	833.58	996.22
	$H_m^{\ominus}$	29.24	50.04	58.35	97.42	193.88	307.26
IIIA-O	$C_{p,m}^{\ominus}$	280.67	354.92	378.47	461.92	574.66	640.33
	$S_m^{\ominus}$	333.14	431.63	463.94	587.29	797.93	973.07
	$H_m^{\ominus}$	32.83	56.08	65.30	108.26	212.93	335.01

化合物	函数	T					
		200.0K	273.15K	298.15K	400.0K	600.0K	800.0K
ⅢB-O	$C_{p,m}^{\ominus}$	280.83	355.74	379.38	462.84	575.29	640.79
	$S_m^{\ominus}$	316.05	414.71	447.09	570.72	781.67	956.97
	$H_m^{\ominus}$	32.53	55.81	65.06	108.12	212.94	335.12
ⅣA	$C_{p,m}^{\ominus}$	348.11	443.26	474.34	586.80	741.47	832.29
	$S_m^{\ominus}$	527.61	650.10	690.52	846.19	1116.09	1342.96
	$H_m^{\ominus}$	40.70	69.62	81.17	135.40	269.58	427.74
ⅣB	$C_{p,m}^{\ominus}$	348.75	443.89	475.02	587.69	742.37	832.90
	$S_m^{\ominus}$	531.90	654.59	695.06	850.96	1121.24	1348.34
	$H_m^{\ominus}$	40.82	69.78	81.34	135.65	270.02	428.34
ⅣC	$C_{p,m}^{\ominus}$	348.26	443.59	474.74	587.48	742.24	832.85
	$S_m^{\ominus}$	534.58	657.15	697.60	853.43	1123.64	1350.71
	$H_m^{\ominus}$	40.77	69.70	81.26	135.55	269.88	428.18
ⅣD	$C_{p,m}^{\ominus}$	347.78	442.77	473.87	586.57	741.55	832.33
	$S_m^{\ominus}$	522.03	644.39	684.77	840.33	1110.21	1337.11
	$H_m^{\ominus}$	40.60	69.48	81.01	135.21	269.38	427.56
ⅣE	$C_{p,m}^{\ominus}$	348.66	444.23	475.39	587.99	742.51	833.11
	$S_m^{\ominus}$	523.12	645.85	686.36	842.36	1112.73	1339.87
	$H_m^{\ominus}$	40.63	69.61	81.17	135.52	269.93	428.28
ⅣA-O	$C_{p,m}^{\ominus}$	382.96	483.45	515.50	630.99	788.75	881.42
	$S_m^{\ominus}$	723.44	857.88	901.61	1069.85	1358.32	1599.07
	$H_m^{\ominus}$	45.46	77.20	89.47	148.29	291.65	459.47
ⅣB-O	$C_{p,m}^{\ominus}$	381.88	482.66	514.77	630.48	788.53	881.31
	$S_m^{\ominus}$	705.69	839.85	883.51	1051.57	1339.89	1580.59
	$H_m^{\ominus}$	44.67	76.35	88.82	147.35	290.64	458.43
ⅣC-O	$C_{p,m}^{\ominus}$	382.18	482.87	515.73	631.25	789.35	882.11
	$S_m^{\ominus}$	708.99	841.58	888.15	1057.34	1346.54	1583.95
	$H_m^{\ominus}$	44.97	77.13	89.02	148.22	291.46	459.34
ⅣD-O	$C_{p,m}^{\ominus}$	387.36	488.17	520.11	634.76	791.04	883.01
	$S_m^{\ominus}$	725.72	861.61	905.75	1075.24	1364.92	1606.22
	$H_m^{\ominus}$	45.72	77.81	90.41	149.44	293.39	461.59
ⅣE-O	$C_{p,m}^{\ominus}$	382.31	483.32	515.42	630.94	788.64	881.30
	$S_m^{\ominus}$	705.17	839.51	883.23	1051.45	1339.88	1580.60
	$H_m^{\ominus}$	44.60	76.32	88.81	147.40	290.74	458.54

* 单位:T 的为 K;$C_{p,m}^{\ominus}$的为 J·mol^{-1}·K^{-1};$S_m^{\ominus}$ 的为 J·mol^{-1}·K^{-1};$H_m^{\ominus}$ 的为 kJ·mol^{-1}。

由表 18.7 可见,标题物的热力学性质均随温度升高而增大。通过拟合求得各标题物在 200~800 K 范围内热容、熵、焓与温度的函数关系($a_0 + a_1 \times T + a_2 \times T^2$),这些关系式有助于进一步研究标题物的其他物理、化学和爆炸性质。因篇幅所限,这里仅以标题物 I 为例,给出其热力学性质与温度之间的定量关系

$$C_{p,m}^{\ominus} = 7.7144 + 0.7165T - 3.6228 \times 10^{-4}T^2, R^2 = 0.9999, SD = 0.7682$$

$$S_m^{\ominus} = 133.5191 + 0.7551T - 2.0226 \times 10^{-4}T^2, R^2 = 1, SD = 0.09394$$

$$H_m^{\ominus} = -9.1251 + 0.0899T + 1.7664 \times 10^{-4}T^2, R^2 = 0.9998, SD = 0.9894$$

由此可见,$C_{p,m}^{\ominus}$ 和 $S_m^{\ominus}$ 的增幅随温度升高逐渐减小,而 $H_m^{\ominus}$ 的增幅则随温度升高而逐渐增大;由于二次方项系数很小,故 3 个热力学函数随温度的升高基本呈线性递增。其他标题物的热力学性质与温度间关系与此类似。

由表 18.7 还可见,氧化呋咱及其稠合硝胺的热力学函数均大于相应的呋咱及其稠合硝胺,且增幅随稠合的环杂硝胺数增多而增大。以 298.15 K 热力学函数为例,分子中只含 1 个氧化呋咱环比分子中只含 1 个呋咱环的标题物,其 $C_{p,m}^{\ominus}$、$S_m^{\ominus}$ 和 $H_m^{\ominus}$ 分别约增加 18 J·mol^{-1}·K^{-1}、15 J·mol^{-1}·K^{-1} 和 3 kJ·mol^{-1};分子中含两个氧化呋咱环比含两个呋咱环,其 $C_{p,m}^{\ominus}$、$S_m^{\ominus}$ 和 $H_m^{\ominus}$ 约分别增加 40 J·mol^{-1}·K^{-1}、26 J·mol^{-1}·K^{-1} 和 6 kJ·mol^{-1}。对于系列呋咱稠环硝胺,每增加 1 个呋咱环,其 $C_{p,m}^{\ominus}$、$S_m^{\ominus}$ 和 $H_m^{\ominus}$ 分别约增加 20 J·mol^{-1}·K^{-1}、40 J·mol^{-1}·K^{-1} 和 3 kJ·mol^{-1};每增加 1 个六元氮杂环硝胺,其 $C_{p,m}^{\ominus}$、$S_m^{\ominus}$ 和 $H_m^{\ominus}$ 分别约增加 132 J·mol^{-1}·K^{-1}、153 J·mol^{-1}·K^{-1} 和 22 kJ·mol^{-1}。而对于系列氧化呋咱稠环硝胺;每增加 1 个氧化呋咱环,其 $C_{p,m}^{\ominus}$、$S_m^{\ominus}$ 和 $H_m^{\ominus}$ 分别约增加 35 J·mol^{-1}·K^{-1}、50 J·mol^{-1}·K^{-1} 和 6 kJ·mol^{-1};每增加 1 个环杂硝胺,其 $C_{p,m}^{\ominus}$、$S_m^{\ominus}$ 和 $H_m^{\ominus}$ 分别约增加 130 J·mol^{-1}·K^{-1}、152 J·mol^{-1}·K^{-1} 和 22 kJ·mol^{-1}。这些均较好地体现了热力学函数的基团加和性。在同一温度下,同分异构体的 $C_{p,m}^{\ominus}$、$S_m^{\ominus}$ 和 $H_m^{\ominus}$ 均分别对应地很接近,主要是因为热力学性质是容量性质,且其分子结构彼此相近。

18.5 爆 炸 性 能

表 18.8 列出标题物及其组成单元(呋咱、氧化呋咱和对二硝基哌嗪)的理论计算分子体积(V)、密度(ρ)、爆速(D)和爆压(p)以及氧平衡指数(OB_{100})、生成热(HOF)和爆热(Q)等性能。为便于比较,表中还列出一些常用炸药如 TNT、RDX 和 HMX 以及笼状 HEDC 如 CL-20、HAHAA 和 ONC 的相应结果。

由表 18.8 可见,呋咱稠环硝胺的 HOF 均比相应的氧化呋咱稠环硝胺高,但可能由于前者的 OB_{100} 较后者低,故导致后者的 Q 值反而比前者大;加之由于氧化呋咱稠环硝胺的 ρ 值比相应的呋咱稠环硝胺高,故所有氧化呋咱稠环硝胺的 D 和

p 值都比相应呋咱稠环硝胺的高。随标题物分子中氮杂环硝胺稠合数逐渐增多，其 ρ、D 和 p 值均呈增大趋势，但增幅逐渐减小。如分子中含 3 个较含两个稠合氮杂环硝胺的 ρ、D 和 p 值比较接近，且即使用氧化呋咱环代替呋咱环也较少改善其爆轰性能，这可能与氧平衡指数升高有关，在 HEDC 分子设计中应予以考虑。

表 18.8　标题物密度、爆速和爆压等性能的预测值 [a]

化合物	OB$_{100}$	HOF/(kJ·mol^{-1})	Q/(J·g^{-1})	V/(cm^3·mol^{-1})	ρ/(g·cm^{-3})	D/(km·s^{-1})	p/GPa
呋咱	−5.71	311.16	1886.59	47.34	1.48	7.20	20.27
氧化呋咱	−2.32	263.73	1950.55	54.07	1.59	8.01	26.35
对二硝基哌嗪	−4.54	74.09	1413.09	109.62	1.61(1.63)	7.60	23.87
I	−0.93	464.62	1701.36	120.81	1.79(1.83)	8.66	33.15
I-O	0	407.78	1728.15	124.01	1.87	9.06	37.21
II	1.56	837.42	1883.08	128.44	1.99	9.59	43.19
II-O	2.78	761.36	1937.27	141.55	2.04	9.99	47.59
III A	1.49	1030.16	1808.16	197.06	2.04	9.77	45.52
III B	1.49	1044.41	1816.62	199.27	2.02	9.72	44.76
III A-O	2.30	920.88	1831.35	212.93	2.04	9.90	46.75
III B-O	2.30	954.19	1849.69	213.04	2.04	9.93	46.75
IV A	1.46	1257.83	1788.38	263.24	2.08	9.94	47.59
IV B	1.46	1244.51	1782.58	266.97	2.05	9.83	46.16
IV C	1.46	1247.45	1783.86	269.52	2.03	9.76	45.26
IV D	1.46	1252.22	1785.94	265.80	2.05	9.87	46.68
IV E	1.46	1270.20	1793.78	270.33	2.03	9.77	45.39
IV A-O	2.07	1119.30	1794.79	284.49	2.04	9.83	46.03
IV B-O	2.07	1146.85	1806.14	282.96	2.05	9.93	47.14
IV C-O	2.07	1132.23	1800.12	283.47	2.05	9.93	47.08
IV D-O	2.07	1123.11	1796.36	281.36	2.06	9.95	47.47
IV E-O	2.07	1185.73	1822.15	286.51	2.03	9.88	46.42
TNT	−3.08	15.37	1376.95	139.35	1.63(1.64)	7.06(6.95)	20.78(19.10)
RDX	0	168.90	1597.39	124.92	1.78(1.81)	8.88(8.75)	34.75(34.70)
HMX	0	270.41	1633.88	161.05	1.88(1.90)	9.28(9.10)	39.21(39.00)
CL-20	1.37	460.35	1612.51	218.89	2.00(2.04)	9.55	43.00
HAHAA	2.91	418.28	1435.67	198.04	2.08(2.10)	9.71	45.36
ONC	3.45	552.95	1905.71	224.29	2.07(1.98)	9.88	46.86

[a] 括号中为实验值 [3,17,33]。

　　此外,由表 18.8 可见,标题物同分异构体之间的爆轰性能差别较小,主要是由于它们具有相似的分子结构和密度,而密度正是影响爆速和爆压的关键因素[18~27,29~33]。

　　与 TNT、RDX 和 HMX 以及 CL-20、HAHAA 和 ONC 相比:标题物分子中若仅含 1 个对二硝基哌嗪和 1 个氧化呋咱环(即 Ⅰ-O),则其能量特性(ρ、D、p)超过 RDX;分子 Ⅰ 若与 1 个呋咱环稠合(即 Ⅱ),则其 ρ、D、p 值超过 HMX,且大于通常 HEDC 的定量标准($\rho \approx 1.9 \ \text{g} \cdot \text{cm}^{-3}$,$D \approx 9 \ \text{km} \cdot \text{s}^{-1}$ 和 $p \approx 40$ GPa);分子 Ⅰ 若与 1 个氧化呋咱环稠合(即 Ⅱ-O),则其 ρ、D、p 值高于 CL-20。总之,当分子为 1 个或 1 个以上对二硝基哌嗪与两个呋咱环或氧化呋咱环稠合后,它们的 ρ、D 和 p 值均可满足 HEDC 的定量标准,有望成为具较高开发价值的 HEDC 目标物。

参 考 文 献

[1] Hmelmitsky L I, Novikor S S, Godovikova T I. Chemistry of Furoxans (Strucutre and Synthesis). Moscow: Nanka, 1981

[2] Willer R L, Moore D W. Synthesis and chemistry of some furazano- and furoxano[3,4-b]piperazines. J Org Chem, 1985, 50: 5123~5127

[3] Oyumi Y, Rheingold A L, Brill T B. Thermal decomposition of energetic materials. 16. Solid-phase structural analysis and the thermolysis of 1,4-dinitrofurazano[3,4-b]piperazine. J Phys Chem, 1986, 90: 4686~4690

[4] Gilbert P S, Jack A. Research towards novel energetic materials. J Energ Mater, 1986, 45: 5~28

[5] Iyer S, Damavarapu R, Strauss B et al. New high density materials for propellant application. J Ballistics, 1992, 11: 72~79

[6] 施明达. 高能量密度材料合成的研究进展. 火炸药学报, 1992, 1: 19~25

[7] Sheremeteeev A B. Chemistry of furazans fused to five-membered rings. J Heterocyclic Chem, 1995, 32: 371~384

[8] 李加荣. 呋咱含能衍生物合成研究进展. 火炸药学报, 1998, 3: 56~60

[9] Sikder A K, Maddala G, Agrawal J P et al. Important aspects of behavior of organic energetic compounds: a review. J Hazard Mater A, 2001, 84: 1~26

[10] Pagoria P F. A review of energy materials synthesis. Thermochim Acta, 2002, 384: 187~204

[11] Chapman R D, Wilson W S. Prospects of fused polycyclic nitrazines as thermally insensitive energetic materials. Thermochim Acta, 2002, 384(1,2): 229~243

[12] 李战雄, 唐松青, 欧育湘等. 呋咱含能衍生物合成研究进展. 含能材料, 2002, 10(2): 59~65

[13] 张德雄, 张衍, 王琦. 呋咱系列高能量密度材料的发展. 固体火箭技术, 2004, 27(1):

32～36

[14] 鱼志钰,陈保华,鱼江泳等. 六硝基六氮杂三环十四并双氧化呋咱的合成. 含能材料,
2004, 12(1): 34～35

[15] 肖鹤鸣. 高能化合物的结构和性质. 北京:国防工业出版社,2004

[16] 黄明,李洪珍,黄亦刚等. 呋咱类含能材料合成进展. 含能材料,2005,12:73～78

[17] 欧育湘,陈进全. 高能量密度化合物. 北京:国防工业出版社,2005

[18] Qiu L, Xiao H M, Zhu W H et al. Theoretical study on the high energy density compound
hexanitrohexaazatricyclotetradecanedifuroxan. Chin J Chem, 2006, 24: 1538～1546

[19] 邱玲. 氮杂环硝胺类高能量密度材料(HEDM)的分子设计. 南京理工大学博士研究生学
位论文,2007

[20] 肖鹤鸣. 硝基化合物的分子轨道理论. 北京:国防工业出版社,1993

[21] Zhang J, Xiao H M. Computational studies on the infrared vibrational spectra, thermody-
namic properties, detonation properties and pyrolysis mechanism of octanitrocubane. J
Chem Phys, 2002, 116(24): 10674～10683

[22] 邱玲,肖鹤鸣,居学海等. 四硝基四氮杂双环辛烷气相热解引发机理. 含能材料,2005,
13(2): 74～78

[23] 邱玲,肖鹤鸣,居学海等. 双环-HMX 结构和性质的理论研究. 化学学报,2005,63(5):
377～384

[24] Xu X J, Xiao H M, Gong X D et al. Theoretical studies on the vibrational spectra, thermo-
dynamic properties, detonation properties and pyrolysis mechanisms for polynitroadaman-
tanes. J Phys Chem A, 2005, 109: 11268～11274

[25] Qiu L, Xiao H M, Gong X D. Theoretical studies on the structures, thermodynamic prop-
erties, detonation properties, and pyrolysis mechanisms of spiro nitramines. J Phys Chem
A, 2006, 110: 3797～3807

[26] Xu X J, Xiao H M, Ju X H et al. Computational studies on polynitrohexaazaadmantanes as
potential high energy density materials (HEDMs). J Phys Chem A, 2006, 110: 5929～
5933

[27] 许晓娟. 有机笼状高能量密度材料(HEDM)的分子设计和配方设计初探. 南京理工大学
博士研究生学位论文,2007

[28] Scott A P, Radom L. Harmonic vibrational frequencies: an evaluation of hartree-fock,
möller-plesset, quadratic configuration interaction, density functional theory, and semiem-
pirical scale factors. J Phys Chem 1996, 100: 16502～16513

[29] 张熙和,云主惠. 爆炸化学. 北京:国防工业出版社,1989

[30] 惠君明,陈天云. 炸药爆炸理论. 南京:江苏科学技术出版社,1995

[31] 周霖编. 爆炸化学基础. 北京:北京理工大学出版社,2005

[32] Kamlet M J, Jacobs S J. Chemistry of detonations. I. Simple method for calculating deto-
nation properties of C-H-N-O explosives. J Chem Phys, 1968, 48: 23～35

[33] 董海山,周芬芬. 高能炸药及相关物性能. 北京:科学出版社,1989

第19章 双环-HMX 和 TNAD 晶体结构和性能的 DFT 计算

从第 13 章到第 18 章,我们运用量子化学第一性原理方法,对单环硝胺、双环硝胺(主要以双环-HMX 和 TNAD 为典型)、三环硝胺、螺环硝胺和呋咱稠环硝胺等多系列氮杂环硝胺类高能衍生物的结构和性能进行了计算研究,根据 HEDC 的能量标准和稳定性要求进行分子设计,从中推荐了几十个具有潜在实用价值的氮杂环硝胺类 HEDC 目标物。为利于 HEDM 的研究和开发,我们不能止于这些化合物气态分子的计算和设计,还应向晶体和复合材料拓展和深化。后两章选取双环-HMX 和 TNAD 两种典型双环硝胺为对象,对它们的晶体结构和性能及以它们为基的 PBX 分别地进行量子化学计算和分子动力学模拟研究。

本章以第一性原理密度泛函理论(DFT)方法对双环-HMX 和 TNAD 的晶体结构作周期性计算,报道它们在常规条件下的能带、分子和电子结构,探讨结构-性能关系。考虑到高能材料在不同压力特别是高压条件下使用的特点,还计算和报道它们在不同压力(0~400GPa)尤其是高压下的晶体结构和相关性质,阐明结构、性能随压力而递变的规律[1~3]。

19.1 计算方法及其比较

运用 CASTEP 程序包[4],以 Vanderbilt 超软赝势[5]和平面波基组,完成对双环-HMX 和 TNAD 晶体的周期性计算。用 3 种不同泛函 GGA/PBE[6]、GGA/PW91[7,8]和 LDA/CA-PZ[9,10]进行几何结构全优化,通过与相应实验值比较,检验泛函的适用性。

分别以文献[11]和[12]报道的双环-HMX 和 TNAD 晶体结构作为初始构型(如图 19.1 所示),它们分别属于单斜系空间群 P_{21} 和三斜系空间群 P_{-1}。前者晶胞参数为 $a = 8.598$ Å,$b = 6.949$ Å,$c = 8.973$ Å,$\alpha = \gamma = 90.0°$,$\beta = 101.783°$,每个晶胞中含两个双环-HMX 分子;后者晶胞参数为 $a = 6.461$ Å,$b = 6.845$ Å,$c = 7.542$ Å,$\alpha = 74.010°$,$\beta = 75.000°$,$\gamma = 68.530°$,每个晶胞中仅含 1 个 TNAD 分子。

表 19.1 和表 19.2 分别列出以该 3 种泛函求得的晶胞参数和原子坐标,并与相应实验值进行比较。

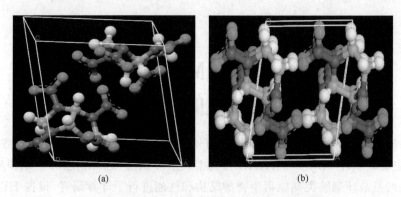

(a)   (b)

图 19.1 （a)双环-HMX 和(b)TNAD 的晶体结构

表 19.1 双环-HMX 和 TNAD 晶胞参数的理论计算值与实验值的比较[a]

晶体	方法	晶胞参数						$V/Å^3$	$\rho/$
		$a/Å$	$b/Å$	$c/Å$	$\alpha/(°)$	$\beta/(°)$	$\gamma/(°)$		$(g·cm^{-3})$
双环-HMX	Exp.[11]	8.598	6.950	8.973	90.0	101.783	90.0	524.826	1.861
	GGA/PBE	8.670	7.052	9.125	90.0	102.019	90.0	545.676	1.790
		(0.84)	(1.48)	(1.70)	(0)	(0.23)	(0)	(3.97)	(−3.82)
	GGA/PW91	8.674	7.056	9.096	90.0	101.853	90.0	544.811	1.793
		(0.89)	(1.53)	(1.37)	(0)	(0.07)	(0)	(3.81)	(−3.67)
	LDA/CA-PZ	8.622	6.967	8.990	90.0	101.978	90.0	528.282	1.849
		(0.28)	(0.25)	(0.20)	(0)	(0.19)	(0)	(0.66)	(−0.66)
TNAD	Exp.[12]	6.461	6.845	7.542	74.010	75.0	68.530	293.704	1.822
	GGA/PW91	6.525	6.924	7.633	74.325	74.986	69.263	305.322	1.752
		(0.99)	(1.15)	(1.21)	(0.43)	(−0.02)	(1.07)	(3.96)	(−3.84)
	GGA/PBE	6.590	7.028	7.717	74.100	75.195	69.838	317.527	1.685
		(2.00)	(2.67)	(2.32)	(0.12)	(0.26)	(1.91)	(8.11)	(−7.52)
	LDA/CA-PZ	6.417	6.829	7.555	74.931	75.369	69.523	294.664	1.816
		(−0.68)	(−0.23)	(0.17)	(1.24)	(0.49)	(1.45)	(0.33)	(−0.33)

[a] 括号中是理论计算值相对于实验值的百分误差。

表 19.2　双环-HMX 和 TNAD 中原子坐标的理论计算值与实验值的比较

双环-HMX

原子	Exp.			GGA/PW91			GGA/PBE			LDA/CA-PZ		
	u	v	w	u	v	w	u	v	w	u	v	w
C_1	0.1760	0.1529	0.2716	0.1758	0.1539	0.2717	0.1770	0.1527	0.2740	0.1754	0.1510	0.2792
C_2	−0.0147	0.4210	0.2334	−0.0094	0.4215	0.2341	−0.0083	0.4211	0.2345	−0.0137	0.4187	0.2415
C_3	0.2508	0.3261	0.3678	0.2518	0.3239	0.3669	0.2525	0.3235	0.3688	0.2503	0.3257	0.3744
C_4	0.3858	0.2678	0.1574	0.3848	0.2649	0.1599	0.3861	0.2643	0.1635	0.3773	0.2713	0.1608
N_1	0.0277	0.2328	0.1859	0.0287	0.2323	0.1908	0.0289	0.2306	0.1934	0.0252	0.2270	0.2019
N_2	−0.0923	0.1093	0.1244	−0.0917	0.1173	0.1234	−0.0919	0.1175	0.1234	−0.0892	0.1159	0.1192
N_3	0.1255	0.4685	0.3480	0.1271	0.4617	0.3508	0.1278	0.4616	0.3516	0.1234	0.4629	0.3581
N_4	0.1029	0.5762	0.4688	0.1040	0.5697	0.4690	0.1056	0.5709	0.4693	0.1007	0.5696	0.4785
N_5	0.3803	0.3785	0.2938	0.3801	0.3731	0.2948	0.3818	0.3723	0.2980	0.3771	0.3766	0.2999
N_6	0.5115	0.4669	0.3746	0.5106	0.4656	0.3690	0.5116	0.4672	0.3710	0.5104	0.4634	0.3769
N_7	0.2824	0.1037	0.1698	0.2839	0.1059	0.1757	0.2857	0.1048	0.1791	0.2809	0.1072	0.1794
N_8	0.3583	−0.0773	0.1965	0.3546	−0.0739	0.1944	0.3566	−0.0753	0.1970	0.3525	−0.0731	0.1943
O_1	−0.2217	0.1836	0.0775	−0.2206	0.1958	0.0742	−0.2203	0.1974	0.0749	−0.2199	0.1935	0.0712
O_2	−0.0570	−0.0609	0.1172	−0.0605	−0.0545	0.1136	−0.0620	−0.0542	0.1104	−0.0516	−0.0531	0.0955
O_3	−0.0202	0.6709	0.4475	−0.0204	0.6656	0.4445	−0.0174	0.6691	0.4449	−0.0256	0.6639	0.4567
O_4	0.2032	0.5730	0.5844	0.2049	0.5667	0.5874	0.2069	0.5672	0.5875	0.2046	0.5681	0.5967
O_5	0.5030	0.5300	0.4998	0.5033	0.5361	0.4934	0.5061	0.5366	0.4958	0.5057	0.5281	0.5054
O_6	0.6228	0.4830	0.3108	0.6242	0.4769	0.3050	0.6239	0.4817	0.3061	0.6240	0.4754	0.3119
O_7	0.2907	−0.2001	0.2538	0.2830	−0.1993	0.2489	0.2849	−0.2015	0.2503	0.2847	−0.2013	0.2526
O_8	0.4802	−0.0977	0.1505	0.4788	−0.0920	0.1487	0.4810	−0.0936	0.1521	0.4739	−0.0895	0.1427
H_1	0.1579	0.0436	0.3351	0.1573	0.0306	0.3378	0.1591	0.0293	0.3404	0.1627	0.0217	0.3468
H_2	−0.1092	0.4161	0.2766	−0.1164	0.4217	0.2795	−0.1163	0.4235	0.2784	−0.1238	0.4219	0.2869
H_3	−0.0310	0.5121	0.1497	−0.0231	0.5216	0.1406	−0.0209	0.5192	0.1400	−0.0268	0.5156	0.1419

双环-HMX

原子	Exp.			GGA/PW91			GGA/PBE			LDA/CA-PZ		
	u	v	w	u	v	w	u	v	w	u	v	w
H_4	0.2887	0.2919	0.4751	0.2945	0.2904	0.4852	0.2945	0.2905	0.4871	0.2968	0.2957	0.4962
H_5	0.4932	0.2260	0.1564	0.5037	0.2183	0.1565	0.5050	0.2175	0.1592	0.4982	0.2276	0.1519
H_6	0.3456	0.3421	0.0662	0.3361	0.3462	0.0588	0.3369	0.3460	0.0626	0.3210	0.3560	0.0596

TNAD[a]

原子	Exp.			GGA/PW91			GGA/PBE			LDA/CA-PZ		
	u	v	w	u	v	w	u	v	w	u	v	w
C_1	−0.0406	0.2162	0.1789	−0.0389	0.2093	0.1901	−0.0407	0.2071	0.1923	−0.0432	0.2081	0.1907
C_2	−0.2173	0.3677	0.3040	−0.2082	0.3597	0.3115	−0.2078	0.3525	0.3130	−0.2160	0.3606	0.3131
C_3	0.1268	−0.0322	0.4607	0.1250	−0.0334	0.4594	0.1229	−0.0312	0.4596	0.1264	−0.0317	0.4595
N_1	0.1557	0.0852	0.2677	0.1541	0.0830	0.2737	0.1496	0.0852	0.2759	0.1528	0.0857	0.2741
N_2	0.3603	0.1189	0.1961	0.3593	0.1133	0.1997	0.3525	0.1155	0.2005	0.3589	0.1173	0.1987
N_3	−0.1794	0.3742	0.6165	−0.1801	0.3721	0.6197	−0.1797	0.3664	0.6169	−0.1739	0.3704	0.6195
N_4	−0.2224	0.2667	0.5074	−0.2072	0.2625	0.5068	−0.2045	0.2565	0.5061	−0.2115	0.2626	0.5081
O_1	0.5109	0.0128	0.2868	0.5110	0.0072	0.2868	0.5027	0.0135	0.2897	0.5125	0.0169	0.2913
O_2	0.3774	0.2451	0.0458	0.3788	0.2387	0.0494	0.3711	0.2368	0.0500	0.3776	0.2377	0.0449
O_3	−0.2421	0.5710	0.5716	−0.2486	0.5691	0.5764	−0.2458	0.5595	0.5708	−0.2385	0.5691	0.5778
O_4	−0.0918	0.2698	0.7542	−0.0970	0.2704	0.7600	−0.1007	0.2687	0.7577	−0.0860	0.2646	0.7581
H_1	0.0081	0.3003	0.0601	0.0171	0.2987	0.0569	0.0155	0.2966	0.0608	0.0133	0.2971	0.0534
H_2	−0.1087	0.1236	0.1568	−0.1130	0.1031	0.1648	−0.1130	0.1019	0.1655	−0.1180	0.0959	0.1671
H_3	−0.3637	0.4013	0.2734	−0.3731	0.3955	0.2800	−0.3715	0.3879	0.2827	−0.3857	0.3950	0.2813
H_4	−0.1799	0.4971	0.2798	−0.1702	0.5064	0.2877	−0.1689	0.4971	0.2886	−0.1787	0.5122	0.2910
H_5	0.2125	0.0066	0.5250	0.2169	0.0080	0.5377	0.2140	0.0106	0.5369	0.2204	0.0122	0.5407

a 因 TNAD 晶体具有中心对称性，故表中仅列出一半的原子坐标参数。

　　由表 19.1 可见,LDA/CA-PZ 计算结果明显优于其他两种方法,其理论计算晶胞参数与实验值很接近、百分误差很小。由于 GGA/PBE 和 GGA/PW91 均较 LDA/CA-PZ 高估了晶体体积(V),使求得的晶体密度(ρ)偏离实验值较大,这都表明 GGA 泛函在此不太适用。

　　比较表 19.2 中原子坐标的计算结果和实验值,发现 3 种方法的优化原子位置与初始实验值改变均较小,且也以 LDA/CA-PZ 计算结果与实验值符合最好。

　　晶格能是晶体的重要性能指标,可度量晶体稳定性,解释和预测晶体的其他性质,也可用于检验评价分子间相互作用计算方法的可行性[13]。由于实验技术上的困难和危险性,至今多数高能物质的晶格能或升华焓难以实测。于是,由静电作用理论公式进行计算,便成为获得晶格能数据的重要来源。定义分子型晶体的晶格能($E_{lattice}$)为晶体与气相分子的总能量之差,即

$$E_{lattice} = E_{crystal} - nE_{molecule} \tag{19.1}$$

式中:$E_{crystal}$ 和 $E_{molecule}$ 分别为晶胞和分子经几何构型全优化所得总能量;n 为晶胞中所含分子数。据此定义,稳定晶体的晶格能 $E_{lattice}$ 应小于零,表示晶体中存在较强分子间相互吸引作用;反之,若 $E_{lattice} > 0$,则表示该晶体不稳定,晶体中分子间相互排斥作用较强。

　　表 19.3 列出 3 种 DFT 方法计算所得双环-HMX 和 TNAD 的晶格能($E_{lattice}$)。由该表可见,LDA/CA-PZ 计算值明显小于 GGA/PBE 和 GGA/PW91 的计算值,双环-HMX 的晶格能约为 TNAD 的两倍多,表明前者稳定性远大于后者。尽管缺少相关实验结果作比较,但从 LDA/CA-PZ 对 TNAD 的计算值(-155.13 kJ·mol^{-1})与前人计算结果(-169.22 kJ·mol^{-1})[13]更接近,表明该法较 GGA/PBE 和 GGA/PW91 更适合于研究双环硝胺类分子型晶体。

表 19.3　双环-HMX 和 TNAD 晶体的晶格能($E_{lattice}$)

方法	双环-HMX		
	$E_{crystal}$/eV	$E_{molecule}$/eV	$E_{lattice}$/(kJ·mol^{-1})
GGA/PBE	-12768.54279226	-6383.520927183	-144.82
GGA/PW91	-12782.84671267	-6390.434701043	-190.78
LDA/CA-PZ	-12720.78581949	-6358.643791517	-337.53

方法	TNAD		
	$E_{crystal}$/eV	$E_{molecule}$/eV	$E_{lattice}$/(kJ·mol^{-1})
GGA/PBE	-6760.488769000	-6759.718383960	-74.333
GGA/PW91	-6768.225608200	-6767.495848839	-70.413
LDA/CA-PZ	-6734.825937047	-6733.218151009	$-155.13(-169.22)$[13]

为此,以下主要运用 LDA/CA-PZ 方法计算双环-HMX 和 TNAD 的晶体能带、分子和电子结构以及压力对结构和性能的影响。虽有人认为 LDA 方法可能低估晶体的带隙,但以该法计算比较不同压力下的晶体带隙还是合适的[14]。

19.2　常压下的结果

19.2.1　分子几何

表 19.4 给出双环-HMX 和 TNAD 晶胞中的 LDA/CA-PZ 优化分子几何参数。表中列出了实验参数以供比较,其原子编号参见图 19.2。因 TNAD 分子呈中心对称,故表中仅列出其约一半参数。

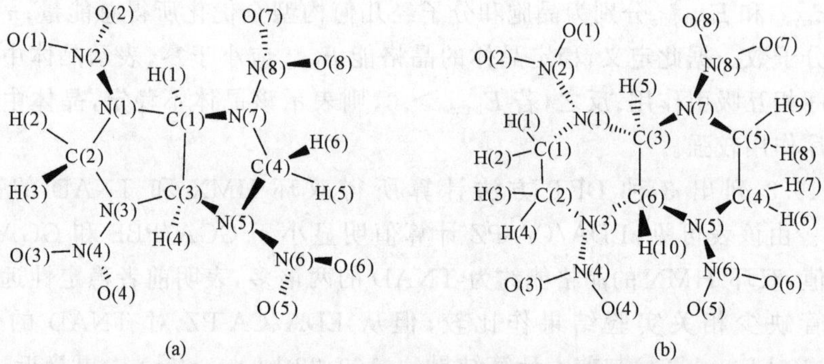

图 19.2　(a)双环-HMX 和 (b)TNAD 在晶体中的分子几何和原子编号

表 19.4　双环-HMX 和 TNAD 分子结构计算值与实验值的比较(键长,键角/二面角)^a

双环-HMX								
键长/Å	实验值	计算值	键长/Å	实验值	计算值	键角/(°)	实验值	计算值
C(1)—C(3)	1.543	1.550	C(4)—H(6)	0.970	1.108	C(1)—C(3)—N(3)	104.479	104.198
C(1)—N(1)	1.458	1.438	H(1)⋯O(2)	2.508	2.657	C(1)—C(3)—N(5)	102.148	101.888
C(1)—N(7)	1.459	1.437	H(1)⋯O(7)	2.246	2.146	C(3)—C(1)—N(1)	102.575	102.007
C(2)—N(1)	1.445	1.439	H(2)⋯O(1)	2.456	2.512	C(3)—C(1)—N(7)	106.857	105.476
C(2)—N(3)	1.454	1.441	H(2)⋯O(3)	2.365	2.314	C(2)—N(1)—C(2)	115.805	117.016
C(3)—N(3)	1.447	1.437	H(2)⋯O(6)	2.431	2.263	C(2)—N(3)—C(3)	114.875	115.075
C(4)—N(5)	1.454	1.450	H(3)⋯O(1)	2.808	2.788	C(1)—N(7)—C(4)	109.455	110.990
C(4)—N(7)	1.464	1.444	H(3)⋯O(2)	2.986		C(3)—N(5)—C(4)	114.279	114.411
N(1)—N(2)	1.369	1.349	H(3)⋯O(4)	2.875		C(1)-N(1)—N(2)	118.685	122.492
N(3)—N(4)	1.363	1.360	H(4)⋯O(4)	2.369	2.312	C(1)—N(7)—N(8)	115.390	117.163
			H(4)⋯O(5)	2.453	2.410	C(3)—N(3)—N(4)	120.085	120.973

续表

双环-HMX

键长/Å	实验值	计算值	键长/Å	实验值	计算值	键角/(°)	实验值	计算值
N(5)—N(6)	1.357	1.354	H(5)···O(1)	2.703	2.687	C(3)—N(5)—N(6)	119.989	121.161
N(7)—N(8)	1.415	1.394	H(5)···O(6)	2.392	2.362	N(1)—C(2)—N(3)	101.037	100.414
N(2)—O(1)	1.226	1.244	H(5)···O(8)	2.252	2.219	N(5)—C(4)—N(7)	102.912	101.377
N(2)—O(2)	1.221	1.251	H(1)···O(3)*	2.633	2.523	O(1)—N(2)—O(2)	127.434	126.742
N(4)—O(3)	1.228	1.252	H(1)···O(5)*	2.990	2.892	O(3)—N(4)—O(4)	125.876	126.063
N(4)—O(4)	1.206	1.239	H(2)···O(3)*		2.995	O(5)—N(6)—O(6)	126.878	126.214
N(6)—O(5)	1.222	1.249	H(2)···O(4)*	2.882	2.821	O(7)—N(8)—O(8)	126.088	127.023
N(6)—O(6)	1.216	1.243	H(3)···O(2)*	2.703	2.417	N(1)—N(2)—O(1)	116.863	116.649
N(8)—O(7)	1.211	1.241	H(4)···O(3)*	2.678	2.627	N(3)—N(4)—O(3)	115.393	115.245
N(8)—O(8)	1.205	1.236	H(4)···O(5)*	2.531	2.527	N(5)—N(6)—O(5)	117.024	116.560
C(1)—H(1)	0.981	1.105	H(4)···O(6)*	2.878	2.817	N(7)—N(8)—O(7)	116.608	116.102
C(2)—H(2)	0.970	1.109	H(5)···O(8)*		2.993	N(1)—N(2)—O(1)—O(2)	176.955	178.064
C(2)—H(3)	0.970	1.108	H(6)···O(1)*	2.805	2.692	N(3)—N(4)—O(3)—O(4)	179.095	178.856
C(3)—H(4)	0.981	1.106	H(6)···O(2)*	2.766	2.529	N(5)—N(6)—O(5)—O(6)	176.114	178.108
C(4)—H(5)	0.970	1.105	H(6)···O(8)	2.718	2.813	N(7)—N(8)—O(7)—O(8)	174.878	177.064

TNAD

键长/Å	实验值	计算值	键长/Å	实验值	计算值	键角/(°)	实验值	计算值
C(1)—C(2)	1.544	1.531	C(3)—H(5)	0.964	1.113	C(1)—C(2)—N(3)	111.363	109.286
C(3)—C(6)	1.531	1.529	H(1)···O(2)	2.253	2.216	C(3)—C(6)—N(3)	109.664	107.874
N(1)—C(1)	1.462	1.439	H(3)···O(7)	2.474	2.331	C(2)—C(1)—N(1)	111.334	111.672
N(1)—C(3)	1.457	1.424	H(4)···O(3)	2.296	2.216	C(6)—C(3)—N(1)	107.356	107.201
N(3)—C(2)	1.497	1.454	H(5)···O(1)	2.274	2.301	C(1)—N(1)—C(3)	120.612	119.841
N(3)—C(6)	1.468	1.452	H(1)···O(4)*	2.630	2.550	C(2)—N(3)—C(6)	112.484	113.628
N(1)—N(2)	1.370	1.369	H(2)···O(1)*	2.699	2.510	C(1)—N(1)—N(2)	120.223	121.228
N(3)—N(4)	1.377	1.363	H(2)···O(4)*	2.910	2.985	C(3)—N(1)—N(2)	116.357	117.146
N(2)—O(1)	1.229	1.248	H(2)···O(8)*	2.507	2.343	C(2)—N(3)—N(4)	116.626	118.183
N(2)—O(2)	1.223	1.242	H(3)···O(1)*	2.899	2.855	C(6)—N(3)—N(4)	118.807	119.787
N(4)—O(3)	1.228	1.247	H(4)···O(6)*	2.891	2.973	C(1)—N(2)—O(2)	126.506	126.132
N(4)—O(4)	1.231	1.250	H(4)···O(7)*		2.911	C(3)—N(4)—N(4)	124.894	125.132
C(1)—H(1)	0.967	1.101	H(4)···O(8)*	2.699	2.558	N(1)—N(2)—O(1)	115.797	115.957
C(1)—H(2)	0.961	1.105	H(5)···O(4)*	2.732	2.647	N(3)—N(4)—O(3)	116.417	116.900
C(2)—H(3)	0.960	1.104	H(5)···O(5)*	2.506	2.306	N(1)—N(2)—O(1)—O(2)	117.190	178.367
C(2)—H(4)	0.961	1.106	H(5)···O(7)*	2.846	2.800	N(3)—N(4)—O(3)—O(4)	176.698	177.179

a 实验结果取自文献[11,12];

* 表示分子间氢键;

大于 3.0 Å 的分子内和分子间氢键未列在表中。

由表 19.4 可见,全优化分子几何与实验值吻合较好,表明 LDA/CA-PZ 方法适用于重现双环-HMX 和 TNAD 晶体的实验结构。含 H 原子的键长和键角计算结果与实验值偏差较大,其中 C—H 键计算值偏长,而分子内和分子间氢键的计算值又几乎都偏短。这可能主要由于 X 射线衍射实验不能对 H 原子准确定位。值得一提的是,双环-HMX 和 TNAD 晶体中均存在大量较强的分子内和分子间氢键,且计算结果与实验值符合较好,如最短氢键均位于分子内而非分子间。这些氢键显然是导致双环-HMX 和 TNAD 较为耐热钝感的重要原因。

19.2.2　原子电荷和重叠布居

表 19.5 和表 19.6 分别列出双环-HMX 和 TNAD 晶体中原子上净电荷和 Mülliken 键集居数。因 TNAD 分子具 C_i 对称性,故只给出约一半数据。

表 19.5　双环-HMX 和 TNAD 晶体中原子上净电荷

双环-HMX				TNAD			
原子	电荷	原子	电荷	原子	电荷	原子	电荷
C(1)	−0.04	O(2)	−0.42	C(1)	−0.44	H(3)	0.35
C(2)	−0.30	O(3)	−0.42	C(2)	−0.44	H(4)	0.35
C(3)	−0.04	O(4)	−0.36	C(3)	−0.03	H(5)	0.37
C(4)	−0.34	O(5)	−0.42	N(1)	−0.14		
N(1)	−0.14	O(6)	−0.38	N(2)	0.53		
N(2)	0.52	O(7)	−0.38	N(3)	−0.15		
N(3)	−0.14	O(8)	−0.35	N(4)	0.51		
N(4)	0.52	H(1)	0.39	O(1)	−0.40		
N(5)	−0.15	H(2)	0.38	O(2)	−0.39		
N(6)	0.53	H(3)	0.37	O(3)	−0.42		
N(7)	−0.18	H(4)	0.41	O(4)	−0.40		
N(8)	0.53	H(5)	0.40	H(1)	0.36		
O(1)	−0.38	H(6)	0.38	H(2)	0.34		

由表 19.5 可见,双环-HMX 和 TNAD 晶体中的电荷分布呈类似状况:H 原子和—NO₂ 中 N 原子均带正电荷,而环上 C、N 和—NO₂ 中 O 均带负电荷。双环-HMX 中 C(1) 和 C(3) 和 TNAD 中 C(3) 和 C(6) 等桥头 C 上的电荷接近为零。

按表 19.6 比较双环-HMX 和 TNAD 晶体中各化学键的集居数,均以环 C—N 键而不是环外 N—NO₂ 键的集居数最小,这与先前运用 B3LYP/6-31G** 和 PM3 方法计算研究它们的气相孤立分子所得热解机理并不一致,这是由于晶体中很强的分子间相互作用;所致分子型晶体受热可能先断裂氢键(等分子间较弱的相互作用),由凝聚态转为气相分子,再按气相热解机理进行。这些问题还有待于进一步研究。

表 19.6　双环-HMX 和 TNAD 晶体中化学键集居数

双环-HMX				TNAD			
化学键	键级	化学键	键级	化学键	键级	化学键	键级
C(1)—C(3)	0.72	N(2)—O(2)	0.73	C(1)—C(2)	0.67	C(2)—H(3)	0.81
C(1)—N(1)	0.70	N(4)—O(3)	0.74	C(3)—C(6)	0.72	C(2)—H(4)	0.82
C(1)—N(7)	0.72	N(4)—O(4)	0.77	N(1)—C(1)	0.66	C(3)—H(5)	0.87
C(2)—N(1)	0.64	N(6)—O(5)	0.74	N(1)—C(3)	0.77		
C(2)—N(3)	0.65	N(6)—O(6)	0.76	N(3)—C(2)	0.65		
C(3)—N(5)	0.70	N(8)—O(7)	0.78	N(3)—C(6)	0.66		
C(3)—N(5)	0.72	N(8)—O(8)	0.78	N(1)—N(2)	0.71		
C(4)—N(5)	0.63	C(1)—H(1)	0.80	N(3)—N(4)	0.73		
C(4)—N(7)	0.65	C(2)—H(2)	0.80	N(2)—O(1)	0.75		
N(1)—N(2)	0.74	C(2)—H(3)	0.80	N(2)—O(2)	0.76		
N(3)—N(4)	0.72	C(3)—H(4)	0.80	N(4)—O(3)	0.74		
N(5)—N(6)	0.72	C(4)—H(5)	0.78	N(4)—O(4)	0.74		
N(7)—N(8)	0.65	C(4)—H(6)	0.77	C(1)—H(1)	0.82		
N(2)—O(1)	0.76			C(1)—H(2)	0.84		

19.2.3　能带结构和态密度

以前我们研究小组曾以"最易跃迁原理"(PET)预测金属叠氮化物的相对感度[15~22],即以最高占有晶体轨道(HOCO)与最低未占晶体轨道(LUCO)(价带顶和导带底)之间的能量差即带隙(ΔE_g)作为衡量同系爆炸物之间感度大小的理论判据。若 ΔE_g 越小、在外界作用下电子越易跃迁,则体系越不稳定,其感度就越大。该原理已成功用于解释多种实验现象,如碱金属叠氮化物较钝感,而重金属叠氮化物则很敏感等[15~22]。金属叠氮化物多为离子型晶体,基于其能带结构导出的"PET"原理,对双环硝胺分子型晶体是否适用,值得探讨和分析。

通常只有把具有相似结构和热解机理的同系物之间的感度进行比较才能获

得有意义的结论。因双环-HMX 与 TNAD 均属双环硝胺类化合物,且具有类似的热解机理,故可将它们进行比较研究。因 1 个双环-HMX 晶胞中含两个分子共 220 个电子,故按能量升高次序可填至 110 个晶体轨道,即在晶体中有 110 个能带是充满电子的,因而晶体的能隙即为第 110 个 HOCO 与第 111 个 LUCO 之间的能量差。类似地,1 个 TNAD 晶胞中只含 1 个分子共 122 个电子,故按能量升高次序可填至 61 个晶体轨道,即在晶体中有 61 个能带是充满电子的,因而晶体的能隙即为第 61 个 HOCO 与第 62 个 LUCO 之间的能量差。图 19.3 给出双环-HMX 和 TNAD 晶体的能带结构,图中费米(Fermi)能级均已设置为 0(虚线处)。

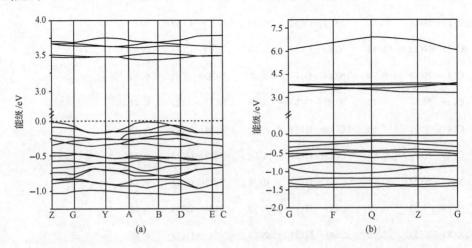

图 19.3　(a)双环-HMX 和(b)TNAD 晶体沿 Brillouin 区不同对称方向的能带结构

　　由图 19.3 可见如下特征:①双环-HMX 与 TNAD 晶体的带隙均较大,前者为 3.436 eV,后者为 3.265 eV,表明二者导电性较差,均为绝缘体。由后者带隙小于前者可推断前者比后者稳定,与前者晶格能大于后者相一致,也与前者均裂引发键 (N—NO₂)的离解能和活化能大于后者相符,表明"PET"原理在此适用于判别分子型晶体的相对感度大小;②在布里渊区倒格矢方向上,晶体的前沿能带曲线随 k 值的变化较为平坦,表明晶体中分子轨道能态受晶体场的影响较小,同时也说明晶体中分子间相互作用弱于原子型晶体和离子型晶体,二者均属于典型的分子型晶体。由双环-HMX 的前沿能带曲线较 TNAD 起伏稍大,预测前者的分子间相互作用稍强,与表 19.4 分子结构计算结果相符。

　　一般认为 LDA/CA-PZ 计算可能低估晶体的带隙。为方便比较,表 19.7 同时列出 GGA/PBE 和 GGA/PW91 方法对双环-HMX 与 TNAD 晶体的计算带隙。结果显示,与 LDA/CA-PZ 计算值相比,后两种方法的计算带隙值确实均略有增大。然而 3 种方法的计算带隙均一致表明,双环-HMX 高于 TNAD,即前者的感度小于后者,前者较后者稳定。可是,目前国内外对 TNAD 的应用开发研究较多,对双环-HMX 的研究相对较少。考虑到双环-HMX 的能量性质也明显优于 TNAD：TNAD 的爆热 $Q=1557.66$ J·g^{-1},密度 $\rho=1.79$ g·cm^{-3},爆速 $D=8.57$ km·s^{-1},爆压 $p=32.45$ GPa；而双环-HMX 的相应值依次为 1589.94 J·g^{-1},1.88 g·cm^{-3},9.16 km·s^{-1} 和 38.22 GPa。因此,我们认为,双环-HMX 很值得能源材料工作者重点关注和加强研究。

表 19.7　不同方法计算的双环-HMX 和 TNAD 晶体的带隙(ΔE_g)(单位：eV)

方法	双环-HMX	TNAD
GGA/PBE	3.552	3.391
GGA/PW91	3.561	3.356
LDA/CA-PZ	3.436	3.265
PM3	69.38	63.08
B3LYP/6-31G**	139.20	137.69

注：PM3 和 B3LYP/6-31G** 计算气相分子热解($N-NO_2$ 键)引发反应活化能(E_a)和键离解能(BDE),单位：kJ·mol^{-1}。

态密度(DOS)是表征晶体能带结构、反映晶体中各能带上电子分布的重要物理量；局域态密度(PDOS)将对电子密度的贡献分别归属到每个原子上,亦即将 DOS 直接投影到各相应原子的轨道上,如 C、N 和 O 原子的 s 和 p 轨道,从而可明确表示能带(如价带和导带)等的组成。图 19.4 和 19.5 分别给出双环-HMX 和 TNAD 晶体的 DOS 及其 PDOS 示意。

图 19.4 和图 19.5 表明,双环-HMX 和 TNAD 晶体的 DOS 和 PDOS 对应地较为相似,主要是由于二者同属双环硝胺,具有相似的电子结构。在 Fermi 能级(虚线)附近,双环-HMX 和 TNAD 的价带(对应于 HOCO)均主要由环上 N 原子和—NO_2 中 O 原子的 p 轨道所贡献,较少部分由 C 原子的 p 轨道贡献；而导带(对应于 LUCO)则主要由—NO_2 中 N 和 O 原子的 p 轨道组成,环上 N 原子的 p 轨道也略有贡献。由此可见,二者的前线轨道主要由 $N-NO_2$(及其相连 C 原子)的 p 轨道所组成,表明化学反应活性部位即 $N-NO_2$ 键,与实验[23]和气相理论研究[24]导致的 $N-NO_2$ 键为热解引发键的结论相一致。此外,由于双环-HMX 和 TNAD 晶胞中所含分子(原子)数不同,在各能级区对应的 DOS 和 PDOS 数值也不一样。含电子数较多的双环-HMX 晶体,其 DOS 和 PDOS 数值远大于 TNAD 晶体。

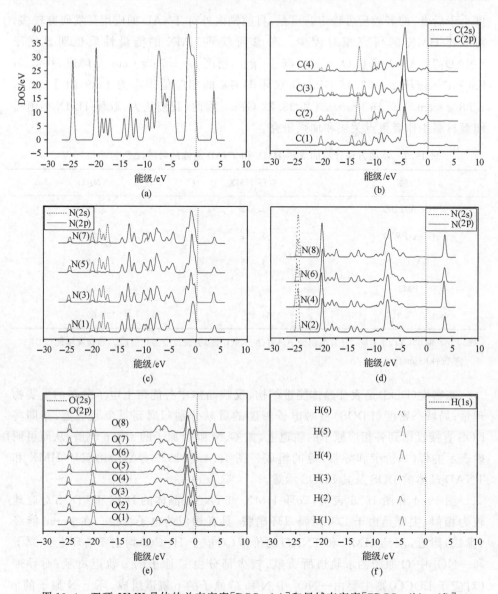

图 19.4　双环-HMX 晶体的总态密度[DOS,(a)]和局域态密度[PDOS,(b)~(f)]

　　以上是在常压下研究双环-HMX 和 TNAD 晶体所得重要结论,与实验事实符合较好。高能物质在实际应用中对外界条件十分敏感,探讨极端条件如高温高压下的结构-性能关系是当前的热门课题。以下通过 DFT-LDA/CA-PZ 计算研究,从理论上揭示压力对双环-HMX 和 TNAD 晶体结构和性能的影响。下一章则以分子动力学模拟温度的影响。

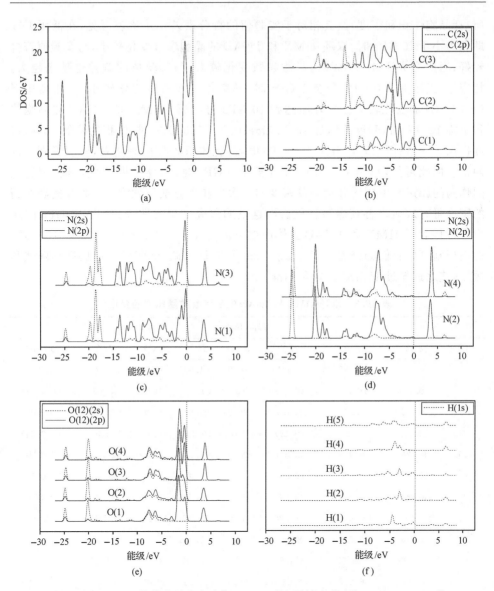

图 19.5　TNAD 晶体的总态密度［DOS,（a）］和局域态密度［PDOS,（b）～（f）］

19.3　不同压力下的结果

19.3.1　晶　胞　参　数

表 19.8 列出双环-HMX 和 TNAD（压力为 0～400 GPa）的理论计算晶胞参数

（包括晶胞体积和密度）及其相对于实验值的百分误差。从该表可见，在低压下亦即压力小于 10 GPa 时，双环-HMX 和 TNAD 的晶胞参数变化较小，与实验值符合较好；当压力大于 10 GPa 时，晶胞参数变化较大，与实验值的偏差也越来越大。相应地，当压力从 0 GPa 升至 1 GPa 时，晶胞体积和密度变化较小，而在高压下（$p \geqslant 10$ GPa）变化较大。当外压达到 10 GPa 时，双环-HMX 和 TNAD 的晶胞体积下降 13% 左右，密度约增加 15%；当外压升至 100 GPa 时，体积约降低 50%，密度提高近一倍；而当外压升至 400 GPa 时，晶胞体积降低 66% 左右，密度更剧增近两倍。由此可见，压力从 100 GPa 升至 400 GPa 时，晶体密度的变化幅度最大。因炸药的爆速和爆压约分别与其密度的一次方和平方成正比[25]，故通过提高炸药的密度可有效地改善其爆轰性能。而这里的研究结果表明，只要以 10 GPa 的压力即可将双环-HMX 和 TNAD 晶体压缩至密度大于 2.1 g·cm^{-3}，而以 100 GPa 的高压则可使它们的密度大于 3.5 g·cm^{-3}；若能如此，则将极大地提高其爆速和爆压，使之远超过 HEDC 的定量标准。

表 19.8　双环-HMX 和 TNAD 的晶胞参数随压力的变化[a]

| | | | | | 双环-HMX | | | |
p/GPa	a/Å	b/Å	c/Å	α/(°)	β/(°)	γ/(°)	V/Å^3	ρ/(g·cm^{-3})
0	8.621	6.966	8.991	90.0	101.967	90.0	528.230	1.849
	(0.27)	(0.23)	(0.20)	(0)	(0.18)	(0)	(0.65)	(−0.64)
0.0001	8.622	6.967	8.990	90.0	101.978	90.0	528.282	1.849
	(0.28)	(0.24)	(0.19)	(0)	(0.19)	(0)	(0.66)	(−0.64)
0.1	8.626	6.956	8.996	90.0	102.090	90.0	527.760	1.851
	(0.33)	(0.09)	(0.26)	(0)	(0.30)	(0)	(0.56)	(−0.54)
1	8.586	6.936	8.948	90.0	101.966	90.0	521.335	1.874
	(−0.14)	(−0.20)	(−0.28)	(0)	(0.18)	(0)	(−0.67)	(0.70)
10	8.256	6.650	8.547	90.0	102.219	90.0	458.616	2.130
	(−3.98)	(−4.32)	(−4.75)	(0)	(0.43)	(0)	(−12.62)	(14.45)
100	7.526	6.257	6.057	90.0	110.238	90.0	267.570	3.651
	(−12.47)	(−9.97)	(−32.50)	(0)	(8.31)	(0)	(−49.02)	(96.18)
200	6.781	6.052	5.815	90.0	113.415	90.0	219.000	4.461
	(−21.13)	(−12.92)	(−35.19)	(0)	(11.43)	(0)	(−58.27)	(139.71)
400	7.068	4.897	5.175	90.0	98.623	90.0	177.094	5.516
	(−17.79)	(−29.54)	(−42.33)	(0)	(−3.10)	(0)	(−66.26)	(196.40)
κ[b]	5.28×10^{-4}	7.08×10^{-4}	1.16×10^{-3}				1.81×10^{-3}	

				TNAD				
p/GPa	$a/\text{Å}$	$b/\text{Å}$	$c/\text{Å}$	$\alpha/(°)$	$\beta/(°)$	$\gamma/(°)$	$V/\text{Å}^3$	$\rho/(\text{g}\cdot\text{cm}^{-3})$
0	6.394	6.829	7.559	75.003	75.437	70.042	294.771	1.815
	(−1.04)	(−0.23)	(0.23)	(1.34)	(0.58)	(2.21)	(0.36)	(−0.38)
0.000 1	6.417	6.829	7.555	74.931	75.369	69.523	294.664	1.816
	(−0.68)	(−0.23)	(0.17)	(1.24)	(0.49)	(1.45)	(0.33)	(−0.33)
0.1	6.414	6.827	7.550	74.938	75.370	69.526	294.252	1.818
	(−0.73)	(−0.26)	(0.11)	(1.25)	(0.49)	(1.45)	(0.19)	(−0.22)
1	6.386	6.795	7.512	74.838	75.379	69.495	289.980	1.845
	(−1.16)	(−0.73)	(−0.40)	(1.12)	(0.51)	(1.41)	(−1.27)	(1.26)
10	6.111	6.518	7.202	74.311	75.019	69.056	253.725	2.109
	(−5.42)	(−4.78)	(−4.51)	(0.41)	(0.03)	(0.77)	(−13.61)	(15.75)
100	5.146	5.580	6.135	78.014	71.976	66.280	152.654	3.505
	(−20.35)	(−18.48)	(−18.66)	(5.41)	(−4.03)	(−3.28)	(−48.02)	(92.37)
200	4.630	5.257	5.771	80.990	74.123	69.522	126.281	4.237
	(−28.34)	(−23.20)	(−23.48)	(9.43)	(−1.17)	(1.45)	(−57.00)	(132.55)
400	4.023	4.735	5.377	84.451	81.760	83.196	100.320	5.333
	(−37.73)	(−30.83)	(−28.71)	(14.11)	(9.01)	(21.40)	(−65.84)	(192.70)
κ^b	9.85×10^{-4}	8.10×10^{-4}	7.74×10^{-4}				1.78×10^{-3}	

a 括号中是理论计算值相对于实验值的百分误差；

b κ 为晶体在常压下的压缩率，单位：GPa^{-1}。

　　根据双环-HMX 和 TNAD 晶胞参数和体积随压强的变化关系，求得二者在 0～400 GPa 的压缩率。表 19.8 末行分别给出该两种晶体在常压下的压缩率(k)。

　　图 19.6 和图 19.7 列出其晶胞参数、体积和压缩率随压力的递变性。由图 19.6 和表 19.8 可见，双环-HMX 晶体的可压缩性具各向异性，c 方向的可压缩性较大，a 和 b 方向的压缩率较接近，其中 b 稍大于 a；亦即双环-HMX 晶体在 a 和 b 方向不易被压缩，a 和 b 方向的刚性较 c 方向强。这从双环-HMX 晶体在 3 个晶面上的投影(图 19.8)亦可见，沿 c 轴方向(ab 面)的分子间距离明显大于沿 b 和 a 方向的分子间距离；亦即在 a 和 b 方向存在较强分子间相互作用，而在 c 方向(ab 面上)的分子间相互作用较弱。因此，当外压增加时，由于双环-HMX 晶体在 c 方向的内应力较小，故晶体沿该方向被压缩便较多。此外，由图 19.6(b)还可见，各方向的可压缩性均随压力升高而增大、但增幅趋缓；其中 a 方向的可压缩性在 300 GPa 达到最大值，超过 300 GPa 则因分子间距离过近斥力增大，故压缩率随压

力升高反而略有下降。

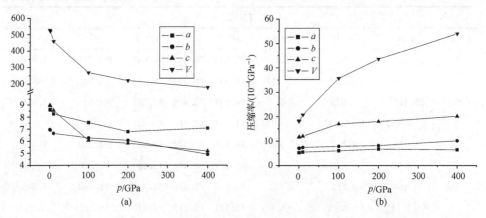

图 19.6　双环-HMX 的晶胞参数和体积(a)以及压缩率随压力的变化(b)

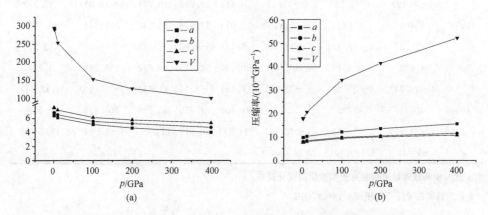

图 19.7　TNAD 的晶胞参数和体积(a)以及(b)压缩率随压力的变化

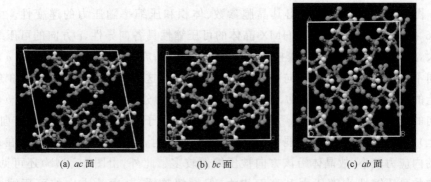

图 19.8　双环-HMX 晶体在 3 个晶面上的投影

　　由图 19.7 可见,在 0～400 GPa,TNAD 晶体的可压缩性很接近于各向同性,其中 a 轴方向的压缩率稍大,其次是 b 和 c 轴;随压力升高晶体的压缩率逐渐增大。类似地,这也可由 TNAD 的晶体结构加以解释(图 19.9)。TNAD 在 a、b 和 c 3 个方向上的分子间距离大体相同,即分子间相互作用比较均匀一致,故而在 a、b 和 c 3 个方向上的可压缩性很接近。总之,晶体的可压缩性主要取决于晶体内分子间的距离和作用,这一结论从晶体体积随压力增大而递减的变化趋势亦可推知。

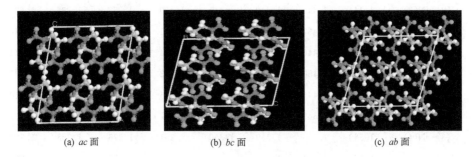

(a) ac 面　　　　　　　　(b) bc 面　　　　　　　　(c) ab 面

图 19.9　TNAD 晶体在 3 个晶面上的投影

19.3.2　分子几何

　　晶体中分子几何随外压升高而发生变化。考察表 19.9 和表 19.10 可见,在较低压强下(小于 10 GPa),双环-HMX 和 TNAD 的分子几何随压力升高变化很小,键长几乎不变,分子间氢键略减。当压力从 10 GPa 升至 400 GPa 时,二者的分子几何变化较大,最显著特征是晶体中所有原子间距均随压力升高而明显变短,N—N—O—O 二面角发生较大扭曲;一些氢键消失,另一些新的氢键生成;尤其在 400 GPa 高压下,与低压下相比,二者的晶体结构已"面目全非"(图 19.10 和 19.11)。例如,通常 N—NO_2 基中四原子应近似共面,但 400 GPa 时二者分子中 N—N—O—O 四原子已远离平面;一些分子间和分子内氢键被压得很短,接近形成新的共价键:如双环—HMX 中 H(2)…O(6)(1.385 Å) 和 H(6)…O(8)* (1.011 Å),TNAD 中 H(1)…O(2)(1.439 Å) 和 H(4)…O(1)* (1.184 Å);进而还使一些 N—O 和 C—H 键变得很长,如双环-HMX 中 N(8)—O(8)(1.942Å) 和 C(4)—H(6)(1.911 Å),即与上述 H(6)…O(8)氢键变短有关。

高能量密度材料的理论设计

表 19.9　压力对双环-HMX 分子结构的影响[键长:Å;键角/二面角:(°)]*

参数	压力/GPa							
	0	0.0001	0.1	1	10	100	200	400
C(1)—C(3)	1.550	1.550	1.547	1.550	1.535	1.493	1.439	1.353
C(1)—N(1)	1.438	1.438	1.439	1.437	1.435	1.385	1.356	1.308
C(1)—N(7)	1.437	1.437	1.438	1.437	1.441	1.397	1.348	1.312
C(2)—N(1)	1.440	1.439	1.441	1.440	1.441	1.369	1.344	1.312
C(2)—N(3)	1.441	1.441	1.442	1.441	1.439	1.352	1.336	1.292
C(3)—N(3)	1.437	1.437	1.435	1.437	1.431	1.378	1.352	1.349
C(3)—N(5)	1.441	1.440	1.441	1.439	1.434	1.404	1.388	1.311
C(4)—N(5)	1.450	1.450	1.450	1.449	1.443	1.377	1.338	1.325
C(4)—N(7)	1.444	1.444	1.445	1.444	1.445	1.379	1.344	1.310
N(1)—N(2)	1.349	1.349	1.349	1.348	1.347	1.290	1.291	1.228
N(3)—N(4)	1.360	1.360	1.359	1.359	1.351	1.276	1.258	1.320
N(5)—N(6)	1.354	1.354	1.354	1.354	1.340	1.285	1.255	1.268
N(7)—N(8)	1.394	1.394	1.395	1.393	1.390	1.317	1.275	1.224
N(2)—O(1)	1.244	1.244	1.244	1.244	1.244	1.226	1.212	1.265
N(2)—O(2)	1.251	1.251	1.250	1.251	1.251	1.229	1.213	1.185
N(4)—O(3)	1.252	1.252	1.252	1.252	1.251	1.247	1.234	1.257
N(4)—O(4)	1.239	1.239	1.239	1.239	1.241	1.234	1.218	1.224
N(6)—O(5)	1.249	1.249	1.249	1.249	1.250	1.229	1.217	1.210
N(6)—O(6)	1.243	1.243	1.243	1.243	1.244	1.227	1.203	1.181
N(8)—O(7)	1.241	1.241	1.241	1.241	1.240	1.215	1.212	1.188
N(8)—O(8)	1.236	1.236	1.235	1.236	1.234	1.216	1.218	1.942
C(1)—H(1)	1.105	1.105	1.105	1.104	1.103	1.088	1.061	1.011
C(2)—H(2)	1.109	1.109	1.109	1.109	1.108	1.077	1.075	1.011
C(2)—H(3)	1.108	1.108	1.108	1.108	1.106	1.081	1.075	1.009
C(3)—H(4)	1.105	1.106	1.106	1.106	1.104	1.095	1.056	1.033
C(4)—H(5)	1.105	1.105	1.105	1.105	1.105	1.080	1.063	1.070
C(4)—H(6)	1.108	1.108	1.109	1.108	1.105	1.070	1.050	1.911
H(1)⋯O(2)	2.657	2.657	2.646	2.652	2.514	2.687	2.479	
H(1)⋯O(3)					2.862	2.541	2.107	2.473
H(1)⋯O(4)						1.721	1.514	1.929
H(1)⋯O(7)	2.148	2.146	2.152	2.150	2.110	2.424	2.526	1.688

续表

参数	压力/GPa							
	0	0.0001	0.1	1	10	100	200	400
H(2)⋯O(1)	2.511	2.512	2.517	2.509	2.505	2.474	2.375	2.338
H(2)⋯O(3)	2.314	2.314	2.339	2.317	2.353	2.161	1.934	1.554
H(2)⋯O(6)	2.262	2.263	2.268	2.228	1.991	1.570	1.417	1.385
H(3)⋯O(1)	2.788	2.788	2.787	2.786	2.777	2.656	2.213	1.851
H(3)⋯O(2)					2.610	2.499	2.279	1.814
H(3)⋯O(3)					2.974	2.467	2.076	2.839
H(3)⋯O(6)						2.649	2.735	2.235
H(4)⋯O(4)	2.312	2.312	2.289	2.314	2.279	2.518	2.789	1.533
H(4)⋯O(5)	2.410	2.410	2.405	2.410	2.382	2.160	1.963	1.605
H(5)⋯O(1)	2.684	2.687	2.703	2.649	2.252	1.603	1.427	1.385
H(5)⋯O(6)	2.360	2.362	2.381	2.360	2.426	2.284	2.731	2.259
H(5)⋯O(8)	2.217	2.219	2.222	2.209	2.204	2.011	2.075	1.590
H(6)⋯O(1)						2.926	2.903	2.863
H(6)⋯O(8)						2.959	2.485	
H(1)⋯O(3)**	2.521	2.523	2.540	2.523	2.576	2.151	2.090	1.842
H(1)⋯O(4)**						1.721	1.514	1.929
H(1)⋯O(5)**	2.893	2.892	2.941	2.869	2.760	2.303	2.442	1.868
H(1)⋯O(6)**						2.022	1.913	1.392
H(2)⋯O(3)**	2.996	2.995	2.954	2.976	2.895	2.563	2.686	1.940
H(2)⋯O(4)**	2.821	2.821	2.834	2.793	2.650	1.623	1.620	1.798
H(2)⋯O(7)**						2.984	2.882	2.837
H(2)⋯O(8)**						2.891	1.790	2.433
H(3)⋯O(2)**	2.418	2.417	2.457	2.410	2.393	1.815	1.587	1.829
H(3)⋯O(6)**						2.649	2.735	2.235
H(3)⋯O(7)**						2.095	2.448	2.334
H(3)⋯O(8)**						2.829	2.355	
H(4)⋯O(1)**						2.349	1.771	2.496
H(4)⋯O(3)**	2.627	2.627	2.608	2.605	2.460	2.284	2.329	1.839
H(4)⋯O(5)**	2.526	2.527	2.559	2.510	2.346	2.099	1.983	2.111
H(4)⋯O(6)**	2.819	2.817	2.747	2.796	2.535	2.425	1.748	2.513
H(4)⋯O(7)**							2.754	2.609

参数	压力/GPa							
	0	0.0001	0.1	1	10	100	200	400
H(4)···O(8)**						1.599	1.945	1.503
H(5)···O(1)**							2.726	2.909
H(5)···O(4)**					2.906	2.089	1.792	2.329
H(5)···O(5)**						2.181	1.989	1.849
H(5)···O(6)**						2.357	1.994	2.512
H(5)···O(8)**	2.995	2.993		2.963	2.746	2.245	1.805	2.144
H(6)···O(1)**	2.693	2.692	2.682	2.662	2.385	1.968	1.740	2.064
H(6)···O(2)**	2.530	2.529	2.537	2.502	2.394	2.016	1.814	1.505
H(6)···O(3)**						2.084	1.663	1.276
H(6)···O(6)**						1.862	1.631	1.761
H(6)···O(8)**	2.810	2.813	2.825	2.770	2.369	1.845	2.277	1.011
N(1)—N(2)—O(1)—O(2)	178.014	178.064	178.089	177.994	177.472	175.372	162.485	133.062
N(3)—N(4)—O(3)—O(4)	178.797	178.856	179.108	178.837	179.288	169.707	169.058	116.753
N(5)—N(6)—O(5)—O(6)	178.106	178.108	178.060	178.081	177.579	172.875	167.823	151.879
N(7)—N(8)—O(7)—O(8)	177.042	177.064	177.146	177.088	177.142	167.821	152.319	104.416

* 大于 3.0Å 的分子内和分子间氢键 O···H 未列在该表中；

** 表示分子间氢键。

表 19.10　压力对 TNAD 分子结构的影响[键长：Å；键角/二面角：(°)]*

参数	压力/GPa							
	0	0.0001	0.1	1	10	100	200	400
C(1)—C(2)	1.531	1.531	1.531	1.530	1.525	1.436	1.382	1.322
C(3)—C(6)	1.529	1.529	1.529	1.529	1.526	1.462	1.404	1.309
N(1)—C(1)	1.439	1.439	1.439	1.438	1.434	1.367	1.339	1.266
N(1)—C(3)	1.424	1.424	1.424	1.423	1.422	1.378	1.339	1.271
N(3)—C(2)	1.455	1.454	1.454	1.454	1.452	1.388	1.335	1.287
N(3)—C(6)	1.452	1.452	1.452	1.451	1.445	1.371	1.328	1.288
N(1)—N(2)	1.369	1.369	1.369	1.368	1.358	1.303	1.302	1.294

续表

参数	压力/GPa							
	0	0.0001	0.1	1	10	100	200	400
N(3)—N(4)	1.363	1.363	1.363	1.362	1.356	1.312	1.268	1.293
N(2)—O(1)	1.248	1.248	1.248	1.248	1.250	1.230	1.211	1.253
N(2)—O(2)	1.242	1.242	1.242	1.243	1.244	1.224	1.213	1.219
N(4)—O(3)	1.248	1.247	1.247	1.248	1.247	1.215	1.188	1.196
N(4)—O(4)	1.250	1.250	1.250	1.250	1.250	1.224	1.208	1.225
C(1)—H(1)	1.101	1.101	1.101	1.101	1.098	1.067	1.055	1.017
C(1)—H(2)	1.105	1.105	1.105	1.105	1.104	1.071	1.042	0.998
C(2)—H(3)	1.104	1.104	1.104	1.104	1.103	1.079	1.063	1.013
C(2)—H(4)	1.106	1.106	1.106	1.106	1.103	1.064	1.046	1.043
C(3)—H(5)	1.113	1.113	1.113	1.114	1.112	1.087	1.073	1.056
H(1)⋯O(2)	2.216	2.216	2.217	2.215	2.229	1.905	1.612	1.439
H(2)⋯O(1)	2.479	2.510	2.506	2.482	2.286	1.850	1.809	1.809
H(2)⋯O(2)						2.201	1.823	1.603
H(3)⋯O(4)						2.602	2.405	1.900
H(3)⋯O(6)				2.970	2.593	1.834	1.704	1.486
H(3)⋯O(7)	2.324	2.331	2.328	2.317	2.180	1.996	1.911	2.014
H(3)⋯O(8)						2.198	1.935	1.856
H(4)⋯O(3)	2.218	2.216	2.215	2.216	2.200	1.895	1.794	1.658
H(5)⋯O(1)	2.297	2.301	2.299	2.307	2.312	2.344	2.176	2.023
H(1)⋯O(4)**	2.544	2.550	2.545	2.508	2.252	1.921	1.808	1.577
H(1)⋯O(5)**						2.010	1.956	1.575
H(1)⋯O(6)**						2.830	2.785	2.489
H(1)⋯O(7)**							2.866	2.616
H(1)⋯O(8)**						2.663	2.027	1.819
H(2)⋯O(4)**	2.986	2.985	2.982	2.944	2.644	1.904	1.658	1.564
H(2)⋯O(5)**						2.341	1.981	2.065
H(2)⋯O(6)**							2.894	2.699
H(2)⋯O(8)**	2.353	2.343	2.341	2.344	2.321	2.309	2.713	2.812
H(3)⋯O(1)**	2.827	2.855	2.852	2.845	2.807	2.512	2.414	1.939
H(3)⋯O(2)**					2.926	1.740	1.485	1.472
H(4)⋯O(1)**					2.861	1.761	1.610	1.184

续表

参数	压力/GPa							
	0	0.0001	0.1	1	10	100	200	400
H(4)⋯O(6)**	2.988	2.973	2.970	2.922	2.624	2.219	1.976	1.792
H(4)⋯O(7)**	2.891	2.911	2.910	2.908	2.872	2.905	2.960	2.069
H(4)⋯O(8)**	2.542	2.558	2.557	2.534	2.357	1.994	1.699	1.971
H(5)⋯O(3)**						2.465	2.003	1.592
H(5)⋯O(4)**	2.660	2.647	2.647	2.646	2.613	2.258	2.481	2.944
H(5)⋯O(5)**	2.300	2.306	2.304	2.282	2.079	1.536	1.442	1.341
H(5)⋯O(7)**	2.799	2.800	2.798	2.766	2.494	1.711	1.519	1.584
N(1)—N(2)—O(1)—O(2)	178.428	178.367	178.333	178.475	178.437	177.409	171.100	110.033
N(3)—N(4)—O(3)—O(4)	177.454	177.179	177.215	177.135	177.140	177.318	178.338	142.008

* 大于 3.0 Å 的分子内和分子间氢键 O⋯H 未列在该表中；

** 表示分子间氢键。

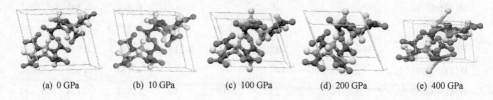

(a) 0 GPa　　(b) 10 GPa　　(c) 100 GPa　　(d) 200 GPa　　(e) 400 GPa

图 19.10　双环-HMX 晶体结构随压力的变化

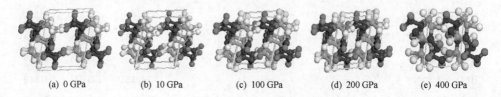

(a) 0 GPa　　(b) 10 GPa　　(c) 100 GPa　　(d) 200 GPa　　(e) 400 GPa

图 19.11　TNAD 晶体结构随压力的变化

19.3.3　原子电荷和重叠布居

表 19.11 和 19.12 分别给出不同压力下双环-HMX 和 TNAD 晶体的原子上净电荷和键集居数。由表 19.11 可见,在较低外压下(小于 10 GPa),原子电荷几

乎不变;当压力大于 10 GPa 时,环上 N 原子[即 N(1)、N(3)、N(5) 和 N(7)]和硝基中 N 原子[即 N(2)、N(4)、N(6) 和 N(8)]所带电荷随压力升高的变化趋势相反,即环上 N 所带电荷递增,而硝基 N 上电荷递减。此外,除参与形成较强氢键的 H 和 O[如双环-HMX 中 H(6) 和 O(8)]外,H 上电荷随压力升高呈降低趋势,而所有 O 和 C 上电荷则递增。硝基的吸电子诱导效应,使与硝基相邻 H 带较多正电荷,而硝基 O 则带较多负电荷,这种效应随压力升高、晶胞体积减小、晶体中分子间距减小、分子间相互作用增强而增强,从而导致部分 H 和硝基 O 上电荷变化突出。

表 19.11　压力对双环-HMX 和 TNAD 晶体中原子电荷的影响

双环-HMX							
原子	0 GPa	0.0001 GPa	0.1 GPa	1 GPa	10 GPa	100 GPa	200 GPa	400 GPa
C(1)	−0.04	−0.04	−0.04	−0.04	−0.03	0.04	0.05	0.02
C(2)	−0.30	−0.30	−0.30	−0.30	−0.28	−0.17	−0.15	−0.09
C(3)	−0.04	−0.04	−0.04	−0.04	−0.03	0.03	0.06	0.05
C(4)	−0.34	−0.34	−0.34	−0.33	−0.31	−0.19	−0.16	0.19
N(1)	−0.14	−0.14	−0.15	−0.14	−0.14	−0.11	−0.14	−0.07
N(2)	0.52	0.52	0.52	0.52	0.52	0.50	0.48	0.43
N(3)	−0.14	−0.14	−0.14	−0.14	−0.13	−0.06	−0.04	−0.03
N(4)	0.52	0.52	0.52	0.52	0.52	0.48	0.47	0.26
N(5)	−0.15	−0.15	−0.14	−0.14	−0.13	−0.08	−0.07	−0.14
N(6)	0.53	0.53	0.53	0.53	0.53	0.51	0.48	0.47
N(7)	−0.18	−0.18	−0.18	−0.18	−0.18	−0.14	−0.08	−0.12
N(8)	0.53	0.53	0.53	0.53	0.53	0.51	0.44	0.28
O(1)	−0.38	−0.38	−0.38	−0.38	−0.38	−0.38	−0.34	−0.15
O(2)	−0.42	−0.42	−0.42	−0.42	−0.41	−0.41	−0.36	−0.47
O(3)	−0.42	−0.42	−0.43	−0.43	−0.43	−0.46	−0.44	−0.45
O(4)	−0.36	−0.36	−0.36	−0.37	−0.37	−0.38	−0.40	−0.28
O(5)	−0.42	−0.42	−0.42	−0.42	−0.43	−0.45	−0.43	−0.36
O(6)	−0.38	−0.38	−0.38	−0.38	−0.38	−0.37	−0.34	−0.25
O(7)	−0.38	−0.38	−0.38	−0.38	−0.39	−0.41	−0.40	−0.38
O(8)	−0.35	−0.35	−0.35	−0.35	−0.34	−0.34	−0.37	−0.56
H(1)	0.39	0.39	0.39	0.39	0.39	0.30	0.27	0.25
H(2)	0.38	0.38	0.38	0.38	0.37	0.31	0.29	0.23
H(3)	0.37	0.37	0.37	0.37	0.35	0.29	0.29	0.18
H(4)	0.41	0.41	0.41	0.41	0.40	0.34	0.31	0.29
H(5)	0.40	0.40	0.40	0.40	0.38	0.32	0.32	0.27
H(6)	0.38	0.38	0.38	0.38	0.37	0.31	0.27	0.41

原子	0 GPa	0.0001 GPa	0.1 GPa	1 GPa	10 GPa	100 GPa	200 GPa	400 GPa
C(1)	−0.44	−0.44	−0.44	−0.44	−0.41	−0.26	−0.23	−0.23
C(2)	−0.44	−0.44	−0.44	−0.43	−0.41	−0.30	−0.28	0.08
C(3)	−0.03	−0.03	−0.03	−0.02	−0.02	0.01	0.03	0.05
N(1)	−0.14	−0.14	−0.14	−0.14	−0.13	−0.10	−0.09	−0.13
N(2)	0.53	0.53	0.53	0.53	0.52	0.49	0.47	0.45
N(3)	−0.15	−0.15	−0.15	−0.15	−0.14	−0.13	−0.11	−0.08
N(4)	0.51	0.51	0.51	0.51	0.50	0.48	0.45	0.29
O(1)	−0.40	−0.40	−0.40	−0.40	−0.40	−0.38	−0.38	−0.39
O(2)	−0.39	−0.39	−0.39	−0.39	−0.39	−0.39	−0.39	−0.47
O(3)	−0.42	−0.42	−0.42	−0.42	−0.43	−0.45	−0.45	−0.56
O(4)	−0.40	−0.40	−0.40	−0.40	−0.39	−0.34	−0.34	−0.29
H(1)	0.36	0.36	0.36	0.36	0.34	0.26	0.24	0.26
H(2)	0.34	0.34	0.34	0.34	0.33	0.25	0.24	0.24
H(3)	0.35	0.35	0.34	0.34	0.33	0.27	0.26	0.23
H(4)	0.35	0.35	0.35	0.35	0.33	0.27	0.27	0.27
H(5)	0.37	0.37	0.37	0.37	0.36	0.32	0.31	0.28

表 19.12　压力对双环-HMX 和 TNAD 中键集居数的影响

双环-HMX								
化学键	0 GPa	0.0001 GPa	0.1 GPa	1 GPa	10 GPa	100 GPa	200 GPa	400 GPa
C(1)—C(3)	0.72	0.72	0.72	0.72	0.73	0.80	0.81	0.80
C(1)—N(1)	0.70	0.70	0.70	0.70	0.70	0.74	0.75	0.81
C(1)—N(7)	0.72	0.72	0.72	0.72	0.72	0.74	0.78	0.93
C(2)—N(1)	0.64	0.64	0.64	0.64	0.64	0.74	0.84	0.77
C(2)—N(3)	0.65	0.65	0.65	0.65	0.65	0.72	0.80	0.79
C(3)—N(3)	0.70	0.70	0.70	0.70	0.71	0.73	0.75	0.82
C(3)—N(5)	0.72	0.72	0.72	0.72	0.73	0.76	0.80	0.86
C(4)—N(5)	0.63	0.63	0.63	0.63	0.63	0.70	0.75	0.79
C(4)—N(7)	0.65	0.65	0.65	0.65	0.65	0.69	0.72	0.78
N(1)—N(2)	0.74	0.74	0.73	0.74	0.74	0.84	0.81	0.97
N(3)—N(4)	0.72	0.72	0.72	0.72	0.74	0.87	0.92	0.58
N(5)—N(6)	0.72	0.72	0.72	0.72	0.75	0.84	0.87	0.78
N(7)—N(8)	0.65	0.65	0.65	0.65	0.65	0.78	0.87	0.90

续表

双环-HMX								
化学键	0 GPa	0.0001 GPa	0.1 GPa	1 GPa	10 GPa	100 GPa	200 GPa	400 GPa
N(2)—O(1)	0.76	0.76	0.76	0.76	0.76	0.78	0.79	0.54
N(2)—O(2)	0.73	0.73	0.73	0.73	0.74	0.79	0.86	0.84
N(4)—O(3)	0.74	0.74	0.73	0.74	0.74	0.76	0.78	0.65
N(4)—O(4)	0.77	0.77	0.77	0.77	0.77	0.77	0.79	0.73
N(6)—O(5)	0.74	0.74	0.74	0.74	0.75	0.78	0.76	0.84
N(6)—O(6)	0.76	0.76	0.76	0.76	0.76	0.80	0.83	0.80
N(8)—O(7)	0.77	0.77	0.77	0.77	0.77	0.82	0.76	0.74
N(8)—O(8)	0.78	0.78	0.79	0.79	0.79	0.81	0.80	−0.27
C(1)—H(1)	0.80	0.80	0.80	0.80	0.81	0.94	1.03	1.17
C(2)—H(2)	0.80	0.80	0.80	0.80	0.80	0.91	0.97	1.23
C(2)—H(3)	0.78	0.78	0.78	0.78	0.79	0.90	0.98	1.26
C(3)—H(4)	0.80	0.80	0.80	0.80	0.81	0.88	1.05	1.20
C(4)—H(5)	0.78	0.78	0.77	0.78	0.79	0.93	0.94	1.09
C(4)—H(6)	0.77	0.77	0.77	0.77	0.79	0.96	1.06	−0.23

TNAD								
化学键	0 GPa	0.0001 GPa	0.1 GPa	1 GPa	10 GPa	100 GPa	200 GPa	400 GPa
C(1)—C(2)	0.67	0.67	0.67	0.67	0.68	0.75	0.81	0.88
C(3)—C(6)	0.72	0.72	0.72	0.72	0.72	0.75	0.78	0.87
N(1)—C(1)	0.66	0.66	0.66	0.66	0.67	0.73	0.79	0.88
N(1)—C(3)	0.77	0.77	0.77	0.77	0.77	0.79	0.84	0.92
N(3)—C(2)	0.65	0.65	0.65	0.65	0.65	0.73	0.81	0.89
N(3)—C(6)	0.66	0.66	0.66	0.66	0.66	0.71	0.75	0.83
N(1)—N(2)	0.71	0.71	0.71	0.71	0.73	0.81	0.79	0.76
N(3)—N(4)	0.73	0.73	0.73	0.73	0.74	0.78	0.82	0.62
N(2)—O(1)	0.75	0.75	0.75	0.75	0.75	0.76	0.81	0.67
N(2)—O(2)	0.76	0.76	0.76	0.76	0.76	0.81	0.86	0.75
N(4)—O(3)	0.74	0.74	0.74	0.74	0.75	0.78	0.76	0.63
N(4)—O(4)	0.74	0.74	0.74	0.74	0.74	0.82	0.85	0.74
C(1)—H(1)	0.82	0.82	0.82	0.82	0.85	1.06	1.14	1.17
C(1)—H(2)	0.84	0.84	0.84	0.84	0.85	1.05	1.19	1.32
C(2)—H(3)	0.81	0.81	0.81	0.81	0.83	1.00	1.03	1.16
C(2)—H(4)	0.82	0.82	0.82	0.82	0.85	1.02	1.08	1.18
C(3)—H(5)	0.87	0.87	0.87	0.87	0.88	0.92	0.96	0.97

由表19.12可见,键集居数随压力的变化与键长变化趋势相一致。当压力低于10 GPa时,改变压力对所有化学键以及分子内和分子间氢键上的电子布居几乎无影响;但当压力大于10 GPa时,除部分N—N和N—O键的电子布居呈降低趋势外,所有键的电子布居均随压力升高而增大,尤以高压400 GPa下变化更明显。高压下双环-HMX和TNAD中个别N—N和N—O键上的电子布居远小于晶体中其他化学键[如前者中N(3)—N(4)和N(2)—O(1)、N(8)—O(8)键,后者中N(3)—N(4)和N(4)—O(3)键],表明这些键可能是高压下的热解或起爆引发键。此外,晶体中N—O和C—H键的电子布居随压强增加出现不均衡现象,以高压下尤为明显。这些随分子间相互作用增强的电子转移新趋势,表明高压下晶体的稳定性降低、感度增大。

19.3.4　能带结构和态密度

表19.13给出双环-HMX和TNAD晶体在不同压力下的总能量(E)、费米能级(E_F)和带隙(ΔE_g),图19.12～图19.15分别列出二者在不同压力下的能带结构和态密度。

表 19.13　双环-HMX 和 TNAD 在不同压强下的总能量(E)、费米能级(E_F)和带隙(ΔE_g)(单位:eV)

p/GPa	双环-HMX			TNAD		
	E	E_F	ΔE_g	E	E_F	ΔE_g
0	−12720.5656	2.6066	3.44	−6734.8276	0.2408	3.25
0.0001	−12720.5615	2.6078	3.44	−6734.8259	0.2372	3.26
0.1	−12720.6248	2.6100	3.42	−6734.8259	0.2477	3.26
1	−12721.0915	2.6969	3.42	−6734.8687	0.3531	3.26
10	−12724.3091	3.6201	3.20	−6734.9948	1.4251	3.16
100	−12702.0253	9.1798	1.16	−6721.5144	7.9252	1.84
200	−12667.1722	12.2410	0.29	−6701.6730	11.6020	1.04
400	−12600.6755	16.2750	0	−6665.7030	16.0754	0.01

从表19.13可见,当压力从0 GPa升至10 GPa时,双环-HMX和TNAD晶胞的总能量变化不大,只降低约0.2 eV;在10 GPa时,二者的总能量最低,分别为−12 724.3091和−6734.9948 eV;当压力从10 GPa升至100 GPa时,晶胞总能量约增加13.5 eV;而当压力从100 GPa升至400 GPa时,晶胞总能量却增加约90.6 eV。由此表明,随压力升高,双环-HMX和TNAD晶体中分子间距减小,分子间和分子内相互作用增强,导致总能量变化较大。值得注意的是,双环-HMX和

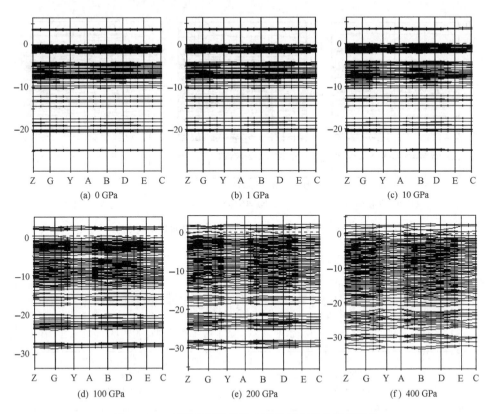

图 19.12　双环-HMX 晶体在不同压力下的能带结构

TNAD 在 10 GPa 时总能量最低。这一特性再次启示我们,是否可以设法达到数十 GPa 压强,将二者晶体压缩至密度大于 2.1 g·cm^{-3} 以上,从而成为爆速、爆压较高的 HEDC。

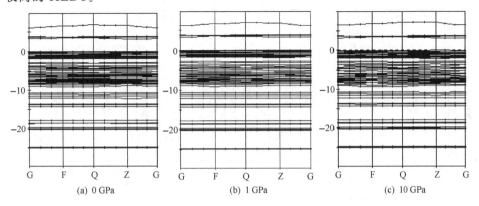

图 19.13　TNAD 晶体在不同压力下的能带结构

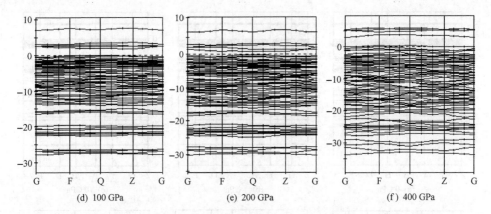

(d) 100 GPa   (e) 200 GPa   (f) 400 GPa

图 19.13   TNAD 晶体在不同压力下的能带结构(续)

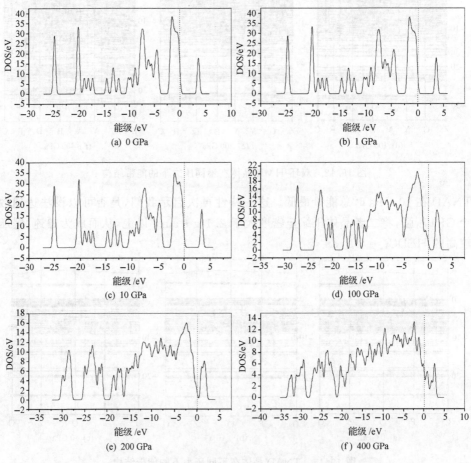

图 19.14   双环-HMX 晶体在不同压力下的态密度(DOS)

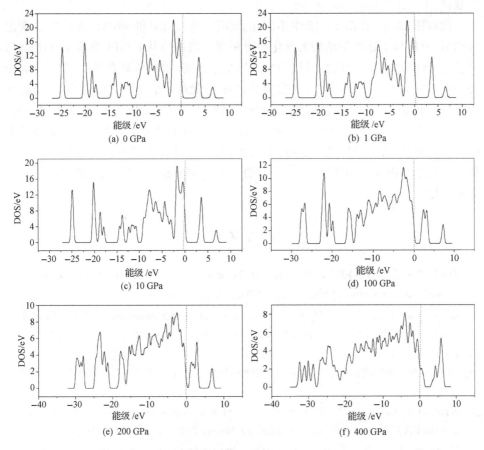

图 19.15　TNAD 晶体在不同压力下的态密度(DOS)

　　由表 19.13 结合图 19.12 和图 19.13 可见,双环-HMX 和 TNAD 晶体的 Fermi 能级(E_F)随压力上升呈递增趋势,而带隙(ΔE_g)则随压力升高而呈递减趋势。考察二者的能带结构可见,随压力增加,晶体中所有能带(包括价带和导带)均逐渐向低能区迁移。当压力从 0 GPa 增至 10 GPa 时,晶体的能带结构基本不变;晶体前沿能带曲线随 k 值变化很平缓,表明分子轨道能态受分子晶体场影响较小;二者的带隙均较大($>$ 3.2 eV),表明在 10 GPa 下它们的导电性均较差,近似为绝缘体[26]。当压力从 10 GPa 升至 200 GPa 时,二者的前沿能带曲线随 k 值变化起伏增大,带隙降至 0.3~1.0 eV,表明已从绝缘体变成半导体。而当压力继续升至 400 GPa 时,前沿能带曲线随 k 值变化起伏更大并产生交错现象,电子离域更明显,带隙降为零,二者已完全变为导体。根据电子最易跃迁原理(PET)可推测,随压力增大它们的稳定性递降,感度递增。表明该原理不仅可用于预测金属叠氮化物和分子型晶体的感度大小,而且可用于预测高能物质的感度随压力的变化规律。

比较图 19.14 和图 19.15 中不同压力下双环-HMX 和 TNAD 晶体的态密度（DOS），发现与上述能带结构的变化趋势相似。当压力从 0 GPa 升至 10 GPa 时，二者的 DOS 几乎没有变化，峰位和峰形均基本不变，仅峰值略有降低；当压力大于 10 GPa 时，DOS 随压力增加变化很明显，Fermi 能级处的禁带宽度趋小，各能量区的态分布趋于均匀化，尖锐的特征峰逐渐减弱并变宽；当压力升至 400 GPa 时，Fermi 能级附近的 DOS 曲线已完全平坦化，几乎没有禁带，即此时分子晶体已变成导体。此外，各能量区的 DOS 近似相等，表明电子在各能量区出现的几率接近相等。这是自由电子的特性，进一步表明双环-HMX 和 TNAD 晶体在高压下具有金属属性。

参 考 文 献

[1] Qiu L, Zhu W H, Xiao J J et al. Theoretical studies of solid bicyclo−HMX: Effects of hydrostatic pressure and temperature. J Phys Chem B 2008, 112: 3882～3893

[2] Qiu L, Xiao H M, Zhu W H et al. *Ab initio* and molecular dynamics studies of Crystalline TNAD (*trans*-1,4,5,8-Tetranitro-1,4,5,8- tetraazadecalin). J Phys Chem B, 2006, 110: 10651～10661

[3] 邱玲. 氮杂环硝胺类高能量密度材料(HEDM)的分子设计. 南京理工大学博士研究生学位论文, 2007

[4] Segall M D, Lindan P J D, Probert M J et al. First-principles simulation: ideas, illustrations and the CASTEP code. Physics: Condensed Mater, 2002, 14: 2717～2743

[5] Vanderbilt D. Soft self-consistent pseudopotentials in a generalized eigenvalue formalism. Phys Rev B, 1990, 41: 7892～7895

[6] Perdew J P, Burke K, Ernzerhof M. Generalized gradient approximation made simple. Phys Rev Lett, 1996, 77: 3865～3868

[7] Perdew J P, Wang Y. Accurate and simple analytic representation of the electron-gas correlation energy. Phys Rev B, 1992, 45: 13244～13249

[8] Perdew J P, Chevary J A, Vosko S H et al. Atoms, molecules, solids, and surfaces: Applications of the generalized gradient approximation for exchange and correlation. Phys Rev B, 1992, 46: 6671～6687

[9] Ceperley D M, Alder B J. Ground state of the electron gas by a stochastic method. Phys Rev Lett, 1980, 45: 566～569

[10] Perdew J P, Zunger A. Self-interaction correction to density-functional approximations for many-electron systems. Phys Rev B, 1981, 23: 5048

[11] Gilardi R, Flippen-Anderson J L, Evans R. *cis*-2,4,6,8-Tetranitro-1H,5H-2,4,6,8-tet-

raazabicyclo [3. 3. 0] octane, the energetic compound 'bicyclo-HMX'. Acta Crystal E, 2002, 58(9)：972~974

[12] Lowe-Ma C K, Willer R L. Private Communication. 1990

[13] Sorescu D C, Rice B M, Thompson D L. A transferable intermolecular potential for nitramine crystals. J Phys Chem A,1998, 102：8386~8392

[14] Fiorentini V. Semiconductor band structures at zero pressure. Phys Rev B,1992, 46：2086~2091

[15] 肖鹤鸣，李永富. 金属叠氮物的能带和电子结构——感度和导电性. 北京：科学出版社，1996

[16] 肖鹤鸣. 高能化合物的结构和性质. 北京：国防工业出版社,2004

[17] 居学海,姬广富,肖鹤鸣. 碱金属叠氮盐晶体的密度泛函理论. 科学通报,2002, 47(4)：265~268

[18] 居学海,肖鹤鸣,姬广富. α-Pb$(N_3)_2$ 晶体的周期性从头计算. 化学学报, 2003, 61：1720~1723

[19] 居学海,姬广富,邱玲等. Cu$^+$、Ag$^+$叠氮盐晶体的周期性 $ab\ initio$ 计算. 高等学校化学学报, 2005,26(11)：2125~2127

[20] Zhu W H, Xiao H M. $Ab\ initio$ study of energetic solids, cupric azide, mercuric azide and lead azide. J Phys Chem B,2006,110：18196~18203

[21] Zhu W H, Xiao J J, Xiao H M. Comparative first-principles study of structural and optical properties of alkali metal azides. J. Phys Chem B, 2006,110：9856~9862

[22] Zhu W H,Xiao J J, Xiao H M. Density functional theory study of the structural and optical properties of lithium azide. Chem Phys Lett, 2006,422：117~121

[23] Prabhakaran K V, Bhide N M, Kurian E M. Spectroscopic and thermal studies on 1,4,5,8-tetranitrotetraazadecalin (TNAD). Thermochim Acta,1995,249：249~258

[24] 邱玲,肖鹤鸣,居学海等. 四硝基四氮杂双环辛烷气相热解引发机理. 含能材料,2005, 13(2)：74~78

[25] Kamlet M J, Jacobs S J. Chemistry of detonations. I. Simple method for calculating detonation properties of C-H-N-O explosives. J Chem Phys, 1968, 48：23~35

[26] 黄昆. 固体物理学. 北京：高等教育出版社,1988

第 20 章　双环-HMX 和 TNAD 晶体及其为基 PBX 的 MD 模拟

第 19 章对双环-HMX 和 TNAD 的晶体结构和性质及其随压力的递变规律进行了周期性从头计算研究。这种固体量子化学计算,给出了晶体能带、分子和电子结构,从电子微观层次阐明和预测了若干性能。为将通常"分子设计"作进一步的拓展和深化,以利于高能量密度材料(HEDM)的寻找和开发,本章仍以双环-HMX 和 TNAD 为典型,运用分子动力学(MD)方法,首次对它们的超晶胞体系进行不同温度下的周期性 MD 模拟,报道它们的弹性力学性能和热膨胀性能及其随温度而递变的规律;还对以双环-HMX 和 TNAD 为基、以 4 种常用典型氟聚物为黏结剂的高聚物黏结炸药(PBX)进行 MD 模拟,从原子水平上研究高分子黏结剂对 PBX 力学性能的影响,求得 PBX 的结合能和爆炸性能,为 PBX 亦即 HEDM 的理论配方设计提供示例和规律。很显然,这些工作具有十分重要的科学意义和实用价值[1~4]。

20.1　力场、模型和模拟细节

应用 Materials Studio (MS)程序包[5]中 DISCOVER 模块,选取先进的 COMPASS 力场[6~9],对双环-HMX 和 TNAD 晶体进行 NPT 系综 MD 模拟。为使理论模拟尽可能与实际符合且考虑到计算资源,分别选取双环-HMX($4 \times 4 \times 3$)超晶胞[含 96 个双环-HMX 分子,共 2496 个原子,如图 20.1(a)所示]和 TNAD($4 \times 4 \times 4$)超晶胞[含 64 个 TNAD 分子,共 2048 个原子,如图 20.1(b)所示]作为研究体系,初始晶体结构分别取自 X 射线衍射结果[10,11]。

以少量聚偏二氟乙烯(PVDF)、聚三氟氯乙烯(PCTFE)、F_{2311} 和 F_{2314} 4 种氟聚物加入基炸药构成 PBX;采用"切割分面"模型进行模拟,即将双环-HMX($4 \times 3 \times 3$)超晶胞和 TNAD($4 \times 4 \times 4$)超晶胞沿(001)、(010)和(100)3 个不同晶面方向切割,并分别置于 3 个周期箱中,每个周期箱在 z 轴即 c 方向留有 10 Å 真空层。以 MS 程序搭建链节数均为 10 的 4 种氟聚物链,末端视情况分别以 H 或 F 加以饱和,经 Amorphous Cell 模块处理并经 2.5 ns 的 MD 模拟以获得其平衡构象。分别取每种高聚物的两根平衡链置于双环-HMX 和 TNAD 的不同晶面上,各获得 12 种 PBX 模型(前者含 1996 个原子,后者含 2172 个原子)。对各 PBX 先经 MM

优化,再经 z 方向的适当压缩使其密度接近各体系的最大理论密度值,该值根据 PBX 中基炸药与高聚物的百分含量求得。压缩后的 PBX 视为正则系综 (NVT)[12]。

在 MD 模拟过程中,各分子起始速度按 Maxwell 分布取样,牛顿运动方程的求解建立在周期性边界条件、时间平均等效于系综平均等基本假设之上,采用 velocity Verlet 法进行求解。库仑和范德华长程非键作用力分别采用 Ewald 和 Atom-Based 方法求得,其中范德华力用球形截断法进行长程校正,截断半径为 9.5Å,截断距离之外的分子间相互作用按平均密度近似方法进行校正。采用 Parrinello控压法[13]设定模拟体系的压力为常压($1×10^{-4}$ GPa),温度的设定采用 Anderson 控温法[14]。时间步长设为 1 fs,总模拟步数为 30 万步,其中前 10 万步用于平衡,后 20 万步用于统计分析,每 1000 步记录一次轨迹文件,选取其中若干帧轨迹用作力学性能计算的平均。用静态力学分析方法求得弹性力学性能[1~4,15~22]。以同上方法模拟双环-HMX($4×4×3$)和 TNAD($4×4×4$)超晶胞在 5~400 K 温度范围的运动轨迹,探讨力学性能关系随温度的递变规律。类似地,对各 PBX 切割分面模型进行 MD 模拟,求得力学性能和结合能。

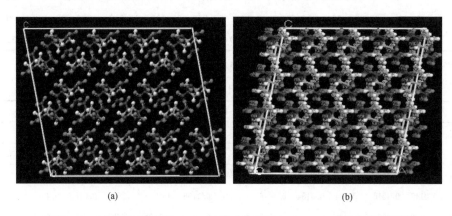

(a)　　　　　　　　　　　　　　　　　(b)

图 20.1　(a)双环-HMX($4×4×3$)和(b) TNAD ($4×4×4$)的超晶胞结构

检验 COMPASS 力场是否适合于研究双环硝胺分子型晶体,将 COMPASS 力场下进行 MD 和 MM 计算所得结果列于表 20.1 和表 20.2。表中 NPT-MD、NVT-MD 和 MM 分别表示在 COMPASS 力场下进行的 NPT 和 NVT 系综 MD 模拟和 MM 计算。结果表明,理论计算晶胞结构、原子坐标均与实验符合得很好,且计算所得晶格能与前人计算结果也相吻合[23](参见表 20.3)。晶格能的较小差别(约 10.73 kJ·mol^{-1})是由于所用计算方法不同,在可接受范围以内。总之,从表 20.1、20.2 和 20.3 的计算结果,可证实 COMPASS 力场确实适用于研究双环硝胺分子型晶体,当然也适用于以其为主体的 PBX 的模拟。

表 20.1 双环-HMX 和 TNAD 晶胞参数的理论计算值与实验值比较 *

晶体	方法	晶胞参数						$V/Å^3$	$\rho/(g \cdot cm^{-3})$
		$a/Å$	$b/Å$	$c/Å$	$\alpha/(°)$	$\beta/(°)$	$\gamma/(°)$		
双环-HMX	实验值[10]	8.598	6.950	8.973	90.0	101.783	90.0	524.826	1.861
	NPT-MD	7.953	7.351	8.758	90.0	101.274	90.0	517.039	1.891
		(7.50)	(5.77)	(−2.40)	(0)	(−0.50)	(0)	(−1.48)	(1.61)
	NVT-MD	8.598	6.950	8.973	90.0	101.783	90.0	524.826	1.861
		(0)	(0)	(0)	(0)	(0)	(0)	(0)	(0)
	MM	7.909	7.355	8.849	90.0	103.516	90.0	500.458	1.952
		(−8.01)	(5.83)	(−1.38)	(0)	(1.70)	(0)	(−4.64)	(4.89)
TNAD	实验值[11]	6.461	6.845	7.542	74.010	75.0	68.530	293.704	1.822
	NPT-MD	6.508	6.752	7.466	73.334	78.557	68.095	297.502	1.801
		(0.73)	(−1.36)	(−1.01)	(−0.91)	(4.74)	(−0.63)	(1.29)	(−1.15)
	NVT-MD	6.46	6.845	7.542	74.010	75.000	68.530	293.704	1.822
		1(0)	(0)	(0)	(0)	(0)	(0)	(0)	(0)
	MM	6.384	6.556	7.396	73.778	78.182	74.612	283.733	1.886
		(−1.19)	(−4.22)	(−1.94)	(−0.31)	(4.24)	(8.87)	(−3.39)	(3.51)

* 括号中是理论计算值相对于实验值的百分误差。

表 20.2 双环-HMX 和 TNAD 晶体中原子坐标的理论计算值与实验值比较

	双环-HMX											
原子	实验值[10]			NPT-MD			NVT-MD			MM		
	u	v	w	u	v	w	u	v	w	u	v	w
C(1)	0.1760	0.1529	0.2716	0.2071	0.1525	0.2843	0.2026	0.1486	0.2916	0.2081	0.1537	0.2830
C(2)	−0.0147	0.4210	0.2334	0.0184	0.4046	0.2637	0.0196	0.4095	0.2570	0.0182	0.4062	0.2637
C(3)	0.2508	0.3261	0.3678	0.3054	0.3203	0.3548	0.2866	0.3263	0.3628	0.3119	0.3195	0.3542
C(4)	0.3858	0.2678	0.1574	0.3848	0.2303	0.1197	0.3730	0.2470	0.1358	0.3840	0.2333	0.1185
N(1)	0.0277	0.2328	0.1859	0.0448	0.2266	0.1995	0.0494	0.2188	0.2075	0.0449	0.2331	0.1961
N(2)	−0.0923	0.1093	0.1244	−0.0799	0.1237	0.1065	−0.0623	0.1038	0.1212	−0.0825	0.1327	0.0971
N(3)	0.1255	0.4685	0.3480	0.1751	0.4553	0.3670	0.1604	0.4669	0.3647	0.1793	0.4525	0.3714
N(4)	0.1029	0.5762	0.4688	0.1930	0.5916	0.4774	0.1659	0.6173	0.4645	0.1985	0.5931	0.4782
N(5)	0.3803	0.3785	0.2938	0.4018	0.3684	0.2363	0.3912	0.3793	0.2603	0.4035	0.3750	0.2345
N(6)	0.5115	0.4669	0.3746	0.5498	0.4752	0.2683	0.5371	0.4707	0.3079	0.5525	0.4810	0.2689
N(7)	0.2824	0.1037	0.1698	0.3087	0.0747	0.1814	0.2971	0.0801	0.1836	0.3050	0.0785	0.1757

续表

原子	实验值[10]			NPT-MD			NVT-MD			MM		
	u	v	w	u	v	w	u	v	w	u	v	w
N(8)	0.3583	−0.0773	0.1965	0.3947	−0.0867	0.2200	0.3720	−0.0971	0.2012	0.3959	−0.0832	0.2136
O(1)	−0.2217	0.1836	0.0775	−0.2124	0.2009	0.0523	−0.1872	0.1728	0.0674	−0.2168	0.2100	0.0393
O(2)	−0.0570	−0.0609	0.1172	−0.0454	−0.0343	0.0861	−0.0262	−0.0645	0.1122	−0.0489	−0.0248	0.0767
O(3)	−0.0202	0.6709	0.4475	0.0673	0.6870	0.4783	0.0478	0.7122	0.4529	0.0705	0.6847	0.4757
O(4)	0.2032	0.5730	0.5844	0.3271	0.5977	0.5678	0.2859	0.6398	0.5588	0.3387	0.6103	0.5681
O(5)	0.5030	0.5300	0.4998	0.5879	0.5336	0.3997	0.5671	0.5272	0.4376	0.5947	0.5431	0.3989
O(6)	0.6228	0.4830	0.3108	0.6274	0.4929	0.1636	0.6271	0.4747	0.2206	0.6319	0.4993	0.1683
O(7)	0.2907	−0.2001	0.2538	0.3349	−0.1854	0.3056	0.3159	−0.2152	0.2745	0.3379	−0.1886	0.2938
O(8)	0.4802	−0.0977	0.1505	0.5193	−0.1158	0.1658	0.4863	−0.1184	0.1483	0.5258	−0.1062	0.1658
H(1)	0.1579	0.0436	0.3351	0.1813	0.0570	0.3734	0.1816	0.0368	0.3709	0.1835	0.0524	0.3669
H(2)	−0.1092	0.4161	0.2766	−0.0856	0.4064	0.3271	−0.0828	0.4199	0.3120	−0.0885	0.3992	0.3243
H(3)	−0.0310	0.5121	0.1497	−0.0099	0.5071	0.1700	−0.0068	0.5127	0.1621	−0.0194	0.5110	0.1731
H(4)	0.2887	0.2919	0.4751	0.3934	0.3017	0.4658	0.3552	0.3024	0.4800	0.4047	0.2975	0.4659
H(5)	0.4932	0.2260	0.1564	0.5100	0.1945	0.0890	0.4874	0.2104	0.1054	0.5092	0.1964	0.0930
H(6)	0.3456	0.3421	0.0662	0.3038	0.2758	0.0132	0.2967	0.3025	0.0308	0.3008	0.2806	0.0073

TNAD

原子	实验值[11]			NPT-MD			NVT-MD			MM		
	u	v	w	u	v	w	u	v	w	u	v	w
C(1)	−0.0406	0.2162	0.1789	−0.0574	0.2348	0.1818	−0.0285	0.2149	0.1824	−0.0404	0.2172	0.1749
C(2)	−0.2173	0.3677	0.3040	−0.2110	0.3841	0.3031	−0.2091	0.3649	0.3084	−0.2078	0.3587	0.2976
C(3)	0.1268	−0.0322	0.4607	0.1217	−0.0312	0.4648	0.1294	−0.0314	0.4592	0.1234	−0.0199	0.4603
N(1)	0.1557	0.0852	0.2677	0.1531	0.0901	0.2642	0.1739	0.0849	0.2640	0.1611	0.1059	0.2591
N(2)	0.3603	0.1189	0.1961	0.3608	0.0954	0.1876	0.3895	0.1041	0.1904	0.3726	0.1266	0.1723
N(3)	−0.1794	0.3742	0.6165	−0.2245	0.3800	0.6436	−0.1902	0.3737	0.6328	−0.2066	0.3718	0.6323
N(4)	−0.2224	0.2667	0.5074	−0.2241	0.2716	0.5069	−0.2232	0.2669	0.5110	−0.2188	0.2540	0.5048
O(1)	0.5109	0.0128	0.2868	0.5395	−0.0414	0.2700	0.5395	−0.0084	0.2782	0.5214	0.0272	0.2631
O(2)	0.3774	0.2451	0.0458	0.4071	0.2478	0.0508	0.4148	0.2248	0.0421	0.3907	0.2441	0.0139
O(3)	−0.2421	0.5710	0.5716	−0.2274	0.5721	0.5834	−0.2181	0.5644	0.5828	−0.2413	0.5684	0.5763
O(4)	−0.0918	0.2698	0.7542	−0.1593	0.2707	0.8066	−0.1357	0.2659	0.7784	−0.1583	0.2709	0.7876
H(1)	0.0081	0.3003	0.0601	−0.0138	0.3252	0.0362	0.0198	0.3072	0.0425	0.0015	0.3198	0.0332
H(2)	−0.1087	0.1236	0.1568	−0.1417	0.1181	0.1666	−0.1061	0.1079	0.1594	−0.1162	0.0960	0.1499
H(3)	−0.3637	0.4013	0.2734	−0.3790	0.4465	0.2453	−0.3723	0.4120	0.2629	−0.3696	0.3951	0.2509
H(4)	−0.1799	0.4971	0.2798	−0.1665	0.5311	0.2897	−0.1718	0.5193	0.2854	−0.1632	0.5171	0.2701
H(5)	0.2125	0.0066	0.5250	0.2063	0.0303	0.5437	0.2013	0.0312	0.5436	0.2016	0.0512	0.5412

表 20.3　双环-HMX 和 TNAD 晶体的晶格能(单位：kJ·mol^{-1})

能量	双环-HMX	TNAD
$E_{crystal}$	−2048.8248	−562.8764
$E_{molecule}$	−885.3321	−404.3836
$E_{lattice}$	−278.1605	−158.4928 (−169.22)[23]

　　从表 20.3 还可见,双环-HMX 的晶格能几乎是 TNAD 的两倍,这与第 19 章第一性原理 DFT 计算的结果相一致,均表明双环-HMX 较 TNAD 稳定。

　　仅当体系经 MD 模拟达到平衡后所得轨迹,才能用于性能分析。图 20.2 分别示出双环-HMX 和 TNAD 在 298 K 进行 NPT 系综 MD 模拟所得温度和能量的波动曲线。由图 20.2(a)可见,温度的波动幅度在 ±10 K 左右,表明所模拟体系已达到热平衡。图 20.2(b)的能量波动曲线也表明,体系已达到能量平衡,双环-HMX 的势能和非键作用能偏离平均值分别小于 0.5% 和 0.3%,而 TNAD 的势

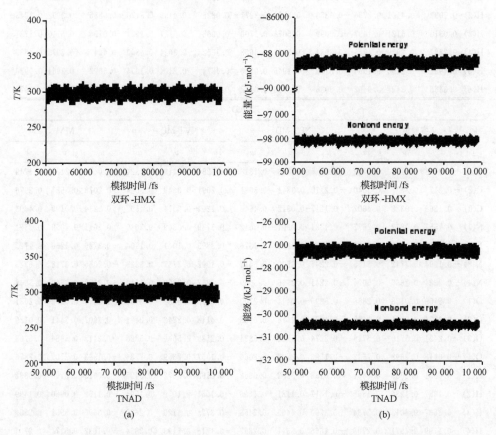

图 20.2　双环-HMX 和 TNAD 的 298 K NPT-MD 模拟(a)温度和(b)能量波动曲线

能和非键作用能偏离平衡位置分别小于 1.4％和 0.9％。本章所有 MD 模拟均已达到了平衡,不再赘述。

　　作为示例,图 20.3 和图 20.4 分别给出 F_{2314} 置于双环-HMX 3 个不同晶面和 PCTFE 置于 TNAD 3 个不同晶面所得 PBX 经 NVT-MD 模拟后的平衡结构。为简洁起见,其余平衡结构均从略。

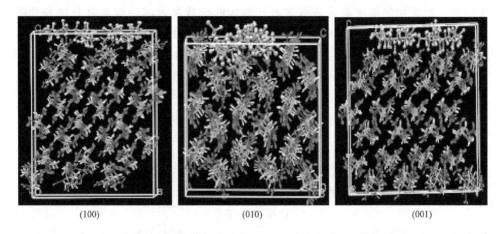

(100)　　　　　　　　　　(010)　　　　　　　　　　(001)

图 20.3　F_{2314} 置于双环-HMX 3 个不同晶面所得 PBX 的平衡结构

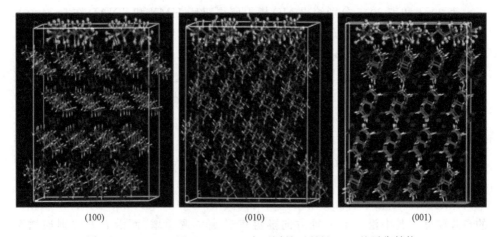

(100)　　　　　　　　　　(010)　　　　　　　　　　(001)

图 20.4　PCTFE 置于 TNAD 3 个不同晶面所得 PBX 的平衡结构

20.2　晶体的热膨胀性能

　　物体受热膨胀现象在自然界普遍存在。温度变化引起的热变形严重影响加工或测量精度,影响到生产和使用,在高能材料领域颇受关注。度量物体热变形的重要参数是组成该物体材料的热膨胀系数,可表征固体材料的非简谐性质。长期以来,人们已建立了许多计算固体热膨胀系数的理论模型如理论热膨胀系数、实用热膨胀系数、精确热膨胀系数、热变形系数和科学热膨胀系数等,并对其与压力和温度的关系进行了研究[24~29]。其中从热力学理论导出的关于理论热膨胀系数的表达式,能反映物体热膨胀的物理本质,但公式较复杂,一些未知量难以确定,不具有实用性。而实用热膨胀系数是将被研究物体的形状及内部结构加以简化和理想化,即将标准杆件的长度或体积随受热温度变化的改变量定义为该试件材料的热膨胀系数。为研究与应用方便,本章采用实用热膨胀系数描述双环-HMX 和TNAD 晶体的热膨胀性能,其定义为

线膨胀系数 $$\alpha = \frac{1}{L}\frac{dL}{dT} \tag{20.1}$$

体膨胀系数 $$\beta = \frac{1}{V}\frac{dV}{dT} \tag{20.2}$$

式中:L 和 V 分别为所测温度下的晶胞边长和体积。在不追求高精度的条件下,晶胞边长和体积与温度 T 的关系可表示为

$$Y = A + BT \tag{20.3}$$

对不同温度下晶胞参数和体积进行一元线性拟合可求得 A 和 B 值。相应的 B 值即 dL/dT 或 dV/dT。

表 20.4 和表 20.5 分别给出 MD 模拟所得双环-HMX 和 TNAD 在 5~400 K的晶胞参数、体积和密度以及沿 a、b 和 c 3 个方向的线膨胀系数和体膨胀系数。将这些参数随温度的变化示于图 20.5 和图 20.6 中。由表 20.4 结合图 20.5(a)可见,在 5~400 K,MD 模拟结果总体上与实验值相符。如 298 K MD 模拟所得双环-HMX 晶胞结构与 294 K 时的实测结果符合较好,晶胞参数(a、b、c 和 α、β、γ)和体积(V)的相对百分误差分别为 -5.97%、8.26%、0.11%、-0.16%、0.03%、0.05% 和 1.89%。晶体结构随温度的变化较小,如在 5~400 K,晶胞体积(V)相对于实验值(294 K)的变化仅从 -4.61% 升至 5.21%。双环-HMX 随温度升高而膨胀,其晶胞参数和体积均增大、晶体密度则递降。主要是由于原子点阵能随温度升高而递增,原子在平衡位置附近振动的幅度增大,导致原子间距增大并产生相应的点阵膨胀。其中沿 a 和 c 轴方向随温度升高单调递增,而沿 b 方向则递增至298 K 达最大值后再递降。在整个模拟温度范围内,晶胞角度 α 和 γ 保持在 90.0°左右,而 β 则随温度升高而递减,从 5 K 时 103.47° 降至 400 K 时 99.42°。

由表 20.5 和图 20.6(a)可见,298 K,TNAD 的 MD 模拟所得结果与其 295 K实测结果符合较好。除晶胞角度 β 和 γ 变化稍大外,在 5~400 K 的模拟结果与实验值变化不大。TNAD 随温度升高而膨胀,其晶胞参数和体积均相应增大。

从图 20.5(a)和图 20.6(a)可见,双环-HMX 和 TNAD 的晶胞参数和体积与

温度之间均呈现较好的线性关系。运用这些线性关系按式(20.1)和(20.2),求得它们的线膨胀系数和体膨胀系数。图20.5(b)和图20.6(b)分别示出二者的热膨胀系数随温度而递变的规律:①双环-HMX和TNAD受热膨胀均呈各向异性,前者沿 a 和 c 轴的膨胀较接近且比沿 b 轴膨胀显著,而后者沿 a 和 b 轴膨胀近似相同且略大于沿 c 轴的膨胀;②二者的线膨胀系数和体膨胀系数均随温度升高而略有下降,表明升高温度使其热膨胀性能减弱;③TNAD的热膨胀系数均大于双环-HMX的相应值,表明前者受热膨胀较后者显著,与前者晶胞参数随温度变化较大相一致。

表 20.4　双环-HMX 在不同温度下的晶胞参数、体积和密度[a]

T/K	晶胞参数						V/Å³	ρ/(g·cm⁻³)
	a/Å	b/Å	c/Å	α/(°)	β/(°)	γ/(°)		
实验值(294K)	8.598	6.950	8.973	90.0	101.783	90.0	524.826	1.861
5	7.907	7.357	8.850	90.001	103.474	90.025	500.642	1.951
	(−8.04)	(5.86)	(−1.37)	(0.00)	(1.66)	(0.03)	(−4.61)	(4.84)
50	7.929	7.382	8.868	89.983	103.452	90.043	504.769	1.935
	(−7.78)	(6.22)	(−1.17)	(−0.02)	(1.64)	(0.05)	(−3.82)	(3.98)
100	7.962	7.423	8.870	89.962	103.289	90.013	510.185	1.915
	(−7.40)	(6.81)	(−1.15)	(−0.04)	(1.48)	(0.01)	(−2.79)	(2.90)
150	7.974	7.447	8.909	89.882	103.362	89.911	514.700	1.898
	(−7.26)	(7.15)	(−0.71)	(−0.13)	(1.55)	(−0.10)	(−1.93)	(1.99)
200	8.015	7.492	8.888	90.104	103.070	89.858	519.898	1.879
	(−6.78)	(7.80)	(−0.95)	(0.12)	(1.26)	(−0.16)	(−0.94)	(0.97)
250	8.062	7.500	8.886	90.104	101.957	90.154	525.598	1.859
	(−6.23)	(7.91)	(−0.97)	(0.12)	(0.17)	(0.17)	(0.15)	(−0.11)
273	8.073	7.504	8.970	89.885	102.098	89.844	531.295	1.839
	(−6.11)	(7.97)	(−0.03)	(−0.13)	(0.31)	(−0.17)	(1.23)	(−1.18)
298	8.085	7.524	8.983	89.857	101.810	90.042	534.771	1.827
	(−5.97)	(8.26)	(0.11)	(−0.16)	(0.03)	(0.05)	(1.89)	(−1.83)
350	8.140	7.474	9.092	90.142	100.734	90.189	543.389	1.798
	(−5.33)	(7.54)	(1.33)	(0.16)	(−1.03)	(0.21)	(3.54)	(−3.39)
400	8.181	7.433	9.207	90.055	99.420	90.197	552.169	1.769
	(−4.85)	(6.95)	(2.61)	(0.06)	(−2.32)	(0.22)	(5.21)	(−4.94)
χ(298)[b]	$8.55×10^{-5}$	$3.91×10^{-5}$	$8.46×10^{-5}$				$2.39×10^{-4}$	

a 括号中是理论计算值相对于实验值的百分误差。

b χ 为晶体在 298 K 时沿 a、b 和 c 3 个方向的线膨胀系数和体膨胀系数,单位:K⁻¹。

表 20.5　TNAD 在不同温度下的晶胞参数、体积和密度[a]

T/K	晶胞参数						V/Å³	ρ/(g·cm⁻³)
	a/Å	b/Å	c/Å	α/(°)	β/(°)	γ/(°)		
实验值(295K)	6.461	6.845	7.542	74.010	75.000	68.530	293.704	1.822
5	6.399	6.577	7.430	73.660	78.639	74.971	287.268	1.862
	(−0.96)	(−3.92)	(−1.49)	(−0.47)	(4.85)	(9.40)	(−2.19)	(2.20)
50	6.410	6.591	7.460	73.669	79.256	75.135	289.805	1.846
	(−0.79)	(−3.71)	(−1.09)	(−0.46)	(5.67)	(9.64)	(−1.33)	(1.32)
100	6.418	6.602	7.488	73.679	80.060	75.300	292.903	1.827
	(−0.67)	(−3.55)	(−0.72)	(−0.45)	(6.75)	(9.88)	(−0.27)	(0.27)
150	6.438	6.625	7.524	73.716	80.786	75.393	296.103	1.807
	(−0.36)	(−3.21)	(−0.24)	(−0.40)	(7.71)	(10.01)	(0.82)	(−0.82)
200	6.452	6.632	7.551	73.746	81.762	75.550	299.656	1.786
	(−0.14)	(−3.11)	(0.12)	(−0.36)	(9.02)	(10.24)	(2.03)	(−1.98)
250	6.475	6.656	7.599	73.757	82.962	75.842	303.193	1.765
	(0.22)	(−2.76)	(0.76)	(−0.34)	(10.62)	(10.67)	(3.23)	(−3.13)
273	6.489	6.665	7.612	73.774	83.220	75.878	305.278	1.753
	(0.43)	(−2.63)	(0.93)	(−0.32)	(10.96)	(10.72)	(3.94)	(−3.79)
298	6.499	6.698	7.636	73.813	84.338	75.886	307.397	1.741
	(0.59)	(−2.15)	(1.25)	(−0.27)	(12.45)	(10.73)	(4.66)	(−4.45)
350	6.569	6.739	7.662	73.879	86.130	75.963	314.795	1.700
	(1.67)	(−1.55)	(1.59)	(−0.18)	(14.84)	(10.85)	(7.18)	(−6.70)
400	6.735	6.926	7.680	75.019	91.064	76.152	323.740	1.653
	(4.24)	(1.18)	(1.83)	(1.36)	(21.42)	(11.12)	(10.23)	(−9.28)
450	6.857	7.730	7.689	75.278	95.015	76.608	330.053	1.621
	(6.13)	(12.93)	(1.95)	(1.71)	(26.69)	(11.79)	(12.38)	(−11.03)
χ(298)[b]	1.02×10⁻⁴	1.00×10⁻⁴	8.73×10⁻⁵				2.78×10⁻⁴	

a 括号中是理论计算值相对于实验值的百分误差。

b χ 为晶体在 298 K 时的(线和体)膨胀系数,单位:K⁻¹。

　　物质的热膨胀行为是其原子非简谐振动的直接结果。热膨胀大小与晶格结合能相关。热膨胀测量可求得 Grüneisen 和 Rayleigh 值[27~29],可揭示膨胀系数与其他性能之间的关系。然而,迄今未见双环-HMX 和 TNAD 热膨胀性能的研究报道,希望本章的初步工作可起到抛砖引玉的作用,促进高能材料相关研究的开展。

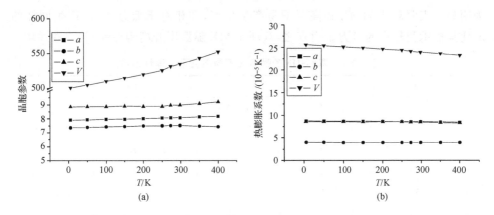

图 20.5　双环-HMX 的(a)晶胞参数和(b)热膨胀系数随温度(T)的变化

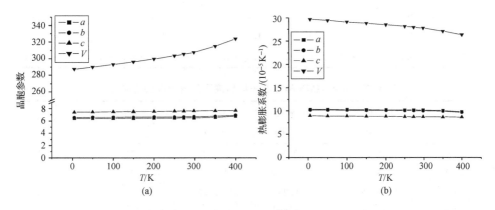

图 20.6　TNAD 的(a)晶胞参数和(b)热膨胀系数随温度(T)的变化

20.3　晶体的弹性力学性能

　　近年来,通过 MD 模拟和静态力学分析求得高能物质弹性力学性能已有较多报道[1~4,15~22,30]。表 20.6 和表 20.7 分别列出双环-HMX 晶体在不同温度下的弹性系数和有效各向同性力学性能,包括拉伸模量(E)、体积模量(K)、剪切模量(G)和泊松比(γ)。因迄今未见双环-HMX 力学性能的实测或理论工作,故表中给出的原始数据只是理论预测。

　　表 20.6 仅列出双环-HMX 晶体的部分数值较大的弹性系数,略去了数值接近于 0 的其余系数。表中除对角元 C_{ii} 和 C_{12}、C_{13} 和 C_{23} 数值较大外,其余元素也较小。这表明双环-HMX 晶体具有一定的各向异性[31]。从表 20.6 可见,双环-HMX 的弹性系数均随温度升高而下降,其中对角元 C_{ii} 和 C_{12}、C_{13} 和 C_{23} 的下降尤

为明显。表明双环-HMX 在高温下易产生形变，即相对于低温而言，产生同样的形变只需承受较小的应力。换言之，双环-HMX 随温度升高刚性递减、弹性递增。

表 20.6　双环-HMX 晶体在不同温度下的弹性系数

T/K	C_{11}	C_{22}	C_{33}	C_{44}	C_{55}	C_{66}	C_{12}	C_{13}	C_{15}	C_{23}	C_{25}	C_{35}	C_{46}	$C_{12}-C_{44}$
5	20.9	15.7	13.8	5.1	4.6	9.2	7.3	6.8	1.5	10.0	1.4	0.4	−0.1	2.2
50	19.8	14.7	13.1	5.0	4.4	8.7	6.7	6.2	1.4	9.3	1.3	0.4	−0.2	1.7
100	18.3	13.3	12.2	4.9	4.2	8.0	5.8	5.4	1.2	8.6	1.2	0.4	−0.4	0.9
150	17.3	12.4	11.6	4.7	4.0	7.5	5.3	4.8	1.2	7.9	0.9	0.4	−0.4	0.6
200	15.7	11.0	10.8	4.7	3.8	7.0	4.4	4.2	0.9	7.3	0.4	0.4	−0.6	−0.3
250	13.6	9.5	10.4	4.6	3.6	6.2	3.3	3.6	0.3	6.6	0.2	0.2	−0.9	−1.3
273	12.7	8.8	9.8	4.4	3.5	5.7	2.9	3.2	0.4	5.8	0.2	0.2	−0.9	−1.5
298	11.9	8.0	9.5	4.3	3.3	5.3	2.5	2.7	0.2	5.4	0.0	0.3	−1.0	−1.8
350	9.6	7.0	8.7	3.9	3.0	4.4	1.6	2.0	−0.1	4.4	−0.3	0.1	−1.0	−2.3
400	8.3	5.9	6.9	3.3	2.4	3.3	1.2	1.7	−0.6	3.6	−0.5	−0.5	−0.8	−2.1

表 20.7　双环-HMX 晶体在不同温度下的各向同性力学性能

T/K	拉伸模量 E/GPa	体模量 K/GPa	剪切模量 G/GPa	泊松比 γ	K/G
5	11.58	10.95	4.37	0.32	2.51
50	11.15	10.21	4.23	0.32	2.41
100	10.46	9.26	3.99	0.31	2.32
150	10.11	8.59	3.88	0.30	2.21
200	9.33	7.70	3.59	0.30	2.14
250	8.56	6.72	3.32	0.29	2.02
273	8.34	6.10	3.28	0.27	1.86
298	7.93	5.61	3.14	0.26	1.79
350	7.12	4.60	2.87	0.24	1.60
400	6.00	3.80	2.43	0.24	1.56

Cauchy 压（$C_{12}-C_{44}$）可度量体系的延展性[32~34]。由表 20.7 可见，双环-HMX 的（$C_{12}-C_{44}$）值随温度升高由正变负地递减，表明其延展性随温度升高而逐渐降低。

由表 20.7 可见，随温度从 5 K 升至 400 K，双环-HMX 晶体的拉伸模量、体模量和剪切模量以及 K/G 值均显著下降。表明随温度升高，它的刚性和韧性递减、弹性增强[32~34]。如低温（5 K）下，双环-HMX 的拉伸模量（11.58 GPa）较大，表明其刚性即抵制变形的能力较强；而当温度上升至 400 K 时，其拉伸模量（6.00

GPa)减小近半,表明其适于加工的弹性增强。但同时它的体模量从 5 K 时 10.95 GPa 降至 400 K 时 3.80 GPa,表明其断裂强度下降。可见升高温度对力学性能的改变效应相当复杂,必须予以综合考虑。

比较表 20.7 泊松比的计算结果,在 5～400 K 随着温度升高,其值有所下降,但降幅不大,均在 0.2 以上。表明双环-HMX 晶体具有一定塑性,且塑性随温度升高略有下降。

表 20.8 和表 20.9 列出 TNAD 晶体在不同温度下的弹性系数和有效各向同性力学性能。TNAD 晶体属极端各向异性体,表中列出其 21 个弹性系数矩阵元。除对角元 C_{11}、C_{22} 和 C_{33} 很大外,其余元素均较小,且 $C_{11} \approx C_{33} \sim 1.4 C_{22}$,$C_{44} \approx C_{55} \sim 0.5 C_{66}$,证明其具有各向异性特征。随温度升高,除少数弹性系数略有上升外,其余均呈下降趋势,其中尤以 C_{44} 降低最明显。表明随着温度上升其刚性递减。表中 TNAD 的($C_{12} - C_{44}$)值随温度升高递减,表明其延展性随温度升高将递降。

表 20.8　TNAD 晶体在不同温度下的弹性系数

T/K	C_{11}	C_{22}	C_{33}	C_{44}	C_{55}	C_{66}	C_{12}	C_{13}	C_{14}	C_{15}	C_{16}
5	29.4	22.1	28.3	3.5	4.1	8.3	4.6	4.4	0.2	−1.1	2.1
50	27.5	20.5	25.9	3.3	3.7	7.7	4.0	3.5	0.2	−1.0	1.9
100	26.2	19.4	24.5	3.2	3.5	7.3	3.7	2.9	0.2	−0.8	1.8
150	23.3	16.8	22.6	2.9	3.0	7.0	2.9	1.9	0.2	−0.4	1.5
200	22.1	16.4	22.1	2.7	2.7	6.9	2.7	1.6	0.1	0.2	1.4
250	19.2	14.5	19.9	2.7	2.2	6.4	2.6	1.5	0.3	0.2	1.1
273	18.7	14.3	19.5	2.5	2.1	6.1	2.3	1.4	0.3	0.3	1.1
298	17.2	12.5	18.6	2.5	1.7	6.0	2.3	1.4	0.1	0.8	1.0
350	12.9	10.7	14.8	2.5	1.3	4.9	2.1	1.1	0.5	0.9	1.0
400	10.6	6.7	9.1	2.4	1.3	3.7	2.0	0.9	0.5	0.3	1.0

T/K	C_{23}	C_{24}	C_{25}	C_{26}	C_{34}	C_{35}	C_{36}	C_{45}	C_{46}	C_{56}	$C_{12}-C_{44}$
5	7.3	3.5	−1.0	−2.3	0.2	4.6	−4.8	−0.2	0.3	1.6	1.1
50	6.6	3.2	−0.8	−2.2	0.3	4.4	−4.3	−0.1	0.3	1.5	0.7
100	6.0	3.0	−0.6	−2.1	0.4	4.4	−4.0	−0.2	0.3	1.6	0.5
150	5.5	2.6	−0.3	−2.1	0.5	4.2	−3.9	−0.2	0.2	1.7	0
200	5.3	2.7	0	−2.0	0.6	4.1	−3.8	−0.3	0.1	1.8	0
250	4.8	2.3	0.1	−1.9	0.8	3.6	−3.6	−0.2	0	1.6	−0.1
273	4.7	2.3	0.1	−1.8	0.8	3.4	−3.2	−0.3	0	1.6	−0.2
298	4.8	2.0	0.2	−1.7	0.9	2.5	−3.2	−0.4	−0.2	1.5	−0.2
350	4.3	1.6	0.2	−1.4	0.9	1.1	−3.1	−0.5	−0.3	1.2	−0.4
400	3.8	−0.2	0.3	−1.0	1.1	−0.9	−2.6	−0.5	−0.2	0.7	−0.4

表 20.9　TNAD 晶体在不同温度下的各向同性力学性能

T/K	拉伸模量 E/GPa	体模量 K/GPa	剪切模量 G/GPa	泊松比 γ	K/G
5	24.81	12.49	10.61	0.17	1.18
50	23.12	11.32	9.97	0.16	1.14
100	22.08	10.58	9.58	0.15	1.10
150	19.97	9.25	8.76	0.14	1.06
200	19.33	8.85	8.51	0.14	1.04
250	17.23	7.65	7.66	0.12	1.00
273	16.78	7.58	7.42	0.13	1.02
298	15.25	7.29	6.62	0.15	1.10
350	11.72	6.20	4.94	0.18	1.26
400	7.63	4.65	3.11	0.23	1.50

从表 20.9 可见,温度在 5～400 K,TNAD 晶体拉伸模量、体模量和剪切模量均随温度升高而下降,表明其在低温下刚性较强。随温度升高其刚性递减、弹性增强、断裂强度有所下降。从 K/G 值随温度的变化,可见 TNAD 在 250 K 韧性较小;在室温以上,韧性有所回升。TNAD 的泊松比数值较小,随温度变化也不敏感。在 400 K 时超过 0.2,表明具有某些塑性。TNAD 的泊松比较双环-HMX 小,表明其塑性低于双环-HMX。

20.4　PBX 的弹性力学性能

表 20.10～表 20.13 分别给出双环-HMX 和 TNAD 基 PBX 在 298 K 经 NVT-MD 模拟和静态力学分析所得弹性系数和有效各向同性力学性能。因现有文献没有这些性能实验值的任何报道,故这里仅将 PBX 之间以及 PBX 与纯晶体之间的计算结果进行比较,探索不同黏结剂改善体系力学性能的规律,以供优选黏结剂作参考。

由表 20.10 可见,纯双环-HMX 晶体的弹性系数矩阵除对角元 C_{ii} 和 C_{12}、C_{13}、C_{23}、C_{25} 较大外,其余元素均较小;而将相同氟聚物置于其不同晶面所得各 PBX 的弹性系数又不一样,可见双环-HMX 具各向异性。与纯双环-HMX 相比,各 PBX 模型的弹性系数多数均有所下降,且部分较大 C_{ij} 有所减小,而较小 C_{ij} 则有所增大。弹性系数矩阵的这种平均化变化趋势,表明少量高聚物的加入会使体系各向异性减弱而各向同性增强,这是由于高聚物是无规线团,具较好各向同性。

表 20.10　双环-HMX 基氟聚物 PBX 的弹性系数

PBX	高聚物	C_{11}	C_{22}	C_{33}	C_{44}	C_{55}	C_{66}	C_{12}	C_{13}	C_{15}	C_{23}	C_{25}	C_{35}	C_{46}	$C_{12}-C_{44}$
BCHMX		6.6	16.4	9.2	3.2	5.5	4.3	5.0	3.2	0	7.9	2.0	0.5	0.6	1.8
(100)	PVDF	13.0	9.4	9.4	3.1	2.8	3.0	6.2	5.3	−0.2	4.3	0	0.2	0	3.1
	F_{2311}	12.8	8.4	9.0	3.1	2.1	2.4	6.1	4.9	−0.1	3.7	0.5	0.1	0	3.0
	F_{2314}	12.5	9.8	9.3	3.5	2.5	2.7	6.5	4.7	0.3	4.6	0.4	0.3	0	3.0
	PCTFE	12.7	8.8	9.6	3.5	2.3	2.8	7.6	4.1	0.1	4.1	0.3	0	0.2	4.1
(010)	PVDF	9.3	10.5	10.7	3.5	3.7	3.6	5.0	5.6	0.2	5.6	0.3	0.2	0.4	1.5
	F_{2311}	8.5	10.1	10.3	2.8	3.4	3.0	4.9	5.4	0.1	4.9	−0.1	0.3	−0.4	2.1
	F_{2314}	8.8	7.2	10.3	2.8	2.9	3.4	5.2	5.3	0.1	4.9	−0.1	0.1	0.2	2.4
	PCTFE	8.9	9.0	10.2	3.0	3.3	3.3	5.2	6.4	−0.2	5.5	−0.2	−0.2	−0.2	2.2
(001)	PVDF	10.4	12.5	8.8	3.2	3.4	3.4	5.4	5.2	−0.2	6.3	0.5	0.1	0.4	2.2
	F_{2311}	10.4	12.1	9.0	2.5	2.6	2.8	4.7	5.0	−0.3	6.2	0.7	0.2	0	2.2
	F_{2314}	11.6	12.0	10.5	2.5	3.0	2.8	4.9	5.4	0.2	6.3	0.6	0.1	0.7	2.4
	PCTFE	11.3	12.3	8.9	3.0	2.7	3.4	5.2	5.5	−0.5	6.1	0.1	−0.1	0.1	2.2

表 20.11　双环-HMX 基氟聚物 PBX 的有效各向同性力学性能

PBX	高聚物	拉伸模量 E /GPa	体模量 K /GPa	剪切模量 G /GPa	泊松比 γ	K/G
BCHMX		7.15	7.15	2.68	0.33	2.67
(100)	PVDF	7.07	7.06	2.65	0.33	2.66
	F_{2311}	6.87	6.62	2.59	0.33	2.56
	F_{2314}	7.01	7.03	2.63	0.33	2.67
	PCTFE	7.49	6.79	2.85	0.32	2.38
(010)	PVDF	6.49	6.99	2.41	0.35	2.90
	F_{2311}	6.18	6.60	2.30	0.34	2.87
	F_{2314}	4.96	6.34	1.81	0.37	3.50
	PCTFE	5.07	6.93	1.84	0.38	3.77
(001)	PVDF	6.67	7.27	2.48	0.35	2.93
	F_{2311}	6.94	7.04	2.60	0.34	2.71
	F_{2314}	7.69	7.49	2.89	0.33	2.59
	PCTFE	6.98	7.36	2.60	0.34	2.83

柯西压（$C_{12}-C_{44}$）可度量体系的延展性。由表 20.10 可见，双环-HMX 基 PBXs 的（$C_{12}-C_{44}$）明显大于纯双环-HMX 晶体，表明少量氟聚物的加入能在一定程度上改善双环-HMX 晶体的延展性，使其利于加工成型和应用。比较不同 PBXs 的（$C_{12}-C_{44}$）值可见，氟聚物置于双环-HMX 不同晶面对延展性改善的效果为（100）＞（001）＞（010）。

模量可度量材料的刚性。由表 20.11 可见，与纯双环-HMX 晶体相比，多数 PBX 模型的模量值呈下降趋势，表明加入高聚物使体系刚性减弱、弹性增强。

体模量与剪切模量的比值（K/G）可度量体系的韧性[35]。由表 20.11 中 K/G 值可见，4 种氟聚物置于双环-HMX 不同晶面所得 PBX 的韧性相对强弱排序为（010）＞（001）＞（100），即当 PCTFE 置于双环-HMX（010）面时使韧性相对较好。

通常认为泊松比在 0.2～0.4 的物质具有塑性。由表 20.11 可见，纯双环-HMX 及其为基的 12 种氟聚物 PBX 模型均具相似的塑性。

总之，通过比较双环-HMX 及其为基 PBX 模型的弹性系数和有效各向同性力学性能，发现氟聚物的加入确能在一定程度上改善双环-HMX 的弹性力学性能，其中以双环-HMX（010）/F_{2314} 的综合力学性能相对较好。

以下考察各氟聚物粘结剂对 TNAD 晶体力学性能的改善效果。由表 20.12 可见，纯 TNAD 晶体的弹性系数矩阵以对角元素 C_{ii} 和 C_{12}、C_{13}、C_{23} 较大，其余元素较小，表明其具有一定的各向异性；将相同氟聚物置于 TNAD 不同晶面所得 PBX 的弹性系数有所不同，进一步证实了 TNAD 的各向异性特征。总体上看，与纯 TNAD 相比，各 PBX 的弹性系数矩阵对角元如 C_{11}、C_{44}、C_{55} 和 C_{66} 多数均有所降低，另一些矩阵元如 C_{22}、C_{33}、C_{12}、C_{13}、C_{14}、C_{23}、C_{25}、C_{34} 和 C_{36} 却均有增大。这种弹性系数平均化的趋势表明少量氟聚物的加入将使体系各向同性增强。

表 20.12 中柯西压（$C_{12}-C_{44}$）均为正值，表明 TNAD 及其为基 PBX 的延展性较好，但氟聚物沿不同晶面加入的影响却不一致。氟聚物置于 TNAD（100）晶面所得 PBX 的（$C_{12}-C_{44}$）值明显小于纯 TNAD 晶体，表明体系延展性较纯晶体下降；而当氟聚物链置于 TNAD（010）和（001）晶面使（$C_{12}-C_{44}$）值明显增大，表明体系延展性较纯晶体增强。总体而言，不同晶面改善相应 PBX 的延展性效果为（001）＞（010）＞（100）。此外，不同高聚物相对 TNAD 晶体相同晶面使延展性改善的效果为 PVDF＞F_{2311}＞F_{2314}＞PCTFE。如当 PVDF 置于 TNAD（001）面柯西压高达 5.5 GPa，表明 TNAD（001）/PVDF PBX 模型的延展性最好。

由表 20.13 可见，TNAD 基各 PBX 的各模量比纯 TNAD 晶体有所下降，表明体系刚性减弱、弹性增强。细致比较发现，拉伸模量从 18.76 GPa 减至不足 13 GPa，剪切模量从 7.75 GPa 减至 5 GPa 以下，但体模量下降较少，表明少量氟聚物的加入确能有效改善 TNAD 炸药的弹性力学性能，且其断裂强度下降很小。

表 20.12　TNAD 基氟聚物 PBX 的弹性系数

PBX	高聚物	C_{11}	C_{22}	C_{33}	C_{44}	C_{55}	C_{66}	C_{12}	C_{13}	C_{14}	C_{15}	C_{16}
TNAD		23.3	12.9	14.1	2.7	3.5	4.6	5.1	4.5	−1.3	−0.3	2.3
(100)	PVDF	14.9	16.4	17.2	4.2	2.9	1.4	6.3	7.1	−0.1	0.2	0.2
	F_{2311}	13.1	14.5	14.7	4.0	3.1	1.1	6.0	8.2	0.2	0	0.4
	F_{2314}	13.6	12.9	15.0	4.3	2.9	1.5	5.7	7.5	−0.6	−0.3	0
	PCTFE	13.3	14.6	16.5	4.6	3.2	1.7	5.7	9.1	−0.5	−0.3	0.4
(010)	PVDF	14.9	17.5	16.1	1.8	4.0	1.5	6.7	7.5	0	−1.0	1.1
	F_{2311}	15.8	15.1	16.7	1.9	4.3	1.5	6.7	7.8	0.4	−1.3	0.6
	F_{2314}	12.8	14.2	17.0	2.2	3.6	2.4	6.3	7.0	−0.3	−1.6	0.2
	PCTFE	15.1	13.5	14.8	2.7	4.3	2.2	6.6	6.4	0.3	−1.3	−0.1
(001)	PVDF	18.4	15.1	15.0	2.7	2.1	4.8	8.2	6.2	−0.9	0.1	0.6
	F_{2311}	19.3	13.0	12.9	2.6	1.9	2.8	6.9	6.3	−0.8	0.3	1.0
	F_{2314}	20.3	14.5	14.5	3.0	1.9	4.2	7.3	6.3	−1.3	0	1.4
	PCTFE	21.0	14.1	15.7	3.2	2.6	3.7	7.3	7.4	−1.2	0.5	1.5

PBX	高聚物	C_{23}	C_{24}	C_{25}	C_{26}	C_{34}	C_{35}	C_{36}	C_{45}	C_{46}	C_{56}	$C_{12}-C_{44}$
TNAD		4.3	1.8	−0.9	0.1	−0.5	1.2	−1.2	0.7	0.2	1.2	2.4
(100)	PVDF	4.7	−1.3	0.3	1.0	1.5	1.3	0	0.2	0.1	0	2.1
	F_{2311}	3.9	−2.1	0.4	1.0	0.6	0.3	−0.1	0.4	0	−0.3	2.0
	F_{2314}	4.7	−1.8	0.2	0.4	1.0	0.4	−0.4	0.2	0	−0.2	1.4
	PCTFE	4.8	−2.5	0.5	0.5	0.8	0.5	−0.3	0.5	0	−0.4	1.1
(010)	PVDF	5.7	0.5	−0.1	−0.1	−0.4	−1.2	0.2	0.4	0.6	−0.6	4.9
	F_{2311}	5.7	0.1	0.3	−0.6	−0.3	−1.3	0.7	0	0.3	−0.5	4.8
	F_{2314}	6.8	−0.6	0.3	−0.9	−0.3	−1.9	−0.5	−0.1	0	−0.7	4.1
	PCTFE	6.8	−0.4	0.1	−0.4	−0.4	−1.2	−0.5	0.1	−0.1	−0.5	3.9
(001)	PVDF	9.0	0.2	0.4	−2.3	1.0	0.8	−2.5	0.4	−0.5	0.7	5.5
	F_{2311}	6.5	0.4	0.1	−0.8	0.8	−0.2	−1.1	0.2	−0.3	0.8	4.3
	F_{2314}	7.7	0.4	−0.4	−1.2	0.5	−0.2	−2.3	0	−0.4	0.8	4.3
	PCTFE	8.2	0.6	−0.3	−1.4	0.9	0.4	−1.6	0.6	−0.2	0.8	4.1

表 20.13　TNAD 基氟聚物 PBX 的有效各向同性力学性能

PBX	高聚物	拉伸模量 E/GPa	体模量 K/GPa	剪切模量 G/GPa	泊松比 γ	K/G
TNAD		18.76	10.78	7.75	0.21	1.39
(100)	PVDF	12.86	9.40	5.05	0.27	1.86
	F_{2311}	10.49	8.72	4.04	0.30	2.16
	F_{2314}	10.22	8.59	3.93	0.30	2.19
	PCTFE	10.80	9.27	4.13	0.31	2.24
(010)	PVDF	12.30	9.79	4.77	0.29	2.05
	F_{2311}	11.78	9.77	4.54	0.30	2.15
	F_{2314}	10.48	9.38	3.99	0.31	2.35
	PCTFE	10.33	9.21	3.93	0.31	2.34
(001)	PVDF	11.07	10.59	4.18	0.33	2.53
	F_{2311}	11.07	9.38	4.25	0.30	2.21
	F_{2314}	12.14	10.20	4.67	0.30	2.18
	PCTFE	12.21	10.71	4.66	0.31	2.30

从表 20.13 还可见,各 PBX 模型的 K/G 值均较纯 TNAD 晶体明显增大,表明体系韧性增强;4 种氟聚物置于 TNAD 不同晶面的效应为(001)>(010)>(100),与柯西压递变顺序相一致。其中以 TNAD(001)/PVDF 的 K/G 值(2.53)最大,也与其柯西压值最大相一致。可见所谓的延展性和韧性有时具有等价性。各 PBX 模型的泊松比均比纯 TNAD 的大,表明前者塑性明显高于后者。

总之,通过比较纯 TNAD 及其为基 PBX 的弹性系数、模量和泊松比等弹性力学参量,发现氟聚物的加入确使体系刚性减弱、弹性增强、延展性和各向同性增强,有效地改善了体系的力学性能,其中以 TNAD(001)/PVDF PBX 模型的综合性能相对较好。

20.5　PBX 的结合能和爆炸性能

由图 20.3 和图 20.4 的 MD 模拟 PBX 平衡结构可见,各氟聚物与晶体表面均很贴近,表明氟聚物黏结剂与双环-HMX 和 TNAD 晶体之间存在较强相互作用。因结合能是容量性质,而各 PBX 中氟聚物含量($W\%$)并不相同,故求得单位质量氟聚物的平均结合能($E_{binding}' = E_{binding} / W\%$)以供"归一"比较。

　　由表 20.14 可见,相同氟聚物与双环-HMX 不同晶面之间的结合能($E_{binding'}$)各不相同,一般地以(010)面作用较强,而以(100)和(001)面较弱,反映晶体具各向异性。不同氟聚物与双环-HMX 相同晶面之间的结合能排序不完全一致,如各氟聚物在(100)和(010)面的结合能排序为 PVDF$>$F$_{2311}$$>F_{2314}$$>$PCTFE;而在(001)面的排序却为 PVDF$>F_{2311}$$>$ PCTFE$>$ F$_{2314}$。

表 20.14　氟聚物与双环-HMX 和 TNAD 之间的 298 K 结合能(单位:kJ · mol^{-1})

PBX	高聚物	双环-HMX		TNAD	
		$E_{binding}$	$E_{binding'}$	$E_{binding}$	$E_{binding'}$
(100)	PVDF	738.27	125.77	543.96	90.37
	F$_{2311}$	712.70	87.36	549.11	65.69
	F$_{2314}$	669.40	71.30	563.04	58.53
	PCTFE	664.00	65.10	571.79	54.73
(010)	PVDF	739.73	126.02	602.12	100.04
	F$_{2311}$	771.03	94.47	694.59	83.09
	F$_{2314}$	697.39	74.27	652.29	67.82
	PCTFE	754.75	74.01	659.48	63.09
(001)	PVDF	640.65	109.16	448.65	74.52
	F$_{2311}$	699.56	85.73	535.22	64.02
	F$_{2314}$	699.10	74.43	531.95	55.31
	PCTFE	766.93	75.19	569.57	54.52

　　表 20.14 表明相同含量氟聚物与 TNAD 不同晶面之间的平均结合能($E_{binding'}$)虽各不相同,但依然遵循(010)$>$(100)$>$(001)的排序,且 4 种氟聚物与TNAD 每个晶面之间的结合能也遵循相同递变规律,即均为 PVDF$>$F$_{2311}$$>F_{2314}$$>$PCTFE。

　　密度(ρ)、爆热(Q)、爆速(D)和爆压(p)均为度量炸药能量和爆炸特性的重要参数,其中 D 和 p 是最重要的爆轰性能参数[36~38]。向炸药中加入高聚物黏结剂,一般将降低炸药的爆炸性能[3~4,20~22,39~41]。氟聚物 PVDF、PCTFE、F$_{2311}$ 和 F$_{2314}$ 加入双环-HMX 和 TNAD,其能量特性到底如何,根据 PBX 中高聚物与主体炸药的百分含量求得的理论密度,以及由 ω-Γ 方程估算的爆炸性能列于表 20.15。因缺少相应实验值作比较,故只将 PBX 与相应基炸药的相应结果作比较,以探索不同氟聚物黏结剂的效应。

表 20.15　双环-HMX 和 TNAD 基氟聚物 PBX 的能量特性

参数	BCHMX	BCHMX/PVDF	BCHMX/F$_{2311}$	BCHMX/F$_{2314}$	BCHMX/PCTFE
$Q/(J \cdot g^{-1})$	6518.161	6258.228	6156.823	6102.357	6066.489
$\rho/(g \cdot cm^{-3})$	1.861	1.852	1.864	1.876	1.885
$D/(m \cdot s^{-1})$	8791.909	8564.420	8522.317	8517.510	8520.051
p/GPa	35.963	33.961	33.846	34.025	34.209
参数	TNAD	TNAD/PVDF	TNAD/F$_{2311}$	TNAD/F$_{2314}$	TNAD/PCTFE
$Q/(J \cdot g^{-1})$	5328.009	5133.082	5057.312	5016.513	4689.638
$\rho/(g \cdot cm^{-3})$	1.822	1.815	1.829	1.841	1.851
$D/(m \cdot s^{-1})$	8435.182	8218.747	8188.511	8185.526	8119.018
p/GPa	32.410	30.650	30.659	30.838	30.504

　　由表 20.15 可见,将 PBX 与双环-HMX 和 TNAD 纯晶体分别对应地进行比较,只有双环-HMX/F$_{2314}$、双环-HMX/PCTFE、TNAD/F$_{2314}$ 和 TNAD/PCTFE 的密度(ρ)稍高,是由于 F$_{2314}$ 和 PCTFE 的密度比双环-HMX 和 TNAD 稍大。PBX 的 Q、D 和 p 值均较纯晶体有所下降,这是由于氟聚物是惰性非爆炸物。但与常用炸药 TNT 的能量特性($\rho = 1.64$ g $\cdot$ cm^{-3}, $D = 6.95$ km $\cdot$ s^{-1}, $p = 19.0$ GPa)[40]相比,发现双环-HMX 和 TNAD 基 PBX 的能量特性仍然高得多。这是因为氟聚物所占百分含量较小,故所得 PBX 主要取决于主体炸药,它们仍可作为品优高能材料加以使用。

参 考 文 献

[1] Qiu L, Zhu W H, Xiao J J et al. Theoretical studies of solid bicyclo-HMX: Effects of hydrostatic pressure and temperature. J Phys Chem B 2008, 112: 3882～3893

[2] Qiu L, Xiao H M, Zhu W H et al. *Ab initio* and molecular dynamics studies of crystalline TNAD (*trans*-1,4,5,8-Tetranitro-1,4,5,8- tetraazadecalin). J Phys Chem B, 2006, 110: 10651～10661

[3] Qiu L, Zhu W H, Xiao J J et al. Molecular dynamics simulations of TNAD (*trans*-1,4,5,8-Tetranitro-1,4,5,8-tetraazadecalin)- Based PBXs. J Phys Chem B, 2007, 111: 1559～1566

[4] 邱玲. 氮杂环硝胺类高能量密度材料(HEDM)的分子设计. 南京理工大学博士研究生学位论文,2007

[5] Materials Studio 3.0.1; Accelrys Inc.: San Diego, CA, 2004

[6] Sun H, Rigby D. Polysiloxanes: *ab initio* force and structural, conformational and thermophysical properties. Spectrochimica Acta A, 1997, 153: 1301～1323

[7] Sun H, Ren P, Fried J R. The COMPASS force field: parameterization and validation for phosphazenes. Comput Theor Polym Sci, 1998, 8: 229~246

[8] Sun H. Compass: An *ab initio* force-field optimized for condense-phase applications-overview with details on alkanes and benzene compounds. J Phys Chem B, 1998, 102: 7338~7364

[9] Bunte S W, Sun H. molecular modeling of energetic materials: the parameterization and validation of nitrate esters in the COMPASS force field. J Phys Chem B, 2000, 104: 2477~2489

[10] Gilardi R, Flippen-Anderson J L, Evans R. *cis*-2,4,6,8-Tetranitro-1H,5H-2,4,6,8- tetraazabicyclo[3.3.0]octane, the energetic compound 'bicyclo-HMX'. Acta Crystal E, 2002, 58(9): 972~974

[11] Lowe-Ma C K, Willer R L. Private Communication. 1990

[12] (荷)弗兰克等著. 分子模拟——从算法到应用. 汪文川译. 北京:化学工业出版社,2002

[13] Parrinello M, Rahman A. Strain fluctuations and elastic constants. J Chem Phys, 1982, 76: 2662~2666

[14] Andersen H C. Molecular dynamics simulations at constant pressure and/or temperature. J Chem Phys, 1980, 72: 2384

[15] Xiao J J, Fang G Y, Ji G F et al. Simulation investigation in the binding energy and mechanical properties of HMX-based polymer-bonded explosives. Chin Sci Bul, 2005, 50: 21~26

[16] Xiao J J, Huang Y C, Hu Y J et al. Molecular dynamics simulation of mechanical properties of TATB/Flourine-polymer PBXs along different surfaces. Sci in China B, 2005, 48: 504~510

[17] 肖继军,谷成刚,方国勇等. TATB 基 PBX 结合能和力学性能的理论研究. 化学学报, 2005,63: 439~444

[18] 马秀芳,肖继军,殷开梁等. TATB/聚三氟氯乙烯复合材料力学性能的 MD 模拟. 化学物理学报, 2005, 18: 55~58

[19] 马秀芳,肖继军,黄辉等. 分子动力学模拟浓度和温度对 TATB/PCTFE PBX 力学性能的影响, 化学学报, 2005, 63: 2037~2041

[20] Ma X F, Xiao J J, Huang H et al. Simulative calculation on mechanical property, binding energy and detonation property of TATB/fluorine-polymer PBX. Chin J Chem, 2006, 24: 473~477

[21] Xu X J, Xiao J J, Zhu W et al. Molecular dynamics simulations for pure ε-CL-20 and ε-CL-20-based PBXs. J Phys Chem B, 2006, 110: 7203~7207

[22] 许晓娟. 有机笼状高能量密度材料(HEDM)的分子设计和配方设计初探. 南京理工大学博士研究生学位论文,2007

[23] Sorescu D C, Rice B M, Thompson D L. A transferable intermolecular potential for nitramine crystals. J Phys Chem A,1998, 102: 8386~8392

［24］孟勇. 影响材料热膨胀系数的主要因素. 计量测试与检定,2005, 15(3):6～9

［25］卢荣胜,费业泰. 材料线膨胀系数的科学定义及应用. 应用科学学报,1996, 14(3): 253～258

［26］费业泰,赵静. 材料热膨胀系数的发展与未来分析. 中国计量学院学报, 2002, 13(4): 259～263

［27］Anderson O L. Equation for thermal expansivity in planetary interiors. J Geophys Res, 1967, 72:3661～3668

［28］Guillermet A F. The pressure dependence of the expansivity and of the anderson-grüneisen parameter in the murnaghan approximation. J Phys Chem Solids, 1986, 47:605～607

［29］严祖同,孙振华. Anderson-Grüneisen 参数、热膨胀系数与压强的普遍关系. 物理学报, 1989, 38 (10):1634～1641

［30］Sewell T D, Menikoff R, Bedrov D et al. A molecular dynamics simulation study of elastic properties of HMX. J Chem Phys, 2003, 119:7417～7426

［31］黄昆. 固体物理学. 北京:高等教育出版社, 1988

［32］Weiner J H. Statistical Mechanics of Elasticity. New York:John Wiley, 1983

［33］吴家龙. 弹性力学. 上海:同济大学出版社, 1993

［34］王吉会. 材料力学性能. 天津:天津大学出版社, 2006

［35］Pugh S F. Relation between the elastic moduli and the plastic properties of polycrystalline pure metals. Phil Mag, 1954, 45:823～843

［36］张熙和,云主惠编. 爆炸化学. 北京:国防工业出版社, 1989

［37］惠君明,陈天云. 炸药爆炸理论. 南京:江苏科学技术出版社, 1995

［38］周霖编. 爆炸化学基础. 北京:北京理工大学出版社, 2005

［39］孙国祥. 高分子混合炸药. 北京:国防工业出版社, 1984

［40］董海山,周芬芬. 高能炸药及相关物性能. 北京:科学出版社, 1989

［41］孙业斌,惠君明,曹欣茂. 军用混合炸药. 北京:兵器工业出版社, 1995

附　　录

Ⅰ. 预测晶体密度中所选 45 种硝胺化合物的分子结构

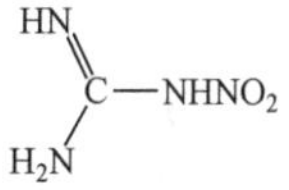
(1) NQ
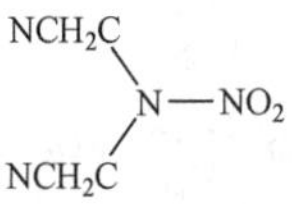
(2) BCMN
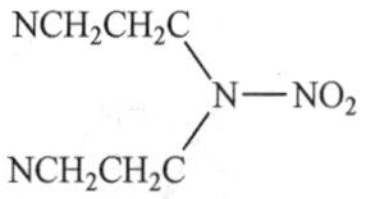
(3) BCEN
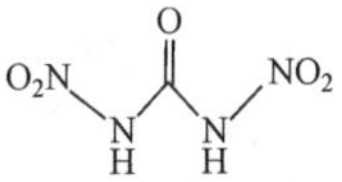
(4) DNU
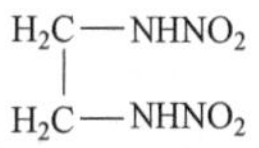
(5) EDNA

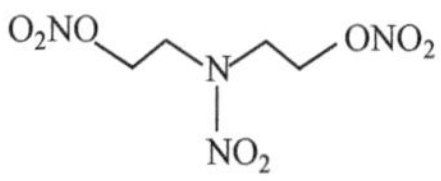
(6) DINA
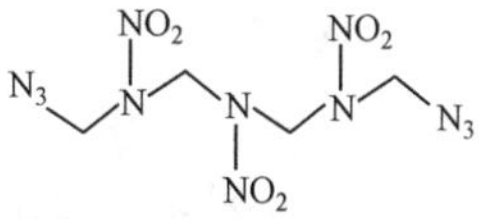
(7) DATH
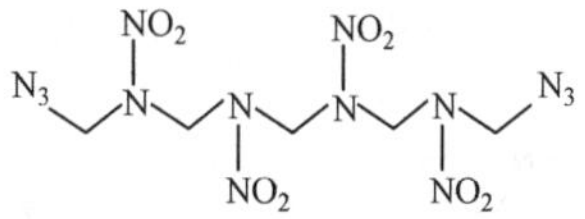
(8) DATNTAN

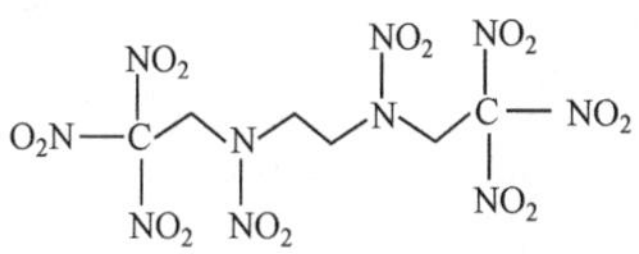
(9) ONDO
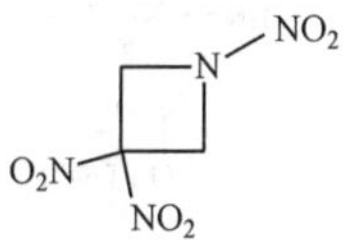
(10) TNAZ
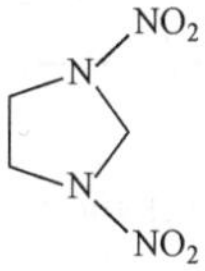
(11) DNCP
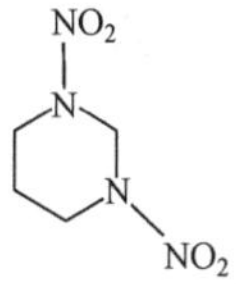
(12) m-DNDC
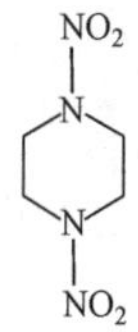
(13) p-DNDC

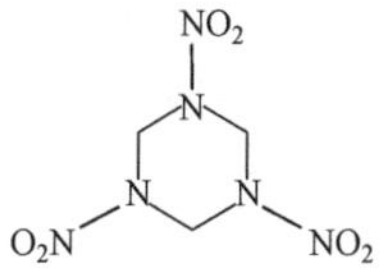
(14) RDX
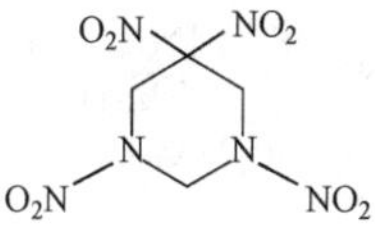
(15) DNNC
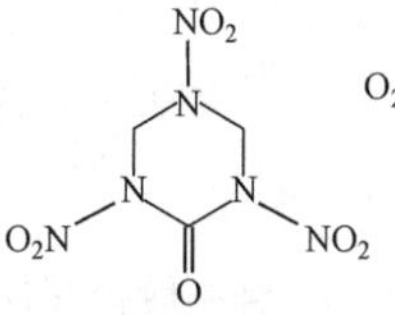
(16) TNTACH
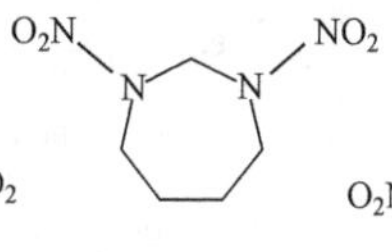
(17) m-DNDH
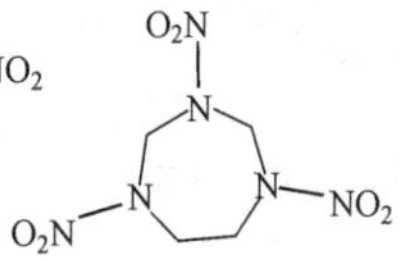
(18) DNTH

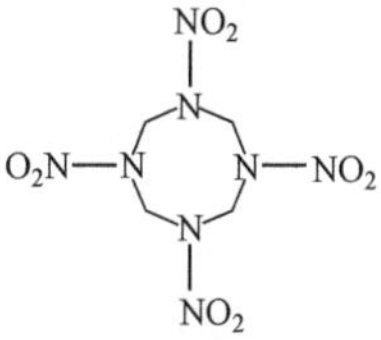
(19) HMX
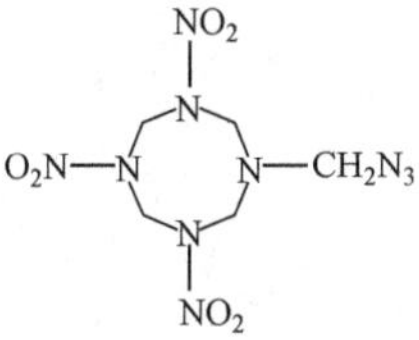
(20) AZTC
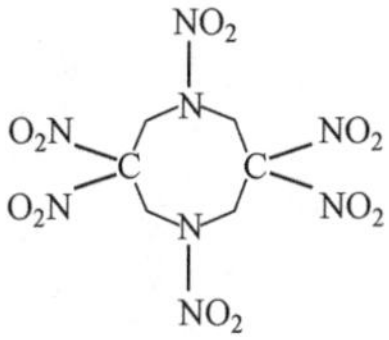
(21) HNDZ
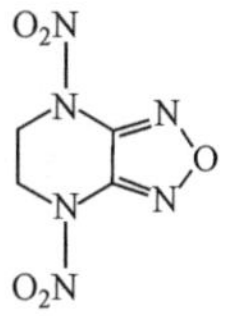
(22) DNFP
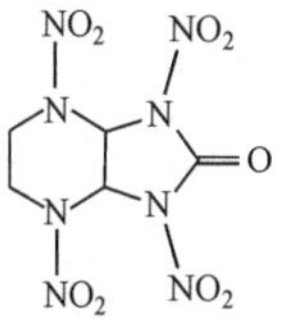
(23) TN650

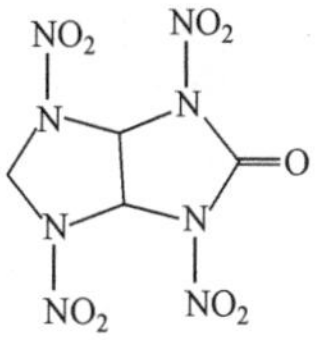
(24) TN550
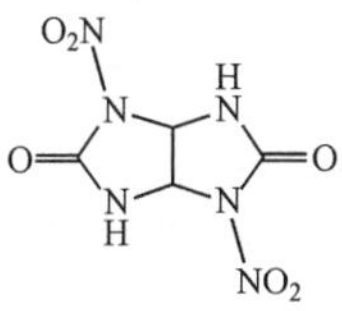
(25) DINGU
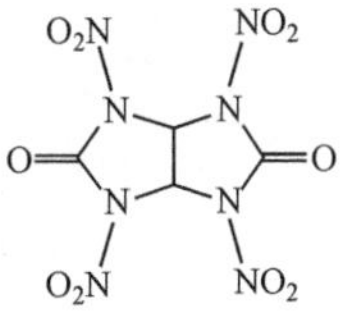
(26) TNGU
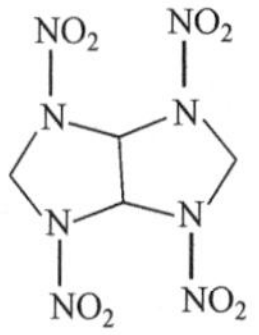
(27) BCHMX
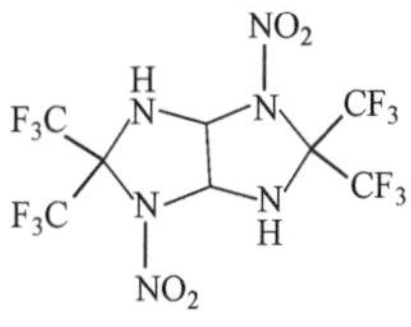
(28) FIFCOM

图Ⅰ.1　45 种硝胺化合物的分子结构

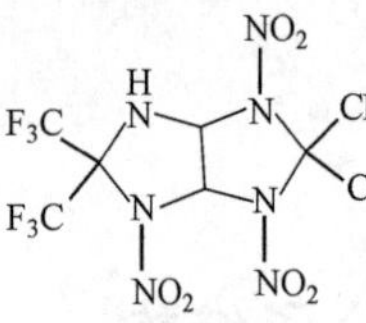

(29) FIFCUS 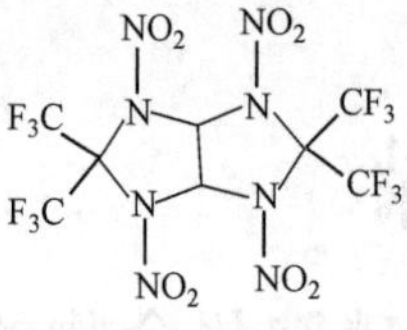   (30) FIFDAZ 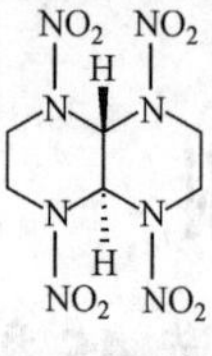   (31) TNAD 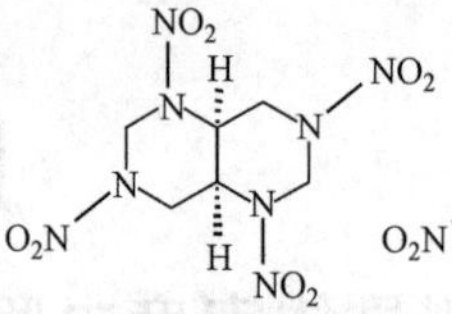   (32) *cis*1357TNAD 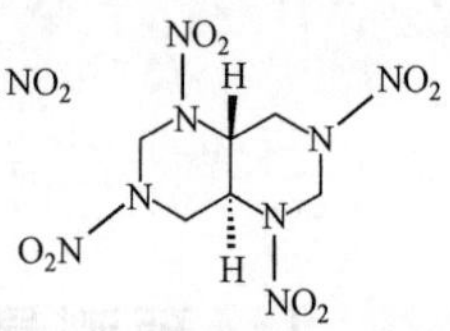   (33) *trans*1357TNAD

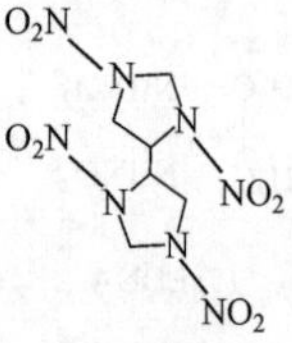

(34) *rr*-TNBI 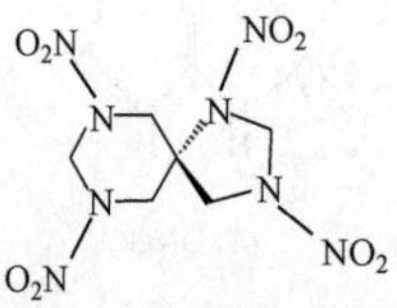   (35) TNSD 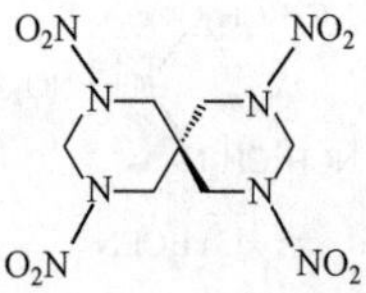   (36) TNSU 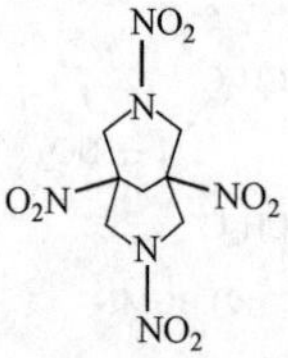   (37) TNDBN 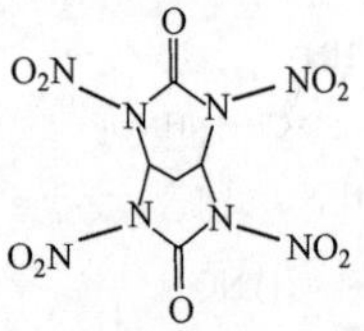   (38) TNPD

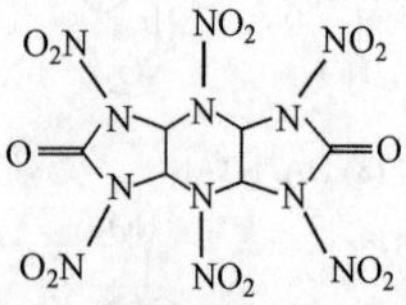

(39) HHTDD 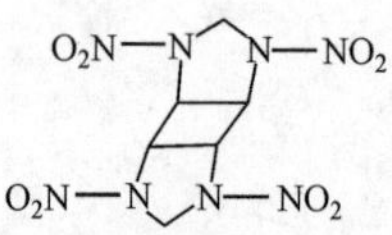   (40) TNTriCB 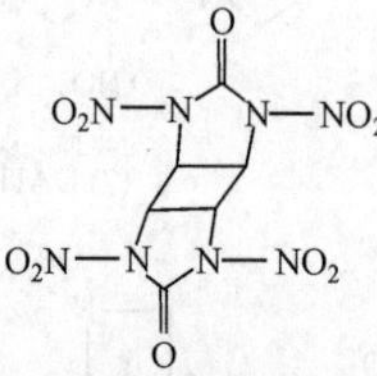   (41) TNCB 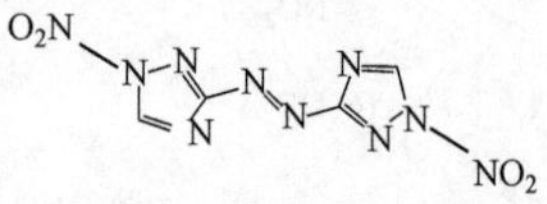   (42) N-DNAT

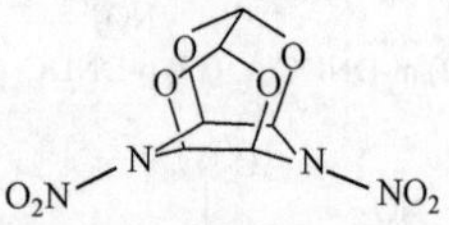

(43) TEX 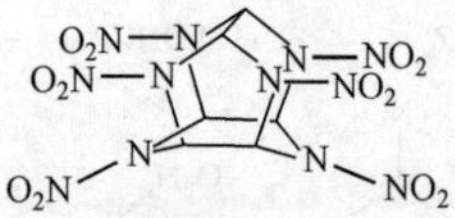   (44) CL-20 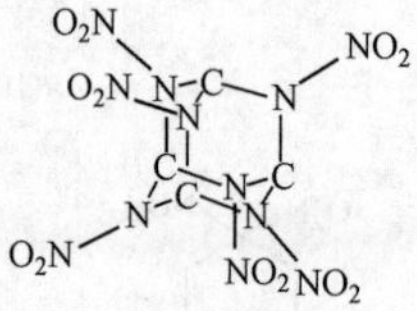   (45) HANA

图 I.1   45 种硝胺化合物的分子结构

Ⅱ. 8 种笼状 HEDC 晶体结构的 Dreiding 力场预测(表Ⅱ.1～表Ⅱ.4)

表Ⅱ.1　ε-CL-20 的最可能分子堆积方式

空间群	$P2_1/c$	$P2_12_12_1$	$P-1$	Pbca	$C2/c$	$Pna2_1$	$P2_1$
Z	4	4	4	8	8	4	2
E	620.98	621.02	638.29	627.92	626.54	627.04	627.67
a	14.19	7.97	8.96	24.23	26.37	16.25	12.34
b	14.00	23.75	9.23	9.56	9.00	8.36	8.23
c	13.12	8.19	19.53	13.85	17.98	11.56	7.92
α	90.00	90.00	41.98	90.00	90.00	90.00	90.00
β	145.29	90.00	48.65	90.00	90.00	90.00	81.01
γ	90.00	90.00	54.31	90.00	90.00	90.00	90.00
ρ	1.961	1.850	1.827	1.816	1.895	1.854	1.833

表Ⅱ.2　3 种多硝基六氮杂金刚烷的最可能分子堆积方式

化合物	空间群	$P2_1/c$	$P2_12_12_1$	$P-1$	Pbca	$C2/c$	$Pna2_1$	$P2_1$
	Z	4	4	4	8	8	4	2
	E	−3791.89	−3783.61	−3782.691	−3780.25	−3783.37	−3777.93	−3775.84
	a	12.65	7.73	8.12	23.48	33.21	12.38	7.695
2,4,6,8-四硝基六氮杂金刚烷	b	6.47	22.94	11.30	6.32	8.00	7.60	8.927
	c	22.50	6.43	6.47	14.51	16.41	12.04	8.135
	α	90.00	90.00	85.87	90.00	90.00	90.00	90.00
	β	144.57	90.00	64.04	90.00	150.502	90.00	100.134
	γ	90.00	90.00	87.01	90.00	90.00	90.00	90.00
	ρ	2.007	1.949	2.010	2.154	1.995	1.888	1.945
	E	−2806.49	−2804.24	−2808.71	−2798.43	−2806.24	−2800.22	−2800.14
	a	12.85	6.591	13.53	14.00	26.24	15.81	7.92
2,4,6,8,10-五硝基六氮杂金刚烷	b	6.59	24.70	8.02	28.14	6.57	11.92	6.69
	c	30.06	7.83	6.57	6.55	14.58	6.71	11.77
	α	90.00	90.00	64.20	90.00	90.00	90.00	90.00
	β	150.93	90.00	104.12	90.00	82.26	90.00	83.01
	γ	90.00	90.00	87.91	90.00	90.00	90.00	90.00
	ρ	1.973	1.913	1.986	1.878	1.960	1.930	1.969

化合物	空间群	$P2_1/c$	$P2_12_12_1$	$P\text{-}1$	$Pbca$	$C2/c$	$Pna2_1$	$P2_1$
	E	−1250.07	−1243.59	−1248.86	−1242.33	−1246.52	−1243.72	−1242.25
	a	13.51	13.52	8.16	28.06	28.05	13.94	7.87
2,4,6,	b	8.223	12.96	7.98	6.79	8.05	8.33	6.79
8,9,10-	c	13.71	6.85	14.21	14.97	14.99	12.52	12.97
六硝基六氮	α	90.00	90.00	77.61	90.00	90.00	90.00	90.00
杂金刚烷	β	117.32	90.00	15.03	90.00	120.56	90.00	90.02
	γ	90.00	90.00	120.52	90.00	90.00	90.00	90.00
	ρ	1.930	1.988	1.897	1.921	1.879	1.883	1.972

表Ⅱ.3　3种多硝基金刚烷的最可能分子堆积方式

化合物	空间群	$P2_1/c$	$P2_12_12_1$	$P\text{-}1$	$Pbca$	$C2/c$	$Pna2_1$	$P2_1$
	Z	4	4	4	8	8	4	2
	E	−1547.73	−1548.52	−1547.44	−1545.28	−1549.41	−1548.94	−1543.21
	a	8.87	15.35	9.46	9.41	52.82	22.49	8.63
1,2,3,4,	b	12.66	8.37	13.92	27.00	8.50	8.73	9.44
5,6,7,8-	c	16.92	13.70	9.08	13.78	15.10	8.87	10.69
八硝基金刚烷	α	90.00	90.00	86.16	90.00	90.00	90.00	90.00
	β	112.97	90.00	87.46	90.00	30.77	90.00	88.58
	γ	90.00	90.00	131.97	90.00	90.00	90.00	90.00
	ρ	1.883	1.874	1.187	1.883	1.901	1.894	1.893
	E	−1349.35	−1341.19	−1342.07		−1344.49	−1339.19	−1339.44
	a	20.21	17.47	8.73		27.27	23.68	9.25
	b	11.83	12.97	16.63		13.25	9.60	10.74
1,2,3,4,5,	c	17.26	8.23	9.65		32.06	8.35	9.31
6,7,8,9-	α	90.00	90.00	52.87		90.00	90.00	90.00
九硝基金刚烷	β	153.62	90.00	54.93		161.29	90.00	94.16
	γ	90.00	90.00	67.84		90.00	90.00	90.00
	ρ	1.960	1.929	1.968		1.935	1.893	1.950

化合物	空间群	$P2_1/c$	$P2_12_12_1$	$P\text{-}1$	$Pbca$	$C2/c$	$Pna2_1$	$P2_1$
1,2,3,4,5, 6,7,8,9,10- 十硝基金刚烷	E	-3184.24	-3178.05	-3182.86	-3173.21	-3185.19	-3175.34	-3175.00
	a	9.25	16.17	14.66	13.44	16.24	11.77	11.94
	b	27.49	8.47	8.98	21.92	8.49	12.51	12.89
	c	15.16	14.36	9.28	13.65	28.64	13.43	8.81
	α	90.00	90.00	55.39	90.00	90.00	90.00	90.00
	β	150.27	90.00	91.87	90.00	78.07	90.000	46.88
	γ	90.00	90.00	75.48	90.00	90.00	90.00	90.00
	ρ	2.037	1.981	2.050	1.936	2.016	1.968	1.967

表 II.4　1,2,4,6,8,9,10-七硝酸酯基金刚烷的最可能堆积方式

空间群	$P2_1/c$	$P2_12_12_1$	$P\text{-}1$	$Pbca$	$C2/c$	$Pna2_1$	$P2_1$
Z	4	4	4	8	8	4	2
E	-6900.68	-6859.59	-6894.28	-6890.38	-6887.52	-6887.60	-6889.14
a	20.71	15.22	10.74	17.21	77.22	15.86	8.43
b	13.93	16.54	19.25	14.05	8.86	9.71	15.34
c	28.51	8.73	8.43	16.94	15.61	13.16	8.37
α	90.00	90.00	60.96	90.00	90.00	90.00	90.00
β	166.07	90.00	51.61	90.00	156.94	90.00	104.89
γ	90.00	90.00	47.88	90.00	90.00	90.00	90.00
ρ	1.890	1.702	1.858	1.827	1.789	1.845	1.789

Ⅲ. 8 种笼状 HEDC 的 3 种优化分子结构（图Ⅲ.1～图Ⅲ.8）

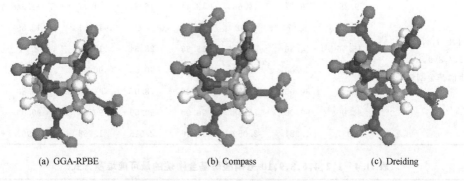

(a) GGA-RPBE　　　　　　　　(b) Compass　　　　　　　　(c) Dreiding

图Ⅲ.1　ε-CL-20 的优化分子结构

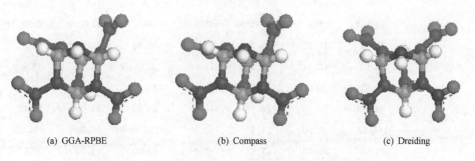

(a) GGA-RPBE　　　　　　　　(b) Compass　　　　　　　　(c) Dreiding

图Ⅲ.2　2,4,6,8-四硝基六氮杂金刚烷的优化分子结构

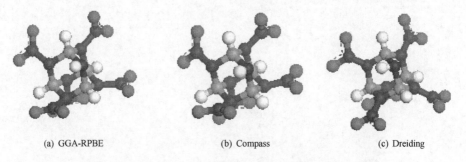

(a) GGA-RPBE　　　　　　　　(b) Compass　　　　　　　　(c) Dreiding

图Ⅲ.3　2,4,6,8,10-五硝基六氮杂金刚烷的优化分子结构

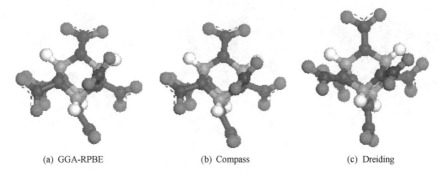

(a) GGA-RPBE　　　　　　(b) Compass　　　　　　(c) Dreiding

图Ⅲ.4　2,4,6,8,9,10-六硝基六氮杂金刚烷的优化分子结构

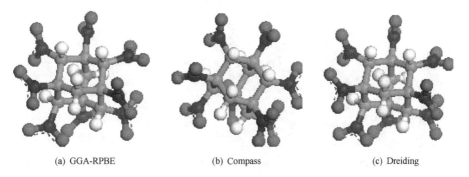

(a) GGA-RPBE　　　　　　(b) Compass　　　　　　(c) Dreiding

图Ⅲ.5　1,2,3,4,5,6,7,8-八硝基金刚烷的优化分子结构

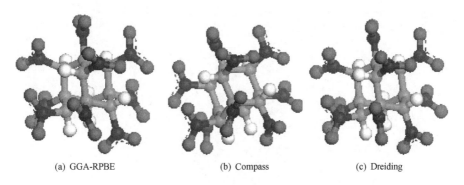

(a) GGA-RPBE　　　　　　(b) Compass　　　　　　(c) Dreiding

图Ⅲ.6　1,2,3,4,5,6,7,8,9-九硝基金刚烷的优化分子结构

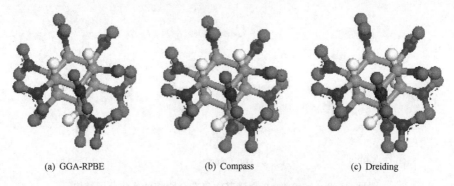

(a) GGA-RPBE　　　　　　(b) Compass　　　　　　(c) Dreiding

图Ⅲ.7　1,2,3,4,5,6,7,8,9,10-十硝基金刚烷的优化分子结构

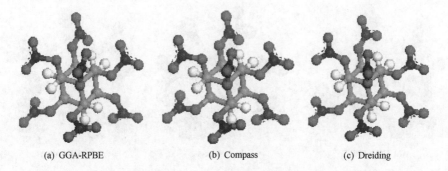

(a) GGA-RPBE　　　　　　(b) Compass　　　　　　(c) Dreiding

图Ⅲ.8　1,2,4,6,8,9,10-七硝酸酯基金刚烷的优化分子结构

Ⅳ. 氮杂环硝胺键离解能计算中涉及的总能量和零点能

表 Ⅳ.1 单环硝胺及其键离解自由基的总能量* 和

零点振动能**

化合物	母体	自由基			
		C—C	C—N	N—N	N—NO₂
C_6H_{12}	−235.8971638	−235.7509087			
	(107.03)	(99.78)			
1	−456.412376	−456.2835477	−456.2766359		−251.2638504
	(101.61)	(95.28)	(95.56)		(91.05)
2a	−676.8847909	−676.7612925	−676.7754303	−676.7999529	−471.7717879
	(95.08)	(88.31)	(89.89)	(91.02)	(85.34)
2b	−676.9187633	−676.7888855	−676.8045223		−471.7748145
	(95.98)	(89.71)	(90.66)		(85.05)
2c	−676.9210787	−676.7955826	−676.7905007		−471.7755252
	(95.95)	(91.23)	(90.09)		(85.41)
3a	−897.3394921	−897.2361813	−897.2429651	−897.29218	−692.2585522
	(88.04)	(81.93)	(82.47)	(84.65)	(78.99)
3b	−897.3897369	−897.2824974	−897.2783648	−897.3050024	−692.2768186
	(89.10)	(82.96)	(83.66)	(85.09)	(79.64)
3c	−897.4172415		−897.299331		−692.2783272
	(89.77)		(84.44)		(79.12)
4a	−1117.8294195	−1117.7047975	−1117.715628	−1117.7479893	−912.7260664
	(81.23)	(73.97)	(76.14)	(78.26)	(72.24)
4b	−1117.8591236		−1117.7606577	−1117.7871353	−912.7545506
	(82.07)		(77.14)	(78.79)	(72.85)
4c	−1117.8640095		−1117.7667517	−1117.7770609	−912.7487057
	(82.26)		(76.92)	(78.18)	(72.71)
5	−1338.2948808		−1338.18757	−1338.2211049	−1133.1912439
	(74.02)		(68.75)	(70.63)	(64.58)

续表

化合物	母体	自由基			
		C—C	C—N	N—N	N—NO$_2$
6	−1558.7328259			−1558.6713947	−1353.6267763
	(65.96)			(63.32)	(56.65)
C$_5$H$_{10}$	−196.571056	−196.438507			
	(88.40)	(82.12)			
7	−417.0909727	−416.9680088	−416.9612387		−211.9413752
	(83.21)	(77.26)	(77.08)		(72.12)
8a	−637.5680617	−637.4430001	−637.4574859	−637.4794113	−432.4561486
	(76.78)	(70.33)	(71.78)	(72.85)	(67.05)
8b	−637.5944066	−637.4916042	−637.4869948		−432.4581946
	(77.55)	(72.31)	(72.83)		(66.74)
9a	−858.0337645	−857.9247135	−857.9270561	−857.97052	−652.9413196
	(69.73)	(63.77)	(64.96)	(66.70)	(60.82)
9b	−858.06718		−857.9691216	−857.9786006	−652.9577424
	(70.60)		(66.09)	(66.97)	(61.09)
10	−1078.5077603		−1078.4036477	−1078.4572375	−873.4038648
	(62.64)		(57.89)	(59.09)	(53.94)
11	−1298.9338561			−1298.8832294	−1093.82196
	(54.03)			(52.09)	(45.40)
HMX	−1196.5567841		−1196.4437517		−991.4137715
	(120.40)		(115.06)		(110.22)
· NO$_2$	−205.0722062				
	(5.54)				

* 总能量单位：Hartree。

** 零点振动能单位：kcal · mol^{-1}，括号中。

表Ⅳ.2 双环-HMX及其同系物键解离前后的总能量[a]和零点振动能[b]

化合物	母体	自由基			
		C—C	C—N	C—X*	N—NO₂
I-5	-1195.3441172 (105.68)	-1195.2443409 (101.68)	-1195.2355576 (101.28)		-990.2113745 (95.43)
II-3	-2134.5033557 (114.11)	-2134.3657378 (109.18)	-2134.3859136 (110.84)	-1796.8298631 (103.24)	-1929.3717945 (104.14)
II-4	-2338.9484759 (115.06)	-2338.8134707 (110.31)	-2338.8443101 (111.77)	-2001.2774808 (104.01)	-2133.8255387 (105.18)
II-5	-2543.3916616 (115.93)	-2543.2596375 (111.16)	-2543.2855005 (112.54)	-2205.7202587 (105.04)	-2338.2710245 (106.07)
IV	-1416.7619148 (147.41)	-1416.6354019 (143.15)	-1416.6698179 (144.70)	-1360.7659302 (128.40)	-1211.6384502 (137.63)
V	-2210.0077891 (100.74)	-2209.8705143 (96.84)	-2209.8919218 (97.08)	-1955.6845156(93.18)** -2110.2011001(98.57)***	-2004.8923079 (91.09)
VI	-1496.2336738 (115.58)	-1496.1210636 (111.52)	-1496.1160722 (111.93)	-1420.3438915 (104.23)	-1291.1049499 (106.21)
VII	-2013.3281553 (108.70)	-2013.0972938 (105.12)	-2013.122325 (104.29)	-1808.0904828 (99.59)	-1808.1066479 (98.42)
X	-1392.0821722 (96.25)	-1392.0064614 (92.93)	-1392.014341 (92.45)		-1137.7597888(88.41)****
XI	-1495.9539787 (112.51)	-1495.8779665 (108.26)	-1495.8666564 (109.06)		-1292.2841391(94.11)***** -1215.6674556(100.58)****** -1290.8658852(103.87)*******

续表

化合物	母体	自由基			
		C—C	C—N	C—X*	N—NO₂
· CF₃	−337.5510232 (7.63)				
· NH₂	−55.8789804 (11.91)				
· NO₂	−205.0722062 (5.54)				
· NF₂	−254.2624717 (3.81)				
· OH	−75.7284822 (5.29)				
· ONO₂	−280.2168009 (6.67)				
· F	−99.7155365 (0)				

a 总能量单位：Hartree。
b 零点振动能单位：kcal·mol⁻¹，括号中。
* 均裂侧链 C—X 键；
* * 均裂 C—NF₂ 键；
* * * 均裂 C—NF₂ 中 N—F 键；
* * * * 均裂 N—NF₂ 键；
* * * * * 均裂 N—NF₂ 中 N—F 键；
* * * * * * 均裂 N—ONO₂ 键；
* * * * * * * 均裂 N—NO₂ 键；
* * * * * * * * 均裂 NO—NO₂ 键。

表Ⅳ.3　TNAD 及其同分异构体键离解前后的总能量 * 和零点振动能 * *

化合物	母体	自由基			
		C—C	C—N	N—N	N—NO₂
1A	−1273.9729055	−1273.8938485	−1273.8767167		−1068.8401502
	(143.28)	(138.02)	(138.76)		(132.65)
1B	−1273.9813277	−1273.8730426	−1273.8843295		−1068.8454876
	(142.84)	(138.05)	(138.46)		(132.28)
2A	−1273.9821993	−1273.8740062	−1273.8635131		−1068.842273
	(143.17)	(138.27)	(137.90)		(132.25)
2B	−1273.9836612	−1273.8776764	−1273.8594725		−1068.8432256
	(142.82)	(138.90)	(137.87)		(132.41)
3A	−1273.922983	−1273.7995178	−1273.8194321	−1273.8362522	−1068.8116881
	(141.71)	(135.08)	(137.23)	(137.53)	(131.97)
3B	−1273.9217842	−1273.8218677	−1273.8153967	−1273.840815	−1068.8214736
	(141.48)	(136.78)	(137.38)	(137.40)	(131.94)
4A	−1273.9342292	−1273.8105611	−1273.8188778	−1273.8410218	−1068.8183765
	(141.55)	(135.39)	(136.64)	(137.82)	(131.87)
4B	−1273.9277621	−1273.8117787	−1273.7013482	−1273.8370814	−1068.8126864
	(141.66)	(135.43)	(135.24)	(137.67)	(131.96)
5A	−1273.9695757	−1273.870146	−1273.8711282		−1068.8541839
	(142.61)	(137.59)	(138.74)		(132.19)
5B	−1273.9829737	−1273.8715709	−1273.8682934		−1068.8497383
	(142.41)	(136.96)	(138.05)		(131.95)
6A	−1273.9841563	−1273.8747799	−1273.870064		−1068.8531022
	(142.62)	(137.65)	(137.35)		(132.00)
· NO₂	−205.0722062				
	(5.54)				

* 总能量单位：Hartree。

* * 零点振动能单位：kcal · mol⁻¹，括号中。

表 Ⅳ.4　螺环硝胺化合物及其键离解自由基的总能量* 和零点振动能**

化合物	母体	自由基			
		C—C	C—N	N—N	N—NO₂
NSP	−415.7904463	−415.7102254	−415.7285191		−210.6596137
	(66.50)	(62.00)	(62.91)		(56.29)
m-DNSP	−636.2873279	−636.2107996	−636.2127334		−431.158815
	(60.36)	(57.17)	(58.14)		(50.29)
o-DNSP	−636.2677413	−636.1923219	−636.1972654	−636.2336451	−431.1518298
	(59.56)	(54.90)	(57.67)	(57.71)	(49.97)
TriNSP	−856.7572886	−856.6825844	−856.6913955	−856.7271075	−651.6459571
	(53.18)	(49.80)	(52.01)	(51.40)	(43.56)
TeNSP	−1077.222299		−1077.1616734	−1077.186199	−872.1060194
	(45.81)		(44.53)	(43.80)	(37.41)
TNSHe	−1116.5969935		−1116.5490717	−1116.558831	−911.4826176
	(65.82)		(64.82)	(64.01)	(57.08)
TNSH	−1155.9684531		−1155.8885421		−950.8358243
	(85.77)		(82.86)		(75.94)
TNSO	−1195.3183525	−1195.2130907	−1195.2385019		−990.1843418
	(105.06)	(100.38)	(101.71)		(94.86)
TNSN	−1234.6635594	−1234.5554384	−1234.5534791		−1029.5332427
	(124.12)	(119.08)	(119.88)		(113.80)
TNSD	−1273.9695757	−1273.870146	−1273.8711282		−1068.8541839
	(142.61)	(137.59)	(138.74)		(132.19)
TNSU	−1313.3033257	−1313.1913561	−1313.1865596		−1108.1617981
	(160.71)	(156.21)	(155.63)		(150.07)
TNSDo	−1352.6222885	−1352.4979783	−1352.4923863		−1147.4814213
	(179.28)	(174.13)	(173.66)		(168.51)
·NO₂	−205.0722062				
	(5.54)				

* 总能量单位：Hartree。

** 零点振动能单位：kcal·mol⁻¹，括号中。

结　语

21 世纪和"十一五"伊始，繁重的科研任务接踵而至。为适应新形势、完成新任务，作为原"应用量子化学研究室"的提升和拓展，我校化工学院"分子与材料计算研究所"于 2005 年 4 月成立。本书是该所成立后出版的第一部学术专著。

本书共同作者许晓娟、邱玲，是我校"材料学"、"材料物理与化学"专业今年毕业的硕博连读研究生。在攻读博士学位期间，二人参与多个国家级项目的研究，在 J Phys Chem(A) 、(B)辑和《中国科学》等国内外学术期刊上，发表了约 30 篇论文。本书建立在课题组近十年相关研究工作的基础上，以发表的学术论文和博士研究生学位论文为素材，通过精心组织、细致加工，得以顺利问世。其中已发表的部分学术论文，在美、俄等国内外同行中得到关注和好评。许晓娟和邱玲两位博士，品学兼优，也被评为"国防科工委优秀毕业生"，获得较多奖项。

本书内容涉及面广，从分子、晶体到复合材料的结构-性能研究，需要群策群力才能完成。贡雪东教授、朱卫华副研究员和肖继军副研究员等，结合各人承担的科研任务，分别在量子化学气态和晶态计算以及分子动力学模拟等方面，以他们熟练的业务专长和优良的道德学风，诚心实意地共同指导博士生，取得了培养优秀人才和产出创新成果的双丰收。王桂香和朱伟等在读博士生，也为本书出版做了大量学术性和技术性工作。总之，本书确实是科研与教学紧密结合的产物，凝结着我们全所师生的汗水和心血。

借此机会，我代表研究所对国家自然科学基金（10576030，10576016）、国家 973 项目（61337，61340）和中国工程物理研究院重大基金（2004Z0503）等项目的资助，对化学化工和含(高)能材料领域的许多老师、专家学者和朋友们的一贯指导和帮助，对各级组织和领导的长期关心和支持，表示诚挚的感激！

由于水平有限，时间仓促，本书不足之处在所难免，恳请读者批评指正。

南京理工大学化工学院

分子与材料计算研究所

肖鹤鸣

2007 年 10 月